EUI — Series C — 10
Schneider,
Politiknetzwerke der Chemikalienkontrolle

European University Institute
Institut Universitaire Européen
Europäisches Hochschulinstitut
Istituto Universitario Europeo

Series C

Political und Social Sciences
Sciences Politiques et Sociales
Politik- und Sozialwissenschaften
Scienze Politiche e Sociali

10

Badia Fiesolana — Firenze

Politiknetzwerke der Chemikalienkontrolle

Eine Analyse einer transnationalen Politikentwicklung

Von

Volker Schneider

1988

Walter de Gruyter · Berlin · New York

CIP-Kurztitelaufnahme der Deutschen Bibliothek

Schneider, Volker:
Politiknetzwerke der Chemikalienkontrolle : e. Analyse e. transnationalen Politikentwicklung / von Volker Schneider. -
Berlin ; New York : de Gruyter, 1988
(Europäisches Hochschulinstitut : Ser. C, Politik- und Sozialwissenschaften ; 10)
ISBN 3-11-011719-3
NE: Istituto Universitario Europeo <Fiesole>: European University Institute / C

Dust Cover Design: Rudolf Hübler, Berlin. —
Printing: Hildebrand, Berlin. — Binding: Verlagsbuchbinderei Dieter Mikolai, Berlin.
Printed in Germany.

Vorwort

Das Problem der nicht-intendierten Effekte der heutigen Chemikalienverwendung ist eines der wichtigsten gegenwärtigen und zukünftigen Gesellschaftsprobleme. Die materielle Spezifizät dieser Problematik produziert geradezu ein teuflisches Dilemma: Der gegenwärtige Nutzen, den sowohl Produzenten als auch Konsumenten aus diesen Gütern ziehen, steht heute noch unspezifizierbaren Nachteilen gegenüber, die sich sowohl aus den unkontrollierbaren Ketteneffekten und Langzeitreaktionen ergeben, die alle menschlichen Zeithorizonte und kognitiven Fähigkeiten, Fernwirkungen zu überschauen, übersteigen. Mit dem Chemikaliengesetz wurde in der Bundesrepublik ein erster Schritt in die präventive Kontrolle dieses Bereiches getan. Interessant ist, wie selbst dieser "kleine Schritt" das Ergebnis des Zusammenwirkens vieler ökonomischer und politischer Prozesse und individueller Akteurentscheidungen war. Die Aufgabe, die sich diese Arbeit stellt, ist das Zerlegen dieser Prozesse in einzelne Interessenkämpfe, Entscheidungen und in Problemlösungshandeln, ist das Aufspüren jener Logik, welche für all' die verschiedenen Handlungseinheiten einen gemeinsamen Bezugspunkt schafft und welche das Zusammenwirken und die Interaktionen dieser Beteiligten vorantreibt.

Genauso wie das Chemikaliengesetz, so ist auch das vorliegende Buch ein Ergebnis eine ganzen Reihe von Ereignissen und Umständen, Entscheidungen und Brüchen. Mit der analytischen Brille des hierin gewählten Forschungsansatzes, der sowohl die jeweiligen situativen Bedingungen als auch die jeweiligen getroffenen Entscheidungen in das Zentrum der Analyse rückt, muß auch dieses Arbeitsergebnis als ein kontingenter Prozess gesehen werden, der von vielen Zufällen, Arbeitsbedingungen, Kontakten einerseits und von richtigen und manchmal auch (im Nachhinein betrachtet!) falschen Entscheidungen andererseits beeinflußt war. Den durchschlagendsten Einfluß hatte zweifellos mein Aufenthalt am Europäischen Hochschulinstitut in Florenz. Dort wurde die Arbeit, die hier in etwas verkürzter und überarbeiteter Form vorliegt, als Dissertation angenommen. Dieses Institut hat, wie man sagen muß, als Drehscheibe europäischen wissenschaftlichen Austauschs, mir vielfältige theoretische und methodische Anregungen ermöglicht, ohne welche dieses Buch nicht in dieser Form hätte geschrieben werden können. Prof. Dr. P. C. Schmitter (früher EHI Florenz, jetzt Stanford University) ermutigte mich, in die akteurtheoretische Richtung zu denken, Prof. Dr. R. Wildenmann (früher EHI Florenz, jetzt Universität Mannheim) habe ich die Idee der Anwendung der Netzwerkanalyse zu verdanken. Der Fokus auf Tauschlogiken in Politikprozessen wäre ohne die Zusammenarbeit mit Prof. Dr. B. Marin (Florenz) ebenfalls nicht denkbar gewesen. Hinsichtlich wichtiger Anregungen und Kritiken in bezug auf juristische Fragen der Chemikalienkontrolle bin ich Prof. Dr. E. Rehbinder (Universität Frankfurt) zu Dank verpflichtet. Zu Dank verpflichtet bin auch auch Dr. B. Wagner, ohne dessen Zutun ich sicher keinen Zugang zu dieser relativ neuen technischen Thematik bekommen hätte.

Was nützen aber alle guten Ideen - wenn es an forschungspraktischen Erfahrungen und technischer Infrastruktur der Umsetzung mangelt. In diesem Zusammenhang wäre der quantitative Teil dieser Arbeit ohne die großartige Unterstützung, die ich von Prof. Dr. F.U. Pappi und seinen Mitarbeitern Dr. Peter Kappelhoff und Dr. Christian Melbeck bei methodischen Fragen und der Benutzung des Computerprogramms SONIS am Soziologischen Institut der Universität Kiel erhielt, nicht zu meistern gewesen.

Den etwa 50 verschiedenen Experten und Vertretern der verschiedenen Organisationen dieses Politikbereichs, die freundlicherweise zu einem Interview bereit waren, sei ebenfalls an dieser Stelle gedankt.

Ein Dankeschön gilt auch meinen Kollegen Doris Gau, Dr. Bernd Rosewitz, Dr. Uwe Schimank und Dr. Douglas Webber für viele wertvolle Hinweise zur Endfassung dieser Arbeit und insbesondere auch Gerda Erlenbruch für die freundliche Unterstützung bei der Fertigstellung des Manuskripts. Nicht zuletzt gebührt viel Dank natürlich auch meiner Frau Gabi und meinen beiden Kindern für die Geduld und die einsamen Abende, die dieses Buch sie gekostet hat.

Köln, im Juni 1987 Volker Schneider

Inhaltsverzeichnis

Verzeichnis der Tabellen und Abbildungen

Abkürzungsverzeichnis

Abg.	Abgeordneter
AgA	Auschuß für gefährliche Arbeitsstoffe
AGU	Arbeitsgemeinschaft für Umweltfragen
AGV	Arbeitsgemeinschaft der Verbraucher
ArbStV	Arbeitsstoffverordnung
BAU	Bundesanstalt für Arbeitsschutz und Unfallforschung
BAM	Bundesanstalt für Materialprüfung
BBA	Biologische Bundesanstalt
BBU	Bundesverband der Bürgerinitiativen Umweltschutz
BDI	Bundesverband der Deutschen Industrie
BEE	Bureau Europeen de l'Environement
BEUC	Bureau Europeen des Consommateurs
BGA	Bundesgesundheitsamt
BGBL	Bundesgesetzblatt
BGChem	Berufsgenossenschaft der Chemischen Industrie
BLAU	Bund-Länder-Ausschuß für Umweltchemikalien
BMA	Bundesministerium für Arbeit und Sozialordnung
BMFT	Bundesministerium für Forschung und Technologie
BMJFG	Bundesministerium für Jugend, Familie und Gesundheit
BMI	Bundesministerium des Innern
BML	Bundesministerium für Landwirtschaft, Ernährung und Forsten
BMV	Bundesministerium für Verkehr
BR	Bundesrat
BRD	Bundesrepublik Deutschland
BT	Bundestag
BT-Drs.	Bundestagsdrucksache
BUA	Beratungsgremium für umweltrelevante Altstoffe
BUND	Bund für Umwelt- und Naturschutz Deutschlands
CDU/CSU	Christlich-Demokratische Union/Christlich- Soziale Union
CEFIC	Conseil Européen de la Fédération de l'Industrie Chimique
CEQ	US-Council of Environmental Quality
CGBCE	Christliche Gewerkschaft Bergbau - Chemie - Energie
ChemG	Chemikaliengesetz
CSU	Christlich-Soziale Union
DAG	Deutsche Angestellten Gewerkschaft
DBV	Deutscher Bauernverband
DDT	Dichlordiphenylthrichlormethylmethan
DFG	Deutsche Forschungsgemeinschaft

DGB	Deutscher Gewerkschaftsbund
DHB	Deutscher Heimatbund
DIHT	Deutscher Industrie- und Handelstag
DIN	Deutsches Institut für Normung
DKFZ	Deutsches Krebsforschungszentrum
ECETOC	European Chemical Industry Ecology and Toxicology Center
ECOIN	European Core Inventory
ECU	European Currency Unit
EEMS	European Environmental Mutagen Society
EFTA	European Free Trade Area
EG	Europäische Gemeinschaft
EGB	Europäischer Gewerkschaftsbund
EINECS	Existing Commercial Chemical Substances
EPA	Environmental Protection Agency
ETAD	Ecological and Toxicological Association of the Dyestuffs Manufactoring Industry
FAO	Food and Agricultural Organisation
FAZ	Frankfurter Allgemeine Zeitung
FDP	Freie Demokratische Partei
FR	Frankfurter Rundschau
FhG	Fraunhofer Gesellschaft
FuE	Forschung und Entwicklung
GATT	General Agreement on Trade and Tariffs
GDCh	Gesellschaft Deutscher Chemiker
GG	Grundgesetz
GGO	Gemeinsame Geschäftsordnung der Bundesministerien
GLP	Good Laboratory Practice
GSF	Gesellschaft für Strahlenforschung
ICEF	Internationale Föderation von Chemie-, Energie- und Fabrikarbeitergewerkschaften
IGCPK	Industriegewerkschaft Chemie, Papier, Keramik
ILO	International Labour Organisation
IRPTC	International Register of Potentially Toxic Chemicals
KFA	Kernforschungsanlage Jülich
MAK	Maximale Arbeitsplatz Konzentration
MITI	Japanisches Ministerium für Internationalen Handel und Industrie
NATO	North Atlantic Treaty Organisation
NPÖ	Neue Politische Ökonomie
NTB	Non tariff trade barriers
OECD	Organisation for Economic Cooperation and Development

ÖTV	Gewerkschaft Öffentliche Dienste, Transport und Verkehr
OJ	Official Journal of the European Communities
ppb	parts per billion (1 Milliardstel des Volumens/Gewichts)
ppm	parts per million (1 Millionstel des Volumens/Gewichts)
PCB	Polychlorierte Biphenyle
PERT	Program Evaluating and Review Technique
SONIS	Social Network Investigation System
SPD	Sozialdemokratische Partei Deutschlands
SRU	Sachverständigenrat für Umweltfragen
SSA	Smallest Space Analysis
TCDD	Tetrachlorid Benzdioxin, Dioxin (hochgiftige Substanz)
TSCA	Toxic Substances Control Act
TÜV	Technischer Überwachungsverein
TUIS	Transport-, Unfall-, Informations- und Hilfeleistungssystem der Chemischen Industrie
UA	Unterausschuβ
UBA	Umweltbundesamt
UN	United Nations
UNESCO	UN Educational, Scientific and Cultural Organization
UNEP	United Nations Environment Programm
USA	Vereinigte Staaten von Amerika
VAA	Verband Angestellter Akademiker und Leitender Angestellter der Chemischen Industrie
VCI	Verband der Chemischen Industrie
VDI	Verein Deutscher Ingenieure
VO	Verordnung
WHO	World Health Organisation
WSA	Wirtschafts- und Sozialausschuβ der EG
ZEBS	Zentrale Erfassungs- und Bewertungsstelle für Umweltchemikalien
ZFU	Zeitschrift für Umweltpolitik

Einleitung

In jüngster Zeit wird ein im Grunde genommen relativ "technischer" Begriff (der Biologie, Physik, Informatik etc.) in zunehmendem Maße auch zu einem Modewort der Politikwissenschaft: der Begriff des Netzwerks und die mit ihm verwandten Begriffe Netz und Vernetzung. So spricht Lehmbruch (1985a) von "corporatist networks", Hanf/Scharpf (1978), Attkinson/ Coleman (1985), Katzenstein (1978) und Sharpe (1985) sprechen von "policy networks". Thrasher (1983) und Mayntz (1983b) benutzen das Netzwerkkonzept in der Implementationsforschung. Auf der Ebene der internationalen Politik sieht Wallerstein (1979) "world networks of politics" und Jacobson (1979) "networks of interdependence". Was bringt dieser Begriff für die politikwissenschaftliche Analyse? Mehr als nur eine Konzession an Modeströmungen, vor denen auch die Wissenschaft nicht verschont bleibt?

Vernetzung wird oft als Schlagwort für Beziehungen, Austausch, Abhängigkeit und Interdependenzen benutzt, und die zunehmende Geläufigkeit dieses Begriffs läßt sich offenbar aus dem Bedürfnis erklären, angesichts der komplexen sozialen Realität eine neue Begrifflichkeit zu finden, mit der sich das Gewirr und Durcheinander der vielseitigen und vielschichtigen Abhängigkeiten fortgeschrittener Gesellschaften besser fassen ließe. So fordert beispielsweise Vester mit der Idee des "vernetzten Denkens" eine Abkehr von linearen Modellen hin zu Problemlösungen in großen, komplexen Zusammenhängen (Vester 1980; 1983). Die Begriffe "Netz", "Vernetzung", "Netzwerk" weisen in der Tat auf Versuche hin, die alte philosophische Ganzheitsproblematik auf andere Weise zu lösen, als es insbesondere Funktionalismus und soziologische Systemtheorie in den letzten Jahrzehnten versucht haben. Zwar wird der Netzwerkbegriff oft auch synonym für "System" gebraucht und umfaßt daher viele Aspekte, die auch vom Begriff des Systems abgedeckt werden. Es besteht jedoch eine wichtige Unterscheidung: Das System impliziert einen Funktionszusammenhang, während das Netzwerk diese Implikation nicht besitzt. Netzwerk- und Vernetzungsbegriffe unterstützen dagegen eher die Vorstellung einer Vielfalt von Funktions- und Organisationsprinzipien eines sozialen Ganzen, d.h. einer dezentral regulierten Ordnung.

Diese Arbeit macht den Versuch, diese neue Denkweise auf eine politikwissenschaftliche Problemstellung anzuwenden. Der "Netzwerkgedanke" wird dabei nicht nur als bloße Methapher benutzt, sondern es wird auch versucht, mit netzwerkanalytischen Methoden (Netzwerkanalyse, Netzplantechnik) komplexe politische Zusammenhänge herauszuarbeiten. Der Untersuchungsgegenstand ist dabei eine öffentliche Politik, deren "Vernetzungen" sowohl in räumlicher als auch in zeitlicher Hinsicht untersucht werden sollen: die Herausbildung einer Politik der Chemikalienkontrolle in der Bundesrepublik Deutschland. Der Formulierungsraum dieser

Politik wird dabei aber nicht nur auf die nationalstaatlichen Grenzen der Bundesrepublik begrenzt, sondern es wird gezeigt, wie Politiken heute nur im transnationalen Zusammenhang erklärt werden können.

Chemie als Gesellschaftsproblem

In den vergangenen hundert Jahren hatte die Chemieproduktion einen wichtigen Anteil an der Bewältigung der wichtigsten Probleme traditioneller Gesellschaften: Hunger und Krankheit. Die spektakulären Ertragssteigerungen in der Landwirtschaft während der letzten fünfzig Jahre wären ohne Agrochemie nicht denkbar gewesen. Die ständige Zunahme der Lebenserwartung in den Industriestaaten ist sicher nicht ohne die Erfolge der Pharmazie vorstellbar. Gleichzeitig aber schuf diese Entwicklung Nebenfolgen und Risiken, deren Ausmaße bis heute noch nicht absehbar sind. Vor allem seit dem Zweiten Weltkrieg hat sowohl die produzierte Menge als auch die Vielfalt neu entwickelter chemischer Verbindungen in exponentieller Weise zugenommen, ohne daß deren Wirkung auf Mensch und Umwelt in ausreichendem Maße bekannt wäre. Immer mehr Chemikalien gelangen in die Umwelt und wirken direkt oder indirekt schädigend auf den Menschen. Hinzu treten komplexe Wirkungsvernetzungen in der Umwelt, in denen langsam ansteigende Konzentrationen erst beim Überschreiten bestimmter Schwellenwerte oder erst nach langer Latenzzeit zu Schäden beim Menschen oder in der Umwelt führen.

Mit der Herausbildung dieses neuartigen Gesellschaftsproblems entwickelten die hiervon betroffenen Industriegesellschaften zunächst selektiv und peripher eingreifende Regulierungsmechanismen, welche sich im Laufe der letzten Jahrzehnte zu einem relativ dichten Gewebe von Regulativen integrierten. Den vorläufigen Abschluß dieser Politiken bilden gesetzliche Vorschriften zur generellen Kontrolle der Produktion bzw. Vermarktung von Chemikalien. Wie einige andere hochentwickelte Industriestaaten, so entwickelte auch die Bundesrepublik ein Chemikaliengesetz, dessen erklärtes Ziel es ist, mittels verschiedener Kontrollmechanismen "den Menschen und die Umwelt vor schädlichen Einwirkungen gefährlicher Stoffe zu schützen." (§1 ChemG). Unter dem allgemeinen Ziel des präventiven Schutzes von Mensch und Umwelt enthält das Chemikaliengesetz eine Reihe von Vorschriften und Pflichten für Hersteller von chemischen Stoffen und gibt den Behörden verschiedene Vollmachten, mit denen sie die Vermarktung von Stoffen bestimmten Bedingungen unterwerfen, einschränken oder unter Umständen sogar verbieten können. Rehbinder et al. (1985) unterscheiden in diesem Zusammenhang fünf Regelungsbereiche, die im Chemikaliengesetz verankert sind:

- ein Anmeldeverfahren für das Inverkehrbringen von Stoffen
- Verpflichtungen zur Einstufung, Verpackung und Kennzeichnung
- Ermächtigung für Verbote und Beschränkungen von Stoffen

- arbeitsschutzrechtliche Regelungen
- Vorschriften für giftige Pflanzen und Tiere.

Abb.I.1

Das Kontrollsystem im Chemikaliengesetz

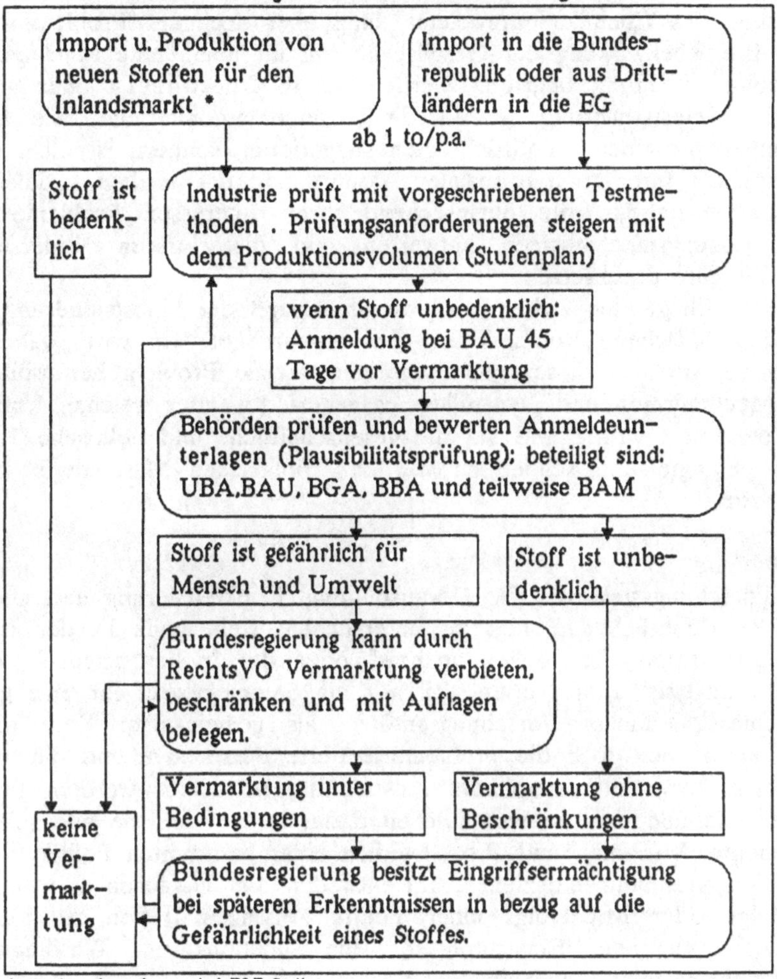

Anm: * Ausnahmen sind F&E-Stoffe .

Der Kern des Chemikaliengesetzes ist ein Anmeldeverfahren, mit dem bestimmte Prüfungspflichten der Hersteller verbunden sind. Seit Inkrafttreten des Gesetzes müssen, von einigen Ausnahmen abgesehen, alle neuentwickelten chemischen Stoffe einer vorgeschriebenen Testprozedur unterworfen werden, bevor sie vermarktet werden können. Wenn die Testergebnisse darauf hinweisen, daß ein Stoff gefährlich für Mensch und Umwelt ist, gibt das Gesetz den staatlichen Behörden das Recht, die Vermarktung einer Chemikalie zu verbieten, bzw. sie nur unter bestimmten Auflagen zu erlauben (vgl. Abb. 1).

Das Chemikaliengesetz ist sicherlich nicht die vollständige oder endgültige Lösung des Chemikalienproblems, muß aber doch als "Problemlösung", als bewußte Rückwirkung der Gesellschaft auf ihr immanente Mechanismen der Problemerzeugung begriffen werden. Diese Rückwirkung oder gesellschaftliche Selbststeuerung ist allerdings keine automatische, wie heute noch immer prominente Politiktheorien suggerieren, sondern ist nicht ohne die komplexen Interaktionen sozialer Akteure und das Wirken sozialer Institutionen verstehbar, die entsprechend ihren Interessen Probleme aufdecken, Lösungsmechanismen entwerfen und diese gegen Widerstände anderer Akteure durchsetzen.

In der vorliegenden Arbeit wird dieser Prozeß der Selbststeuerung und der soziotechnischen Problemlösung herausgearbeitet. Es wird dabei zu zeigen sein, wie sich dieses technische und soziale Problem herausbildete, welche Mechanismen und Dynamiken es generierte, unter welchen Umständen es perzipiert wurde und auf die gesellschaftliche und politische Tagesordnung gelangte und schließlich von der "politischen Maschinerie" bearbeitet wurde.

Policy Analysis

Die Forschungsstrategie, die Herausbildung, Konkretisierung und Umsetzung einer öffentlichen Politik zu untersuchen, steht ganz in der neuen Forschungstradition der "policy analysis" oder der "policy science". Zwar ist "policy analysis" zum großen Teil nur ein Sammelbegriff für eine ganze Reihe unterschiedlicher Forschungsansätze, als gemeinsamer Kern dieser Ansätze kann aber doch die problemorientierte Perspektive und die multimethodische bzw. interdisziplinäre Ausrichtung betrachtet werden. Policy-Analysen zeichnen sich im wesentlichen dadurch aus, daß sie alle relevanten Elemente, Variablen und Prozeßstadien einer bestimmten Politik in den Untersuchungsrahmen einbeziehen, um entweder über Ursachen und Gründe des Erfolgs oder Mißerfolgs einer Politik Aussagen treffen zu können, oder einfach nur neue Einsichten über die Funktions- und Wirkungweise gegenwärtiger sozialer Mechanismen zu erhalten.

Wie auch viele andere Bereiche der Sozialwissenschaft ist die "policy-analysis" inzwischen zu einer sozialwissenschaftlichen Wachstumsbranche geworden. Die schiere Masse der verschiedenen Ansätze und ihr Facettenreichtum brachten es zwangsläufig mit sich, daß sich Definitionen und Konzepte dieses Gegenstandsbereichs stark differenzierten. Eine allgemein akzeptierte Definition der "policy-analysis" zu finden, ist daher sehr schwierig und nur auf sehr allgemeiner Ebene sinnvoll: "Policy-analysis", so formuliert der Amerikaner Dye (1976:1) einfach und doch treffend, "is finding out, what the governments do, why they do it, and what difference it makes". Ein solches Vorhaben bedeutet, sämtliche Kräfte, Einflüsse und Bedingungen zu untersuchen, welche das Handeln der Träger öffentlicher Politiken formen, und dessen Resultate sich in Absichten, Programmen und deren Umsetzungen manifestieren. Gleichzeitig impliziert es aber auch das Studium von Faktoren, die verantwortlich dafür sind, daβ manchmal Ziele und Intentionen nur Absichten bleiben. Policy Analysis umfaβt daher auch die Analyse von Bedingungen und Einflüssen, die für akzidentelle oder systematische Unterlassungen verantwortlich sind (zur bundesdeutschen Rezeption der Policy-Analysis s. Jann 1983; Wollmann 1984; Hartwich 1985).

Zur Begriffsklärung ist eine weitere Spezifizierung nötig, welche die Reichweite "öffentlicher Politik" absteckt: Der Terminus "policy" wird oft synonym für "Regierungshandeln" gebraucht. Eine solche Einengung auf staatliche Akteure umfaβt aber nicht das gesamte Bedeutungsspektrum dieses Begriffs: Eine Policy umfaβt jeden abstrakten Handlungsentwurf, jedes "projected program of goal values and practices" (Lasswell/Kaplan 1950:71), sowohl auf der Ebene von Individuen, Organisationen (z.B. Verbandspolitik, Unternehmenspolitik) als auch von Regierungen. Eine Policy wird hier allgemein als die verbindliche Festlegung bewerteter Handlungsoperationen oder Strategien, um bestimmte Ziele zu erreichen bzw. Probleme zu lösen, verstanden. Insoweit beziehen sich "öffentliche Politiken" nicht nur auf Staatshandeln, sondern unter Umständen auch auf Strategien privater Akteure, wenn sie auf die Erreichung öffentlicher Güter bzw. die Lösung gesellschaftlicher Probleme zielen. Ohne eine solche Ausweitung des Begriffs wäre es nicht möglich, auch Strategien zuzulassen, die darauf hinauszielen, zunehmend private Akteure als Träger öffentlicher Politiken zu "benutzen" (Streeck/Schmitter 1985).

Fallstudien zur empirischen Theoriebildung

Eine andere forschungsstrategische Frage betrifft die Aussagekraft von Fallstudien. Inwieweit sind die Ergebnisse einer spezifischen, fallbezogenen "policy"-Studie theoretisch oder empirisch relevant? Inwieweit vermögen Entdeckungen aus der Untersuchung eines speziellen Falles, generelle sozialwissenschaftliche Erkenntnisse zu produzieren?

Auch in diesem Fall darf sicher nicht übersehen werden, daβ viele Facetten dieser Politik singulär sind und sich somit schlecht für breitere Generalisierungen eignen. Andererseits können andere Aspekte dieses Politikbereichs ohne weiteres als exemplarisch für moderne politische Prozesse angesehen werden. Insofern sieht sich diese Arbeit auch als Beitrag zur Erforschung eines für die sozialen Prozesse heutiger Gesellschaften beispielhaften Bereichs. Das Erkenntnisinteresse dieser Studie ist aber nicht vorrangig darauf gerichtet, die inhaltliche und sachspezifische Seite dieser öffentlichen Politik zu beleuchten - obschon man sich hier auf viele Details und Spezialwissen einlassen muß. Vorrangiges Ziel dieser Studie ist, vor allem das theoretische Instrumentarium der Analyse moderner Politikprozesse zu überprüfen und zu erweitern.

Der Politikbereich der Chemikalienkontrolle kann als ein exemplarischer Bereich moderner Politik begriffen werden, weil er folgende wichtige und charakteristische Dimensionen heutiger Politik enthält:

1. *Starke Interessenverflechtung:* Die Zunahme der funktionalen Differenzierung moderner Gesellschaften erhöhte gleichzeitig funktionale Interdependenzen. Dies wirkt sich auch auf politische Prozesse und öffentliche Politiken aus: die Problemzusammenhänge werden komplexer und das betroffene Interessenspektrum breiter. Dies ist auch im Chemikalienkontroll-Bereich erkennbar. Die Politik der Chemikalienkontrolle betrifft sowohl wirtschaftspolitische Themen, Verbraucherpolitik, Umweltpolitik als auch den Bereich des Arbeitsschutzes. Dies impliziert, daß einerseits ein ganzes Spektrum gesellschaftlicher Interessen in diesen politischen Prozeß involviert sind, andererseits komplexe Kompetenzüberschneidungen zwischen verschiedenen Ministerien und anderen staatlichen Behörden vorliegen. Die Politikanalyse findet in einem derartig strukturierten Untersuchungsgegenstand ein hervorragendes Gegenbeispiel zu Analysen, die Politiken nur aus unilateralen oder bilateralen Interessenpositionen/-konflikten erklären möchten.

2. *Komplexe Entscheidungsstrukturen:* Die Berücksichtigung einer Vielzahl von tangierten Interessen verlangt komplexe politische Entscheidungsstrukturen, welche die Einbeziehung dieser Interessen in die politischen Entscheidungsprozesse zu leisten vermögen. Im Fall des Chemikaliengesetzes verlief dieser Prozeß durch ein weitverzweigtes Netz informeller und formell institutionalisierter Konsultations- und Repräsentationsmechanismen, in welches nicht nur nationale, sondern auch internationale Instanzen wie EG und OECD "eingeknüpft" waren.

3. *Hohe Problemkomplexität*: Das Policy-Problem der Chemikalienkontrolle steht beispielhaft für die gesellschaftliche Relevanz fortgeschrittener technologischer und wissenschaftlicher Entwicklung. Einerseits weist es auf die starke Problemträchtigkeit moderner Großtechnologie und der damit zusammenhängenden Akzeptanzprobleme hin, andererseits hängen politische Lösungsversuche dieser Probleme in hohem Maße von wissenschaftlichem Sachverstand und Expertenwissen ab. Als Fallbeispiel bringt dieser Politikprozess daher einen exemplarischen Einblick in die "Verwissenschaftlichung der Politik".

4. *Internationale Interdependenzen:* Mit der zunehmenden Weltmarktverflechtung ist auch die Verwundbarkeit und Sensibilität gegenüber ausländischen ökonomischen und politischen Entwicklungen gestiegen. Sowohl

der Staat als auch die Wirtschaft haben deshalb ein genuines Interesse an internationalen Kontakt-, Informations- und Aushandlungssystemen, über welche Politiken koordiniert und harmonisiert werden können. Dieser Bereich hat im legislativen Prozeß des Chemikaliengesetzes eine große Rolle gespielt. Obwohl dieser Prozeß formell alle Stationen eines nationalen Gesetzgebungsprozesses durchlief, war das Chemikaliengesetz zugleich - besser: vor allem - ein Ergebnis internationaler Politikharmonisierung, in welcher die internationalen Organisationen EG und OECD eine wichtige Rolle gespielt haben.

Das Chemikaliengesetz kann aus dieser Perspektive als ein Glied einer internationalen Politikdiffusion unter den wichtigsten Industriestaaten gesehen werden (siehe Tab. I.1). Die Chemikalienpolitik war praktisch schon von Anfang an international angelegt - auch wenn internationale Organisationen formell keine Mitwirkungsrechte im nationalen Rahmen besitzen.

TABELLE I.1:
Chemikaliengesetze in der Welt bis zum ChemG

Land	Name des Gesetzes	Jahr
Schweiz	Giftgesetz	1969
Japan	Law Concerning the Examination etc. .. of Chemical Substances	1973
Schweden	Act on Products Hazards to Health and the Environment	1973
GB	Health and Safety at Work Control of Pollution Act	1974
Kanada	Environmental Containment Act	1975
Norwegen	Act on Product Control	1976
USA	Toxic Substances Control Act	1976
Frankreich	Loi sur le contrôle des produits chimiques	1977
Neuseeland	Toxic Substances Act	1979
Dänemark	Act on Chemical Substances and Products	1979
EG	Rats-Direktive (19/831/EEC)	1979
BRD	Chemikaliengesetz	1980

Diese Dimension der "Transnationalität moderner Policy-Prozesse" herauszuarbeiten, ist eine der zentralen Aufgaben der vorliegenden Studie. Unter "transnational" wird dabei verstanden, daß der Prozeß grenzüberschreitend verläuft und dabei nicht nur ausländische Regierungen, sondern auch internationale Organisationen oder private Organisationen fremder

Länder daran beteiligt sind (zur Abgrenzung dieses Begriffs von "international" vgl. Huntington (1972)).

Strategie der Fallstudie

Obwohl die Faktorenkonstellationen und politikfeldspezifischen Rahmenbedingungen und Parameter des legislativen Prozesses des Chemikaliengesetzes gewissermaßen "einmalig" sind und daher sicherlich auch nur begrenzt mit anderen Politikfeldern verglichen werden können, vermittelt eine solche Studie doch fruchtbare Einblicke in das differenzierte Innenleben heutiger Politik. Von einer Fallstudie mehr zu verlangen, hieße auch, dieses spezifische Erkenntnisinstrument mißzuverstehen. In unserem Verständnis sind Fallstudien keine Elemente eines kumulativen, universellen und kontinuierlichen Prozesses der Sammlung und Anhäufung "theoriefähiger" bzw. bestätigter Aussagen, die sich asymptotisch einer "verifizierten" Theorie annähern würden. Sie eignen sich eher als explorative Forschungsinstrumente, um zuvor schon bestehende Begriffe, Konzepte und Theorieansätze im einzelnen auf ihren empirischen Gehalt zu überprüfen. Als Ergebnis mag es dann der Fall sein, daß die Konzepte sozusagen der Empirie "standhalten", generalisierte theoretische Aussagen können aber nicht induktiv aus dem Fall allein gezogen werden. Das Ziel der Fallstudie ist daher in der Anwendung eines theoretischen Apparats auf einen sozialen bzw. politischen Wirklichkeitsausschnitt zu sehen, um dessen Wirksamkeit und Fruchtbarkeit in der Erklärung von sozialen und politischen Zusammenhängen gewissermaßen zu überprüfen und hierüber letztlich zur Theorieentwicklung beizutragen. Aus wissenschaftstheoretischer Perspektive unterscheidet sich in dieser Hinsicht die Fallstudie nicht von anderen Forschungsstrategien wie zum Beispiel der "vergleichenden Studie". Keine Forschungsstrategie eröffnet sich sozusagen voraussetzungslos ihren Untersuchungsgegenstand; Beobachtung, Beschreibung und Analyse setzen immer Theorien voraus. Die forschungsstrategischen Vorteile, welche die Konzentration auf nur einen Fall mit sich bringt, kann nicht unabhängig vom analytischen Bezugsrahmen gesehen werden. Operiert eine Analyse mit einem sehr groben theoretischen Apparat, wird auch eine Fallstudie keine große "Tiefenschärfe" zu Wege bringen. Andererseits kann ein sehr feingliedriger theoretischer Rahmen oft erst dann seine volle Wirksamkeit beweisen, wenn er sich auf das Detail konzentrieren kann. Aus dieser Perspektive ist es daher nicht so wichtig, wie weit oder eng ein Untersuchungsgegenstand zugeschnitten wird, sondern welcher theoretische Apparat in Verbindung mit welchem methodischen Arsenal der empirischen Sozialforschung benutzt wird.

Aus der skizzierten erkenntnistheoretischen Sichtweise ergeben sich wichtige Konsequenzen für den Forschungsprozeß. Die Konstruktion und Explikation eines "analytischen Bezugsrahmens", der als "Denkbrille" fungieren könnte, ist daher eine wichtige Vorbedingung der empirischen Untersuchung. Hierzu gehört die systematische Darstellung des konzeptuellen Rahmens und des theoretischen Begriffsapparats. Dieser konzeptionelle Rahmen wird eine Art "Relevanzstruktur für soziopolitische Fakten", die die generelle Ausrichtung der Studie lenken und die Auswahl der operativen Instrumente gewissermaßen vorstrukturieren (Meßmodelle, Auswertungs- und Analyseinstrumente).

Netzwerkanalyse

Ein wichtiges methodisches Instrument dieser Arbeit ist die Netzwerkanalyse. Dieser Methoden-"tool" sollte aber nicht getrennt von der konzeptionellen Ebene betrachtet werden. Netzwerkkonzepte beziehen sich immer schon auf einen spezifischen theoretischen Hintergrund. Darüberhinaus gibt es einige erste Versuche für eine "Netzwerktheorie" (Anderson/Carlos 1976, McCord 1982, Laumann 1983). Netzwerkanalytische Methoden implizieren also letztlich immer bestimmte theoretische Orientierungen und sind somit nicht mit allen sozialwissenschaftlichen Theorien kompatibel. Netzwerkansätze sind im Grunde strukturalistisch orientiert und konzentrieren ihr Augenmerk auf strukturelle Positionen von Akteuren und Strukturkonfigurationen von globalen Akteursystemen. Insofern präjudizieren netzwerktheoretische Ansätze natürlich Theorien, die von der Wichtigkeit struktureller Aspekte für die Erklärung sozialer Phänomene überzeugt sind.

Auch in dem hier angewandten Analysekonzept spielen strukturelle Zusammenhänge eine wichtige Rolle. Der Kern des hier entwickelten analytischen Bezugsrahmens läßt sich dahingehend zusammenfassen, daß eine gegebene Politik aus den interessengeleiteten und strukturell restringierten Interaktionen der beteiligten Akteure erklärt werden soll. Dieses Vorgehen orientiert sich daher einerseits an individualistischen Ansätzen, die in ihren Erklärungen sozialer Phänomene den einzelnen "Akteur" in den Mittelpunkt stellen. Anderseits gehen in den Ansatz auch strukturalistische Überlegungen mit ein, welche davon ausgehen, daß die einzelnen Akteure in der Verfolgung ihrer Interessen nicht unbeschränkt sind. Orientiert an diesen beiden methodologischen Leitideen, wird die Entwicklung der untersuchten Politik aus zwei Gesichtspunkten betrachtet: einmal aus einer synchronen Perspektive, in welcher sich die Betrachtung auf das strukturierte Ensemble der in die Politik involvierten Akteure konzentriert, zum anderen aus der diachronischen Betrachtung, in welcher das Augenmerk auf der Dynamik der Politikentwicklung liegt.

Gerade für die Strukturanalyse und für relationales Denken hat sich in jüngster Zeit ein relativ neues und interessantes methodisches Instrumentarium herausgebildet: die Netzwerkanalyse (Knoke/Kuklinski 1982, Berkowitz 1982, Aldrich/Wetten 1981, Pappi 1987). Dieses "methodische Arsenal" empirischer Strukturanalysen wurde vor allem innerhalb der letzten 15 Jahre in der amerikanischen Soziologie entwickelt - obwohl es natürlich viele Vorläufer in Psychologie, Sozialanthropologie und den "Management Sciences" gibt. Diese Verfahren haben der empirischen Sozialforschung eine ganze Reihe mathematischer Theorien und Verfahren (Matrixalgebra, Struktur- und Gruppenalgebra, Graphentheorie, etc.) verfügbar gemacht, um strukturelle Zusammenhänge zwischen sozialen Akteuren empirisch zugänglich und "faßbar" zu machen. Bereiche, in denen netzwerkanalytische Techniken bisher erfolgreich angewandt wurden, sind Analysen über Unternehmensverflechtung (Burt 1983, Stokman et al. 1985, Fennema/Schijf 1978), Machtstrukturen auf Gemeindeebene (Laumann/Pappi 1976, Pappi/Melbeck 1984, Pappi/Kappelhoff 1984), Kommunikationsstrukturen in Bürgerinitiativen (Schenk 1982), interorganisatorische Beziehungen (Paulsen 1985), nationale Entscheidungsstrukturen (Kriesi 1980, 1982) und sogar internationale Beziehungen (Snyder/Kick 1979).

In der "policy analysis" wurden solche Methoden bisher nur von Zijlstra (1979) in Holland, von Manigart (1986) in einer Studie der Verteidigungspolitik in Belgien sowie von Laumann/Knoke (1982), Knoke/Laumann (1982), Laumann/Knoke/Kim (1985) in einer vergleichenden Studie der Politikfelder "Energie" und "Gesundheit" in den USA angewandt. Unter methodischen Gesichtspunkten lehnt sich die vorliegende Studie eng an diese letztgenannte Untersuchung an. In der Datenerhebung hat hierbei der standardisierte Fragebogen, den Knoke/Laumann für ihre Studie entwickelten, wertvolle Dienste geleistet.

In der Darstellung der Ereigniszusammenhänge hingegen wird auf ein Verfahren der Netzplantechnik zurückgegriffen, welches helfen soll, die logischen Zusammenhänge der individuellen Ereignisse und Teilprozesse visuell faßbarer zu machen. Dieses Instrument erhebt in diesem Zusammenhang keinen quantitativen methodischen Anspruch. Der Zusammenhang zwischen den Ereignissen soll durch dieses Verfahren allenfalls graphisch-illustrativ verdeutlicht werden.

Quellen und Datenanalyse

Was die Quellen und die Informationsbasis anbetrifft, auf welchen die vorliegende Arbeit fußt, so wurde ein zweigleisiges Vorgehen in der Zusammenstellung der notwendigen Informationsbasis für zweckmäßig gehalten. Über die verfügbare Sekundärliteratur, durch Zeitungsarchive, unveröffentlichte Dokumente, zu denen von Fall zu Fall Zugang möglich war (amtliche Dokumente, Positionspapiere, Gesetzesentwürfe, Sitzungsprotokolle etc.) wurde zunächst ein möglichst detailliertes Bild des Politikfeldes und der Politikentwicklung des Chemikaliengesetzes erarbeitet. Die weiterhin bestehenden Wissenslücken und die sogenannten "Netzwerkdaten" konnten in einer mündlichen Befragung von 42 Repräsentanten aus Politikfeldorganisationen ausgefüllt und erhoben werden.

Die Analyse und Auswertung der Netzwerkdaten erfolgte mittels des am Soziologischen Institut der Universität Kiel entwickelten "Social Network Investigation System" (SONIS) (Pappi/Stelck 1987; Stelck 1983), das neben einer sehr flexiblen relationalen Datenbank sehr leistungsfähige Analyseprozeduren (von graphentheoretischen Indizes, Komponentenanalyse, Matrixalgebra, Clusteranalyse bis zu Blockmodellen) enthält. Zusätzlich verfügt das Programmsystem SONIS auch über Schnittstellen zu mehreren bekannten Netzwerkanalyseprogrammen, wie beispielsweise zu STRUCTURE von Burt (Melbeck et al. 1984). Für Verfahren der multidimensionalen Skalierung wurde das SSA-Programm MINISSA(N) von E. Roskam benutzt.

Die Theorie soll mit einem klaren Blick
die Masse der Gegenstände beleuchten,
damit der Vertand sich leichter in ihnen finde;
sie soll das Unkraut ausreißen, welches der Irrtum
überall hat hervorsprießen lassen;
sie soll die Verhältnisse der Dinge untereinander zeigen,
das Wichtige von dem Unwichtigen sondern.
Wo sich die Vorstellungen von selbst zu einem
solchen Kern der Wahrheit zusammenfinden,
den wir Grundsatz nennen,
wo sie von selbst eine solche Linie halten,
die eine Regel bildet,
da soll die Theorie es angeben.

Carl von Clausewitz.

Teil I.
AKTEURE UND STRUKTUREN IN DER POLITIKENTWICKLUNG: KONZEPTE UND ANSÄTZE

1. Ein akteur- und strukturzentriertes Erklärungsmodell

Wie jede empirische Analyse überhaupt, so ist auch eine Politikanalyse auf einen konzeptionellen Rahmen angewiesen, der unter einem Relevanzgesichtspunkt die Beobachtung lenkt, das Wichtige vom Unwichtigen zu unterscheiden hilft und einen Orientierungsrahmen für die Auswahl der Instrumente bereithält. Im Grunde wendet jede Analyse ein derartiges konzeptionelles Raster an - sei es bewußt oder unbewußt. Will man aber Klarheit darüber haben, welche Implikationen ein theoretisches Konzept für die Analyse mit sich bringt, sollte man sich der theoretischen Voraussetzungen bewußt sein, die eine Analyse anwendet. Es gibt keine voraussetzungslose oder theorielose Beobachtung - bloße Wahrnehmungsbegriffe gibt es nicht. "Beobachtungsbegriffe", wie Feyerabend schreibt, "sind gewöhnlich die Begriffe einer Theorie, die wir so oft und in gut bekannten Umständen angewendet haben, daß sie nunmehr sehr vertraut sind." Feyerabend (1963:287). Die Konstruktion und Explikation eines analytischen Bezugsrahmens ist somit notwendiger Analyseschritt, um nicht unreflektiert in die empirische Analyse einzusteigen, sondern zunächst die Prämissen der Untersuchung aufzudecken und diese mit anderen Theoriealternativen zu konfrontieren und zu diskutieren.

Policy-Konzepte

Mit dem Ansatz der Policy-Analyse ist im Grunde noch keine theoretische Vorentscheidung für Erklärungsmuster impliziert - mit der Entscheidung für den Netzwerkansatz ist noch nicht die methodische Ausrichtung abgesteckt. Policy-Analyse und "policy-science" selbst sind keine politikwissenschaftlichen Theorien. Eher müssen diese als "Werkzeugkisten" für Politikforschung begriffen werden. Sie bieten eher methodische Orientierungen als Vermittlung eigener Theoriekonzepte. Dies spricht nicht gegen den Umstand, daß sich Policy-Analytiker häufig auf bestimmte Policy-Modelle berufen. Diese sind aber meist entliehen von großen sozialwissenschaftlichen Paradigmen, allgemeinen Politik- und Gesellschaftstheorien, Theorien "mittlerer Reichweite" oder einfach bestimmten forschungsstrategischen Prämissen.

Ohne im einzelnen auf die verschiedenen Ansätze, Konzepte und Theorien einzugehen, wird im folgenden davon ausgegangen, daß die in der gegenwärtigen Policy-Analyse angewandten Meta-Erklärungsmuster sich in ihrem theoretischen Standort in einem zweidimensionalen Raum in bezug auf zwei Achsen unterscheiden. Politikerklärungen unterscheiden sich aus dieser Perspektive einerseits in bezug auf die Ebene, auf der Politiken erklärt werden (Mikro-Makro-Kontinuum), andererseits in bezug auf die Frage, welches Gewicht die autonomen Akteur-Entscheidungen und das autonome Akteurhandeln im Erklärungsmodell spielt. Ein voluntaristisches Erklärungsmuster auf der Makroebene impliziert beispielsweise das Machteliten-Konzept des Elitentheoretikes C. Wright Mills, in dem ein homogener Block politischer, militärischer und ökonomischer Funktionsträger den Staat als Intrument zu benutzen fähig ist, und ohne jegliche institutionelle und strukturelle Beschränkung in der Lage ist, deren Interessen in der Gesellschaft durchzusetzen. Eine andere voluntaristische Variante ist die Theorie des Staatsmonopolistischen Kapitalismus, nach der ein Kennzeichen der heutigen Politik die Fusion der Macht der Monopole mit der Macht des Staates ist, wobei der Staat zum "politischen Machtinstrument der Finanzoligarchie" wird (Autorenkollektiv 1971:319). Politiken ergeben sich in einem derartigen Erklärungsschema direkt und quasi-ungebrochen aus den Interessen des Monopolkapitals.

Das Pendant zum Instrumentalismus bzw. Voluntarismus auf Makroebene sind deterministische Erklärungsmodelle. Hierzu gehören sowohl Spielarten des Funktionalismus (von Parsons, Easton bis zu Varianten des marxistischen Funktionalismus bei den sogenannten Staatsableitern der 70er Jahre einerseits und bei der neo-marxistischen Variante bei Offe und Habermas andererseits), als auch strukturalistische gesellschaftstheoretische Konzepte (Althusser, Poulantzas). Funktionalistische Erklärungsmuster für Politiken sehen in Staatsinterventionen im wesentlichen Steuerungsleistungen des politischen Subsystems der Gesellschaft, welche für die Systemerhaltung unabdingbar erscheinen. In der neomarxistischen Variante fungiert der Staat als ein "ideeller Gesamtkapitalist", der nicht nur die Gesellschaft als solche, sondern insbesondere als kapitalistische aufrecht zu erhalten hat. Bildungspolitiken, F&E-Maßnahmen, Sozialausgaben und Umweltpolitiken erfüllen hierbei nur den Zweck, die Akkumulations, Legitimations- und Verwertungsbedürfnisse des Kapitals zu erfüllen und hiermit letztlich das System stabil zu halten.

Abb. I.2.
Policy-Erklärungsmuster

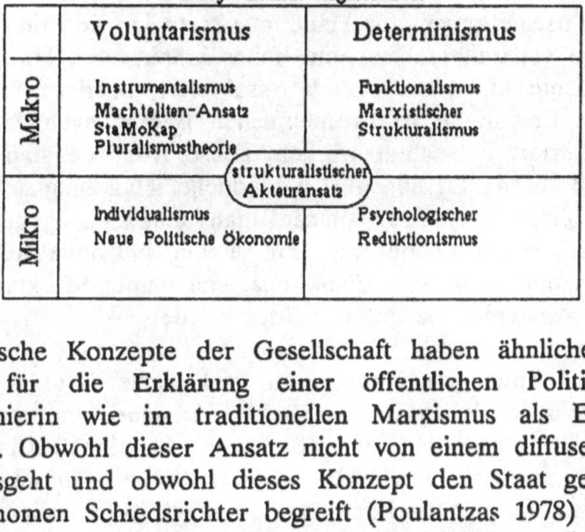

Strukturalistische Konzepte der Gesellschaft haben ähnliche analytische Konsequenzen für die Erklärung einer öffentlichen Politik. Politiken ergeben sich hierin wie im traditionellen Marxismus als Ergebnis von Klassenkämpfen. Obwohl dieser Ansatz nicht von einem diffusen Systemdeterminismus ausgeht und obwohl dieses Konzept den Staat gewissermaßen als relativ autonomen Schiedsrichter begreift (Poulantzas 1978) und Klassen als Akteure auf den Plan treten läßt, sind die Positionen dieser Klassenakteure schon strukturell prädeterminiert und der Ausgang dieser Kämpfe, die konkrete Politik, steht damit gewissermaßen schon fest.

Im Unterschied zu den auf der Makroebene angesiedelten genannten Erklärungsmustern einer öffentlichen Politik versuchen individualistische Ansätze, auf der Ebene von Individuen oder Gruppen und deren Entscheidungen anzusetzen. Politiken werden dort häufig als Aggregat der Handlungen und Entscheidungen dieser Einheiten erklärt. Hiervon ist die sogenannte "Neue Politische Ökonomie" sicher die "Schule", welche das individualistische Programm am konsequentesten anzuwenden versucht (Downs 1957, Buchanan 1966, Olson 1965; einen Überblick gibt Lehner 1981; siehe auch Frey 1974, Herder-Dorneich/Groser 1977).

Sowohl die instrumentalistischen Ansätze (Machtelite; Staatsmonopolistischer Kapitalismus) einerseits und die individualistischen Ansätze andererseits haben, obwohl sie offensichtlich auf sehr unterschiedlichen Erklärungsebenen operieren, eines gemeinsam: Sie überbewerten die autonome Entscheidungs- und Handlungsfreiheit des einzelnen Akteurs und übersehen strukturelle Restriktionen und institutionelle Rahmenbedingungen, in denen Handeln immer eingebettet ist. Eine Theorie der Logik individuellen Handelns sollte daher möglichst beides gleichzeitig berücksichtigen:

1) Daβ relative Entscheidungsautonomie ein wichtiges Handlungsprinzip darstellt. Dies gilt natürlich für Kontexte, in denen mehrere Handlungsoptionen offenstehen und dies dürfte der Normalfall sein. Das Gegenteil anzunehmen hieβe ja, davon auszugehen, daβ Individuen, Gruppen oder korporative Akteure sich gewissermaβen programmiert verhalten.
2) Daβ Entscheidungen für Handlungsstrategien und deren Implementierung nie vollkommen frei und unbeschränkt sind. Handlungsprozesse finden nie auf einer "tabula rasa" statt, sondern müssen immer schon von Beginn an von kontextuellen Bedingungen und Restriktionen strukturiert betrachtet werden. Diese Kontexte sind aber nie so "eng", daβ Freiheitsgrade für individuelle Handlungsstrategien nicht mehr verbleiben würden. Würde man dieses erstgenannte Prinzip vernachlässigen, verbliebe man mit einem individualistischen Determinismus, der sich von Funktionalismus und Strukturalismus nur durch die Analyseebene unterscheiden würde.

Wie in Abb.2 angedeutet, sollte ein realistischer Ansatz der Politikentwicklung jeweils in der Mitte der beiden Dimensionen ansetzen. Er sollte sich abgrenzen einersetis von Konzepten funktionalistischer Provenienz, andererseits von Ansätzen mit voluntaristischen Implikationen, welche gleichzeitig mit so gigantischen Handlungsaggregaten arbeiten wie "Macht-Eliten" und "Klassen".

Ein strukturalistisch orientierter Akteuransatz

In dieser Untersuchung wird davon ausgegangen, daβ ein fruchtbarer Ansatzpunkt der Analyse die Meso-Ebene der Gesellschaft ist: der Interaktionsprozeβ "empirisch erhebbarer" staatlicher und gesellschaftlicher

Organisationen. Hierbei sollte man sich an Leitideen des "methodologischen Individualismus" orientieren, aber dabei im Auge behalten, daß nicht Individuen, sondern korporative Akteure die individuellen Analyseeinheiten darstellen. Einigen Mißverständnissen sollte man allerdings vorbeugen: Viele der Vorwürfe gegen dieses methodologische Prinzip basieren auf Vorurteilen, die in der gegenwärtigen sozialwissenschaftlichen Theoriendiskussion weit verbreitet sind. "Methodologischer Individualismus" bedeutet nicht, interindividuelle Effekte und Strukturen grundsätzlich auszublenden. Der "methodologische Individualismus" leugnet keineswegs sogenannte überindividuelle Erscheinungen und Wirkungen im sozialen und politischen Leben. Er setzt diese nur nicht einfach als fraglos gegeben voraus, sondern sucht auch kollektive Phänomene wie Normen und Institutionen letztlich - wenn auch oft nur in historischem Rekurs - auf individuelle Handlungen oder Handlungsstrategien zurückzuführen. Darin unterscheidet sich der "methodologische" vom "ontologischen" Individualismus (Bohnen 1975; Lukes 1973).

Aus dieser Perspektive sind soziale Erscheinungen letztlich immer durch das Handeln von Akteuren zu erklären. Dies bedeutet wiederum nicht, überindividuelle Tatbestände auszublenden. Im Gegenteil: Weil diese wiederum Erklärungswert für individuelles Handeln besitzen, werden auch strukturelle und institutionelle Tatbestände bedeutsam. Nur: diese dürfen nicht einfach unhinterfragt vorausgesetzt werden, sondern müssen selbst wiederum auf ihre Genese in interindividudellen Handlungszusammenhängen untersucht werden. Normen und Institutionen müßten in dieser Perspektive als Moränen historischer Handlungsprozesse, oder, wie Max Weber dies ausdrückte, "geronnener Geist" begriffen werden. Dies würde bedeuten, daß auch die gegenwärtige normative und institutionelle Umwelt von Handlungssystemen aus Interessenkämpfen hervorgegangen ist, deren Ausgänge (Siege und Niederlagen von Akteuren) die asymmetrische Wirkung von Institutionen heute begründet.

Die Stärke der methodologisch-individualistischen Forschungsstrategie liegt gerade in deren analytischer Tiefenschärfe und in dem explizit formulierten Repertoir von Ausgangsprämissen. Die Individuen handeln zielorientiert, optimieren ihren Nutzen entsprechend ihren Werten und Präferenzen unter Bedingungen der Ressourcenknappheit: Parteipolitiker maximieren Stimmen, Bürokraten die Staatseinnahmen, Gewerkschaften die Löhne ihrer Mitglieder und Kapitalisten den Gewinn. Öffentliche Politiken erklären sich in der individualistischen Konzeption als ein Aggregat von Präferenzen und Strategien der einzelnen politischen Akteure, die entsprechend ihren Interessen politische Entscheidungen zu beeinflussen trachten.

Der rein individualistische Ansatz zeigt allerdings seine Grenzen, wo sich Ziele, Werte und Interessen der Akteure nur in Rückgriff auf überindividuelle Zusammenhänge erklären lassen. Interessen sind sowohl auf der

Ebene ihrer Genesis, ihrer Perzeption durch die Akteure, als auch in ihrer Politisierung und Durchsetzung strukturell bedingt. Handlungen lassen sich deswegen nicht ausschließlich durch "rational choice" erklären. Mit der Kernprämisse, daß Akteure unter verschiedenen Handlungsoptionen diejenigen auswählen, von denen sie sich die besten Resultate versprechen, kann zwar Handeln innerhalb einer Möglichkeitsstruktur erklärbar gemacht werden, aber nicht die Strukturierung der Handlungsoptionen selbst. Hierzu sind Rekurse auf inter- und überindividuelle strukturelle Arrangements notwendig.

Von einigen strukturalistischen Autoren ist die Idee der "strukturellen Kausalität" von Ereignissen und Handlungen aber in der Weise überstrapaziert worden, daß das konkrete Subjekt im Angesicht der objektiven Bedingungen und Strukturwirkungen vollkommen aus dem Handlungsprozeß evakuiert wurde - damit strategische und individuelle Kalküle von Akteuren überhaupt undenkbar wurden. Obschon es vorkommen mag, daß eine spezifische Konstellation von Handlungsbedingungen einem Akteur keinen Raum mehr läßt für individuelle Kalküle, so kann hierauf sicher keine generelle Theorie sozialen Handelns gegründet werden (Elster 1982:464). Strukturelle Restriktionen determinieren Handlungsprozesse sozialer Akteure niemals vollkommen, sondern lassen immer Möglichkeitsspielräume für Handlungsalternativen frei. Zusätzlich zur strukturalistischen Ausrichtung einer Analyse ist somit ein individualistisches Komplement notwendig, welches erklärt, warum ein Akteur eine mögliche Handlungsoption A einer ebenfalls möglichen Option B vorgezogen hatte. Hierbei ist natürlich ein Rekurs auf individuelle Handlungsorientierungen unabdingbar. Dabei ist das Theorem der Nutzenoptimierung vor allen anderen Erklärungsansätzen noch das plausibelste: Innerhalb eines Möglichkeitsspielraums kompatibler Handlungen ergreifen Individuen jene, von denen sie glauben, daß sie die besten Resultate erbringen. Würde man dies verneinen, verbliebe man mit einer schlechten Version der Rollentheorie, nach der Individuen sich vor allem nur normativ verhalten (Elster 1982: 414).

Ein für die empirische Analyse brauchbares Konzept sollte daher eine individualistische Strategie mit strukturalistischen Konzepten verbinden. Nach der hier dokumentierten Auffassung zeigt sich die Fruchtbarkeit strukturellen Denkens erst in dieser Kombination. In dieser Perspektive bilden sich Strukturen bzw. Regelmäßigkeiten in den Interaktionsbeziehungen zwischen den Akteuren nicht deswegen heraus, weil handlungsexogene Strukturen die Handlungsprozesse gewissermaßen "von außen" organisieren würden, sondern weil Akteure unter ähnlichen Bedingungen und Einflüssen ähnliche Entscheidungen treffen. Diese Einflüsse können von strukturellen Normen, Verwandtschaft- und Freundschaftsbeziehungen über Ressourcenabhängigkeit bis zu materiellen Restriktionen reichen, die durch die physikalische und ökologische Umwelt gesetzt sind. In diesem mehrschichtigen

Netzwerk von Abhängigkeiten entscheiden Individuen und andere Akteure sich für Handlungsoptionen, die für sie den höchsten Nutzen erbringen, und nicht, wie Strukturfunktionalisten meinen, nur auf der Basis anerkannter Verhaltenserwartungen. "Man is thus also a manipulator", wie der Sozialanthropologe Boissevain (1974) dies treffend aus der Perspektive der Netzwerkanalyse formuliert hatte, "a self-interested operator, as well as a moral being. That is, he is constantly trying to better or to maintain his position by choosing between alternative courses of action. But since he is dependent on others, it is impossible for him to achieve his own self-interest unless he takes others into account and can demonstrate that his action in some way benefits them or does not harm them. Naked motives of crude self-interest can never be brought forward to justify actions to others. Pragmatic action is dressed up in normative clothes to make it acceptable".

Einen Ansatz, der eine solche Integration individualistischer Prinzipien mit strukturalistischen Sätzen versucht, könnte man in Anlehung an Wippler (1978:143) strukturalistisch-individualistisch bezeichnen: "Social scientists working within a structural-individualist framework try to reconstruct collective phenomena in terms of individual interdependencies or individual aggregats in the presents of structural and institutional constraints." Viele dieser Grundideen sind im Werk des amerikanischen Soziologen Coleman (1973;1974;1986) zu finden.

Ein spezifische Form des Strukturindividualismus ist auch innerhalb der deutschen Soziologie gegenwärtig in der Entwicklung (Esser 1984, Opp 1978, 1979; Raub 1984, Voss 1985, Raub/Voss 1986). Auch in den neueren Arbeiten von Mayntz sind strukturale und akteurzentrierte Orientierungen zu entdecken (Mayntz 1983, 1985a, 1985b, 1986). In Frankreich wird diese theoretisch-analytische Richtung von Boudon (1979, 1984), von Bourricaud (1975, 1977), Crozier/Friedberg (1977) und Padioleau (1986) vertreten. Die Synthese strukturalistischer und akteurzentrierter Theoreme könnte einerseits die verbreitete "holistische Überstrapazierung strukturellen Denkens" verhindern, andererseits aber auch die Verkürzungen vieler individualistischer Ansätze vermeiden helfen. Mit ähnlichen Argumenten hat Wollmann (1979:32) im Rahmen der Implementationsforschung eine solche Verbindung handlungstheoretischer Ansätze mit struktureller Analyse vorgeschlagen. Der handlungstheoretische Ansatz, so Wollmann, beziehe sich in erster Linie darauf, die Interessen und strategischen Kalküle auf der Ebene bewußten Handelns der Akteure zu erfassen, demgegenüber könne ein eher strukturalistisch inspirierter Ansatz darauf abzielen, "die interessenselektive Wirksamkeit des die Interaktionen präformierenden Handlungsrahmens und Kranzes von Handlungsprämissen historisch-genetisch auf ihren Entstehungszusammenhang zurückzuverfolgen und auf diesem Wege ihre Interessenhaftigkeit und -lastigkeit greifbar zu machen".

Operationalisierung und Forschungsstrategie

Inwiefern ist ein derartiges Programm aber anwendbar auf einen so komplexen Gegenstand wie ein Politikfeld, wo eine Unzahl von Aktionseinheiten in ihren komplexen Zusammenhängen in sich aufeinander beziehenden, verschränkten und überlappenden Handlungsnetzen vorliegen? Wo ein individueller oder kollektiver Akteur und dessen Handlungen nicht ohne simultanen Bezug auf die Aktionen anderer am "politischen Prozeß" beteiligter soziopolitischer Kräfte begriffen werden können; wo zusätzlich zu Emergenzeffekten sozialer Interaktion noch historisch geronnene Kräfteverhältnisse in Form von eingefahrenen Normen und institutionellen Arrangements auf aktuelle Handlungssysteme einwirken. Wie schließlich kann das Zusammenwirken dieser Tausenden von Gliedern in einem einzigen Prozeß konzeptualisiert werden, ohne in die beiden Fallen des theoretischen Reduktionismus und des theorielosen empirischen Deskriptionismus zu verfallen?

Im Grunde stellt sich ein solches Problem bei jeder modellhaften Abbildung komplexer Realität: wissenschaftliche Modelle sind niemals Originalreproduktionen, sondern blenden perspektivisch Merkmale aus und verstärken damit andere Attributkombinationen (Stachowiak 1980). Aus der Perspektive eines gewählten theoretischen Ansatzes haben Modelle gleichsam Selektions- und Konstruktionsfunktionen. Einerseits haben sie das Wichtige vom Unwichtigen zu unterscheiden, andererseits das Verhältnis zwischen den signifikanten Einheiten systematisch aufzubauen. Die signifikanten Einheiten sind abhängig vom jeweiligen Gesichtspunkt unter den sich eine Analyse stellt, diese ist wiederum abhängig von den erkenntnisleitenden Theorien und Interessen.

Die Kernelemente des in dieser Untersuchung angewandten analytischen Bezugsrahmen sind - noch einmal resumiert - folgende Punkte:

1. Eine Politikentwicklung sollte in der Weise konzeptionell gefaßt sein, daß Politiken als Resultate von Interaktionen rationaler, interessen-orientierter und strategisch handelnder Akteure begriffen werden können.
2. Wenn eine solche Analyse nicht schon streng "individualistisch" auf der Ebene der Individuen operiert, sollte sie zumindest bei den dominanten Handlungs- und Entscheidungseinheiten der Politik (den Organisationen) ansetzen und deren Interessenpositionen und handlungsleitenden Situationsdefinitionen herausarbeiten.
3. Die Analyse muß die verschiedenen institutionellen und strukturellen Bereiche fassen können, welche die Strategien der individuellen politischen Akteure strukturieren. Hier sind insbesondere die interorganisatorischen Beziehungen zwischen den Policy-Organisationen wichtig (horizontale Arbeitsteilung, Kompetenzverteilung; verti-

kale Differenzierung/Stratifizierung) als auch die internen Organisationsstrukturen der verschiedenen Akteure.
4. Die Analyse sollte nicht statisch bleiben, sondern muß die Effekte und relativ autonomen Entwicklungen fassen können, die sich aus dem Zusammenwirken der unterschiedlichen Akteure ergeben.

Im folgenden soll das Begriffsnetzwerk (Law/Lodge 1984), welches das Untersuchungsobjekt modellieren soll, aufgespannt werden. Es wird dabei auf viele Theoreme des Neokorporatismusansatzes zurückgegriffen werden, teilweise auf Konzepte der Neuen Politischen Ökonomie als auch auf strukturalistische Theoreme - allerdings immer entsprechend dem Gebot der Kompatibilität mit dem übergeordneten Rahmen einer struktur- und akteurzentrierten Forschungsstrategie. Hierbei werden zwei Perspektiven in der theoretisch-analytischen Rekonstruktion des Politikprozesses unterschieden: einerseits die synchrone Betrachtung, in der vorwiegend das strukturelle Gefüge der in einer Politik involvierten Akteure herausgearbeitet wird; dies ist die "Politikarena". Andererseits die diachronische Betrachtung, die Herausbildung einer Politik im Zeitablauf. Dies wird als die Politikentwicklung oder der Politikprozeß bezeichnet. Beide Betrachtungsweisen beziehen sich also auf ein und dasselbe Untersuchungsobjekt, nur aus jeweils unterschiedlichen Perspektiven.

2. Das Policy-Akteur-System

Das hier verwandte Grundkonzept der Analyse einer Politik kann sehr kurz zusammengefaßt werden: Die Herausbildung einer Politik soll als Resultat eines Interaktionsprozesses interessierter Akteure begriffen werden. Dieser Prozeß soll sowohl in einer strukturellen als auch prozessualen Dimension rekonstruiert werden. In der Strukturanalyse des Politikfeldes konzentriert sich das Augenmerk auf die verschiedenen relevanten Akteure, deren Ressourcen und Handlungsbedingungen, deren Positionen in institutionellen und kulturell-normativen Arrangements, und schließlich deren hiervon abhängige Machtpotentiale. Eine Politikentwicklung wird gleichzeitig als Problemverarbeitungsprozeß, Entscheidungsprozeß und Interessenkampf betrachtet. Politiken gründen letztlich immer auf gesellschaftlichen Problemen, welche politisch bearbeitet werden. Nun programmieren policy-Probleme ihre Lösungswege in der Regel nicht vollkommen vor, sondern lassen meist einen Möglichkeitsraum konkurrierender Politikoptionen offen. Gleichzeitig implizieren diese verschiedenen Optionen in der Regel unterschiedliche Distributionsmuster von Kosten und Nutzen einer Politik zwischen den involvierten Akteuren. Durch unterschiedliche "policy-outcomes" unterschiedlich betroffen, werden die beteiligten Akteure daran interessiert sein, die Entscheidungen in ihrem Interesse zu beeinflussen. Wie weit ihnen dies gelingt, hängt sowohl von deren Ressourcen, als auch von deren strukturellen Machtpositionen ab.

Machtverhältnisse zwischen Akteuren verweisen wiederum auf die generelle Struktur einer Politikarena, das "institutionellen Gelände" oder den institutionellen Raum, in dem sich die Kämpfe um ein gegebenes "issue" abspielen. In amerikanischen Studien ist dieses "Feld" je nach der theoretischen Herkunft des Autors und mit unterschiedlichen theoretischen Konnotationen jeweils als "policy-sector", "policy-arena" oder "policy domain" bezeichnet worden. So faßt beispielsweise Benson (1982:146f) aus der interorganisatorischen Perspektive unter "policy-sector" einen Komplex von Organisationen, die sich auf eine "policy" beziehen. Diese Organisationen sind untereinander ressourcenabhängig und noch über andere Verbindungen miteinander verknüpft. Ähnlich ist Olsons Begriff des "policy topic's organization set": "A policy topic is a cluster of independent policies, and a policy topics organization set is a cluster of interdependent organizations which take interest in that topic" (Olsen 1981:508) Aus einer korporatismustheoretischen Perspektive haben Atkinson/Coleman (1985:24ff) unter dem Konzept des "policy network" vor allem auf das Beziehungsgefüge zwischen Staat und organisierten Interessen im Policy-Prozeß hingewiesen.

Während diese letztgenannten Politikfeldkonzepte vor allem auf die strukturellen Beziehungen zwischen den policy-Akteuren abheben, sind andere Politikfeldbegriffe eher problembezogen. Aus einer derartigen Perspektive begreift beispielsweise Lowi (1964) mit dem Begriff "policy arena" eine auf einen Problembearbeitungsprozeß bezogene Akteurkonstellation. Aus der netzwerkanalytischen Perspektive schließlich definieren Laumann/Knoke (1982:11) das Politikfeld wie folgt: "A policy domain is identified by specifying a substantively defined criterion of mutual relevance or common orientation among a set of consequential actors concerned with formulating, advocating, and selecting courses of action (i.e. policy options) that are intended to resolve the delimited substantive problem in question."

Das Policy-Akteur-System schließlich bezieht sich auf die Wechselbezüge zwischen den Akteuren, dem Policy-Problem auf welches sich diese beziehen und den institutionellen Einbettungen in welchen die Akteure jeweils handeln. Das Policy-System könnte man insofern als die oberste Ebene bezeichnen, auf der all' die genannten Handlungsprozesse ineinandergreifen und zusammenwirken.

Aus diesen verschiedenen Definitionen des Politikfelds, der Politiknetzwerke und des Policy-Systems können die signifikanten Einheiten herausgearbeitet werden, die für Politikfelder und ihre Struktur konstitutiv sind: Einerseits setzt das Problem einen Bezugsrahmen für Lösungsanforderungen und strukturiert das Spektrum betroffener Akteure. Eine weitere bedeutungstragende Einheit sind die an einer Problemlösung und an bestimmten

Optionen interessierten Akteure. Schließlich sind die Beziehungen zwischen den Akteuren und sonstigen institutionellen Arrangements, Interaktions- und Tauschnetzwerken eine weitere wichtige Ebene, welche die Interaktion im Politikfeld organisiert. Eine letzte Dimension sind die hieraus resultierenden Machtverhältnisse zwischen den Akteuren .

Probleme

Ausgangspunkt einer Policy ist immer ein soziales Problem, an dessen Lösung politische Akteure ein Interesse haben. Diese problembezogene Dimension einer "öffentlichen Politik" suggeriert manchmal, ein Problem nur als eine technische Schwierigkeit zu sehen, eine Abweichung eines "Ist"-Zustandes von einem "Soll"-Zustand, die objektiv festgestellt werden könnte, wie ein Thermometer eine Temperaturdifferenz mißt. Im sozialen Raum ist aber die Festlegung eines Soll-Zustandes immer eine normative Frage. Der Konstitutionsprozeß eines sozialen Problems verweist somit immer auf kognitive und normative Bedingungen, kann daher auch nicht getrennt von gesellschaftlichen Interessen betrachtet werden. Perzeptionsformen eines gesellschaftlichen Problems präjudizieren oft schon gewisse Lösungsstrategien, welche wiederum immer interessengeladen sind. Diesen Umstand hat Schattschneider (1960:66) einmal treffend formuliert: "Political conflict is not like an intercollegiate debate in which the opponents agree in advance on a definition of the issues. As a matter of fact, the definition of the alternatives is the supreme instrument of power; the antagonists can rarely agree on what the issues are because power is involved in the definition. (...) because the definition of the alternatives is the choice of conflicts, and the choice of conflicts allocates power." Die Kontrolle über die Problem- und Situationsdefinition bedeutet die Kontrolle über die Wahl des Schlachtfelds, in welchem ein bestimmter Interessenkonflikt ausgetragen wird, wobei natürlich jede der involvierten Parteien, das Schlachtfeld aussuchen wird, auf dem sie sich strategische und taktische Vorteile verspricht.

Dieser soziale Konstitutionsprozeß eines Problems - so wichtig er auch ist - ist aber nur eine Seite der Medaille. Probleme implizieren auch materielle Zwänge für ihre Lösung, welche zwar ebenfalls über soziale Definitionsprozesse vermittelt werden, aber von ihrer Sachlogik oft nur einen geringen Spielraum für Interpretationen zulassen. Insofern ist es wichtig, auch die Wirkungsweise der materiellen Problemlogik auf die Politikstruktur zu untersuchen. Wenn soziale, technische oder ökonomische Tatbestände zu einem politischen Problem werden, "wirken" diese in der Regel auf mehr oder weniger abgrenzbare soziale Gruppen bzw. Kategorien. Diese Wirkungsvernetzungen - in manchen Fällen über mehrere Kettenglieder -

sind nicht zufälliger Natur, sondern gewissermaßen in der Problemlogik "eingebaut". Im vorliegenden Fall beispielsweise kann beobachtet werden, wie die spezifisch materielle Logik des Chemikalienproblems im Wirkungsgefüge mit anderen hierdurch induzierten Problemlagen eine spezifische Betroffenheitsstruktur aufspannt, welche die im Chemikalienproblem direkt und indirekt betroffenen Interessenkategorien definiert und abgrenzt. Darüber hinaus impliziert die materielle bzw. inhaltliche Struktur von Problemen oft besondere Zwänge in zeitlicher Hinsicht, in bezug auf die Größendimensionen, in bezug auf die kognitive Komplexität, in bezug auf die Interdependenz mit anderen Problembereichen, und schließlich auch in ihrer spezifischen Wirkungsweise auf soziale Gruppen.

Die Vorstellung, daß Konfliktformationen zwischen Akteuren in bezug auf ein soziopolitisches Problem abhängig sind von den Charakteristiken eines Problems als Streitgegenstand von Politik und den Lösungsformen, die dieses impliziert (Politiktypen), ist besonders bei Lowi (1964) zu finden. Für Lowi ist die Struktur der Konfliktaustragung durch die verschiedenen Politiktypen bestimmt, die jeweils eigene charakteristische Strukturen des politischen Prozesses und spezifische Beziehungen zwischen den sich konfrontierenden sozialen Kräften induzieren. So kämpft in einer Arena, die durch ein "distributives Issue" charakterisiert ist, jeder für sich allein, während im Prozeß einer "regulativen" Politik zwangsläufig breite Allianzen zwischen Akteurkategorien entstehen würden. "Because individual regulatory decisions involve direct confrontations of indulged and deprived, the typical political coalition is born of conflict and compromise among tangential interests that usually involve a total sector of economy." (Lowi 1964:695). In dieser theoretischen Perspektive scheint daher die Struktur eines politischen "Issues" die Struktur der Konfliktaustragung zu bestimmen: "policy determines politics" - wie manche Autoren diesen Gedanken treffend resümierten. Diese Vorstellung ist sicherlich überzogen: Wenn die "Natur" eines politischen Problems selbst schon die Beziehungen zwischen Akteuren und damit die sozialen Bedingungen der Problemlösung determinieren würde, dann müßten im internationalen und interkulturellen Vergleich ähnliche Probleme ähnlich verarbeitet werden müssen und ähnliche Akteurkonstellationen in diesen Prozessen implizieren. Im internationalen Vergleich läßt sich demgegenüber aber häufig beobachten, daß ein und dasselbe Problem aufgrund unterschiedlicher historisch-kultureller und gesellschaftlicher Rahmenbedingungen in durchaus unterschiedlichen "Arenen" bearbeitet wird (Lehmbruch 1979:4). In einer vergleichenden Studie der Chemikalienkontrolle in der Bundesrepublik und der USA war beispielsweise festzustellen (Schneider 1985), daß ein und dasselbe "materielle" Problem entsprechend den jeweils vorherrschenden unterschiedlichen nationalen, institutionellen Praktiken der Politikformulierung und Implementation und der unterschiedlichen interorganisatorischen Beziehungen zwischen den Interessengruppen mit ganz unterschiedlichen Policy- Instrumenten gelöst wurde und ganz unterschiedliche Akteurkonstellationen produzierte. Als eine wichtige weitere Determinante von politischen Problemverarbeitungsprozessen müssen daher institutionelle Praktiken begriffen werden, die oft ganz spezifische Politikformen und Formulierungsstrategien implizieren; dieser Punkt wird aber das Thema eines späteren Abschnitts sein. Als Fazit kann bis jetzt festgehalten werden, daβ sowohl die materielle Problemlogik als auch die spezifische soziale Definition eines politischen Problems eine Betroffenheitsstruktur aufspannen, die vorzeichnet, welche Akteure in relevanter Weise von einem politischen Problem betroffen sind und dadurch potentiell aktiviert werden.

Akteure

Alle Handlungs- und Entscheidungseinheiten, die in den Policy-Prozeβ involviert sind, werden im folgenden Policy-Akteure genannt. Hierzu gehören nicht nur Institutionen und Organisationen, die durch die politische Organisation einer Gesellschaft formell zur Gestaltung öffentlicher Politiken bestimmt und befugt sind, sondern sämtliche Handlungseinheiten, die faktisch - direkt oder indirekt - auf die inhaltliche Gestaltung einer Politik einwirken.

Ein grundsätzliches Problem der Bestimmung und Eingrenzung dieses Akteursets ist die Frage, welcher Status hier Individuen zukommt. Tatsächlich werden immer nur von "konkreten Individuen" Programme entworfen und Entscheidungen gefällt. Insofern haben elitentheoretisch orientierte Politikerklärungen einen zutreffenden Kern, wenn sie Politiken auf die Interessen von privilegierten Individuen zurückführen. Solange politische Entscheidungen von Menschen gefällt werden, wird diese individuelle Dimension immer eine gewisse Rolle spielen. Wie bei allen gruppentheoretischen Varianten (Pluralismus, Neokorporatismus) wird davon ausgegangen, daβ in der modernen Industriegesellschaft Individuen als Privatpersonen nur noch eine marginale Rolle im politischen Prozeβ spielen (Salisbury 1984; Colemann 1974). Politische Vorgänge sind heute hauptsächlich auf Organisationen bzw. Institutionen konzentriert, wobei dann die immer noch agierenden Individuen als bloβe Funktionsträger dieser Organisationen begriffen werden müssen. Natürlich haben diese Individuen weiterhin ihre individuellen Interessen. In Entscheidungsprozessen haben sie aber vorrangig die Interessen ihrer Organisationen zu vertreten und handeln damit als Agenten dieser organisierten Einheiten. Die realen Handlungs- und Entscheidungseinheiten hinter den Individuen im policy-Prozeβ sind damit künstliche Personen, sogenannte "korporative Akteure" (Coleman 1974, Mayntz 1986). Die Logik der Herausbildung dieser "neuen Personen" im

Prozeß des historischen sozialen Wandels ist von Coleman (1974) untersucht worden. So führte aus Colemans Perspektive das Bestreben von Individuen, gemeinsame Ziele und Interessen durch kollektives Handeln zu erreichen, angesichts der Schwierigkeiten, die solchen Absichten entgegenstehen (Olson 1965), dazu, daß die interessierten individuellen Akteure eine Lösung der Dilemmata kollektiven Handelns (im Gegensatz zum korporativen Handeln) in der vertragsgemäßen, dauerhaften Organisation ihrer Interessen bzw. Aufgaben gesehen haben. Solches erreichten sie durch einen Transfer von Ressourcen (finanzielle Mittel und Rechte) auf eine organisatorische Einheit, welche dann gemäß einer Organisationsverfassung berechtigt wurde, für einen limitierten Zeitraum und für einen limitierten Aufgaben- und Zielbereich im Auftrag der Organisationsmitglieder zu handeln.

Als eigene, relativ autonome Handlungseinheit sind die "korporativen Akteure" keine bloßen Aggregate ihrer Mitglieder, die nur individuelle Interessen bündeln und auf eine nächste Ebene transponieren. Sie entwikkeln als eigenständige, organisierte Handlungseinheiten in der Regel "Eigendynamiken": Zusätzlich zu den im korporativen Akteur zusammengefaßten Mitgliederinteressen steht eine ganz neue Interessenkategorie: das organisatorische Eigeninteresse des korporativen Akteurs. Wenn Individuen einem korporativen Akteur Ressourcen übereignen, so tun sie dies, weil sie sich dadurch das Erreichen bestimmter Ziele oder die Realisierung bestimmter Interessen versprechen. Ist aber einmal eine Handlungseinheit mit eigenen Handlungsvollmachten und Ressourcen geschaffen, so ist darin die Möglichkeit angelegt, daß diese Organisation in ihrem Handeln die Interessen bestimmter Mitglieder nicht berücksichtigt, oder sogar gegen diese Interessen handeln kann. Die untergeordneten Akteure (Mitglieder) werden demnach, soweit sie rational handeln, nur unter bestimmten vertraglichen Bedingungen ihre Ressourcen in einen korporativen Akteur investieren, welche ihnen Kontrollrechte über das Handeln dieses Akteurs geben. "This contract", erklärt Coleman (1974:44), "between the persons, the source of power, and the corporate actor, the user of power, is the constitution of the corporate actor. The constitution describes the terms of the contract, the specific rights and obligations of the persons and the corporate actor: the limitations of the corporate actor in its use of the resources and the conditions, including voting rights and decision rules, under which the persons can exercise control over this use, by changing the officer or by giving explicit directives to the officers through a collective decision." Die Verfassung eines korporativen Akteurs enthält in der Regel zwei weitere Regelungen: einerseits die Bedingungen, unter denen Mitglieder austreten können, und andererseits die Bedingungen, unter denen die Organisationsverfassung geändert oder die Organisation sogar aufgelöst werden kann.

Die Strategien der Organisationsagenten können unter Umständen in Konflikt geraten mit den durch die Mitglieder festgelegten Organisationszielen. Dieser Prozeß der Autonomisierung korporativer Akteure von ihren untergeordneten Einheiten, durch welche diese ihre Ressourcen erhalten, ist in vielen Bereichen organisierten Handelns beobachtet worden: im Bereich der Aktiengesellschaften (Berle/Means 1932), der Gewerkschaften (Lipset/Trow/Coleman 1956; Streeck 1981). So legt auch der Korporatismusansatz großen Nachdruck auf die Annahme, daß Interessenorganisationen keine bloßen passiven Empfänger von schon vorformulierten Mitgliederinteressen sind, sondern eine aktive Rolle bei der Identifizierung und Formulierung dieser Interessen spielen; dies kann soweit gehen, daß Organisationen, wegen des Zugangs zu stabilen externen Ressourcen unter Einsatz von Zwang das Verhalten ihrer Mitglieder dirigieren können (Schmitter 1981b: 63).

Ein wichtiges Kennzeichen moderner Gesellschaften ist die Organisiertheit politischen Handelns. Gegenwartsgesellschaften sind aus einer fast unüberschaubar großen Zahl korporativer Akteure zusammengesetzt. Welche Auswahl dieses Universums von Organisationen wird nun involviert in einen politischen Prozeß? Wodurch ist der Zugang der verschiedenen Organisationen zur Policy-Arena bedingt? Es gibt sicher eine ganze Reihe von Regulativen, welche Einbeziehung und Zugang zu Entscheidungsprozessen regeln. Ein solcher Mechanismus ist die mit der Struktur eines Policy-Problems verbundene Betroffenheitsstruktur: ein durch einen Problemzusammenhang induziertes Wirkungsgefüge, welches die Interessen gesellschaftlicher Akteure tangiert, betroffen und interessiert macht. Aber nicht alle betroffenen und interessierten Akteure erhalten oder beschaffen sich Zugang zur Politikarena (Schmitter 1981b). So gibt es zwar problem-betroffene Akteure, die grundsätzlich an einer Einflußnahme auf eine Policy interessiert wären, aber entweder aus Ressourcenmangel oder aufgrund strategischen Kalküls (denn Handeln involviert ja Kosten!) keine Ressourcen mobilisieren und investieren möchten.

Eine wichtige Annahme des hier vertretenen Ansatzes stammt aus der Neuen Politischen Ökonomie und geht davon aus, daß - wenn auch Individuen oft nicht rational handeln - so doch Organisationen als korporative Akteure. Diese müssen im Kontext des Wettbewerbs mit anderen Organisationen alles daran setzen, sowohl nutzenoptimierend als auch strategisch rational zu handeln. Interessenhandeln ist in einigen individualistischen Ansätzen als bloße "nutzenoptimierende Auswahl zwischen verschiedenen Handlungsoptionen" konzeptualisiert worden. Eine solche Sichtweise blendet wichtige Aspekte aus dem Interessenbegriff aus. Das Interesse eines Akteurs sollte nicht getrennt gesehen werden von normativen und institutionellen Strukturen, in welche menschliches Handeln immer eingebettet bleibt. Die kognitiven Beschränkungen menschlicher Perzeption lassen den

Handelnden nicht ohne Normen, Weltbildern und Ideologien auskommen, mittels derer Individuen generalisierte Handlungsentwürfe und Situationsdefinitionen zur Verfügung stehen. In komplexen sozialen Umwelten kann kein Akteur das gesamte Set möglicher Handlungsoptionen sowohl auf den mittelbaren Nutzen als auch auf langfristigere "interaktive Effekte" reflektieren. Handlungsleitende Instititutionen, die hier einsetzen, müssen daher ebenfalls in Handlungserklärungen integriert werden (Schmitter 1981b).

Nun bedeutet auch Betroffenheit und Interesse eines Akteurs nicht zwingend Handeln und Intervention in einen Politikprozeß. Interessierte und strategisch handelnde Akteure mögen aus mehreren Gründen nicht interessiert sein, an einer öffentlichen Politik zu partizipieren:

a. ein Akteur sieht seine Interessen schon durch andere Akteure vertreten und erwartet aus dem eigenen Handeln keinen höheren Grenznutzen;
b. ein Akteur sieht sein Handeln überhaupt als wirkungslos an;
c. ein Akteur erwartet trotz kurzfristigem Nutzen mittel- und langfristige negative Folge- oder Nebeneffekte seines Handelns auf seine eigenen Interessenpositionen.

Dies ist sicher keine vollständige Aufzählung, weist aber schon auf eine Reihe von Bedingungen hin, welche die Involvierung eines Betroffenen trotzdem problematisch machen. Würde die Partizipation soziopolitischer Akteure an der Entwicklung und Formulierung einer Policy nur als Resultat des individuellen Kalküls bzw. der Entscheidung dieser Organisationen betrachtet werden, so wäre dies eine sehr voluntaristische Konzeption des Policy-Prozesses, die strukturelle Restriktionen außer Acht ließe. Ein weiterer wichtiger Grund für "Nichtbeteiligung" können offensichtlich Ausschlußmechanismen sein, die insbesondere in den institutionellen Arrangements einer Politikarena zu suchen sind.

Hiermit sind nicht nur die formellen, rechtsförmigen Arrangements der Aufgaben- und Kompetenzverteilung gemeint. Diese spielen zweifellos eine wichtige Rolle in der positiven Sanktion von Zugangschancen, haben aber sicher noch keinen relevanten politischen Akteur von der faktischen Teilnahme am Politikprozeß abgehalten. Darüber hinaus scheint daher ein "Kriterium der gegenseitigen Relevanz" zu existieren, welches einen generellen Bezugsrahmen für die Bedeutung der verschiedenen Akteure im Politikprozeß aufzuspannen scheint.

Als generelles Relevanzkriterium kann das "policy"-relevante Tauschpotential der verschieden Policy-Akteure vermutet werden. Es liegt nahe, daß Akteure sich gegenseitig für relevant halten, wenn in ihrer Perzeption die Ressourcen und Machtposition der anderen Akteure wichtig für die

Durchsetzung einer bestimmten Politik sind. Diesen Umstand könnte man auch, wie Olsen (1981:495), als Situation der Interdependenz zwischen den Policy-Akteuren nennen. Olsen geht davon aus, daβ nicht alle theoretisch denkbaren Organisationen an einer Politik beteiligt werden, sondern nur diejenigen Organisationen, deren Kooperation eine Bedingung für eine erfolgreiche Politikimplementation ist: "Interdependence between governmental agencies and organizations is a necessary, but not sufficient, condition for participation. If an organization does not affect governmental performance in significant ways, it will be excluded from participation. If governmental activities do not affect an organization, it will take no interest in participation".

Unterschiedliche Positionen in der Struktur der Arbeitsteilung einer Gesellschaft implizieren oft partikulare Ressourcen, die, wenn sie bedeutsam sind für ein politisches Programm, den betreffenden Akteuren eine wichtige Tauschposition geben. Andererseits kann sich eine gute Tauschposition auch über den Besitz eines groβen Potentials universeller Ressourcen (wie z.B Finanzen, Organisationsgrad etc.) ergeben.

Im vorliegenden Analysekonzept wird davon ausgegangen, daβ allein aus der institutionellen Struktur der Politikorganisation moderner Gesellschaften mindestens 4 Bereiche bzw. Gruppen involvierter Akteure abgeleitet werden können, welche sich durch unterschiedliche Ressourcen und Funktionen in der gesellschaftlichen Arbeitsteilung auszeichnen.

Als ein zentraler Sektor ist zunächst der Regierungs- und Verwaltungssektor zu nennen, dessen historisch gewachsener Aufgabenbestand es ist, äuβere Sicherheit (Verteidigung) und innere Sicherheit (Rechtssicherheit) zu gewährleisten und andererseits diejenigen Aufgaben wahrzunehmen, die, wie Adam Smith (1789:612) schon vermerkte, "obwohl sie für ein groβes Gemeinwesen höchst nützlich sind, ihrer ganzen Natur nach niemals einen Ertrag abwerfen, der hoch genug für eine oder mehrere Privatpersonen sein könnte, um die anfallenden Kosten zu decken, weshalb man von ihnen nicht erwarten kann, daβ sie diese Aufgaben übernehmen." Dieser Bereich umfaβt die Regierung und sämtliche Verwaltungsbehörden. Zur Erfüllung dieser Aufgaben verfügt dieser Bereich über exklusive Ressourcen, über die kein anderer gesellschaflicher Akteur verfügt: das Monopol legitimer Gewaltanwendung, das Monopol innerhalb eines territorial limitierten Bereichs allgemein bindende Entscheidungen zu "exekutieren" und das Steuermonopol.

Ein anderer Bereich ist der parlamentarische Sektor, welchem in der Regel die Aufgaben und Ressourcen zugeteilt sind, territorial organisierte Interessen (Parteien) in allgemein bindende Entscheidungen zu transponieren. In modernen Systemen sind die am parlamentarischen Prozess beteiligten Akteure in der Regel Parteien, welche die vielfältigen Interessen in einem Staatsgebiet auf der Grundlage territorialer Gliederung im Parlament "repräsentieren" sollen.

Ein weiterer wichtiger und politikrelevanter Sektor umfaßt die privaten Interessenverbände, welche die besonderen Ressourcen besitzen, funktionale Interessen zu bündeln und mit staatlichen Aktivitäten und Interessen vermitteln zu können.

Während die ersten dieser drei Bereiche in allen modernen Politiktheorien mehr oder weniger intensiv thematisiert werden, ist der Bereich der wissenschaftlichen und technischen Organisation bisher nur sehr sparsam untersucht worden. In komplexen Gesellschaften sind politische Entscheidungsträger in der Bewältigung ihres Aufgabenbestandes zunehmend abhängig von wissenschaftlicher Expertise. Sowohl der parlamentarische Sektor im Entscheidungsprozeß als auch Regierung und Verwaltung sind, soweit sie wissenschaftliche Informationen nicht über eigene Institute oder Forschungsorganisationen erarbeiten können, darauf angewiesen, dieses Wissen über vielfältige Formen der Zuammenarbeit mit wissenschaftlichen und technischen Organisationen zu mobilisieren.

Eine weitere wichtige Frage bei der Eingrenzung des Akteur-Systems stellt sich in bezug auf die nationalstaatlichen Grenzen. In der traditionellen Politikanalyse wurden innenpolitische Entscheidungsprozesse immer konsequent von der Außenpolitik bzw. den internationalen Beziehungen getrennt. Hier wird hingegen davon ausgegangen, daß angesichts der heutigen engmaschigen Verflechtungen im Weltmaßstab eine solche Trennung nicht mehr aufrecht zu erhalten ist. Eine derartige Sichtweise ist insbesondere in den Ansätzen des Transnationalismus impliziert (Keohane/Nye 1974, 1977; Huntington 1972; Mansbach et. al. 1976; Jacobson 1979).

Die Zunahme weltweiter Interdependenzen auf ökonomischer, militärischer, politischer, kultureller und ökologischer Ebene hat die binnenstaatliche Entwicklung zunehmend abhängig gemacht von nationalstaatsexternen Daten. Dies mußte zu einer Intrusion internationaler Politik in innenpolitische Entscheidungsprozesse führen. Angesichts zunehmender Verflechtung stehen Regierungen mehr und mehr unter dem Zwang, externe Entwicklungen und Faktoren, die inländische sozioökonomische Entwicklungen beeinflussen könnten, im Entwurf politischer Programme in Rechnung zu ziehen, daher auch mehr internationale oder ausländische Interessen in ihren Entscheidungsprozessen zu berücksichtigen. Die Bildung internationaler Komitees auf Kabinetts- und Beamtenebene, die Einrichtung spezialisierter, intergouvernementaler Organisationen und kontinuierliche, internationale Konsultationen sind vor diesem Hintergrund zu sehen.

Die Existenz vielfältiger "transnationaler Politiknetzwerke" hat eine wichtige Auswirkung auf moderne Politikstrukturen: Selbst in innenpolitischen Entscheidungsprozessen ermöglichen diese Kanäle Allianzen zwischen politischen Akteuren, die nicht notwendigerweise auf Nationalstaatsgrenzen beschränkt sein müssen. "Some organizations or groups", schreiben Keohane/Nye (1977:34), "may interact directly with other actors in other societies or with other governments to increase their benefits from a network of interaction. (...) Contact between governmental bureaucracies charged with similar tasks may not only alter their coalitions on particular policy questions. To improve their chances of success, government agencies attempt to bring actors from other governments into their own decision-making processes as allies." Politikarenen, in denen neben nationalen Organisationen auch internationale Akteure (internationale governementale und non-governementale Organisationen, ausländische Regierungen oder Interessengruppen) gleichzeitig in einen "policy-process" involviert sind, lassen sich besonders dann beobachten, wenn policy-Probleme vorliegen, die von ihren materiellen und soziale Wirkungsvernetzungen international dimensioniert sind.

Politikarenen

Das Akteur-System einer öffentlichen Politik wurde bis jetzt als bloßes Akteur-Set behandelt. Dabei wurde abstrahiert von politischen Institutionen, wie Parteiensystem, Parlamentarismus, Verwaltungssystem etc. - wie wenn sich die Akteure quasi nackt in einer offenen Feldschlacht konfrontieren würden. Ein wichtiges Charakteristikum moderner Politik sind jedoch Arrangements, Verfahrensregeln und Organisationsstrukturen, welche die Interessenkämpfe nicht unkontrolliert ablaufen lassen. Die Politikorganisation einer Gesellschaft muß vor diesem Hintergrund als die Gesamtheit institutioneller Arrangements oder "Politikarenen" begriffen werden, welche den politischen Verkehr in legitimierte Bahnen lenken, Interessenkonflikte "regulieren" bzw. "vermitteln" und damit verhindern, daß sich die verschiedenen sozialen Kräfte "nackt" konfrontieren. Politische Institutionen erzwingen, wie es Huntington (1968:162) einmal prägnant ausdrückte, "politische Anpassung als Preis für politische Partizipation".

Wie der Parlamentarismus als "ritueller" Modus der Konfliktregulierung zu begreifen ist, wurde von Elias Canetti in einer Analogie zwischen "kämpfenden Heeren" und "Parteien" sehr plastisch dargestellt. Wie im Gefecht die Heere, so müßten sich auch die Parteien weiterhin messen; bei einer parlamentarischen Abstimmung hätte man nichts anderes zu tun, "als die Stärke der beiden Gruppen an Ort und Stelle zu ermitteln. (..) ... die Zählung der Stimmen ist das Ende der Schlacht. Es wird angenommen daß 340 Mann über 240 gesiegt hätten. Die Masse der Toten bleibt aus dem Spiel. Innerhalb des Parlaments darf es keine Toten geben." (Canetti 1983:208). Aus dieser Perspektive der Konfliktregulierung kann die politisch rechtliche Verfassung einer Gesellschaft als ein wichtiges institutionelles Arrangement begriffen werden, die in rechtsförmiger Weise die in politischen Auseinandersetzungen einzuhaltenden "Gleisanlagen des gesellschaftlichen Verkehrs" (Offe 1975:10) regelt, politische Rollen verteilt und politischen Status zuweist.

Auch der Staat als spezifisches Organisationsverhältnis der Gesellschaft kann als Ensemble solcher institutioneller Arrangements begriffen werden. Dies widerspricht keineswegs der Auffassung, welche den Staat selbst als "korporativen Akteur" begreift (vgl. Coleman 1976, Vanberg 1978: 285ff.). Der Staat ist Ergebnis eines Prozesses, in dem individuelle Akteure im Interesse einer friedlichen Regelung von Konflikten und der kollektiven Lösung öffentlicher Probleme (Produktion von öffentlichen Gütern), schrittweise souveräne Rechte und Ressourcen an eine hinfort autonome Entscheidungseinheit übertragen. So erklärt Coleman die Entstehung des Staates: "The nation state is a special case, for the political philosophy of natural rights developed to give a conceptual basis for the belief that sovereignty resides in the individual persons, who then vest a portion of that sovereignty in the state as a corporate actor." (Coleman 1974:29).

Erscheint der Staat damit als Ergebnis eines Gesellschaftsvertrages zwischen vormals souveränen Akteuren, so impliziert dies nicht, daß hierin alle sozialen Interessen gleichermaßen zum Zuge kämen. Verträge sind nicht notwendigerweise gerecht. So können selbst Akteure, deren Benachteiligung durch einen Vertrag gewissermaßen zementiert wird, ein Interesse an diesem aufbringen, soweit andere Alternativen noch nachteiliger ausfallen würden.

Wird vom Staat als korporativem Akteur gesprochen, so ist damit keinesfalls impliziert, daß es sich hierbei um eine homogene, fugenlos organisierte Handlungseinheit handle. Solche Mißinterpretationen sind in den Sozialwissenschaften keinesfalls vollkommen abwegig. Wurde vor einigen Jahren noch vom "Staatsapparat" oder vom "politisch-administrativen System" gesprochen und dabei suggeriert, daß der Staat oder das Regierungs- und Verwaltungssystem als einheitlicher Block zu behandeln sei, wird heute mehr und mehr davon abgegangen und auf die differenzierte und komplexe Binnenstruktur des staatlichen Organisationsbereichs hingewiesen. Cawson (1982) beispielsweise spricht vom "fragmentierten Staat", was den empirischen Evidenzen hinsichtlich der Organisiertheit des Staatsbereich begrifflich sehr nahe ist. Überzogene Vorstellungen über die Einheit des Staates lassen sich meist durch empirieferne Spekulationen erklären. Empirisch orientierten organisationssoziologischen Analysen der Staatsorganisation muß sich die Komplexität des staatlichen Organisationsgefüges schon allein durch die verschiedenen Ebenen der rechtlich- organisatorischen Verfaßtheit moderner Staatsorganisation aufdrängen: So regelt zunächst die Gewaltenteilung relativ autonom Beziehungen zwischen Regierung und Parlament einerseits und dem juristischen Sektor andererseits. Das Interorganisationsverhältnis zwischen Parlament und Regierung ist darüber hinaus auch noch durch die spezifische Ausprägung des Regierungssystems bestimmt. So schafft der in der Bundesrepublik vorliegende parlamentarische Typus beispielsweise eine viel engere Verzahnung zwischen Legislative und Exekutive als dies im präsidialen Typ der USA der Fall ist. Das Ressortprinzip schließlich, das die Arbeitsteilung innerhalb der Bundesregierung regelt und besagt, daß die Ministerien ihre Ressorts selbständig verwalten, weist wiederum auf mögliche Konfliktlinien zwischen den Ministerien hin. Das Verwaltungssystem schließlich regelt die Organisation zwischen der Regierungsebene, ausführender Verwaltung und dem judikativen Bereich. Beispielsweise resultiert aus dem Prinzip der rechtsstaatlichen Verwaltung in der Bundesrepublik ein viel engerer Spielraum für Verwaltungsermessen, als dies in den USA der Fall ist (Scharpf 1970; Dolzer 1982).

Eine weitere Ebene der staatlichen Ordnung ist die bundesstaatliche Verfaßtheit, die die Aufgaben- und Kompetenzverteilung in der Bundesrepublik zwischen Bundes- und Länderebene regelt, worin ebenfalls Konflikte angelegt sein können (Scharpf 1978). Die gesamte Staatsorganisation besteht daher aus einem Ensemble verschiedener, in sich verschachtelter Organisationsprinzipien, welche sich somit nur aus einer wirklich spekulativen und empiriefremden Perspektive als eine monolithische Apparatur bzw. singuläre Kommandostelle reduzieren ließe.

In der politikwissenschaftlichen Disziplin der "internationalen Beziehungen" werden institutionelle und normative Arrangements neuerdings "Regimes" genannt. Diese werden durch Strategien rationaler Akteure erklärt, welche angesichts diverser Tendenzen zu kollektiver Irrationalität, die interessenorientierte Interaktion produzieren kann, gemeinsame Ziele über Kooperation und Verhaltenskonzertierung erreichen sollen (Young 1980; Keohane 1982). "Regimes" sind Antworten auf Koordinationsprobleme oder Handlungssituationen, in denen die "nackte" Verfolgung individueller Interessen zu kollektiv unerwünschten Folgen führt. "Regimes" setzen Restriktionen für Handlungsoptionen und modifizieren die Kosten- und Nutzenstruktur von Handlungsstrategien. Stein (1982:301): "A regime exists when interaction between the parties is not unconstrained or is not based on independent decision making. Domestic society constitutes the most common regime. Even the freest and the most open societies do not allow individualism and market forces full play; people are not free to choose from among every conceivable option - their choice set is constrained. The workings of a free market require a developed set of property-rights, and economic competition is constrained to exclude predatory behaviour. Domestic society, characterised by the agreement of individuals to eschew the use of force in settling disputes, constitutes a regime precisely because it constrains the behaviour of its citizens."

Auch die verschiedenen nationalen, politik-institutionellen Arrangements, welche das Interaktionsverhalten zwischen den "policy-Akteuren" regulieren, können als Ausdruck verschiedener "Regimes" begriffen werden. Zu diesen gehören nicht nur verrechtlichte Formen, vorgeschrieben durch die Verfassung einer Politikorganisation, sondern auch bloß historisch eingefahrene politische Praktiken, die nirgends formalrechtlich niedergelegt worden sind, die jedoch in ihrer Regelmäßigkeit und Wirksamkeit nicht weniger institutionalisiert wirken wie rechtlich sanktionierte Praktiken. Ein sehr prägnantes Beispiel hierzu ist die Arbeitsweise der österreichischen Paritätischen Kommission, welche nirgendwo gesetzlich formell eingerichtet wurde, trotzdem aber einen signifikaten Anteil an der makroökonomischen Steuerung Österreichs hat (Marin 1982b). Wollte man die Frage des Zugangs zu Politikarenen nur legalistisch mit dem Verweis auf Verfassung und Spezialgesetze (z.B. Parteiengesetz) beantworten, würde durch die Verwechslung des Verfassungsanspruchs mit der Verfassungswirklichkeit übersehen, daß in der heutigen Politik die Entscheidungen meist nicht in den eigentlich gesetzlich dafür vorgesehenen Institutionen bzw. Verfahrenswegen getroffen werden, wie Offe treffend formuliert, "sondern auf einer großen Zahl von institutionell gar nicht vorgesehenen Schleich-, Um- und Nebenwegen." (Offe 1982:15f).

Politiknetzwerke

Generelle politische Praxis ist heute, daß die von der Verfassung vorgesehenen Entscheidungsträger politischer Prozesse angesichts ihrer Kapazitäts- und Ressourcenengpässe private Interessenorganisationen in Entscheidungsprozeduren kooptieren, diesen Akteuren damit einen "politischen Status" verleihen, der ihnen von der Verfassung gar nicht zusteht. Über unzählige solcher Verbindungen werden private Akteure damit in Politikformulierungsprozesse "eingewoben". Die Kriterien, nach denen solche Kooptationen erfolgen, sind als gegenseitige "Gewinnerwartungen" zu betrachten; das Ganze entspricht in seiner logischen Struktur einem Tauschgeschäft, in dem staatliche Behörden den Privatorganisationen Einfluß auf die Politikformulierung gewähren, während die Privatorganisationen wichtige Informationen liefern, politische Unterstützung garantieren und ihre Mitgliedschaft kontrollieren (Olsen 1981:493). Wie ökonomischer Austausch, wie der Markt ganz generell als "soziales Konstrukt", so muß auch der "politische Tausch" als ein "institutionalisierter Prozeß" (Polanyi 1957) betrachtet werden, wobei die verschiedenen Akteure ihre Interessen nicht mehr über Zwang und Druck auf andere Akteure realisieren wollen, sondern sich Entscheidungen, "policy-outcomes" oder sonstige gewünschte Ereignisse über Tauschprozesse gewissermaßen gewaltlos aneignen. Politische Tauschprozesse aber finden meist in Dyaden statt, erweiterter Tausch (Triade oder ganz generalisiert) ist sehr selten zu beobachten (z.B. log-rolling), vor allem wegen des Fehlens eines allgemeinen Mediums, wie es das Geld im ökonomischen Tausch darstellt (zum "politischen Tausch" vgl. Pizzorno 1978; zu Überlegungen eines "generalisierten politischen Tausches" vgl. Marin 1985).

In Politikformulierungsprozessen unter korporatistischen Bedingungen lassen sich die oft beobachteten engen Beziehungen zwischen Staat und Interessengruppen als Tauschbeziehungen interpretieren. Politische Akteure, deren Sachwissen oder kooperatives Verhalten relevant für die erfolgreiche Durchführung eines politischen Programms ist, werden von staatlichen Organisationen zur Vorabklärung politischer Vorhaben bis hin zu detaillierten Abstimmungen und Vereinbarungen hinsichtlich der inhaltlichen Gestaltung von Politiken herangezogen. Meist wird nur eine selektive Auswahl von Organisationen mit guter Tauschposition beteiligt. Dieses vermeidet einen der sogenannten "garbage-can"-Effekte (Cohen et al. 1972), wo der Wust angemeldeter Forderungen und unterschiedlicher Positionen die Komplexität der Verhandlungssituation übersteigert.

Unter dem Gesichtspunkt einer effektiven Politikformulierung ist ein anderer Vorteil selektiver Beteiligung, daß die überschaubar kleine Anzahl politikrelevanter Organisationen eine intimere Kenntnis und Vertrautheit der unterschiedlichen Positionen und Interessenlagen der Beteiligten fördert und eher zu Vertrauensverhältnissen führt. Dauerhafte Kontakte zwischen den Akteuren fördern schließlich die Berechenbarkeit und damit die Minimierung von Entscheidungsunsicherheit für die verschiedenen Verhandlungspartner.

Ein weiteres organisatorisches Prinzip dieser tauschförmigen Vernetzung zwischen Staat und Interessengruppen scheint Routine zu sein: Das Set der zur Formulierung einer Politik herangezogenen Organisationen ändert sich nicht über verschiedene Politiktypen hinweg, wie es beispielsweise der Ansatz von Lowi (1964) nahelegt, sondern bleibt über Politikfeldgrenzen und "Politiktypen" (regulative, distributive und redistributive Politiken) hinweg relativ stabil. Routinierte Kontakte und Beziehungen können wiederum die Grundlage für dauerhafte politische Allianzen bilden, was wiederum zu besserer Berechenbarkeit und stabiler Entscheidungsumwelt der involvierten Akteure führt.

Wie entstehen solche Arrangements? Sie werden maßgeblich durch Regierungspolitiken geformt, indem sich politische Planer der Vorteile bestimmter organisationsstruktureller Arrangements bewußt werden, obwohl dies nicht als eine Art konspirativer Organisationsentwicklung von Regierungsseite begriffen werden darf (political design), sondern eher als eine institutionelle Form, die sich als Ergebnis von Interaktionsprozessen zwischen gesellschaftlichen und staatlichen Akteuren herausbildet, in der jede Seite im Rahmen jeweiliger Handlungsspielräume ihre Interessen verfolgt (Schmitter 1984:8ff).

Die Korporatismustheorie suggeriert manchmal, daß es sich bei korporatistischen Arrangements um eine Art einmütiges Zusammenwirken der beteiligten Akteure handeln würde - als ob Interessenkonflikte weitgehend "aufgelöst" wären. Wie in allen institutionellen Strukturen, so vermögen korporatistische Arrangements Interessenkonflikte nur "einzudämmen" bzw. zu kanalisieren" - also nur die Bahnen vorzuschreiben, in denen die Logik des Interessenkampfes weiterhin ihr Spiel treibt. Darüberhinaus sind auch in korporatistischen Arrangements Machtstrukturen eingezeichnet, auch wenn Tauschverhältnisse zunächst Reziprozität suggerieren. Die verschiedenen Akteurkategorien und Interessengruppen haben jeweils unterschiedliche Tauschpotentiale, und Mangel an besseren Alternativen läßt auch systematisch benachteiligte Tauschpartner Strukturen des "ungleichen Tausches" akzeptieren.

Machtpotentiale

Das bisherige Bild der Policy-Arena ließ wenig Raum für Macht: eine Problemstruktur aktivierte Policy-Akteure, deren Interaktionen im Problemlösungsprozeß wiederum über spezifische institutionelle Arrangements vermittelt wurden. Die Politik erscheint also als eine Art "funktionalistischer Problemlösungsmechanismus" der Gesellschaftssteuerung. Würden wir nicht konsequent im Auge behalten, daß selbst technische Politikthemen Interessenkämpfe implizieren, und daß die konfliktminimierenden institutionellen Arrangements der Interessenvermittlung keine Stillegung der Interessenkonflikte bedeuten, bestände tatsächlich die Gefahr, in ein funktionalistisches Fahrwasser zu geraten. Politikentwicklungen implizieren immer Machtkämpfe; die Existenz von institutionellen Handlungsregulativen bedeutet nicht, daß innerhalb der von diesen "Regimes" belassenen Freiheitsgrade die Akteure nicht mehr interessenorientiert handeln und entsprechende Mittel einsetzen, um Politikinhalte zu verhindern bzw. andere wiederum zu ermöglichen. Das pluralistische Bild einer Politik als Ergebnis eines Kampfes involvierter Interessen ist nicht vollkommen falsch: die Konflikte drücken sich nur gebrochen durch die politische Organisationsstruktur einer Gesellschaft aus. Macht wirkt innerhalb dieser institutionalisierten Kampfformen nicht "nackt", sondern zerlegt sich und wirkt gleichsam über viele Komponenten und Kettenglieder. Diese komplexe Wirkungsweise wird im folgenden näher betrachtet.

In dem hier verfolgten Konzept interessieren sich Akteure für den Politikprozeß, weil sie an dessen Resultaten interessiert sind. Entsprechend ihren Möglichkeiten versuchen sie, auf Entscheidungen Einfluß zu nehmen, d.h. policy-Ereignisse zu verhindern oder zu ermöglichen, sie letztlich also zu "kontrollieren". Coleman (1973) begriff aus dieser Perspektive Macht als "Kontrolle von Ereignissen". Nur in Ausnahmefällen kontrolliert aber ein Akteur soziale Ereignisse allein. In Interaktionszusammenhängen ergeben sich Entscheidungsresultate in der Regel immer als Zusammenhandeln und Zusammenwirken vieler Akteure. Kein Akteur kontrolliert die Auswirkungen einer Politik allein und hieraus erwachsen Interessenverflechtungen und gegenseitige Abhängigkeiten. In sozialen Zusammenhängen ist "Macht über Ereignisse" immer vermittelt über "Macht über Akteure". "Macht", so definierte Weber (1927:38): "bedeutet jede Chance, innerhalb einer sozialen Beziehung, den eigenen Willen auch gegen Widerstreben durchzusetzen, gleichviel worauf diese Chance beruht." Weber impliziert damit eine Differenzierung zwischen Macht als Chance oder Wahrscheinlichkeit, seine Interessen durchzusetzen, und der Machtbasis, den Machtmitteln, auf welchen einer solche Kapazität beruht.

In der amerikanischen Soziologie werden Machtmittel bzw. Machtbasen häufig Ressourcen genannt. Eine Ressource ist, nach Rogers Definition (1974:1425) " .. any attribute, circumstance or possession that increases the ability of its holder to influence a person or group." Wird eine solche Definition nicht auf das soziale Verhältnis, sondern auf die Akteur-Ereignis-Relation bezogen, und wird diese in den Kontext einer Politikentwicklung gestellt, so können alle Mittel und Umstände als Ressourcen betrachtet werden, die es einem Akteur ermöglichen, bestimmte intendierte Ereignisse, Entscheidungen oder "policy-outcomes" zu kontrollieren bzw. herbeizuführen.

In der soziologischen Literatur sind inzwischen unzählige Ressourcen-Typologien aufgestellt worden (Lasswell/Kaplan 1950, Laumann/ Pappi 1976), die natürlich in diesem Rahmen nicht diskutiert werden können. Gleichwohl soll im folgenden eine Einteilung der Ressourcen skizziert werden, in der die Ressourcen entsprechend den unterschiedlichen Komponenten der Macht, welche sie ermöglichen, unterschieden werden: Eine wichtige Komponente der Macht ist das Repertoir "instrumenteller Ressouren" (Rogers 1974), die situativ mobilisiert werden können, um relevante Ereignisse direkt oder über jene Akteure zu kontrollieren, von deren Verhalten das Eintreten eines spezifischen Ereignisses abhängt. Diese Machtkomponente ist rein "instrumentell" und hängt sowohl von der Verfügungsgewalt über solche Machtmittel, als auch von der Kapazität ab, diese operativ einzusetzen.

Eine zweite, wichtige Komponente der Macht ist eine eher "relationale" Dimension. Die Kontrolle eines Akteur B durch Akteur A braucht nicht durch eine instrumentelle Einwirkung des Akteur A auf Akteur B wirksam werden (Zwang, Überzeugung, positive oder negative Anreize etc.). Das Handeln des Akteurs B kann auch dadurch beeinflußt werden, indem Akteur

B in der rationalen Verfolgung seiner Interessen vom Verhalten von A in größerem Maße abhängig ist als A von B. Akteur B ist daher strukturell gezwungen, in seinen Handlungen die Interessen von A zu berücksichtigen, wenn er seine Interessen berücksichtigt haben will. Dieses Machtkonzept ist von Thibaut/Kelley (1958) als "Verhaltenskontrolle" eingeführt worden. Thibaut/Kelley (1958:124) erklären: "An individual's power over another derives from the latter's being dependent upon him. Person A has power over B to the extent that by varying his behaviour he can affect the quality of B's outcome." Diese Dimension der Macht wirkt typischerweise in asymmetrischen Austauschverhältnissen von Ressourcen. Ein Akteur, der seine existentiell notwendigen Ressourcen zum Großteil von anderen Akteuren bezieht, selbst aber an diese keine oder nur geringe liefert, wird daher im Interesse seiner eigenen sicheren Ressourcenlogistik die Interessen seiner Ressourcenlieferanten in seinem Handeln berücksichtigen. Macht ist in diesem Fall die Kehrseite von Abhängigkeit (Emmerson 1962; Pappi/Kappelhoff 1984).

Die bisher skizzierten Komponenten der Macht setzen alle die aktive Präsenz der Akteure voraus, welche Macht intentional ausüben: einerseits durch "instrumentelle Kontrolle", andererseits durch sogenannte "Verhaltenskontrolle" (Thibaut/Kelley 1958). Eine dritte Komponente der Macht schließlich wirkt auch ohne aktive Präsenz und ohne gerichtetes Wollen von Akteuren. Strukturelle Bedingungen und Restriktionen können insoweit asymmetrisch auf die verschiedenen Akteure wirken, als die Interessen bestimmter Akteurkategorien systematisch priviligiert, andere Akteure wiederum systematisch benachteiligt werden. Dies ist beispielsweise dann der Fall, wenn Ereignisse erst gar nicht aufkommen, die bestimmte Interessen negativ betreffen könnten. Manche Autoren argumentieren zwar dafür, den Machtbegriff auf "intendierte und effektive Einflußnahme" einzugrenzen (Wrong 1979), es ist jedoch wenig einsichtig, warum Einflüsse von Wertsystemen, Normen und Ideologien, die mit der Strukturierung von Handlungssituationen Ereignisse oft wirksamer kontrollieren als Mechanismen instrumenteller oder relationaler Kontrolle, keine Dimension der Macht wären (vgl. Lukes 1974).

Die skizzierten Machtkomponenten beziehen sich jeweils nur auf die Chance, Ereignisse kontrollieren zu können - verweisen also nur auf ein objektives oder strukturell bedingtes Machtpotential. Inwieweit diese strukturell verbürgten Möglichkeiten aber von den einzelnen Akteuren realisiert werden können, kann von den objektiven Bedingungen her nicht beantwortet werden. Wie die Syntax der Sprache, so schreiben diese lediglich logische Zusammenhänge und Restriktionen fest, in denen interessiertes Handeln sich einzurichten hat. Wenn manifeste Kräfteverhältnisse erklärt werden sollen, so müssen zusätzlich zum Ressourcenpotential und zu den strukturellen Machtpositionen auch noch voluntaristische Momente eingerechnet werden (situative Fähigkeiten, Geschicklichkeit und vielleicht auch Zufälligkeiten), welche die verschiedenen Akteure in unterschiedlichem Maße besitzen, um ihre Machtbasis in reale Macht umzuwandeln.

3. Der Prozess der Politikentwicklung

Bisher wurden die Bedingungen, unter denen interessengeleitete Akteure im Kontext von Interessenkonflikten auf die inhaltliche Bestimmung einer Politik Einfluß nehmen, unter einer synchronen, also eher "zeitlos statischen" Perspektive erörtert. Im folgenden soll der typische Verlauf einer Policy aus einer "diachronischen" Perspektive betrachtet werden, unter einem Gesichtspunkt also, welcher die typischen Sequenzen, Phasen und Verlaufsmuster, die eine Policy entlang der Zeitachse durchläuft, in Rechnung stellt. Dabei soll im einzelnen herausgearbeitet werden, wie sich ein Problem technischer oder gesellschaftlicher Natur herausbildet, sich in ein "politisches Problem" verwandelt, wie soziale Akteure davon betroffen werden, wie Lösungsstrategien entworfen und Programme formuliert und diese schließlich in die Praxis umgesetzt werden. Aus dieser Perspektive erscheint der "policy process" stark problemorientiert. Trotzdem soll im Auge behalten werden, daß Politiken gleichzeitig Interessenkonflikte implizieren. Probleme programmieren ihre Lösungswege keineswegs selbst vor, so daß von den Entscheidungsträgern bzw. involvierten Akteuren immer zwischen verschiedenen konkurrierenden Problemlösungsoptionen entschieden werden muß. Der Politikprozeß ist aus dieser Perspektive daher ebenso als Entscheidungsprozeß wie als Interessenkampf zu begreifen: als eine Folge von Entscheidungssituationen, in denen zu spezifischen Zeitpunkten sowohl Politikoptionen erzeugt als auch eliminiert werden. Laumann/Knoke (1982:13) haben diesen Prozeß in prägnanter Weise resümiert: "Each intermediate decision event in a chain is a necessary but not sufficient gatekeeper through which an option must move (and thereby at times even be modified or transformed) in order to ripen into the final policy option selected for implementation."

Unterschiedliche Lösungsoptionen und davon abhängige Politikstrategien implizieren in der Regel unterschiedliche Begünstigungs- bzw. Belastungsverhältnisse für die Akteure. Die Betroffenen - soweit sie ihre Betroffenheit erkennen - sind daher in der Regel interessiert, auf die Gestaltung einer Politik Einfluß zu nehmen, um entweder "schädigende" Politikoptionen zu verhindern oder "günstige" Politikoptionen zu unterstützen. Inwieweit ihnen dies gelingt, hängt von ihrem Machtpotential ab. Im vorhergehenden Kapitel ist gezeigt worden, daß eine Komponente dieses Einflußpotentials "strukturelle Macht" darstellt, welche - ohne intentionales Handeln von Akteuren - über kulturelle, normative, politikstrukturelle und institutionelle Arrangements bestimmte Lösungsoptionen systematisch privilegiert und andere wiederum systematisch verhindert. Dies ist eine wichtige Dimension, die neben den Akteurstrategien und instrumentellen Machtressourcen immer im Auge behalten werden muß.

Problemgenese

Probleme werden oft formell als "Abweichung zwischen einem Soll und Ist-Zustand" definiert. Beispielsweise existiert für Sjöblom (1986:76) ein Problem, "when there is a discrepancy between what is and what is desired". Bezogen auf politische Entscheidungsprozesse definiert Sjöblom das Policy-Problem als eine Diskrepanz zwischen einem angestrebten Zustand und der verfügbaren "sozialen Technologie", mit der dieser Zustand erreicht werden könnte (ebd. S. 85). Eine solche Definition verweist auf zwei Komponenten eines politischen Problems: das Normative und das Faktische. Bilden sich Probleme heraus, sind immer beide Dimensionen beteiligt: Es existiert eine soziale Norm, ein Erwartungsniveau oder eine technisch definierte Notwendigkeit, von der ein aktueller Zustand abweicht. Viele Policy-Modelle setzen an diesem Punkt an, ohne aber selbst noch auf die problemerzeugenden Mechanismen Rückgriff zu nehmen. Es ist aber klar, daß es für das Verständnis des sozialen Wirkungsspektrums eines Problems wichtig ist, dessen innere Natur und dessen Vernetzung mit anderen Problembereichen zu kennen. Probleme können zunächst ökonomischer, ökologischer oder technischer Natur sein; indem sie auf die Lebenschancen von Menschen wirken, werden sie "soziale Probleme". Diese Vernetzung zwischen Problemen und sozialen Akteuren wurden oben als "Betroffenheitsstruktur" diskutiert.

Zwischen Problemsituation und die davon betroffenen Akteure schiebt sich eine weitere Dimension, die für das Verständnis der Problemkonstitution wichtig ist. Die Voraussetzung einer sozial relevanten Diskrepanz zwischen dem "was ist" und dem "was sein soll" ist deren Perzeption durch soziale Akteure. Reine Daten gibt es nicht - Erkenntnis von etwas ist immer ein sozialer Prozeß, der auf Theorien, Modelle, Ideologien verweist, mittels derer sich soziale Akteure ein Bewußtsein oder eine Vorstellung über die Realität machen. Die Ebene der Problemperzeption und -definition ist daher eine eigenständige Ebene mit eigenen Gesetzmäßigkeiten, relativ autonom von einer sogenannten "objektiven Problemlage". Beispielsweise ist die Toxizität von Chemikalien als wissenschaftliches Thema schon lange vorher bekannt gewesen, bevor dies zu einem sozialen und politischen Problem aufgeworfen wurde. Erst eine spezifische Kombination zwischen wissenschaftlichem Fortschritt in der Testmethodenentwicklung einerseits und einem gesellschaftlichen Norm- und Wertewandel andererseits machten diesen Zusammenhang öffentlich "sichtbar" und sozial inakzeptabel, und damit zum Problem. Diese normative Komponente von politischen Problemen kann insbesondere in international und interkulturell vergleichenden Studien klar gesehen werden. Soziale und politische Zustände, die beispielsweise in Europa ein zentrales Problem darstellen, sind in Asien oft Alltagstatbestände und werden als schicksalhaft akzeptiert (Tallmann 1976: 25ff). Es liegt deshalb nahe, davon auszugehen, daβ Probleme niemals nur in ihrer materiellen Natur, sondern immer zusammenhängend mit Fragen der Perzeption und der Normen zu behandeln sind.

Ein weiterer Zusammenhang zwischen Problemen und darauf bezogenen Politiken, der für das Verständnis der Prozeβdynamik wichtig ist, ergibt sich aus den Beziehungen zwischen Problemstruktur und Lösungsoptionen. Obwohl Probleme in der Regel ihre eigenen Lösungen nicht vorprogrammieren, besteht zwischen der Problemstruktur und den Lösungsoptionen doch ein gewisser Zusammenhang. Dieser darf allerdings nicht deterministisch gesehen werden, sondern eher als eine Art Gelegenheitsstruktur, die "Freiheitsgrade" für sachlich eruierbare Lösungsoptionen vorzeichnet. Einerseits stellen inhaltliche, sachlogische Zusammenhänge und Eigenheiten eines Problems wie beispielsweise "Strukturiertheit", Gröβendimension und Wachstumsdynamik spezifische Anforderungen (z.B. räumliche und zeitliche Restriktionen) an Lösungsentwürfe. Andererseits ist der Prozeβ der Suche nach Lösungsstrategien im "policy-design" immer vermittelt über sogenannte kognitive Orientierungsskizzen, gewissermaβen "Landkarten" (Axelrod 1976; Moskowitz 1978), spezifische kognitive und normative Strukturen, innerhalb derer die "policy-maker" ihre Handlungsalternativen evaluieren, bewerten und sich für Optionen und Strategien entscheiden. Die Menge der zu einem Zeitpunkt erkennbaren und denkbaren Lösungsoptionen ist daher immer nur ein Ausschnitt der sachlichen Optionen. Das Wissen über die vorherrschende Problemsicht bzw. Problemparadigmen, welche die Bewertung der verschiedenen Restriktionen zentral lenken, sind daher unabdingbar für das Verständnis einer Politikentwicklung.

Thematisierungsprozess

Probleme lösen sich nicht selbst. Die Gesellschaft ist kein technisch-kybernetisches System, in dem "Soll-Abweichungen" direkt in ein gesellschaftliches Steuerungszentrum rückvermittelt werden. Soziale Problemlösungsprozesse sind immer akteurvermittelt, also gebunden an Akteure, die interessiert in einen Problemzusammenhang eingreifen, zu Lösungsprozessen drängen, oder Problembewältigungsstrategien selbst initiieren und dementsprechend Ressourcen investieren. Dieser Prozeβ verbirgt aber eine Reihe von Annahmen, die nicht fraglos vorausgesetzt werden können.

1. Befinden sich soziale Akteure in einer Problemlage oder in einer Situation des Mangels oder der Deprivation, impliziert dies nicht automatisch, daß Individuen oder Gruppen handeln. Individuen können solche Zustände beispielsweise als naturgegeben oder gottgewollt betrachten, und damit akzeptieren. Eine wichtige Grundvoraussetzung für das Handeln ist die Denkbarkeit der Herbeiführung des gewünschten Zustandes durch den Handelnden. Dieses impliziert die denkbare Möglichkeit eines anderen Zustandes überhaupt in den Vorstellungen des Handelnden. Diese Bedingung setzt bestimmte Weltbilder oder Situationsdeutungen voraus, die die Möglichkeit des Andersseins in sich bergen. Die Strukturen der Situationsdeutungen (Ideologie, Kultur, Normen etc.) sind daher ein strategisches Element der Thematisierung einer Problemlage, und in der Politikerklärung so bedeutsam, ohne die - abseits von den rationalen Entscheidungsansätzen - viele reale Entscheidungsprozesse nicht erklärbar wären.

2. Auch wenn ein Akteur Probleme wahrnimmt und Vorstellungen über Lösungswege besitzt, bedeutet dies nicht, daß dieser notwendigerweise handelt. Handeln setzt verfügbare, wirksame Mittel und Ressourcen voraus; Bedingungen also, wie sie nicht bei allen Akteuren gegeben sind.

3. Auch wenn die unter 1. und 2. genannten Bedingungen vorliegen, ist politisches Handeln eines Akteurs nicht zwingend. Handeln erfordert die gegenwärtige Investition knapper Mittel, um zukünftige Erträge zu ernten - involviert also Unsicherheit und Risiko (Schmitter 1981b:93).

Erst wenn alle diese Bedingungen und Voraussetzungen "halten", handelt ein Akteur, interveniert er in die politische Arena, um einen Problemlösungsprozeß zu initiieren und voranzutreiben. Inwieweit ihm dies gelingt, hängt nicht nur von seinen Ressourcen, Strategien und Taktiken ab, sondern auch von den Handlungen und Reaktionen der übrigen, in der politischen Arena präsenten Akteuren. Problemlagen avancieren nicht zwangsläufig zu politisch bearbeiteten Problemen. Will man nicht in die Fußangel funktionalistischer Interpretationen treten, in der ein "politisches System" automatisch alle auftretenden bestandgefährdenden Probleme löst, muß den von einem Problem direkt oder indirekt betroffenen Akteuren die Autonomie zugestanden werden, Probleme zu übersehen oder aus verschiedenartigsten Gründen kein Interesse an deren Lösung zu haben. Probleme können verleugnet, verharmlost und verdrängt werden; schließlich sind Konstellationen denkbar, in denen Akteure an einer Problemkonservierung interessiert sein können. Ist ein Problem strategisch vorteilhaft für eine Seite, hat diese sicher kein Interesse, dieses zu lösen (man würde ja die Henne töten, die goldene Eier legt!).

Eine weitere Möglichkeit ist, daß Akteure mittels geeigneter Präventivmaßnahmen Probleme schon im Keimstadium beseitigen. So verfügen die meisten Regierungen heute über Sensoren oder Frühwarnsysteme (Institute, besondere Abteilungen), deren Aufgabe es ist, ständig diagnostische Leistungen bezüglich potentieller Problemlagen zu erbringen (Offe 1973).

Unter welchen Umständen avanciert nun ein latentes oder antizipiertes soziales Problem zur politisch bearbeiteten Problemmaterie? Unter welchen Bedingungen erhält ein Problem Zugang zur politischen Arena - wird politisch entscheidungsbedürftig? Diese Frage ist besonders intensiv in der amerikanischen "Agenda-building"-Diskussion untersucht worden (Cobb/Elder 1972; Cobb et al. 1976; Kingdon 1984). Der Kerngedanke dieses Ansatzes besteht darin, daβ öffentliche und politische Aufmerksamkeit hinsichtlich sozialer oder technischer Probleme ein knappes Gut ist (Simon 1967:108). Politische Akteure sind in der Regel gleichzeitig in viele Problem- und Entscheidungssituationen involviert, kämpfen also simultan an mehreren politischen Fronten. Zahlreiche Fristen und Termine müssen eingehalten werden, unzählige Problemmaterien und deren Hintergründe müssen analysiert und bewertet werden. Aus einer solchen Situation folgt zwangsläufig eine vertikale Schichtung der verschiedenen Issues: die verschiedenen Issues konkurrieren gegeneinander - einerseits um überhaupt auf die politische Prioritätenliste zu gelangen, andererseits um innerhalb dieser Rangordnung einen möglichst guten Platz zu belegen.

Um ein Thema in der politischen Arena auf der Regierungsagenda zu plazieren, verfügen Akteure über verschiedene strategische Pfade. Einige typische Muster von Problemkarrieren sind von Cobb et al. (1976:127) herausgearbeitet worden: Ein häufiger Aufstiegsmodus ist, daβ ein Problem von nicht-staatlichen Gruppen oder Organisationen in der Öffentlichkeit thematisiert wird und genügend Aufmerksamkeit gewinnt, um von staatlichen Organisationen als relevant und entscheidungsbedürftig betrachtet zu werden. Dies ist offensichtlich das alte liberale Lehrbuch-Modell, nach dem sich zunächst im "öffentlichen Raum" eine Auffassung über eine Politik bildet, diese dann über Parteien und Parlament in den Regierungsbereich "transponiert" wird (vgl. Habermas 1962).

Eine andere Problemkarriere ist, daβ ein Problem innerhalb des Staatssektors als bearbeitungsbedürftig angesehen wird, ohne daβ es in der Öffentlichkeit schon Aufmerksamkeit erregt hätte. Weil aber eine erfolgreiche Initiierung und Durchsetzung politischer Programme einer genügenden öffentlichen Unterstützung bedürfen, geht die Regierung mit dem Problem an die Öffentlichkeit, um Verbündete zu mobilisieren. Ein instruktives Beispiel hierfür ist die erste Phase der Politisierung des Umweltproblems in der Bundesrepublik (Küppers et. al. 1978). Der *Spiegel* (Nr. 45, 1982) schrieb über diese Epoche: "In jenen Jahren schien Bonner Umweltpolitik in mancher Hinsicht dem Umweltbewuβtsein des Durchschnittsbürgers vorauszueilen. Als sich die ersten Bürgerinitiativen für sauberes Wasser, saubere Luft bildeten, begrüβte der für den Umweltschutz zuständige Innenstaatssekretär Günther Hartkopf die Protestler erfreut als 'Multiplikatoren der Bonner Umweltpläne'. 'Es war eine unausgesprochene Arbeitsteilung' erinnert sich Hartkopf an die Zeit, 'in der Bürgerinitiativen die Umweltproblematik punktuell aufgriffen, während wir sie mehr programmatisch und lösungsorientiert aufgearbeitet haben'." Mayer/Görgen (1979:38) zitieren in einer Studie über Politikberatung einen Ministerialbeamten im Zusammhang mit einer derartig mobilen Bündnispolitik: "Man organisiert Umweltverbände. Wir arbeiten dann mit diesen zusammen. Wir regen die Mitglieder dieser Verbände an, Briefe an uns zu schreiben, dann haben wir brauchbare Argumente."

Ein weiterer Problemkarrieren-Typus verläuft in der Weise, daß ein Problem von staatlichen Organisationen als entscheidungsbedürftig anerkannt wird, welche aber gleichzeitig ein Interesse daran haben, das Issue aus der öffentlichen Diskussion und Parteipolitik herauszuhalten. Sofern die interessierten Akteure hier auch ohne Mobilisierung der Öffentlichkeit in der Lage sind, ein politischen Programm durchzusetzen, bleibt das Issue isoliert und verweilt somit unterhalb der Schwelle öffentlicher Diskussion.

Eine in der Agenda-building-Debatte noch nicht diskutierte Möglichkeit ist die internationale Politik-Diffusion. So können Regierungen oder organisierte Interessen anderer Nationalstaaten mittels Zugang zu nationalstaatlichen Politikarenen politische Themen auf die Tagesordnung eines Staates bringen, ohne daß in dessen Öffentlichkeit oder Regierungsorganisation ein authentisches Problembewußtsein vorhanden wäre. Solche Dynamiken der Politik-Diffusion sind bis heute erst spärlich untersucht worden (Gray 1973), werden aber in einer Atmosphäre zunehmender internationaler Integration der Volkswirtschaften immer bedeutender. Diese wiederum steht in engem Zusammenhang mit allen staatlichen Politiken, die Einfluß auf Lohnniveau, infrastrukturelle Einrichtungen und regulative Belastungen einer Ökonomie haben. Manche Regierungen sind deshalb bestrebt, mit dem Ziel der Herstellung gleicher Wettbewerbsbedingungen politische Issues in Politikarenen ihrer Konkurrenten zu lancieren, für die im Grunde noch kein eigenständiges Problembewußtsein existiert.

Programmformulierung

Ist es interessierten Akteuren nun gelungen, ein Thema auf der Regierungsagenda zu plazieren und Regierung bzw. Verwaltung entscheiden sich, ein Programm zu initiieren, so beginnt die Phase der inhaltlichen Gestaltung eines politischen Programms. Das Programm bestimmt die Handlungsziele, legt die Adressaten und die Träger der Durchführung und die Mittel fest, strukturiert die Beziehungen zwischen Programmelementen (Mayntz 1980:4). Auf allgemeinster Ebene kann es als eine spezifische "Kombination von Ressourcen" (Rose 1984) begriffen werden. Formal unterscheidet sich ein

Politikprogramm nicht von einem Plan, dem Entwurf oder einer Prozedur von Schritten, in denen ein Problem gelöst werden soll. Anders gesagt, ein Programm legt eine Reihe von Operationen fest, mittels derer, unter Einsatz von sachlichen und personellen Ressourcen, ein spezifiziertes Ziel erreicht werden soll. Der Plan- bzw. Programmentwurf wiederum ist Ergebnis eines Entscheidungsprozesses, wo unter verschiedenen, funktional äquivalenten Handlungsoptionen mittels bestimmter Entscheidungsregeln eine oder mehrere Handlungsstrategien bewertet und ausgewählt werden. Die bekanntesten Bewertungs- und Entscheidungskriterien sind "Effektivität" und "Effizienz": Als effektiv wird ein politisches Programm bezeichnet, wenn es eine Problemlösung wirksam erreicht (Mayntz 1983a:127), als effizient, wenn dabei der Mitteleinsatz möglichst gering gehalten werden kann. Die Gestaltung der Programmstruktur einer Policy ist damit ein bekanntes Problem "rationaler Entscheidung", das zur Genüge in der betriebswirtschaftlichen und soziologischen Literatur behandelt worden ist (March 1978). Gewöhnlich werden Entscheidungsprozesse dort in folgende logische Phasen eingeteilt: Problemdefinition, Zielsetzung, Entwicklung von Alternativen, Bewertung von Alternativen, Entscheidung und Durchführung.

In einer ersten Phase wird zunächst die Problemlage erfaßt, definiert und analysiert. Voraussetzung hierfür ist Wissen über die Ursache-Wirkungszusammenhänge. Dies hängt nun nicht allein von der Qualität und Quantität der Daten ab, sondern auch von sogenannten Problemlösungstheorien, den kognitiven und normativen Voraussetzungen der Problemperzeption. Oft ist das Ziel eines politischen Programms schon in der sachlichen Natur eines Problems angelegt; manchmal benötigen Programme auch explizite Zielsetzungen - vor allem wenn schlecht strukturierte Probleme vorliegen. Auch diese Phase ist auf valide Informationen und handlungsleitende Weltbilder angewiesen, die vorzeichnen, welches Spektrum an Zielen legitimerweise angestrebt werden kann.

Eine weitere Phase des Entscheidungsprozesses für die Programmstruktur ist die Entwicklung und Bewertung von Handlungsalternativen: Welche Kombinationen der Mittel, welches Vorgehen ist in einem jeweiligen situativen Bedingungsrahmen optimal zielwirksam? Einerseits bedarf es hier einer Bewertung der Zielwirksamkeit der Mittel (instrumenteller Aspekt), andererseits einer Prognose der wahrscheinlichen Reaktionen anderer Akteure (strategischer Aspekt).

Auf welche "Instrumente" können politische Planer im allgemeinen zurückgreifen? In bezug auf das generell zur Verfügung stehende Repertoire von "Interventionsmitteln" unterscheidet die politikwissenschaftliche Literatur zwischen fünf Instrumenten politischer Steuerung: a) regulative Normen b) finanzielle Transfers c) Infrastrukturinvestitionen d) Prozeduralprogrammierung und schließlich e) persuasive Strategien (Offe 1975; Mayntz 1980, 1983a; Voigt 1982).

a) Regulative Normen: Mittels regulativer Normen werden Verhaltenserwartungen für bestimmte Zielgruppen festgelegt und mittels Kontroll- und Sanktionsmechanismen abgestützt. Verbote werden als Signale gesetzt, bestimmte Handlungen durchzuführen oder zu unterlassen. Die Entscheidungen für die Handlungen stehen aber weiterhin in der Disposition der individuellen Akteure - hängen daher von ihren interessengeleiteten und strategischen Kalkülen ab. Ob und in welchem Maße sie ihr Verhalten an den gesetzten Normen ausrichten, hängt einerseits von der Kapazität des Staates ab, Abweichungen wirksam zu kontrollieren und "empfindlich" zu sanktionieren, andererseits von der Kapazität der Normadressaten, sich der Normbefolgung ungestraft zu entziehen. Am häufigsten werden diese normativen Erwartungen in Rechtsformen gegossen, d.h. "verrechtlicht" (vgl. Voigt 1980a; Teubner 1984).

b) Finanzielle Transfers: Finanzielle Ressourcentransfers implizieren eine Re-Allokation von Ressourcen zwischen den Akteuren - sind in ihrer Wirkung daher distributiv, bzw. redistributiv. Außer in Politiken, bei denen Umverteilung von Ressourcen schon der alleinige Zweck ist, werden solche Instrumente oft auch als Abstützmaßnahmen bei regulativen Politiken eingesetzt, wenn Verhaltenssteuerung besser über finanzielle Anreize wirkt. Voraussetzung für die Anwendung eines solchen Policy-Instruments ist die Verfügbarkeit über eine genügende finanzielle Manövriermasse, bzw. die Kapazität, diese Ressourcen zu mobilisieren (Steuern, Staatsschulden).

c) Infrastrukturinvestitionen. Diese Art von Steuerung ist rein fazilitativ. Im Bereich der Infrastrukturinvestitionen meint dies die kostenlose Bereitstellung von materiellen und immateriellen Rahmenbedingungen für privatautonomes Handeln wie z.B. Straßenbau, Bildungswesen etc., also "Güter" die nicht profitabel genug sind, als daß private Akteure für ihre Bereitstellung zu interessieren wären.

d) Prozedurale Programmierung: Dieses Instrument kann als die Imputation eines Verhandlungssystems charakterisiert werden, in dem betroffene und beteiligte Akteure den Ausgleich ihrer Interessen unter eigener Regie bewerkstelligen sollen. Zweck dieses Mechanismus ist daher nicht nur Konfliktregelung, wie Offe unterstreicht, sondern durch den Modus der Entscheidungsfindung und die Festlegung des Spektrums beteiligter Interessen werden gewissermaßen Entscheidungsinhalte und -resultate präjudiziert (Offe 1975:93). Prozedurale Programmierung bringt den Vorteil, daß Entscheidungen innerhalb solcher Verhandlungssysteme "sich auf eine Verbindlichkeit stützen können, die von allen beteiligten Interessen anerkannt wird; entsprechend stehen für die Implementation die Ressourcen aller beteiligten Seiten zur Verfügung" (Offe 1975:94).

e) Persuasive Strategien: Dieses Steuerungsinstrument setzt an der Prämisse an, daß Handeln nicht nur instrumentelle, sondern auch kommunikative Aspekkte besitzt, daß Akteure also diskursiv davon überzeugt werden können, daβ bestimmte Handlungsoptionen kollektiv inakzeptabel sind oder langfristig gegen die eigenen Interessen verstoβen.

Konkrete Politiken stellen meist Kombinationen dieser Politikinstrumente dar, und ein jedes dieser Steuerungselemente impliziert eine spezifische Ressourcenbelastung und Kapazitätsanforderungen für Regierung und Verwaltung sowie besondere Begünstigungs- und Belastungsverhältnisse für die beteiligten Akteure. Während finanzielle Transfers im wesentlichen sehr belastend auf den Staatshaushalt wirken, setzen regulative Programme genaue Kenntnis der Regulierungsmasse und ein Gespür für die wahrscheinliche Reaktion der Normadressaten voraus. Darüberhinaus benötigen diese einen kostenträchtigen Kontroll- und Sanktionsapparat (Polizei, Aufsichtsbehörden, Gerichte etc.).

Ist ein "Instrumentenmix" festgelegt, benötigt das Programm zusätzlich noch detaillierte Vorgaben und Anweisungen für seine operative Umsetzung. Dies sind gewöhnlich Verwaltungsregeln und oft auch informelle Verwaltungstechniken. Gerade diese Details im Programmentwurf strukturieren gewissermaβen die Möglichkeit einer effektiven Implementation vor. So schreibt Mayntz (1983a:129) sehr treffend: "The effectiveness of a programme depends to a large extent on the motivating, facilitating and structuring capacity of its provisions - not only with respect to target group behaviour but also with respect to the behaviour of implementation agents".

Restriktionen rationaler Politikstrategien

Dieser bisher skizzierte rationale Entscheidungsprozeβ in der Gestaltung eines politischen Programms unterliegt in der politischen Praxis nun einer Reihe von Restriktionen. Politische Planer haben oft keine klaren Zielvorstellungen, zu wenig Wissen über alle möglichen Problemlösungsstrategien, meist keine expliziten Bewertungsmaβstäbe für die Handlungsoptionen und auch kein sicheres Wissen über die soziale Durchsetzbarkeit eines Programms. Unter diesen Umständen entwickeln Programmplaner gewöhnlich keine umfassenden Problembestandsaufnahmen und daher auch keine rationalen "Pareto-optimalen Gesamtlösungen". Sie verfolgen eher inkrementalistische Strategien (Lindblom 1959), oder geben sich mit sogenannten "satisficing solutions" zufrieden (Simon 1957). Oft ahmen sie einfach Lösungsmuster aus andern Problemsituationen bzw. anderer Länder nach (vgl. zur Diskussion der "bounded rationality" March 1978).

Neben diesen eher logischen Restriktionen für rationale Problemlösungen, gibt es noch institutionelle Restriktionen, die für staatliche "policymaker" reine Zweckrationalität verhindern (Luhmann 1968). Eine solche Restriktion für pures zweckrationales Verhalten wurde von Mayntz (1983a) beispielsweise in der rechtlichen Struktur einer Gesellschaft lokalisiert: weiter oben wurde gezeigt, daβ das Recht u.a. eine sozio-politische Arbeitsteilung organisiert und nur ganz spezifischen Akteuren bzw. Akteurgruppen

Kompetenzen zuweist, Politiken zu initiieren und inhaltlich zu gestalten. Darüber hinaus sind aber auch die Verfahrensmuster, die Ablauforganisation einer Politikentwicklung oft bis ins Detail durch Rechtsvorschiften vorgezeichnet. Unabhängig von den Entscheidungsinhalten zeichnen diese, ähnlich mathematischen Algorithmen, bestimmte Handlungsprozeduren vor. Rein zweckrationales und strategisches Handeln ist für staatliche Akteure daher nur innerhalb ausgesparter Spielräume möglich (Luhmann 1968:100). Diese rechtlichen Restriktionen dürfen nun aber nicht als vollkommen "rigide" aufgefaßt werden, sondern müssen eher als flexibles und elastisches Netz begriffen werden, das zwar Ausnahmen zuläßt, seine Bindewirkung jedoch im Maße zunehmender Regelabweichung verstärkt. Dieses "rechtliche und konstitutionelle Netz" ist nicht so flexibel, daß es vollkommen überflüssig wäre (wie es beispielsweise die pluralistische Theorie von Bentley (1967) suggeriert), aber auch nicht so rigide, daß es nicht solche Ausnahmen zulassen könnte, die in der politikwissenschaftlichen Literatur mit den Begriffen "korporatistische Arrangements" oder "informelles Verwaltungshandeln" (Bohne 1981) bezeichnet werden.

Insbesondere in Formulierungsprozessen politischer Programme, welche in die Form von Rechtsnormen gegossen werden, wird der Ablaufprozeß meist sehr detailliert von Rechtsvorschriften vorgeschrieben. Während die Verfassung die am Formulierungsprozeß oder Verordnungsverfahren beteiligten Akteure, deren Aufgaben, Kompetenzen und deren Zusammenwirken festlegt, werden die eher operativen Details von den Geschäftsordnungen verschiedener staatlicher Institutionen vorgezeichnet. Trotzdem bleiben in der Regel Spielräume für "informelle Praktiken", die vor allem zu Beginn der Gesetzesvorbereitungen schon Positionen festschreiben, die später nur noch schwierig geändert werden können. "In dieser Gestaltung," so schreibt der Verfassungsrechtler Hesse (1982:196), "erfaßt die verfassungsrechtliche Regelung des Gesetzgebungsverfahrens nur ein Endstadium eines Prozesses politischer Willensbildung, dem in aller Regel schon eine "Vorformung des politischen Willens" vorausgegangen ist." Noch schärfer formuliert dies der ehemalige Innenminister Maihofer: "Zwar steht auf dem Vorblatt jedes Gesetzentwurfs zu lesen: Keine Alternative. In Wahrheit findet eine umfassende Erörterung der Alternativen bei den meisten Gesetzen weder in Hinsicht auf die Konzeption noch die Formulierung auf irgend einer Ebene des Gesetzgebungsverfahren statt. Sie sind, wenn sie überhaupt bedacht und gesehen werden, stillschweigend schon mit dem ersten Gesetzgebungsentwurf auf unterster Gesetzgebungsebene aus jeder weiteren Erörterung herausgefallen. Was hier getan und vertan wird, ist meist auf keiner anderen Ebene, selbst nicht auf der höchsten Ebene des Parlaments nachzuholen." (Maihofer 1981:4).

In der Verfassung der Bundesrepublik besitzen neben den Abgeordneten des Bundestages auch Regierung und Bundesrat Initiativrecht für Gesetzgebungsverfahren. Bei etwa 80% der Fälle wird der Gesetzesentwurf allerdings von einem zuständigem Referat eines Bundesministeriums ausgearbeitet und gelangt als Vorlage der Bundesregierung über den Bundesrat in den Bundestag. Dieses Vorstadium auf der Referatsebene ist das strategische Entscheidungsstadium eines Gesetzes überhaupt. Auf dieser Ebene sind im Staatssektor auch die meisten Ressourcen in bezug auf Informationen, Fachwissen und Expertise konzentriert (Häusermann 1978:53).

In der Regel kommen die Referate trotzdem mit ihren eigenen Informations-Ressourcen in der Bewältigung ihrer Aufgaben nicht aus und sind gezwungen, eine Informationslogistik aufzubauen, über welche notwendige Ressourcen kurzfristig mobilisiert werden können. Hierzu stehen ihnen innerhalb der Staatsadministration untergeordnete Behörden zur Verfügung, die meist über eigene Forschungskapazitäten verfügen und entscheidungsrelevantes Wissen erarbeiten zu können. Meist reicht dies aber nicht aus und die Referate sind zusätzlich darauf angewiesen, Informationskanäle zu privaten Organisationen zu erschließen. Diese Informations- bzw. Kommunikationsnetze haben meist informellen Charakter und funktionieren verständlicherweise nur aufgrund freiwilliger Kooperation. Dieser Umstand ist stark durch die Spezifizität der Ressource "Information" bestimmt: denn Informationen können im qualitativen Sinne nicht verordnet werden, ebensowenig kann jemand formal gezwungen werden, jemanden rechtzeitig und mit wirklich wichtigen und validen Informationen zu versorgen (Bohnert/Klitsch 1980:210). Die oft beobachtete enge Kooperation der Referatsebene der Ministerialorganisation mit mächtigen Verbänden und Interessengruppen beruht daher weniger auf einer konspirativen Einheit zwischen Staat und Wirtschaft, sondern eher auf einem Mechanismus der gegenseitigen Ressourcen-Abhängigkeit: zur Erfüllung ihrer Aufgaben benötigen staatliche Organisationen Informationen, die sie selbst nicht erarbeiten bzw. erheben können, aber von anderen gesellschaftlichen Akteuren "geliefert" bekommen, insofern sie diesen Mitwirkungsmöglichkeiten im Programmformulierungsprozeß zuerkennen. Die Motive dieses Zusammenwirkens können als Tauschkalküle interpretiert werden. Lehmbruch beschreibt diesen Zusammenhang eindrucksvoll am Beispiel der Verbandsanhörung im Gesetzgebungsverfahren. "Während die Verbände im günstigsten Fall unmittelbaren Einfluß, aber zumindest frühzeitige Informationen über die Intentionen der Regierung erhalten, gewinnt die Regierung (...) zusätzliche, oft entscheidend wichtige Informationen über die zu regelnden Materien. Darüberhinaus wird aber für die Regierung das Verhalten der Interessenverbände kalkulierbar. Ein Verband, der im Anhörungsverfahren einer Regelung des Referentenentwurfs zugestimmt hat, bindet sich damit für den weiteren Gang des Gesetzgebungsverfahrens (...) und unterwirft sich in der Regel auch der Erwartung, daß er eine solche Regelung (die womöglich Zugeständnisse der Verbandsspitze einschließt) gegen Kritik aus den eigenen Reihen verteidigt. Für die Regierung ist damit also ein zusätzlicher Mechanismus für die Mobilisierung von Unterstützung und für die Legitimation ihrer Politik gegeben" (Lehmbruch 1985b:290).

Nun ist Informationsaustausch nur eine Dimension der Abhängigkeit der Staatsadministration von gesellschaftlichen Organisationen, eine andere ist "kooperatives Verhalten in der Durchführungsphase". Das traditionelle liberale und rechtsstaatliche Modell einer Politikentwicklung begriff den Vollzugsaspekt einer Politik als bloße Exekution der im parlamentarischen Prozeß erfolgten Willensbildung. Dies blieb insofern unproblematisch, als daß die Kapazität und die Legitimität des Staates, eine einmal fomulierte Policy auch durchsetzen zu können, früher offensichtlich nicht in dem Maße angezweifelt wurde wie heute. Sowohl die durch die kategoriale und quantitative Ausdehnung der Staatsaufgaben verbundene Kapazitätüberlastung als auch die zunehmende Vermachtung der Politikarenen durch die Herausbildung mächtiger Interessenverbände mit großem Veto- und Obstruktionspotential machen eine friktionslose Durchsetzung regulativer Programme zunehmend problematisch. Einerseits unter Erfolgsdruck der Regierung, andererseits in ihrer realen Durchsetzungskapazität beschränkt, stehen die Beamten daher unter strukturellen Zwängen, mit den Normadressaten eines Programms zu kooperieren. Die Einbeziehung betroffener Kreise bzw. deren Repräsentanten in den Formulierungsprozeß eines politischen Programms kann daher als eine Strategie der Behörden begriffen werden, sich hierüber nicht nur mit implementationsrelevanten Informationen zu versorgen, sondern hiermit auch die Programmzielgruppe zu "policy"-konformem Ver-halten zu verpflichten.

Implementation

Die Formulierung und Konkretisierung politischer Problemlösungsprogramme (z.B. in Form von Gesetzen) gewähren nun nicht von selbst deren Vollzug und Durchsetzung. Diese Erkenntnis scheint trivial, hat sich aber erst im Laufe der vergangenen Jahre in einer wachsenden Anzahl von Beiträgen zur Implementationsforschung durchgesetzt (Wollmann 1979, Mayntz 1980, 1983; Bardach 1977, Pressmann/Wildavky 1973, Sabatier 1979). In dieser Diskussion wurde klar, daß die erfolgreiche Durchsetzung der in den Programmen deklarierten Zielsetzung von einer Reihe struktureller und situativer Faktoren abhängt, die nur teilweise vom Staatsapparat und dessen Vollzugsagenten beeinflußt, geschweige denn gesteuert werden können.

Grundsätzlich ist es sinnvoll, zwischen zwei Logiken der Implementation zu unterscheiden. Bei der einen handelt es sich um den Vollzug eines verwaltungsinternen Programms, in dem die Vollzugsträger und Normadressaten Teile des Regierungsbereichs und Verwaltungsbereichs sind. Die Vollzugsfrage ist dort eher ein binnenorganisatorisches Problem staatlicher Verwaltung und kann daher leicht organisatorisch angegangen werden. Allerdings ist auch dies nicht unproblematisch. In diesem Zusammenhang hat beispielsweise die politikwissenschaftliche Diskussion über "Politikverflechtung" (Scharpf 1978) deutlich gemacht, daβ auch innerhalb des bundesdeutschen Regierungs- und Verwaltungsbereichs Organisations- und Entscheidungsstrukturen existieren, in welchen eher horizontale Beziehungen vorherrschend sind, also bürokratisch-hierarchische Implementationsstrukturen selbst für den staatlichen Bereich offensichtlich nicht fraglos vorausgesetzt werden können.

Eine grundsätzlich andere Logik der Implementation herrscht vor, wenn die Normadressaten und/oder Vollzugsträger nicht staatliche Akteure, sondern gesellschaftliche Akteure sind. Nichthierarchische, eher horizontale Beziehungen zwischen den staatlichen Vollzugsträgern und den gesellschaftlichen Normadressaten produzieren eine andere Logik der Interaktion im Vollzug eines politischen Programms. Verhalten kann hier nicht mit Zwang, Strafandrohung und anderen negativen Sanktionen gesteuert werden. Die Umsetzung eines politischen Programms ist in einem derartigen Ambiente ohne die freiwillige Kooperationsbereitschaft der Normadressaten nicht denkbar. Diese wiederum existiert in der Regel nur bei gegenseitiger Nutzenerwartung, bei Erwartung eines reziproken Tauschgeschäfts. In einer Situation, in der ein politisches Programm mit regulativen Absichten an bestimmte gesellschaftliche Akteure gerichtet ist, können grundsätzlich vier verschiedene Konstellationen von Beziehungen zwischen den staatlichen Vollzugsträgern und den gesellschaftlichen Normadressaten unterschieden werden.

Abb. I.3.
Implementationskonstellationen

		Normadressaten	
		sind mächtig	sind weniger mächtig
Normsetzungs-instanz	mächtig	1.1 Kompromiß: Tausch effektiver Selbstregulierung gegen staatlichen Interventionsverzicht	1.2. effektiver Vollzug
	weniger mächtig	2.1. Regulierungsabsicht läuft ins Leere	2.2. faule Kompromisse: Selbstbindung der Verwaltung

Die erste Konstellation besteht in der Dominanz eines "starken Staats" gegenüber relativ schwachen Normadressaten. Diese Konstellation entspricht der Lehrbuchvorstellung rechtsstaatlichen Vollzugs. Der Staat besitzt die notwendigen Ressourcen, um die Zielgruppe eines politischen Programms zu programmkonformem Verhalten zu zwingen und Abweichungen wirksam zu sanktionieren. Das Ergebnis ist ein wirksamer Vollzug. Eine umgekehrte Konstellation herrscht vor, wenn staatliche Vollzugsträger das Verhalten mächtiger gesellschaftlicher Akteure steuern wollen, diese aber die Kapazität besitzen, sich der Normbefolgung folgenlos zu entziehen. Hier laufen regulative Programme ins Leere. Vollkommen andere Konstellationstypen herrschen vor, wenn sich die relative Stärke der beiden Parteien die Waage hält. Dies kann eine Patt-Situation sein, in der einerseits der Staat nicht genügend Ressourcen besitzt, die Normabweichung zu kontrollieren und wirksam zu sanktionieren, andererseits aber die gesellschaftlichen Normadressaten regulative Eingriffe und Normierungen nicht vollkommen abblocken können. Beide Parteien sind daher an einem Kompromiß interessiert, indem der Staat von seinen Regulierungszielen etwas abstreicht, im Gegenzug aber von den Normadressaten mehr kooperatives Verhalten erhoffen kann. Ergebnis solcher Kompromisse sind oft Tauschsituationen auf der operativen Vollzugsebene mit relativ niedrigem Regelungsniveau, die zuweilen als "informelles Verwaltungshandeln" (Bohne 1981) oder als "Selbstbindung der Verwaltung" (Hoffmann-Riem 1982) bezeichnet worden sind.

Eine interessante Patt-Situation zwischen Staat und privaten Organisationen existiert, wenn die staatlichen Träger eines politischen Programms so "stark" sind bzw. für so stark gehalten werden, daß allein eine regulative Eingriffsdrohung genügt, gesellschaftliche Normadressaten zu motivieren, regulative Programme in eigener Regie zu entwickeln und durchzuführen. Eine solche Idee wurde von Streeck/Schmitter (1985) im Konzept der "privaten Interessenregierung" entwickelt: Unter bestimmten Bedingungen, unter denen in Monopolverbänden organisierte Interessen es für vordringlich halten, drohende staatliche Regulierungseingriffe abzuwehren, können solche Gruppen motiviert werden, gegen einen Verzicht staatlicher Interventionen Problemlösungsmechanismen unter eigener Regie aufzubauen. Streeck/Schmitter sehen mehrere Vorteile solcher Arrangements: der Staat entlastet sich nicht nur von Aufgaben und Kosten, sondern auch die Effektivität der Implementation wird erhöht. Die Verbände als Implementationsträger haben, so Streeck/Schmitter "mit der Adressatengruppe (ihren Mitgliedern) mehr Kontakt als die staatlichen Bürokraten und verfügen über intimere Kenntnisse über deren Situation und deren Anliegen. Vermutlich gibt ihnen dies die Möglichkeit, Vorschriften weniger formalistisch anzuwenden und die besonderen Umstände von einzelnen Fällen besser zu berücksichtigen, wodurch sie wiederum von denjenigen, die von diesen Regulierungen betroffen sind, besser akzeptiert werden." (Streeck/Schmitter 1985: 149). Beide Situationen entlang der Hauptdiagonale 1.1. und 2.2. können als politische Tauschsituationen interpretiert werden. Im Feld 2.2. tauschen die beiden Parteien Senkungen des Regelungsniveaus gegen Kooperationsverhalten, bei 1.1. tauschen diese Interventionsverzicht des Staates gegen Selbstregulierung. Im Grunde kann diese Diagonale als ein Kontinuum gesehen werden, auf dem auch Mischtypen zwischen Selbstregulierung und Staatsinterventionismus möglich sind. Häufig existiert eine, wie Streeck (1983b: 190) es ausdrückt, "enge Verzahnung zwischen verbandlichen und staatlichen Institutionen und Rechtsverhältnissen, die sich gegenseitig ergänzen und abstimmen."

Die skizzierten Arrangements in Implementationsprozessen politischer Programme können generell als Ressourcenaustausch charakterisiert werden. So schreibt Thrasher (1983:376): "...behaviour within implementation structures can be discussed in terms of individuals engaged in a process of interpersonal exchange. These exchanges are necessary because individuals do not possess the resources needed to implement policies and are forced to seek the help of others both inside and more importantly outside their own organisation." Staatliche Akteure bezwecken durch die Umsetzung eines politischen Programms, daß die politische Wirklichkeit entsprechend dem Programminhalt gestaltet wird, daß, allgemein gesagt, also Policy-Ereignisse kontrolliert werden. Dies setzt Ressourcen voraus. Verfügt ein Akteur nicht über genügend Kontrollressourcen, so kann er diese über Tausch mobilisieren.

Die Logik solcher Tauschprozesse ist von Coleman in der Theorie der kollektiven Entscheidungsprozesse untersucht worden (1973). Empirische Untersuchungen über Tauschsituationen sind bekannt aus den Bereichen "log-rolling" im amerikanischen Kongreß und Entscheidungssituationen auf Gemeindeebene (Pappi/Kappelhoff 1984). Hier wird im allgemeinen von kollektiven Entscheidungssituationen ausgegangen, in denen Entscheidungen über verschiedene "issues" anstehen und die verschieden Akteure zur Interessenrealisierung in Tauschbeziehungen eintreten: Angesichts von mangelnden Kontrollressourcen über ein Ereignis E_i an dem ein Akteur A_i interessiert ist, besorgt sich dieser dann die notwendigen Machtmittel durch Tausch mit anderen Akteuren, die nicht an Ereignis E_i sondern an Ereignis E_j interessiert sind, und dafür von Akteur A_i im Gegenzug die notwendigen Machtressourcen erhalten. Im Vergleich hierzu sind auch Situationen denkbar, in denen nur ein Ereignis, bzw. mehrere untrennbare Entscheidungen, Gegenstand von Tauschhandlungen sind. Die Akteure machen sich wechselseitig Zugeständnisse, um eine Kompromißformel zu finden. Eine weitere Modifikation des Tauschmodells birgt eine Situation, in der die beiden Akte eines Tausches, "Kauf" und "Verkauf", nicht simultan anfallen (also kein Zug-um-Zug-Geschäft vorliegt), sondern in der auf eine Kreditregelung zurückgegriffen wird: Akteur A_i übereignet einem Akteur A_j zum Zeitpunkt t_1 Ressourcen auf das Versprechen von Akteur A_j, zu einem späteren Zeitpunkt t_2 eine Gegenleistung dafür zu bekommen.

Solche Tauschsituationen stellen die Logik von Arrangements dar, wie sie von Streeck/Schmitter (1985) als "Selbstregulierung durch private Interessenregierungen" diskutiert wurden: Auf das Versprechen bzw. die glaubhafte Demonstration einer Selbstregulierungsabsicht hin, verzichtet der Staat auf einen regulativen Eingriff. Dem Verband wird daher ein "politischer Kredit" gewährt. Seine Kreditwürdigkeit beruht einerseits auf der Reputation des Verbandes, diese Absicht auch umsetzen zu können (politische und technische Kapazität), und andererseits auch auf der Glaubwürdigkeit des betreffenden Verbandes, ein solches Versprechen auch wirklich einzulösen. Während die Kapazität an bestimmte intraorganisatorische Voraussetzungen gebunden ist (effektive Kontrolle seines Organisationsbereichs, interne Legitimitäts- und Loyalitätsverhältnisse etc.), hängt die Glaubwürdigkeit von der besonderen Ausprägung der Beziehungen zwischen dem Interessenverband und den beteiligten Behörden ab. Der Kredit ist offensichtlich nicht über "dingliche Werte" abgesichert, sondern beruht allein auf einem langfristig gewachsenen Vertrauensverhältnis. Dieses Vertrauensverhältnis wiederum ist kalkulierbar oder zumindest einschätzbar, wenn gegenseitige Interessenverflechtung und Abhängigkeit besteht, so daß ein Vertrauensbruch Kosten in bezug auf den Austritt als auch in bezug auf den Wiedereintritt in neue Arrangements involvieren würde (Coleman 1983). Ein Vertragsbruch kann somit ein Vertrauenskapital auf einen Streich entwerten, das ein Vertragpartner über Jahre hinweg akkumuliert hatte, und das jeweils notwendig war, um in neue Vertragbeziehungen einzutreten. Der akkumulierte Kapitalstock an Vertrauen im Verein verglichen mit den Kosten, die ein Wiedereintritt involvieren würde, restringiert so aktuelles Handeln.

> Die Gesellschaft schließt ein Ensemble
> von Strukturen ein, welche verschiedenen
> Ordnungstypen entsprechen.
> Das System der Verwandtschaftsbeziehungen bietet
> eine Möglichkeit,
> die Individuen gewissen Regel unterzuordnen.
> Die soziale Organisation einer Gesellschaft
> bietet eine andere;
> die soziale und ökonomische Schichtung
> schließlich eine dritte.
> All' diese Ordnungsstrukturen selbst
> können wiederum einer globaleren Struktur
> untergeordnet sein,
> insofern Zusammenhänge bestehen,
> welche zwischen diesen Strukturen in der Weise
> eine Einheit schaffen,
> als diese, unter einer synchronen Perspektive,
> aufeinander zurückwirken.
>
> Claude Levi-Strauss

Teil II.
ARENEN DER CHEMIKALIENPOLITIK: AKTEUR-SYSTEME UND POLITIKNETZWERKE

Einleitung

Der konzeptionelle Bezugsrahmen, welcher im vorhergehenden Kapitel herausgearbeitet wurde, wird sowohl eine 'Denkbrille' der analytischen Betrachtung als auch das theoretisch-begriffliche Instrumentarium liefern, den Politikprozeß der Chemikalienpolitik am Beispiel des Chemikaliengesetzes (ChemG) zu rekonstruieren. Jeder erkenntnismäßige Zugriff auf ein empirischen Realobjekt setzt einen solchen Rahmen voraus - sei dieser expliziert oder auch nur unbewußt vorausgesetzt. Dieser Zusammenhang wird besonders klar, wenn jemand versuchen wollte, den Untersuchungsgegenstand gewissermaßen 'unschuldig', ohne theoretische Voraussetzungen, zu erschliessen. Schon aus räumlicher Perspektive umfaßt der Gesetzgebungsprozeß ein fast grenzenloses Universum von Akteuren, die direkt und indirekt in den Bereich der Chemikalienkontrolle involviert waren und wiederum durch ein Gewirr vielschichtiger Beziehungen miteinander verbunden sind. Ähnliches gilt für die Politikentwicklung im Zeitablauf, die sich aus unzähligen Ereignissen zusammensetzt. Allein die aktenmäßig erfaßten Vorgänge des formalen Gesetzgebungsprozesses während der Federführung des Bundesministeriums für Jugend, Familie und Gesundheit füllen etwa 50 Ordner - und hierin ist sicherlich nur ein kleiner Ausschnitt aller irgendwie für das Gesetz relevanten Vorgänge erfaßt. Will man nicht in die 'Niederungen eines theorielosen Empirismus' hinuntersteigen, andererseits aber auch nicht auf grobe Vereinfachungen hinausgehen, so ist man gezwungen, zur Analyse eine 'theoretische Landkarte' zu benutzen, die einerseits die breite Übersicht garantieren kann, aber andererseits so tiefenscharf ist, daß man sich dabei auch auf der Mikroebene von Politikprozessen zurechtfinden wird.

Der Kern des hier angewandten Analysekonzepts ist die Verbindung einer Struktur von einem Problem betroffener und interagierender Policy-Akteure mit dem seriellen, zeitlich geordneten Prozeß der Herausbildung und Umsetzung einer Politik. Die konstitutiven Einheiten der Politikfeldstruktur wurden als 'Policy'-Problem herausgearbeitet: die betroffenen und interessierten Akteure, deren Netz der Beziehungen untereinander und die sich hieraus ergebenden Machtverhältnisse. Der Entwicklungsprozeß einer 'Policy' wurde in die Sequenzen 'Problemenstehung', Thematisierung, Politikformulierung und Implementation aufgeteilt. Mit diesen Differenzierungen ist gleichzeitig der empirische Erhebungsrahmen skizziert:
Zunächst werden die Dimensionen und strukturellen Bedingungen der allgemeinen Problematik der Toxizität von Chemikalien untersucht und das Spektrum der hiervon betroffenen sozialen Interessen herausgearbeitet. Vor diesem Hintergrund werden dann schließlich die verschiedenen Handlungsalternativen in der Kontrolle gefährlicher Chemikalien erörtert.

Ein wichtiger Analyseschritt wird die Identifikation der einzelnen in den Politikprozeß in relevanter Weise involvierten Akteure sein. Hierbei werden netzwerkanalytischer Verfahren angewandt, die besonders strukturelle Aspekte der Politikanalyse unterstreichen. Auf die Identifikation des 'Akteur-Sets' folgt die Betrachtung der verschiedenen Akteure bzw. Organisationen und ihrer Handlungsbedingungen. Hieran schließt sich eine Analyse der interorganisatorischen Beziehungen zwischen den Organisationen des identifizierten Akteur-Sets an: die Analyse der Kommunikationsbeziehungen, der Netzwerkstruktur der institutionalisierten Beteiligung in den Politikprozeß, Austauschstrukturen von Ressourcen und schließlich die Interessenpositionen und Machtverhältnisse, also die Verteilung des Machtpotentials zwischen den Akteuren.

In Kapitel II schließlich wird die Politikentwicklung des Chemikaliengesetzes in seiner sequentiellen Logik rekonstruiert werden. Dabei werden die Schlüsselereignisse und strategischen Entscheidungspunkte in den Policy-Phasen von der Problem-Herausbildung bis zur Implementation des Chemikaliengesetzes identifiziert und deren Zusammenhänge und Vernetzungen herausgearbeitet. Für die Darstellung der Ereigniszusammenhänge wird dabei eine aus der Netzplantechnik stammende Diagramm-Technik (PERT-Diagramm) angewandt. Mittels dieses Diagramms soll insbesondere der transnationale Charakter dieser Politikentwicklung deutlich gemacht werden. In der Tat wird sichtbar, wie nationale Policy-Ereignisse über die nationalstaatlichen Grenzen hinauswirken, und wie andererseits nationale Ereignisse auch durch internationale Umstände prädeterminiert werden.

Durch die 'Denkbrille' des angewandten analytischen Bezugsrahmens ergeben sich für die synchrone Analyse im wesentlichen vier Untersuchungsfelder: Zunächst die Untersuchung der Problemlogik und der hiermit zusammenhängenden Lösungsstrukturen, dann die Identifikation des betroffenen, interessierten und involvierten Policy-Akteursets. Als drittes Untersuchungsfeld ist schließlich die Herausarbeitung der Interaktions- und Abhängigkeitsstrukturen wichtig, als viertes die Feststellung von Einflußdifferentialen und von machtstrukturellen Zusammenhängen.

1. Das Chemikalienproblem

In einem Policy-Modell, das auf einem interessenpolitischen Paradigma basiert, spielen die sogenannten sachspezifischen Anforderungen einer Politik eine eher zweitrangige Rolle. Eine Policy ist ja nicht bloßer Problemlösungsprozeß, sondern in ihrem Inhalt vor allem durch soziale Auseinandersetzungen bestimmt. Trotzdem sollten die spezifischen objektiven Zwänge nicht vernachlässigt werden, die ein politisches Problem sowohl für dessen Politisierung als auch dessen Lösung setzt. Dies trifft insbesondere für das Chemikalienproblem zu: Allein die materielle Dimension zieht tiefe Konfliktlinien zwischen den sozialen Kräften in der politischen Landschaft. Seine besondere Komplexität setzt Grenzen auf der Wissensebene und setzt besondere sachliche Anforderungen an Lösungsstrategien.

Problemdimensionen

Der Kern des Chemikalienproblems besteht in der Gefährdungskapazität vieler chemischer Substanzen für die menschliche Gesundheit und die natürliche Umwelt. Das wichtigste Gefährdungsmerkmal ist die Toxizität, welche gemeinhin als Kapazität verstanden wird, bei lebenden Organismen

Schäden zu erzeugen (Gusman et al. 1980:29). Diese Wirkungen sind manchmal intendiert (wie z.B. in der Pestizidanwendung oder in der Pharmazie), oft sind aber diese Wirkungen unerwünscht. Nicht-intendierte oder unerwünschte Wirkungen sind

- akute oder chronische Toxizität, d.h. die Eigenschaft, Lebewesen unmittelbar oder über einen längeren Zeitraum hinweg zu töten;
- Kanzerogenität, d.h. die Eigenschaft, bösartige Tumore, wie beispielsweise Krebs, zu verursachen (Roderick 1979, DFG 1981);
- Mutagenität, d.h. Eigenschaften von Stoffen, Veränderungen am Erbgut hervorzurufen (Marquardt 1971);
- Teratogenität, d.h. die Eigenschaft, embryonale Mißbildungen hervorzurufen;
- Umweltschädigende Wirkungen, die allgemein zu Belastungen und Störungen ökologischer Kreisläufe führen. Wichtige umweltschädigende Eigenschaften sind Akkumulationsfähigkeit und Persistenz. Während die erstgenannte Charakteristik die Fähigkeit einer chemischen Substanz bedeutet, sich im Laufe der Zeit im Ökosystem in steigenden Konzentrationen anzusammeln, bedeutet Persistenz die geringe Abbaufähigkeit eines Stoffes. Dies ist die Fähigkeit einer Substanz, für längere Zeit in der Umwelt verbleiben zu können, ohne durch physische, chemische oder biologische Prozesse abgebaut zu werden (UBA/BMI 1980).

Der amerikanische Krebsexperte Epstein (1979:27) sieht die qualitative Novität des Chemikalienproblems vor allem in den besonderen Wirkungen organischer Chemikalien begründet: "We are living in a new era of organic chemicals, not just familiar ones, but exotic ones which have never previously existed on earth, and to which no living thing has previously had to adapt". So sind inzwischen eine ganze Reihe organischer Chemikalien identifiziert worden, für die schädigende Wirkungen festgestellt werden konnten (wie z.B. DDT, PCB, PCP, Benzol, Dichlordimethyläther etc.). Andererseits rühren viele Gesundheits- und Umweltschäden auch von anorganischen Chemikalien her, die schon sehr lange bekannt sind, wie beispielsweise den Schwermetallen Blei und Quecksilber.

Weiter oben wurde gezeigt, daß die Struktur eines gesellschaftlichen Problems einen wichtigen Einfluß auf die Frontlinien und die Reichweite politischer Konflikte um öffentliche Lösungsformen hat. Wenngleich Problemsicht und Perzeption eines Problems eine wichtige Rolle bei der Problemkonstitution spielen (was wiederum auf 'mit Macht durchsetzte soziale Deutungsmuster' verweist), so strukturiert doch die Materialität eines Problems zumindest den Möglichkeitsraum von Auswirkungen auf soziopolitische Interessen. Nun ist aber kein im sozialen Raum sich herausbildendes Problem nur von technischer Natur, so daß es von Fachleuten gelöst werden könnte, wie etwa ein strittiges Thema unter Naturwissenschaftlern und Technikern. Auch vermeintlich bloß technische Problemlösungen wirken in der Regel sehr selektiv auf soziale Gruppen und implizieren unterschiedliche Begünstigungs- und Belastungsstrukturen. Probleme und deren Lösungsprozesse können aber nicht nur ausschließlich auf soziale Interessen zurückgeführt werden, ohne die Restriktionen zu berücksichtigen, die sich aus den objektiven oder materiellen Bedingungen eines Problems ergeben. Beide Komponenten eines Problems sollten gleichrangig in eine Analyse eingehen.

Die gesellschaftlichen Probleme, die die Produktion, der Ge- oder Verbrauch von Chemikalien aufgeworfen haben, sind äußerst komplexer Natur. Von daher gesehen würde es sich eigentlich verbieten, einen Kern der Problemlage ausfindig zu machen. Vom heuristischen Standpunkt aber ist es fruchtbar, die hochkomplexe Problemsituation in eine übersichtliche Anzahl von Teilproblemen zu zerlegen, damit die Gesamtkomplexität zu reduzieren und somit transparenter zu machen. Im folgenden wird davon ausgegangen, daß die objektiven Bedingungen der hier relevanten Problemsituation aus drei Aspekten besteht: Erstens aus den Implikationen der spezifischen, physischen Materialität chemischer Soffe - die 'materielle Dimension'; zweitens in den Implikationen einer Produktionslogik, die marktwirtschaftlich-kapitalistische Systeme mit sich bringen, und mit denen auch eine bestimmte Art und Weise staatlicher Regulierung verbunden ist; drittens in der Quantitätsimplikation, die 'superindustrielle' Produktion und Großtechnische Systeme generell mit sich bringen. Zu dieser objektiven Seite kommen noch spezifische Perzeptionsmuster und Akzeptanzstrukturen, welche objektive, materielle Ereignisse und Umstände erst zu sozial problematischen Ereignissen machen.

Der Gebrauch chemischer Stoffe läßt sich bis in die Antike zurückverfolgen (Metalle, Tonglasuren, Heilmineralien). Im Übergang vom Mittelalter zur Neuzeit brachten die Araber die Kunst der Chemie nach Europa. Aber erst ab Mitte des letzten Jahrhunderts avancierte die Chemie von bloßer Kunst und Wissenschaft zur industriellen Produktionstechnik. Die Entwicklung experimenteller Chemie ermöglichte es, nicht mehr abhängig von 'natürlichen' Chemikalien, in schier unbegrenztem Ausmaß Stoffe zu synthetisieren. Ein Schlüsselereignis war die Entdeckung, daß sich das ursprünglich als Ersatz für Walfischtran verwendete Rohöl als Rohstoffgrundlage für die Synthese neuer Stoffe verwenden ließ. Auf der Basis eines Rohstoffes, der in vermeintlich unbegrenztem Ausmaß vorhanden zu sein schien, begann dann die Synthese aller erdenklichen organischen Verbindungen. Die chemische Industrie wurde zur Wachstumsbranche und zur Funktionsindustrie par excellence.

Seit Beginn dieses Jahrhunderts, und insbesondere seit dem zweiten Weltkrieg, haben die Produktion und der Gebrauch von Chemikalien dergestalt zugenommen, daß Chemikalien heute gewissermaßen omnipräsent sind. Man kann davon ausgehen, daß heute in fast allen Erzeugnissen, von Nahrungsmitteln, über Kosmetik und Kleidung zu Fahrzeugen, Maschinen und Häusern, Chemikalien verwendet werden. Spektakuläre Erfolge des Chemikalieneinsatzes zeigten sich in der Landwirtschaft und im Gesundheitswesen, wo nie dagewesene Produktionsfortschritte und erfolgreicher Kampf in der Ausrottung von Krankheiten die 'Chemie' zu der Fortschrittsindustrie überhaupt machten. Mit dem Beginn der 60er Jahre waren allerdings die unerwünschten Nebenfolgen des Chemikalieneinsatzes nicht mehr zu übersehen. Epidemologen, Pharmakologen und Toxikologen konnten mehr und mehr Befunde vorlegen, welche die schädlichen Wirkungen von Chemikalien auf Mensch und Umwelt belegen konnten. Spektakuläre Chemieunfälle und Umweltkatastrophen bereiteten schließlich das Feld öffentlichen Problembewußtseins, welches nun die zuvor so fortschrittlich betrachtete Chemie zum bedeutendsten Umweltfeind machte.

Materielle Wirkungen

Die Gefährlichkeit vieler chemischer Substanzen liegt in deren spezifischer physischer Materialität, d.h. der besonderen Logik und Materialität der Chemotechnologie. Das Ziel und die Logik chemischer Produktion ist es, eine neue synthetische Verbindung zu erstellen, d.h. einen Stoff umzuwandeln. Der Kern dieses Prozesses, die chemische Reaktion, ist ein naturgesetzlicher Vorgang, dessen Bedingungen (Temperatur, Druck, Zeit) zwar manipuliert werden können, der aber innerhalb dieser Bedingungen eigenständig abläuft. Im chemischen Produktionsprozeß werden in einer ersten Stufe die Einsatzstoffe mit Hilfe physikalischer und mechanischer Methoden vorbereitet (zerkleinern, zerteilen, mischen etc.), danach folgt die Reaktion, der eigengesetzliche Prozeß der Stoffumwandlung. Die dadurch gewonnenen Reaktionsprodukte werden schließlich wiederum mit Hilfe physikalischer Verfahren aufbereitet und als Rohstoffe in eine weitere Synthese eingebracht (Riebel 1957:196). Der Weg eines Endprodukts führt meist über viele Zwischenstufen. Insbesondere die Produkte solcher Zwischenstufen sind oft sehr reaktionsfreudig und aggressiv: In den meisten Fällen sind sie gezielt reaktionsfreudig aufbereitet worden, um an den, im weiteren Produktionsverlauf notwendigen, chemischen Reaktionen teilnehmen zu können (Weise 1978:4).

Nun sind nicht nur Zwischenprodukte reaktionsfreudig. Auch Endprodukte können entweder unbeabsichtigterweise oder auch intendiert (wie z.B. bei Pharmaka oder Pestiziden) recht reaktionsfreudig sein. Die Reaktionsmuster synthetischer Stoffe auf andere Stoffe und biologische Organismen ist ein generelles Problem der Kontrollierbarkeit von Wirkungszusammenhängen und des Wissens über das Wirkungsspektrum von Chemikalien. Oft können Wirkungen chemischer Stoffe in ihrer Verkettung, Kombination, Ungleichzeitigkeit (Zeitverzögerung) und Langfristigkeit (hohe Latenzzeiten) nicht mehr bestimmt werden. "Verstärkt wird diese Schwierigkeit dadurch", so schreibt der Ökochemiker Korte (1984:2), "daß diese Verbindungen häufig in komplexen Gemischen oder in Formulierungen in den Handel gebracht werden, oder daß Verkaufsprodukte einer Firma als Einsatzstoffe einer anderen Firma verwendet werden, so daß die Herstellerfirmen oft über den Endverbrauch ihrer Produkte nicht informiert sind."

Viele gefährliche Eigenschaften von Chemikalien wurden oftmals erst erkannt, nachdem diese bereits über längere Zeiträume verwendet wurden. So gibt es unter den heute noch als harmlos angesehen Chemikalien sicher eine Reihe von Stoffen, die sich in Zukunft als äußerst gesundheitsschädigend herausstellen werden. Die Wissenschaft hat hier einen fast aussichtslosen Wettkampf mit der industriellen Innovation zu führen. Unter dem marktwirtschaftlichen Innovationszwang und dem Druck zur Externalisierung von Kosten werden nun aber ständig Stoffe in Mengen in den Verkehr gebracht, über deren Wirkungen nur marginales Wissen besteht. Ökochemiker gehen davon aus, daß nicht einmal zehn Prozent der Umwelt und Menschen potentiell belastenden Substanzen in ihrer toxischen Wirkung erforscht sind.

Ökonomische Strukturen

Vor diesem Hintergrund ist der Zusammenhang zwischen Wirtschaftsordnung und spezifischen strukturellen Handlungsrestriktionen bedeutsam: Die spezifische Interdependenz individueller Entscheidungen in einem durch kapitalistische Produktionsverhältnisse gekennzeichneten Wirtschaftssystem scheint die Strategien der Nutzung von Externalitäten systematisch zu belohnen. In einem derartigen Kontext ist jeder Kapitalist "unter Strafe seines Untergangs" (Marx) dazu gezwungen, langfristig mindestens ebenso profitabel wie seine Konkurrenten zu produzieren. Innerhalb dieser Zwänge und unter der Bedingung, daß die individuellen Produktionsbedingungen und deren unkontrollierte Nebenfolgen keinen Einfluß auf die tangible Qualität von Produkten haben, kann von einem rational handelnden Kapitalisten nicht erwartet werden, daß er externe Effekte freiwillig auf seine Kosten verhindert. Allein die Tatsache, daß Unternehmen in das Netzwerk marktwirtschaftlicher und kapitalistischer Produktionsverhältnisse eingebunden sind, unterwirft sie Handlungszwängen, Kosten zu externalisieren, bzw. mögliche Externalitäten zu nutzen. Dies umsomehr, als die Wirkungsvernetzungen derart komplex sind, daß Verursacher unerwünschter Handlungsfolgen nicht ermittelt werden können. Die Ambivalenz auf der Wissensseite, die Komplexität des Wirkungsspektrums und die Langfristigkeit der Wirkungsabläufe nicht-intendierter Folgen der Herstellung und des Verbrauchs von Chemikalien machen den Grenznutzen für zusätzliche Sicherheitsinvestitionen im Chemiebereich meist intangibel. Vollkommen private und freiwillige Problemlösungen sind in einem solchen Kontext daher praktisch nicht zu erwarten. Institutionelle Zwänge zur "Internalisierung externer

Effekte" sind aber durchaus möglich und denkbar - sei es über einen effektiven gesetzlichen Rahmen, der die Hersteller zwingt, alle synthetisierten Stoffe auf ihre Wirkungen auf Mensch und Umwelt zu untersuchen, oder durch andere Arrangements, die Unternehmer dazu veranlassen, Umwelt- und Gesundheitsziele in ihren Investitionsentscheidungen zu berücksichtigen.

Institutionelle Bedingungen

Ein Grundcharakter kapitalistischer Produktionsverhältnisse ist die funktionale Differenzierung zwischen Politik und Ökonomie. Anders ausgedrückt, die Funktionsweise eines kapitalistischen Wirtschaftssystems basiert auf einem institutionellen Raum, der grundsätzlich Produktionsfreiheit unter individuell rationalem Kalkül garantiert. Diese spezifische ökonomische Rationalität konnte sich nur in einem Freiraum einer von politischen und gemeinschaftlichen Regelungen strukturierten Gesellschaft durchsetzten (Dumont 1977, Rosanvallon 1979).

In fortgeschrittenen kapitalistischen Wohlfahrtsstaaten ist nun aber der Freiraum für 'privatkapitalistische Rationalität' schrittweise mit einem Netz von politischen Regelungen und Standards durchzogen, welche "nacktem kapitalistischem Kalkül" gewisse Grenzen setzen. Die Möglichkeit der Externalisierung nicht-intendierter Handlungsfolgen für kapitalistisches Handeln ist damit gleichzeitig vorgegeben durch eine politische und rechtliche Struktur, die unregulierte Räume zuläßt bzw. sanktioniert. In diesem Zusammenhang ist interessant, daß die Chemische Industrie zu Beginn des 19. Jahrhunderts noch sehr eingehenden regulativen Beschränkungen unterworfen war, die sich aber im Laufe der Liberalisierung während des deutschen "takeoff" lockerten (vgl. Mieck 1981).

Probleme der Großtechnik

Neben den spezifischen Zwängen, die technische, ökonomische und politisch-rechtliche Strukturen setzen, spielt auch die Dimension der Größe eine wichtige Rolle. Im Bereich industrieller Produktion hat der Zukunftsforscher Kahn (1979) diesen Aspekt unter dem Begriff des Superindustrialismus diskutiert. Er verbindet damit "(...) the emergence of a worldwide superindustrial economy in which projects are on such a large scale that the external or unintentional effects (what economists call "externalities") can become even more important than the primary (or intended) products." (Kahn 1979:231; Jänicke 1982).

Dieser hier beschriebene Größeneffekt macht das Chemikalienproblem zu einem der dringendsten techno-sozialen Probleme unserer Zeit. Man muß sich vor Augen führen, daß die Zahl der heute identifizierten chemischen Verbindungen auf 5 Millionen geschätzt wird, fast 100.000 davon werden auf dem Markt gehandelt. Nach vorläufigen Schätzungen rechnet man damit, daß zwischen 5 und 10% dieser Stoffe für Mensch und Umwelt gefährlich sein können (Schmidt-Bleek 1981:292). Allein in der Bundesrepublik sollen, nach groben Schätzungen, jährlich etwa 300 neue Stoffe dazukommen. Die überwiegende Mehrzahl dieser Substanzen wurde seit dem zweiten Weltkrieg entwickelt. In dieser Periode nahm die Chemieproduktion in atemberaubendem Tempo zu. Während 1950 weltweit nur 7 Mio Tonnen organischer Chemikalien produziert wurden, waren es 1970 bereits 63 Mio, und für 1983 wurde die weltweite Chemikalienproduktion auf 250 Mio Tonnen geschätzt (Korte 1980:643). Wird dabei bedacht, daß insbesondere über die langfristige Wirkung der meisten Chemikalien auf Mensch und Umwelt kein oder nur relativ wenig Wissen besteht, so wird die Metapher der "Zeitbombe Chemie", die in der Mediendiskussion oft benutzt wurde, verständlich. Die Entwicklung einer "toxischen Gesamtsituation", wie dies der Toxikologe Eichholz nennt, wird insgesamt unkalkulierbar. Die toxische Belastung der Umwelt nimmt ständig zu, obwohl das Verhalten und die Interaktion der einzelnen Stoffe im ökologischen Gesamtzusammenhang noch weitgehend unerforscht sind. Korte (1980:644) gibt anhand des PCBs ein plastisches Beispiel: "Vor hundert Jahren gab es auf dieser Welt noch kein PCB. Heute findet man allgemein PCB-Konzentrationen im ppb-Maßstab. Wenn man davon ausgeht, daß wir unsere Technologie und Produktion so weiterentwickeln wie bisher, dann werden wir in hundert Jahren die Konzentration von "ppb" auf "ppm" erhöht haben."

Internationale Vernetzungen

Ein weiterer wichtiger Aspekt der Chemikalienproblematik ist seine internationale Dimension: Die enge ökonomische Verflechtung über Waren- und Investitionsströme läßt eine bloße nationale Kontrolle von Chemikalien zur Illusion werden. So haben einerseits Weir/Schapiro (1981) gezeigt, wie in den Industrieländern verbotene Chemikalien weiterhin in die Dritte Welt exportiert werden und von dort als Pestizid-Rückstände in Nahrungsmittel-Importen wieder in die Industrieländer zurückkehren. Eine ähnliche Problematik liegt in der von Castleman (1979) beobachteten Verlagerung von Chemiefabriken in die Dritte Welt, um die Produktions- und Umweltregelungen der Industrieländer zu umgehen. Eine ähnlich geartete Entwicklung wird es sicher auch im Bereich der gefährlichen Abfälle geben.

Wahrnehmungsstrukturen

Diese materielle Seite selbst, so dringlich sie auch aussehen mag, konstituiert noch kein soziales oder politisches Problem. Die Herausbildung eines sozial relevanten Problems setzt voraus, daß gesellschaftliche Interessen 'spürbar' davon betroffen sind, die Betroffenheit von gesellschaftlichen Akteuren erkannt und in Handeln ausgedrückt wird. Hierzu ist ein normatives Milieu notwendig, in dem der Problemzustand als inakzeptabel erscheint. Ein in der Bevölkerung verankertes Bewußtsein, welches die Wirkungen der Chemie auf Mensch und Gesundheit als Zivilisationsrisiko hinnimmt, würde, obwohl sich damit an der materiellen Seite der Problemsituation nichts ändern würde, auf politischer Ebene das Chemikalienproblem entproblematisieren und die Bevölkerung sozusagen "entwarnen". Interessant ist, daß die Public-Relations-Strategie der bundesdeutschen Chemischen Industrie gerade darauf zielt, die Akzeptanz der Chemischen Industrie in der Bevölkerung mittels des Problemverkleinerers "Zivilisationsrisiko" zu erhöhen. Dem Bild der Chemischen Industrie als Umweltverschmutzer Nr. 1 werden in breitangelegten Anzeigenkampagnen die Leistungen der Chemie in allen gesellschaftlichen Bereichen, ihre Bedeutung für den technischen und sozialen Fortschritt und ihre zentrale volkswirtschaftliche Bedeutung gegenübergestellt. Damit wird die Gefährdung durch Chemie als Zivilisationsrisiko verharmlost und sozial akzeptabler gemacht. Der Bedeutung des normativen Milieus für die Herausbildung von politikrelevanten Problemlagen ist sich beispielsweise auch der Verband der Chemischen Industrie (VCI) bewußt, wenn dieser in einem Jahresbericht (1981/82) darauf hinweist, daß die Ängste der Bevölkerung in der Bundesrepublik gegenüber den Risiken der Chemie stärker ausgeprägt seien als in anderen Ländern (VCI 1982:37).

Betroffenheitsvernetzungen

Das Chemikalienproblem als objektive Problemlage wird nur unter einer ganz bestimmten Konstellation von Bedingungen relevant für soziale und politische Akteure. Diese Mechanismen, in welchen sowohl materielle, ökonomische als auch kulturelle bzw. normative Bedingungen eine Rolle spielen, werden wir Betroffenheitsstruktur nennen. Sie vernetzt die Akteure mit dem Problem nach bestimmten Relevanzkriterien. Welche Gruppen das Chemikalienproblem dabei betrifft, hängt damit zum einen von der materiellen Wirkungsvernetzung des chemischen Gefahrenpotentials, andererseits von der sozialen und politischen Vernetzung ab, welche die verschiedenen sozialen Kategorien aneinander bindet. Im Lebenszyklus einer chemischen Substanz werden notwendigerweise ganz spezifische Interessen von diesem Gefahren- und Risikopotential tangiert. Im Produktionsprozeß sind es zunächst die Arbeiter, die im direkten Umgang mit hochreaktiven Stoffen die Kosten nicht-intendierter Effekte zu tragen haben. In dieser Phase kann allerdings auch über Schadstoffemission schon die allgemeine Bevölkerung und die Umwelt in Kontakt mit einem Gefahrenstoff kommen. Das Wirkungsspektrum des chemischen Gefahrenpotentials generiert also schon auf dieser Ebene Interessenkonflikte zwischen Arbeit und Kapital einerseits, Umwelt und Industrie andererseits. Ähnlich sind die potentiellen Effekte in der Transportphase: Die Hauptbetroffenen bei Transportunfällen sind sowohl die Arbeiter als auch über das Medium Luft und Wasser die allgemeine Bevölkerung und Umwelt. In der Konsumptionsphase werden insbesondere die Produktsicherheitsinteressen der Konsumenten tangiert, was einen Interessenkonflikt zwischen Produzenten (Arbeit und Kapital) und Konsumenten impliziert. Über internationale Warenströme erhält das Chemieproblem eine internationale Dimension. Konsumenteninteressen der Importstaaten können in Widerspruch zu den Exportinteressen der Produzenten geraten.

Das Chemikalienproblem wirkt aber auch über sozioökonomische und politische Beziehungen zwischen den verschiedenen Interessenkategorien. Über Steuer- und Wählerstimmenabhängigkeit ist der Staat von der allgemeinen Wirtschaftsentwicklung abhängig und hat zunächst ein natürliches Interesse an einer von regulativen Lasten verschonten, international wettbewerbsfähigen Chemieindustrie. Andererseits hätte eine Regierung auf der Grundlage einer repräsentativ-demokratischen Verfassung ernste Legitimationsprobleme, wenn sie Arbeits-, Umwelt- und Konsumenteninteressen überhaupt nicht berücksichtigen würde. Darüber hinaus hat die Regierung in einer Situation starker internationaler Interdependenzen auch ein Interesse, über multilaterale Abkommen und Politikharmonisierung den Freihandel zu gewährleisten, den national isolierte regulative Politiken mittels nichttariffärer Handelshemmnisse gefährden würden.

Politikoptionen

Der materielle Kern des Chemikalienproblems wurde in den nicht-intendierten chemisch-toxischen Wirkungen auf Lebensformen aller Art gesehen, seine sozio-ökonomischen Grundlagen in den Produktionsverhältnissen und dem Fehlen von Kontrollmechanismen verortet, die solche externen Effekte teils akzidentiell, teils systematisch entstehen lassen. Wodurch ist nun das Repertoire der zur Verfügung stehenden Problemlösungsstrategien bestimmt? Die Problemlogik verweist selbst schon auf einige Optionen. Auf allgemeinster Ebene stehen zunächst zwei Optionen zur Auswahl: Einerseits die Präventiv- oder Vorsorgestrategie, die externe oder nicht-intendierte Effekte erst gar nicht entstehen lassen will, andererseits die Entsorgungsstrategie, die das Chemieproblem im nachhinein mildert oder behebt (Weidner 1977a). Im Umweltschutz waren bis Mitte der 70er Jahre 'Entsorgungspolitiken' oder 'kurative' Entsorgungsstrategien die traditionellen Ansätze. Exemplarisch hierfür sind die Regelungen des klassischen Umwelt-, Arbeitsschutz- und Giftrechts, in welchem die Einleitung von Chemikalien in die Umwelt lediglich 'limitierend' kontrolliert wurde (Rehbinder *et al.* 1985).

Im Bereich der Chemikalienpolitik besteht jedoch seit spätestens Mitte der 70er Jahre ein Grundkonsens zwischen den wichtigsten Industrieländern, daß das Chemikalienproblem präventiv angegangen werden sollte (OECD 1979b:9f). Im wesentlichen zielen staatliche Strategien dabei darauf, das Verhalten der Wirtschaftssubjekte so zu verändern, daß diese auf Herstellung und Inverkehrbringen von Stoffen verzichten, wenn sich erweist, daß diese schädlich für Mensch und Umwelt sind.

Weiter oben wurde gezeigt, daß die kapitalistische Marktwirtschaft für individuelle Kapitalisten eine Belohnungsstruktur impliziert, welche diese zwangsläufig zur Externalisierung von Kosten drängt. Private Ansätze zur Internalisierung werden über den Konkurrenzmechanismus bestraft und sind dementsprechend auch rar. Sieht man vom direkten Zwang ab, so kann eine von außen bewirkte Veränderung der Handlungsorientierung daher nur dadurch erreicht werden, daß die Kosten- und Nutzen-Relationen der Entscheidungen und Handlungen von Privatkapitalisten und damit deren Präferenzstrukturen über staatliche Eingriffe verändert wird. Hierfür haben staatliche Instanzen generell vier Instrumente zu Verfügung:

1. *Recht*. Mittels Ge- und Verboten und einer glaubhaften Vollzugsgewalt kann der Staat Produktion und Vermarktung von gefährlichen Stoffen sehr kostenträchtig bis prohibitiv (Strafe, Gefängnis) machen, so daß wirtschaftliche Subjekte aus rationalem Eigeninteresse nicht mehr an der Produktion gefährlicher Chemikalien interessiert sind. Dies setzt verschiedene Bedingungen voraus. Die staatliche Administration müßte erstens die 'Regulierungsmasse' beherrschen, 'gefährliche Chemikalien' müßten identifiziert und von ungefährlichen abgegrenzt werden. Dies setzt Wissen über die Eigenschaften chemischer Stoffe in bezug auf bestimmte Gefährlichkeitsmerkmale voraus. Die Quantität und Komplexität des Regulierungsgegenstandes erfordert hier offensichtlich nicht nur riesige finanzielle Ressourcen, sondern auch Wissensressourcen, die oft an die Grenze des technisch Machbaren gehen. Die Vollzugsverwaltung müßte zweitens über wirksame Mechanismen der Kontrolle verfügen. Sie bräuchte hier ein flächendeckendes Netz von Aufsichtseinheiten mit hochkompliziertem Gerätepark, welche abweichendes Verhalten feststellen könnten und sanktionieren müßten.

2. *Finanzielle Anreizsysteme*. Wie bei Interventionen mittels des Instruments 'Recht' setzt auch ein finanzielles Anreizsystem auf eine Verschiebung individueller Belohnungs- und Belastungsstrukturen einer Adressatengruppe, um damit individuelle Präferenzen zu beeinflussen. Subventionen oder Steuerersparnisse bei Produktionsumstellung auf umwelt- und gesundheitsfreundliche Produkte sind hier die bekanntesten Strategien. Der Vorteil gegenüber dem Instrument 'Recht' ist, daß dieses Steuerungsinstrument unter Umständen friktionsloser und zielwirksamer funktioniert. Da hier die Kosten aber sozusagen 'sozialisiert' (Gemeinlastprinzip) werden,

impliziert dieser Weg eine erhebliche höhere finanzielle Belastung der öffentlichen Haushalte, und ist daher angesichts der öffentlichen Ausgabenklemme des Staates wenig gangbar.

3. *Normative Appelle und Überzeugungsstrategien.* Weil Handeln generell nicht nur instrumentell, sondern auch kommunikativ orientiert ist, sind Verhaltensänderungen auch über Normen und Werte zu beeinflussen. Auch Chemieunternehmen sind daran interessiert, in der Öffentlichkeit ein gutes Ansehen zu behalten (corporate image, good will). Dieses Unternehmensziel wird im Konfliktfall allerdings dem reinen Rentabilitätsziel recht schnell untergeordnet. Gezielte Informationstätigkeit und Aufklärung in der Öffentlichkeit aber kann Firmen dazu bewegen, umwelt- und gesundheitsbewußter zu produzieren und zu vermarkten; insbesondere dann, wenn die Bevölkerung für Themen der Produktionssicherheit sensibilisiert ist. Bezeichnenderweise hat sich schon seit einiger Zeit in der Betriebswirtschaftslehre ein Diskussionszusammenhang über 'corporate responsibility' herausgebildet, in dem Unternehmer und Manager vor allem diese normative Seite ihres Handelns reflektieren (Groening 1981).

4. *Prozedurale Programmierung.* Mittels der kombinierten Anwendung der bisher skizzierten Instrumente könnte der Staat die Chemiewirtschaft zum Aufbau selbstregulativer Arrangements motivieren. Vor allem im Bereich des chemischen Arbeits- und Unfallschutzes existieren solche Formen der Selbstkontrolle der Chemiewirtschaft. Die Förderung der 'kollektiven Eigenverantwortung' der Chemieindustrie durch Appelle und selektive Anreize (Steuerermäßigung, Interventionsverzicht) sind strategische Optionen in der Anwendung dieses Instruments.

Policy-Mix

Dieses skizzierte Repertoire staatlicher Methoden der Intervention in den Chemiebereich ist einzeln und kombiniert anwendbar und eröffnet theoretisch einen großen Möglichkeitsraum für Problemlösungsstrategien. In der Praxis lassen sich komplexe Mischformen davon finden, jedoch dominiert in allen von den einzelnen Nationalstaaten gefahrenen Problemlösungsstrategien eindeutig die regulative Strategie mit dem Instrument des Rechts. Welche strategischen Möglichkeiten im internationalen Vergleich operationalisiert werden, hat Rehbinder (1978a) in einer Studie vorgestellt, die einen Vergleich der Chemikalienkontrolle der USA, der Schweiz, Japan, Schweden, Norwegen, Kanada und Frankreich umfaßte. Die Politiken der genannten Länder haben sich das generelle Ziel gesetzt, daß Chemikalien, deren Schadwirkung auf Mensch und Umwelt unvertretbar sind, nicht mehr produziert, bzw. nicht mehr vermarktet werden. Wie dieses Ziel aber operationalisiert wird, darin unterscheiden sich diese verschiedenen Ansätze zum Teil beträchtlich.

In der genannten Studie konnte Rehbinder (1978a) generell drei rechtliche Regulierungstypen unterscheiden:

a) Ein Regulierungstyp, der grundsätzlich auf Produktionsfreiheit und Eigenverantwortung der Hersteller basiert, bei dem staatliche Stellen aber eine Eingriffsermächtigung besitzen. Unter bestimmten Voraussetzungen (Informationen über nicht-akzeptable negative Auswirkungen) müssen Informationen über Wirkungsspektrum und Wirkungsweise chemischer Substanzen selbst erhoben werden.
b) Ein Typus, der zwar ebenfalls auf grundsätzlicher Produktionsfreiheit mit staatlichem Eingriffsvorbehalt basiert, in dem aber die Unternehmen die notwendigen Informationen für eine umwelt- und gesundheitsrelevante Bewertung der Chemikalien selbst beschaffen und den staatlichen Stellen nur melden müssen.
c) Ein Regulierungssystem mit grundsätzlichem Produktionsverbot von Chemikalien, mit dem Erlaubnisvorbehalt der Produktion, wenn mittels bewertbarer Informationen nachgewiesen wird, daß die Ungefährlichkeit für Mensch und Umwelt besteht.

Im folgenden soll eine Skizze der Kontrollpolitiken einiger ausgewählter Länder diese unterschiedlichen Regulierungstypen und Problemlösungsstrategien verdeutlichen:

Die Vereinigten Staaten (1976)

Der Toxic Substances Control Act der USA ist ein sehr prominentes und einflußreiches Beispiel. Das amerikanische Parlament und die Regierung haben dort einen Weg gewählt, gesetzlich zu verankern, daß keine chemische Substanz mehr produziert werden darf, bevor sie nicht bei der amerikanischen Umweltbehörde EPA (Environmental Protection Agency) angemeldet worden ist. Die EPA hat dann eine Frist von 90 Tagen, um die Anmeldeunterlagen zu prüfen und die potentielle Schädlichkeit des betreffenden Stoffes zu bewerten. Werden die Informationen über den Stoff als lückenhaft betrachtet, kann die EPA mehr Informationen und Testergebnisse anfordern oder gegebenenfalls eigene Untersuchungen einleiten. Diese Ermächtigung besitzt die EPA für grundsätzlich jeden chemischen Stoff, sei er schon seit Jahren vermarktet oder erst im Entwicklungsstadium. Eine zentrale Bedeutung im TSCA besitzt das Risikokriterium, an das sämtliche dieser weitreichenden Interventionsermächtigungen geknüpft sind: die Bedingung, daß ein chemischer Stoff für die Umweltbehörde "may present an unreasonable risk to health or environment." Ist diese Bedingung gegeben, so kann die EPA praktisch qua Verordnung die Produktion und die Vermarktung von Chemikalien auf einer ad hoc-Basis regulieren, d.h. einerseits potentiell sehr weitreichende Informations- und Testverpflichtungen auferlegen und andererseits die Produktion einer Substanz beschränken, unter Vorbehalt mit bestimmten Auflagen erlauben oder ganz verbieten.

Die weitreichenden Vollmachten im amerikanischen Chemikaliengesetz sind allerdings, und hier müssen die spezifischen Charakteristika des amerikanischen politischen Systems in Betracht gezogen werden, durch das pluralistische Kräftefeld sehr stark relativiert. Die hochdurchlässigen amerikanischen Partizipationsstrukturen würden eine EPA sehr verwundbar machen (besonders durch die bedeutende Rolle, die Gerichte im politischen Prozeβ spielen), die in ihr strategisches Kalkül nicht die aktuellen politischen Kräfteverhältnisse miteinbezieht. Grundsätzlich besitzt die EPA jedoch die Vollmacht, nach eigenem Ermessen Informations- und Testverpflichtungen den einzelnen Unternehmen aufzubürden oder Produktions- und Vermarktungsbeschränkungen einzelner Produkte auszusprechen. Diese weitreichenden Kompetenzen, gepaart mit durchlässigen und transparenten Entscheidungs- und Partizipationsstrukturen, bedeuten, daβ die effektive regulative Belastung der einzelnen Wirtschaftssubjekte von der Ausgestaltung der jeweiligen pluralistischen Kräfteverhältnisse abhängt, was eine enorme Verunsicherung des Entscheidungskontextes dieser Unternehmen bedeutet (Schneider 1985).

Schweden (1973)

Eine Politikoption, die das polare Gegenstück der amerikanischen Umweltchemikalienpolitik darstellt, praktiziert Schweden. Das schwedische Gesetz "beruht auf dem Grundsatz primärer Herstellerverantwortlichkeit mit Eingriffs- und Überwachungsbefugnis der Behörde" (Rehbinder 1978a: 41). Das Gesetz umfaβt alle Stufen des Lebenszyklus einer Chemikalie mit Ausnahme der Produktion, setzt also erst bei dem Inverkehrbringen ein. Ebenso wie das amerikanische Gesetz deckt es grundsätzlich alle potentiell gefährlichen Substanzen ab. Im Zentrum des Gesetzes steht eine "general duty of prudence"-Klausel, nach der jeder, der mit einem Produkt, das unter das Gesetz fällt, umgeht oder es importiert "shall take such steps and otherwise observe such precautions as may be necessary to prevent or minimise damage to human beings or the environment" (OECD 1977:30). Der Produzent ist weiterhin gehalten, "(to) know the composition and assess the risk as far as scientific knowledge at any given time permits" (OECD 1977:36).

Wie diese sehr allgemeinen Postulate jedoch in konkrete materielle Politik umgesetzt werden, darüber läβt das Gesetz einen weiten Spielraum zu, der jedoch durch korporatistische Entscheidungspraktiken ausgefüllt wird. Die Informationspflicht des Produzenten gegenüber der zuständigen Überwachungsbehörde, dem Produktkontrollamt, sieht vor, einen durch das Gesetz und Verordnungen bestimmten Umfang an Informationen über Produkte, die vermarktet werden sollen, zu melden. Das Produktkontrollamt schreibt diese Information dann ins Produktregister. Auf Grund der Meldeunterlagen hat ein 'Product Control Board' dann über etwaige Maßnahmen zu entscheiden. Dieser board hat zwar weitreichende Befugnisse zum Eingriff in die Produktionsfreiheit der Chemieunternehmen (Beschränkungen, Auflagen, Verbote etc.). Allerdings sind dort, im Gegensatz zum amerikanischen Modell, keine einzelgängerischen Maßnahmen der Behörde zu befürchten: Die Entscheidungsstrukturen, in denen Regelungsmaßnahmen entschieden werden, sind nach korporatistischem "Strickmuster" tripartistisch organisiert, d.h. organisierte Interessen sind zwar am Entscheidungsprozeß beteiligt, diese sind aber nur auf Arbeit und Kapital beschränkt, die öffentlichen Interessen sind davon ausgeschlossen (Rehbinder 1978:50; Weidner 1977a). Laut Westerlund (1980:13) finden diese Entscheidungsprozesse unter Ausschluß der Öffentlichkeit statt - sind also effektiv abgeschottet von einem etwaigen Druck der Öffentlichkeit.

Japan (1973)

Bis zum Beginn der siebziger Jahre schien Japan mit seiner Politik des forcierten Wirtschaftswachstums seine ökologischen Grundlagen zu zerstören (Weidner 1977b). Anfang der siebziger Jahre machte Japan je-doch eine einschneidende umweltpolitische Kehrtwendung. Zu den vielen harten Umweltschutzgesetzen, die in dieser Periode erlassen wurden, gehört auch das japanische Chemikaliengesetz, eines der ersten Chemikaliengesetze auf der Welt überhaupt. Als einziges Gesetz sieht es "ein Zulassungsverfahren für das Inverkehrbringen neuer Umweltchemikalien vor." (Rehbinder 1978a: 35). Alle neuen chemischen Stoffe sind vor Beginn der Herstellung anzumelden und der Vorprüfung bei einer Behörde zu unterwerfen. Aufgrund der Vorprüfung erfolgt eine Klassifizierung entsprechend verschiedenen Gefährlichkeitsmerkmalen in 'ungefährliche Stoffe' (weiße Liste), 'gefährliche Stoffe' (schwarze Liste) und in solche Stoffe, bei denen Unsicherheit bezüglich der Gefährlichkeit besteht (Rehbinder 1978a: 35; Lummert 1982: 177ff).

Die Stoffe, die beim Inkrafttreten des japanischen Gesetzes schon auf dem Markt waren, die sogenannten Altstoffe, unterliegen jedoch im japanischen Gesetz keiner besonderen Regelung. Hinsichtlich der Test- und Bewertungskriterien von neuen Stoffen enthält das Gesetz jedoch relativ detaillierte und operable Bestimmungen, im Gegensatz beispielsweise zum amerikanischen Recht. Die Genehmigungs- und die beachtlichen Kontrollkompetenzen liegen hauptsächlich beim Ministerium für internationalen Handel und Industrie (MITI), das für seine in Richtung weltmarktorientierte Konkurrenzfähigkeit steuernde und kooperative Rolle gegenüber der japanischen Industrie weithin bekannt ist. Möglichkeiten der Partizipation für Umwelt- und Arbeitsinteressen existieren im Implementationsprozeß nicht.

Allerdings besitzt das MITI generell eine Art Scharnierfunktion zwischen Staat und Industrieinteressen .

Schweiz (1969)

Die Schweiz ist das erste Land, das die Problematik der schädlichen Wirkungen von Chemikalien auf Gesundheit und Umwelt gesetzlich regelte. Das Giftgesetz von 1969 sieht ein Anmeldeverfahren mit Verbots- und Beschränkungsvorbehalt vor: Ein Stoff kann nur in Verkehr gebracht werden, wenn er in eine Giftliste aufgenommen worden ist. Eingriffe, Beschränkungen und Verbote geschehen über Verordnungen des Bundesrates, die bekanntlich durch die gängige Praxis der Vernehmlassungsverfahren ein breites Spektrum organisierter Interessen in die Entscheidungsmaschinerie miteinbeziehen. Das Gesetz gilt für neue wie alte Stoffe (Rehbinder 1978a: 28ff).

Die Interessengeladenheit von Politikoptionen

Der Vergleich der unterschiedlichen Kontrollpolitiken macht deutlich, daβ ein und dasselbe politische bzw. soziotechnische Problem mittels relativ unterschiedlicher Problemlösungsstrategien angegangen worden ist. Die inhaltliche Gestaltung der verschiedenen Politiken war also nicht nur durch die sachlogischen Anforderungen des Problems selbst vorgezeichnet, sondern wurde offensichtlich noch durch andere Faktoren bestimmt. Auch im relativ technischen Politikbereich der Chemikalienkontrolle gilt es, unterschiedliche 'technische' Optionen politisch zu bewerten, was wiederum soziale Interessen involviert. Die verschiedenen Politikoptionen im Entwurf eines Chemikalien-Kontrollprogramms implizieren unterschiedliche Belastungsverhältnisse für die verschiedenen sozialen Gruppen und produzieren damit Interessenkonflikte. Dieser Zusamenhang soll an der Gelegenheitstruktur der Politikoptionen eines Chemikalienkontroll-Programms verdeutlicht werden. Alle Regulierungstypen, die erreichen wollen, daβ Chemikalien vor ihrer Verwendung auf Gesundheits- und Umweltschädlichkeit untersucht werden, haben auf jeder der im folgenden genannten Ebenen unter verschiedenen Möglichkeiten zu wählen.

a) Die Träger der Kontrollpolitik müssen bestimmt werden. Ein Programm könnte, so wie es die bundesdeutsche Chemische Industrie vorgeschlagen hatte, in Eigenregie (über den Chemieverband) der Industrie durchgeführt werden. Das andere Extrem wäre ein Kontrollprogramm, das nur von staatlichen Stellen getragen wird, welche die Prüfungen der betreffenden Chemikalien selbst durchführen. Dazwischen gibt es ein breites Spektrum von Aufgabenteilung und Kooperationsformen zwischen Staat und Herstellern.

b) Die Schutzziele bzw. der Schutzbereich muβ spezifiziert werden. Ein Chemikalienkontrollprogramm könnte sich nur als gesundheitspolitische Maβnahme begreifen und beispielsweise Umweltaspekte der Chemikaliengefährdung außer acht lassen. Andererseits könnte ein Kontrollprogramm auch als Verbraucherpolitik sich nur auf Fertigprodukte beziehen. Insofern muß bei der Programmformulierung eine Entscheidung gefaßt werden, wie weit oder eng der Schutzbereich gespannt wird.

c) Der Interventionspunkt des Kontrollsystems muß präzisiert werden. Die verschiedenen regulativen Interventionspunkte in den verschiedenen Phasen des Lebenszyklus einer Chemikalie müssen bestimmt werden. Die meisten Programme setzen dabei beim Vermarkten einer Chemikalie ein; denkbar ist jedoch auch ein Kontrollsystem, das schon bei der Entwicklung und Herstellung einer neuen Substanz einsetzt.

d) Der zu kontrollierende Stoffbereich muß eingegrenzt werden. Hier muß entschieden werden, welche Chemikaliengruppen bzw. Stoffkategorien kontrolliert werden sollen. Das Kontrollverfahren kann einerseits für alle chemische Stoffe gelten, oder nur für abgegrenzte Stoffkategorien (wie z.B. die Regelung in vielen Chemikaliengestzen, daß im wesentlichen nur neu vermarktete Stoffe geprüft werden müssen). Wie die Erfahrung zeigt, orientieren sich die 'policy-maker' in dieser Frage nicht nur an den Schutzzielen sondern - angesichts knapper Ressourcen - auch an verwaltungs-ökonomischen Gesichtspunkten.

e) Der Umfang an notwendigen Informationen, die als relevant zur Bewertung der Gesundheits- und Umweltgefährlichkeit eines Stoffes betrachtet werden (Prüfnachweise), muß festgelegt werden. So können hier Tests und Prüfverfahren detailliert vorgeschrieben werden, nach denen ein Stoff untersucht werden muß, bevor er vermarktet bzw. verwendet werden kann. Andererseits kann dies mit Generalklauseln auch in das Ermessen der Hersteller oder der Verwaltungsbehörden gelegt werden.

f) Das administrative Verfahren muß spezifiziert werden, welches das operative Zusammenwirken der Träger des Kontrollprogramms regelt.

g) Die Eingriffskompetenzen der Kontrollorgane, deren Ermessensspielräume und ebenfalls ihr Sanktionspotential müssen geregelt werden.

Interessenpolitik

Diese skizzierten Elemente beziehen sich jeweils nur auf das grobe Gerüst einzelner Kontrollprogramme. Jede Programmgestaltung kommt ohne weitere Detailregelungen nicht aus. Aber schon auf der Ebene dieser Schlüsselelemente zeigt sich ein breiter Raum von Kombinationsmöglichkeiten innerhalb dieses ordnungsrechtlichen Regulierungstyps.

Die Spezifizierung eines Programms durch Zusammenstellung verschiedener Regelungs- und Kontrollelemente ist nun keine, wie der ehemalige Innenstaatssekretär Hartkopf (1978a:16) sich ausdrückt, "akademische Frage für juristische Seminare, sondern harte Politik". Sämtliche Optionen sind mit Interessenpositionen besetzt. Die Chemische Industrie hat beispielsweise ein "natürliches" Interesse an einer Minimierung staatlicher Regulierung in ihrem Bereich. Mit anderen Worten: an soviel Selbstverantwortlichkeit und eigenem Dispositionspielraum wie möglich. Allerdings gilt dies nicht für jeden situativen Kontext. Existieren in anderen Ländern, mit denen die nationale Chemieindustrie kommerziell stark verflochten ist, schon gesetzliche Normen, die Qualitätsstandards für Importchemikalien voraussetzen, so mag die Chemische Industrie im Interesse der Minimierung nichttarifärer Handelshemmnisse dazu bereit sein, auch staatlichen Interventionen zuzustimmen. Auf dieser Ebene liegt übrigens eine Interessenkonvergenz mit staatlichen Stellen vor, denen unter diesen Bedingungen ebenfalls an einer internationalen Harmonisierung von Kontrollpolitiken gelegen sein muß. Hinsichtlich der Tiefe und Breite staatlicher Regulierung hat die Industrie ebenfalls ein natürliches Interesse, die regulative Last so leicht wie möglich zu halten; beispielsweise einen möglichst engen Geltungsbereich des Kontrollsystems und möglichst geringe Prüfungs- und Testanforderungen. In der Wahl zwischen einem Verfahren, bei dem die Hersteller die zu vermarktenden Stoffe im wesentlichen nur einer staatlichen Behörde melden müssen, ansonsten weiterhin Chemikalien eigenverantwortlich vermarkten können (sogenanntes 'Anmeldeverfahren'), und einem Verfahren, wo die Vermarktung von Chemikalien nur mit einer ausdrücklichen staatlichen Genehmigung möglich ist (Zulassungsverfahren), hat die Industrie eine verständliche Präferenz für Verfahren, die den Behörden möglichst wenig Eingiffs- und Vetopotential geben. Dasselbe gilt für die Festlegung des Interventionszeitpunktes. Auch hier hat die Industrie ein Interesse an einem Verfahren, das möglichst spät einsetzt: möglichst erst beim Vermarkten einer Chemikalie. Deswegen wird die Industrie natürlich einem Zulassungsverfahren ein bloßes Anmeldeverfahren vorziehen. In dieser Hinsicht sind Konsumenten und Umweltinteressen offenbar den Industrieinteressen diametral entgegengestellt.

Die Interessen des Staates sind hier schwieriger zu verorten. Einerseits hat die staatliche Seite sicher ein Interesse an einer möglichst umfassenden und präventiven Problemlösung, sie müßte also aus diesem Grund ein Verfahren mit den höchstmöglichen Testanforderungen und einem Regelungsbereich, der möglichst alle Lebensphasen einer Chemikalie und möglichst alle Kategorien von Chemikalien abdeckt, präferieren. Ein Zulassungsverfahren müßte aus staatlicher Perspektive ebenfalls einem Anmeldeverfahren vorzuziehen sein, da nur dieses eine ausreichende Gewähr dafür bietet, daß keine chemische Substanz, die nicht vorher gründlich auf ihre Wirkung auf Gesundheit und Umwelt untersucht wurde, produziert oder vermarktet werden darf. Eine solches Kontrollprogramm würde aber schnell an die Grenzen der finanziellen Belastbarkeit stoßen und würde darüber hinaus die gesamte Verantwortung hinsichtlich der potentiell schädlichen Wirkungen chemischer Substanzem dem Staat auflasten, ihn daher verwundbar machen.

Ein anderer negativer Effekt einer so restriktiven Chemikalienkontrollpolitik könnte Standortflucht sein. Zu starke regulative Lasten würden mit großer Wahrscheinlichkeit die Innovationsfähigkeit und Wettbewerbsfähigkeit der Chemischen Industrie auf dem Weltmarkt verschlechtern. Beides könnten die Firmen zu vermeiden suchen, indem sie industrielle Kapazitäten in Ländern ansiedeln, die von regulativen Lasten noch relativ verschont sind. Andererseits würde auch schon eine bloße Drosselung der Inlandsinvestitionstätigkeit Probleme für den Staat induzieren. Über Steuer- und Stimmenabhängigkeit an Wirtschaftswachstum gebunden, wird die Regierung daher interessiert sein, regulative Belastungen der Chemischen Industrie in Grenzen zu halten.

Ähnlich schwierig sind die Interessen, die sich aus der Position der Gewerkschaften ergeben, zu verorten. Einerseits haben die Gewerkschaften die Gesundheits- und Arbeitsschutzinteressen ihrer Mitglieder zu vertreten, andererseits ist den Gewerkschaften mit 'sozialpartnerschaftlicher Orientierung' aber auch daran gelegen, nicht durch zu hohe Belastungen des Kapitals die Wettbewerbsfähigkeit der Industrie zu verschlechtern oder Standortflucht und Produktionsverlagerungen zu forcieren und damit Arbeitsplätze zu riskieren.

Policy-Maps

Ein wichtiger Einwand wäre hier, daß diese Interessen nicht logisch zwangsläufig aus dem objektiven Problemzusammenhang folgen, sondern an Situationsdeutungen und damit an institutionelle, kulturelle oder ideologische Arrangements gebunden sind. Diese Interessen-Hermeneutik hat hier auch nur die Funktion, die Interessenverflechtungen auf der Ebene der Politikoptionen zu verdeutlichen. Sie soll zeigen, wie sämtliche Politikoptionen Auswirkungen auf Interessenpositionen haben, und niemals bloß als sachlich determiniert betrachtet werden können. Interessen sind nicht nur objektiv durch die sozialstrukturelle Position, sondern gleichzeitig durch kognitive und normative Strukturen bestimmt. Welche Programmoptionen nun tatsächlich gewählt werden, hängt daher noch von einem weiteren Faktor ab: Präferenzen für bestimmte Programmelemente sind daher auch durch Perzeptionsmuster, Ideologien, d.h. Problemsichten bestimmt. In dieser Analyse wird davon ausgegangen, daß es nicht nur eine, sondern mehrere unterschiedliche, ideologisch bedingte Problemsichten gibt, welche unterschiedliche Antworten und Lösungsstrategien hinsichtlich des Chemikalienproblem implizieren.

In Tab. II.1 sind vier verschiedene Problemsichten skizziert, welche die wichtigsten Auffassungen über das Chemikalienproblem repräsentieren. Für einen 'policy-process' dürfte wichtig sein, wie das Dominanzverhältnis zwischen diesen Problemsichten im Akteur-System gestaltet ist. Hierzu wurden die verschiedenen Politikfeld-Organisationen nach der vorherrschenden Problemsicht in einer jeweiligen Organisation befragt, wobei auch Kombinationen dieser Problemideologien möglich waren.

Tab. II.1: Vier unterschiedliche Sichtweisen des Chemikalienproblems

a) **die ökologisch-radikale Sichtweise** Das Chemikalienproblem liegt einer grundsätzlichen Haltung des Menschen gegenüber der Natur zugrunde; indem der Mensch durch Technik und industrielle Entwicklung in die natürlichen Kreisläufe unseres Planeten eingreift, zerstört er funktionierende ökologische Zusammenhänge und damit seine Lebensgrundlage. Wir müssen wieder zurückfinden zu natürlichen Lebens- und Produktionsformen.	c) **die technokratisch-kooperative Sichtweise** Das Chemikalienproblem ist in der rasanten technologischen Entwicklung begründet, in der (gelegentlich) unbeabsichtigte Nebeneffekte entstehen. Nur durch technisch-wissenschaftliche Anstrengungen, durch die Entwicklung neuer Testtechnologien und Prüfverfahren können in Zukunft solche Effekte minimiert werden. Die Aufgabe des Staates ist, die Forschung in dieser Richtung zu fördern und hierin mit der Industrie zusammenzuarbeiten.
b) **die sozialistische Sichtweise** Das Chemikalienproblem ist eigentlich ein sozioökonomisches und politisches Problem, das in der kapitalistischen Wirtschaftsordnung begründet liegt. Aus Gewinnsucht werfen die Chemieunternehmen ständig neue Produkte auf den Markt, die noch nicht ausreichend auf ihre gefährlichen Wirkungen auf Mensch und Natur getestet worden sind.	d) **die kapitalistische Sichtweise** Das Chemikalienproblem existiert gar nicht. Bisher hat die Chemieindustrie ihre Produkte immer in genügender Weise auf schädliche Auswirkungen überprüft, bevor sie diese vermarktet hat. Die öffentlichen Debatten hierüber entspringen nur einer Hysterie, die zum Teil von radikalen Gruppen, unterstützt von weiten Teilen der Presse, geschaffen oder zumindest ausgenützt wurde.

Bezeichnenderweise dominierte die 'technokratisch-kooperative' Sicht vollkommen im Akteur-Set. Von 24 Organisationen, die die Frage beantworteten, neigten 22 (92%) der 'technokratisch-kooperativen Sichtweise' zu. Nur die beiden Umweltverbände sahen ihre Problemperzeption nicht durch die 'technokratisch-kooperative Sichtweise' repräsentiert. Sechs Organisationen tendierten zur ' öko-radikalen' Sicht und nur 2 zur 'sozialistischen'. Von der 'kapitalistischen Sichtweise' fühlte sich keine Policy-Organisation repräsentiert. Diese Ergebnisse legen eine relativ homogene Problemsicht in der Chemikalienkontrolle nahe, ohne welche die sehr ko-operative Problemlösung im bundesdeutschen Chemikaliengesetz sicher nicht zustande gekommen wäre.

1. Die Akteure und ihre Handlungsbedingungen

Einleitung

Der zentrale Bezugspunkt für das Policy-Akteur-System ist das Chemikalienproblem und dessen direkte und indirekte Wirkungen. Die Analyse der direkten und indirekten Wirkungsvernetzungen des Chemikalienproblems mit gesellschaftlichen Akteuren ermöglicht, eine mehr oder weniger klar umrissene Menge von 'betroffenen' Akteuren abzugrenzen. Diese Akteurkategorien sind aufgrund soziostruktureller oder politikstruktureller Verhältnisse potentiell in die Chemikalienproblematik involviert. Werden die möglichen direkten Wirkungen des Chemikalienproblems im Lebenszyklus einer Chemikalie betrachtet, so sind sowohl Arbeitsschutzinteressen, Gesundheitsinteressen als auch Umweltinteressen von einer potentiellen Toxizität dieser Stoffe tangiert.

Die 'materiellen' und direkten Wirkungen induzieren darüber hinaus noch indirekte bzw. sekundäre Betroffenheitsvernetzungen, die insbesondere die Involvierung des Staates betrifft, denn die materiellen, 'gesundheitsschädigenden' Wirkungen von Chemikalien betreffen nicht unmittelbar und zwangsläufig die Interessen staatlicher Akteure. Erst wenn soziale Akteure außerhalb und innerhalb des Staatssektors ein Problem als soziales oder politisches thematisieren, werden Interessen staatlicher Akteure tangiert. Ähnliches gilt für Parteiinteressen: Durch die institutionelle Struktur einer 'parteien-parlamentarisch' organisierten Politik folgt, daß Parteien zumindest formell zu den signifikanten Handlungs- und Entscheidungseinheiten einer Politik gehören (was natürlich noch nichts über deren reale Position in der Politikarena aussagt). Aus dieser grob umrissenen Perspektive zeichnet das Chemikalienproblem in Zusammenwirkung mit der strukturellen und institutionellen Differenzierung der Gesellschaft eine Betroffenheitsstruktur vor, von welcher aus das potentiell involvierte Akteur-Set der Politikentwicklung zunächst theoriebezogen eingegrenzt werden kann.

Im folgenden wird davon ausgegangen, daß das Chemieproblem folgende institutionelle Bereiche der Gesellschaft 'betrifft': den Staat, den parlamentarischen Sektor, den Sektor der 'organisierten Interessen' (Kapital, Arbeit, Umwelt und Verbraucher)', schließlich den Bereich von Wissenschaft und Technik. Ein jeder dieser Bereiche besitzt seine spezifische Organisationsstruktur, in welcher die Zahl vorhandener Organisationen, deren Beziehungsgeflechte zueinander und deren generelle Einbettung in die allgemeine sozialstrukturelle Umwelt von zentraler Bedeutung sind. Die Gesamtheit dieser 'strukturellen Bedingungen' kann dann Hinweise dafür geben, welche Akteure 'positionell' - abhängig von deren sozialstrukturellen Interessenlage - in den Politikentwicklungsprozeß involviert sein könnten. Die Identifikation und Eingrenzung des relevanten Akteur-Sets ist im Grunde eine relativ problematische Angelegenheit, denn von ihrer Systematik hängen alle weiteren Ergebnisse der Politikanalyse ab. Insofern ist es notwendig, die Auswahlprozedur detailliert offenzulegen (zu dem Problem der 'boundary specification' in der Netzwerkanalyse, vgl. Laumann et al. 1983).

Die Identifikation der Akteure

Ausgehend von der Vorstellung einer institutionell differenzierten Gesellschaft können die Policy-Akteure zunächst mittels des 'Positionsansatzes' der Elitenforschung identifizert werden. Dies bedeutet, in einem ersten Schritt alle existierenden Organisationen der zuvor spezifizierten institutionellen Sektoren zu ermitteln, die 'theoretisch' vom Chemikalienproblem betroffen sind. Hierzu wurden einschlägige Handbücher konsultiert (Taschenbuch des öffentlichen Lebens, Amtliches Handbuch der Bundesregierung, Hoppenstedt 'Verbände, Behörden, Organisationen der Wirtschaft', Staatshandbuch der Bundesrepublik und die Lobbyliste). Die sich aus dieser Zusammenstellung ergebende, fast zwangsläufig lückenhafte Liste wurde sodann durch Organisationen ergänzt, deren Involvierung in die Chemikalienpolitik mittels Recherchen in Pressearchiven, über Teilnehmerlisten von einschlägigen Veranstaltungen und behördeninternen Dokumenten ermittelt werden konnte. Dieses Vorgehen ist aus der Elitenforschung gemeinhin als 'Entscheidungsansatz' bekannt. Resultat dieser Vorgehensweise war eine Liste von etwa 90 Organisationen, mit welchen daraufhin Korrespondenz geführt, und die um eine Übersendung von Jahresberichten, Positionspapieren, Pressematerialien und sonstigem auf das Politikfeld Chemikalienkontrolle bezogenen Schrifttum gebeten wurden. Hierüber war es möglich, das Bild über die Involvierung der verschiedenen Organisationen in den Politikprozeß des Chemikaliengesetzes zu verfeinern. Auf der Grundlage dieses Materials und der Konsultation einiger Experten dieses Politikfelds wurden dann 39 Organisationen als - vorläufiges - Policy-Akteur-Set herausgefiltert, das im Winter 1984/85 mit einem teilstandardisierten Fragebogen befragt wurde. Dieses Akteur- bzw. Organisations-Set - dies muß klar gesehen werden - beinhaltet aber offensichtlich nur diejenigen Organisationen, welche einerseits institutionell für die Teilnahme am Politikprozeß vorgesehen sind, andererseits für die öffentliche Meinung besonders 'sichtbar' waren.

Zur Identifikation wichtiger im Politikprozeß involvierter, aber in der öffentlichen Arena oft unsichtbarer Handlungseinheiten waren daher weitere Auswahlschritte notwendig. Zur Identifikation des real involvierten und relevanten Akteur-Sets wurde die bisher beschriebene Identifikations- und Abgrenzungsprozedur durch zwei weitere Schritte ergänzt, welche an dem von Laumann et al. (1983) entwickelten Abgrenzungskonzept der 'gegenseitigen Relevanz' ausgerichtet waren. Dieses Konzept geht davon aus, daß der inhaltliche Schwerpunkt einer Politik innerhalb eines gegebenen empirischen Akteur-Sets einen gemeinsamen Bezugspunkt für wechselseitige

Relevanz schafft, d.h. daß innerhalb eines Problemfelds und eines Möglichkeitsraums darauf bezogener Politiken eine spezifische Menge von Akteuren wiederum nur eine abgrenzbare Zahl anderer Akteure für relevant hält. Dieses Kriterium wurde dadurch operationalisiert, daß jeder - für einen korporativen Akteur sprechende - Interviewpartner gefragt wurde, ob die in der bisherigen Auswahlprozedur selektierten Organisationen alle für das Politikfeld Chemikalienpolitik relevanten Organisationen enthielte. Bei zusätzlichen Nennungen wurde die Auswahlliste sukzessive erweitert. Wurde eine Organisation bzw. ein Akteur mehrmals zusätzlich genannt, wurde diese in das Befragungssample einbezogen. Etwa ein Viertel der Befragten nannte zusätzliche Akteure - jeweils in einer Spannweite von 1-3 Organisationen. Aber immerhin 8 Organisationen, deren Involvierung erst über die Befragung des Policy-Akteur-Sets ermittelt werden konnte, wurden mehrfach genannt und daher zusätzlich in die Befragungseinheit (insgesamt 47 Organisationen) einbezogen. Hiervon konnten allerdings nur 42 interviewt werden.

Ein weiteres Abgrenzungskriterium für die endgültige Bestimmung des 'relevanten Policy-Akteur-Sets' war die in der Befragung erhaltene Einflußreputation der Organisationen. Da die bisherige Akteurliste ja auch relativ unbedeutende Akteure enthalten konnte, wurden diese mittels des Kriteriums der Einflußreputation ausgegrenzt. Die Vertreter der jeweiligen Organisationen wurden gefragt, welche der in der Liste aufgeführten Organisationen ihrer Meinung nach besonders einflußreich im Gesetzgebungsprozeß des bundesdeutschen Chemikaliengesetzes gewesen waren. Zur Ausschaltung allzu grober Zufälligkeiten wurde deshalb entschieden, nur jene Organisationen als relevante Akteure zu betrachten, die in der Einflußbefragung mehr als eine Nennung erhielten. Nur 27 Organisationen erfüllten diese Bedingung. Weiterhin wurde entschieden, den Bundestag (der 11 Nennungen erhielt) aus dem Akteur-Set herauszunehmen, weil diese Organisation ja gleichzeitig durch ihre konstitutiven Einheiten, die Parteifraktionen, im Set repäsentiert war, welche ähnlich viele Nennungen erhielten (im Durchschnitt 9). Auch in bezug auf die beiden wichtigsten Interessengruppen wurde die Identifikationsprozedur vereinfacht: Manche Informanten nannten neben dem Verband der Chemischen Industrie (VCI) auch den Bund Deutscher Industrie (BDI), neben der Chemiegewerkschaft (IGCPK) auch noch den Deutschen Gewerkschaftsbund (DGB). Da sowohl BDI als auch DGB nur Übereinheiten der jeweiligen Industrieverbände bzw. Gewerkschaften sind, wurden BDI-Nennungen als VCI, und DGB-Nennungen als IGCPK-Nennungen berücksichtigt. Das endgültige Resultat dieser mehrstufigen Identifikations- und Auswahlprozedur war somit ein Policy-AkteurSet der Chemikalienkontrolle von 26 Organisationen, das unter dem Gesichtspunkt des wechselseitigen Zusammenhangs, unter dem Gesichtspunkt eines politischen

Problemfelds und der darauf bezogenen Aktivitäten auch als Policy-Akteur--System bezeichnet werden kann.

Tab. II.2.
Das Policy-Akteur-System der Chemikalienkontrolle

Institutionelle Bereiche	Organisationen
Regierung und Verwaltung	Arbeitsministerium (BMA) Landwirtschaftsministerium (BML) Innenministerium (BMI) Gesundheitsministerium (BMJFG) Wirtschaftsministerium (BMWi) Forschungsministerium (BMFT) Bundesanstalt für Materilaprüfung (BAM) Bundesanstalt für Arbeitsschutz u. Unfallforschung (BAU) Bundesgesundheitsamt (BGA) Umweltbundesamt (UBA)
Parteien	Sozialdemokratische Partei Deuschlands (SPD) Christl.-Demokratische Union/Christlich-Soziale Union (CDU/CSU) Freie Demokratische Partei (FDP)
Organisierte Interessen	Verband der Chemischen Industrie (VCI) Industriegewerkschaft Chemie-Papier-Keramik (IGCPK) Deutscher Industrie und Handelstag (DIHT) Bund für Umwelt und Naturschutz (BUND) Bundesverband Bürgerinitiativen Umweltschutz (BBU)
Wissenschaft & Technik	Berufsgenossenschaft Chemische Industrie (BGChemie) Deutsche Forschungsgemeinschaft (DFG) Sachverständigenrat für Umweltfragen (SRU)
Internationale Organisationen	Europäische Gemeinschaften (EG) Organisation für wirtschaftliche Entwicklung und Zusammenarbeit (OECD) Conseil Europeen de la Federation de l'Industrie Chimique (CEFIC)

In Tab.II.2 sind diese Akteure gruppiert nach institutionellen Bereichen aufgelistet. Interessant ist, daβ in der Kategorie der staatlichen Akteure (Regierungs- und Verwaltungsbereich) gleich 6 Ministerien in das Akteursystem der Chemikalienkontrolle involviert sind. Dies ist einerseits dadurch bedingt, daβ Chemikalienkontrolle mehrere selbständige Politikfelder tangiert (Arbeitsschutz, Umweltschutz, Gesundheitspolitik, Industrie- und Forschungspolitik), andererseits die Kompetenzen für den Umweltschutz in der Bundesrepublik bis vor kurzem auf mehrere Ministerien aufgeteilt waren. Fast alle der involvierten Ministerien hatten jeweils ihre Bundesanstalten/ Bundesämter als technisch-wissenschaftliche Agenturen in den Politikprozeβ der Chemikalienkontrolle eingesetzt. So waren die BAM besonders für physikalisch-chemische Aspekte, die BAU insbesondere für den Bereich der chemischen Arbeitsstoffe, das BGA für den gesundheitlichen Verbraucherschutz und sowohl UBA als auch BBA besonders für Umwelt- und Naturschutzaspekte des Chemikalienproblems verantwortlich. Schließlich war auch der Bundesrat involviert, weil im Bereich des Giftrechts- und Umweltschutzes viele Kompetenzen auf der Länderebene angesiedelt sind.

Trivialer ist die Frage nach der Involvierung der Parteien, die fast ausschließlich durch die Struktur der politischen und rechtlichen Verfassung der BRD bestimmt ist. Öffentliche Politiken nehmen in rechtsstaatlichen Verfassungen fast ausnahmslos die Form des Rechts an (in der Gestalt von Gesetzen oder Verordnungen). Dies gilt auch für nicht-regulative Politiken, in welchen das Instrument Recht nicht so offensichtlich zutage tritt, jedoch immer den rechtsstaatlichen Rahmen einer politischen Maßnahme definiert. Aus der parlamentarischen Parteiendemokratie als institutioneller Grundlage dieser legislativen Prozesse ergibt sich somit immer eine zwangsläufige Involvierung der Parteien in eine 'policy'. Im Gegensatz dazu ergibt sich die Relevanz der organisierten Interessengruppen aus den Bereichen Wirtschaft, Arbeit und Umwelt einerseits und der wissenschaftlichen Organisationen andererseits im Akteur-System eher aus anderen Kriterien, da diese Akteure ja institutionell keine Kompetenzen für die Formulierung und Umsetzung einer Politik haben. Diese Kriterien (z.B. Tauschnetzwerke) herauszuarbeiten wird eine der zentralen Aufgaben in den folgenden Abschnitten sein.

Die internationalen Organisationen EG, OECD und CEFIC waren schließlich aufgrund handelspolitischer Implikationen europäischer und nationaler Chemikalienregulierung involviert. Unterschiede in den nationalen Qualitätsstandards und Testanforderungen konnten leicht nicht-tarifäre Handelsschranken aufwerfen und somit den internationalen Chemikalienhandel behindern (Barby 1982). So erfolgte der Einfluß der Europäischen Gemeinschaft auf die deutsche Chemikaliengesetzgebung mittels einer Richtlinie des EG-Ministerrats. Im Formulierungsprozeß dieser Richtlinie waren allerdings sowohl die zuständigen deutschen Ministerien als auch der VCI über den europäischen Chemieverband beteiligt. Der Einfluß der OECD auf die Chemikaliengesetzgebung ist besonders darauf zurückzuführen, daß diese mittels verschiedener international zusammengesetzer Arbeitsgruppen vor allem die technische Harmonisierung der Chemikalienkontrolle zwischen Europa und Amerika vorantrieb.

Regierung und Verwaltung

Die für die Politikformulierung und Implementation potentiell relevanten Akteure des Regierungs- und Verwaltungsbereichs sind im wesentlichen durch die allgemeinen formalen Organisationsstrukturen dieses Sektors bestimmt. Hierin spielt die gemeinsame Geschäftsordnung der Bundesministerien (GGO) eine wichtige Rolle. Die GGO regelt Zuständigkeits- und Kompetenzbereiche, die fast flächendeckend in relativ detaillierter Weise alle auftretenden oder potentiellen Problem- und Aufgabenbereiche abdekken. Diese formelle Zuständigkeits- und Aufgabenbereichsregelungen gewährleistet, daß jedes Problem seinen Adressaten in dem riesigen Organisationskomplex findet. Somit wird in gewisser Weise eine institutionell verbürgte Aufmerksamkeit für akute oder auch nur potentielle Problemlagen generiert. Treten Probleme auf, für welche im bisherigen Organisationsplan noch keine Zuständigkeit geregelt ist, werden diese entweder schon bestehenden Institutionen zugewiesen oder es werden neue Tätigkeitsbereiche und Zuständigkeitsfelder geschaffen. Nun sind aber solche Regelungen wiederum stark davon abhängig, wie ein Problem definiert wird, und welches Spektrum von Lösungsoptionen konkret eruiert wird. Dies verweist wiederum auf Machtkonstellationen in der Politikentwicklungsphase der 'Thematisierung des Policy-Problems'. Würde beispielsweise das Problem gefährlicher Chemikalien nur als Umweltproblem definiert, wären automatisch andere Aufgabenbereiche, wie beispielsweise Arbeitsschutz oder Gesundheitsschutz, ausgegrenzt. Eine sinnvolle Lösung dieses logischen Zirkels ist daher, zunächst das Problem auf seinem allgemeinsten Nenner zu betrachten. Im legislativen Prozeß des Chemikaliengesetzes war dies eine ressortübergreifende Perzeption der Chemikalienproblematik, sowohl relevant für den Umweltaspekt, für den Gesundheitsschutz, als auch für den Bereich des Arbeitsschutzes. In der Bundesrepublik ist für den letztgenannten Aufgabenbereich der Bundesminister für Arbeit und Sozialordnung (BMA) zuständig. Der Problembereich 'Gesundheitsschutz' wird vom Bundesministerium für Jugend, Familie und Gesundheit (BMJFG) bearbeitet. Der Aufgabenbereich des Umweltschutzes schließlich war bis zum Jahre 1986 nicht in einem hierfür spezialisierten Umweltministerium konzentriert, wie es in einigen anderen Ländern der Fall ist, sondern fällt in den Zuständigkeitsbereich von mehreren Ministern.

Die meisten Funktionen im Umweltschutz waren bis zur Gründung des Umweltministeriums im Bundesministerium des Inneren (BMI) zusammengefaßt, welches in der Bundesrepublik generell als "Leitstand der Umweltpolitik" (*Chemische Industrie* 1978:556f.) aufgefaßt wird. Darüber hinaus waren aber nicht weniger als sechs weitere Bundesministerien am Aufgabenbestand der Umweltpolitik beteiligt (UBA 1983). Diese zersplitterte Kompetenzstruktur schafft natürlich einen außerordentlich hohen Koordinationsbedarf. Wichtige Vorrichtungen hierfür sind Abteilungsleiterausschüsse, interministerielle Projektgruppen, Arbeitskreise und andere Gremien. Entsprechend der hier angewandten Methode der Eingrenzung des Policy-Akteur-Sets konnten sechs Ministerien identifiziert werden, die für den Aufgabenbereich der Chemikalienkontrolle im weitesten Sinne zuständig waren und ebenfalls im Akteur-Set selbst als relevant betrachtet wurden. Dies waren das Bundesministerium für Inneres (BMI), das Bundesministerium für Wirtschaft (BMWi), das Bundesministerium für Landwirtschaft und Forsten (BML), das Bundesministerium für Arbeit und Soziales (BMA), das Bundesministerium für Jugend, Familie und Gesundheit (BMJFG), und das Bundesministerium für Forschung und Technologie (BMFT). Ein jedes dieser Ministerien ist in seiner derzeitigen organisatorischen Gliederung (Referat, Abteilung, Chef) an dem klassischen Modell der Verwaltungsbehörde orientiert (Kölble 1970:126). Die operativen Einheiten in den Ministerien sind allgemein die Referate. Dies gilt auch für Gesetzgebungsverfahren. So werden Gesetzentwürfe grundsätzlich durch den federführenden Referenten (bzw. seinen Hilfsreferenten) erstellt. Kölble (1970:118) hat die Tätigkeitsfelder der Referate in sechs Bereiche eingeteilt: a) die Vorbereitung von Entscheidungen der Bundesregierung, b) das Tätigwerden als Beauftragte der Bundesregierung, c) die unmittelbare Unterstützung des Bundestages, d) die persönliche Unterstützung der Bundesminister, e) die Entscheidungsvorbereitung der Bundesminister als Leiter oberster Verwaltungsbehörden und das Tätigwerden im Auftrag derselben, einschließlich aller tatsächlichen Verwaltungshandlungen gegenüber dem gesellschaftlichen Raum, f) vorsorgliche interne Sammlung, Sichtung und Auswertung von Informationen aller Art, die als Grundlage der verschiedenen Funktionen der Bundesministerien benötigt werden.

Die institutionellen Determinanten der Einbeziehung der verschiedenen Ressorts in die Politikentwicklung des Chemikaliengesetzes müssen grundsätzlich zwischen zwei Ebenen unterschieden werden: Einserseits die allgemeine Bearbeitung und Betreuung des Bereichs der Chemikalienkontrolle, andererseits die Involvierung in den formellen Gesetzgebungsprozeß des Chemikaliengesetzes aufgrund prozeduraler Regelungen im Grundgesetz oder den Geschäftsordnungen der Ministerien. Was die erste Ebene betrifft, so hatte sowohl das BMA als auch das BMJFG die längste Tradition in diesem Bereich. Das BMA war schon seit den 50er Jahren in die Entwicklung von Vorschriften zum Arbeitsschutz vor gefährlichen Stoffen involviert, während im BMJFG ebenfalls schon seit Ende der 50er Jahre an einer Arzneimittelregulierung und an einer Reform des Giftrechts gearbeitet wurde. Im BML schließlich wurde man Mitte der 60er Jahre auf diesen Bereich aufmerksam, als die steigende Verwendung von Pflanzenschutz- und Düngemitteln nachteilige Effekte für die Umwelt aufzeigten. Die Bundesministerien BMI, BMWi und BMFT wurden erst mit Anbruch der sogenannten Umweltdekade in diesen Bereich involviert. Als ein Teil des Umweltprogramms der Bundesregierung wurde die Abteilung 3 des früheren Gesundheitsministeriums als Umweltabteilung in das Bundesministerium für Inneres integriert. Auch im Bundesministerium für Wirtschaft wurden, im Rahmen des Umweltprogramms, Referate für Umweltschutz geschaffen. Mit dem Problembereich der Chemikalienkontrolle befaßt sich das BMWi nach eigenen Angaben seit 1973, das BMI erst seit 1976. Das Bundesministerium für Forschung und Technologie ist in den Bereich der Chemikalienkontrolle erst ab Mitte der siebziger Jahre über den Bereich der Umweltforschung involviert worden. Von der 'formellen Seite' gesehen, wäre sicher auch das Bundesministerium für Verkehr (BMV) zuständig gewesen, da hier ebenfalls schon seit Beginn der 70er Jahre der Problembereich des 'Transports gefährlicher Stoffe' bearbeitet wurde und dieses Ministerium auch über ein hierfür zuständiges Sachverständigengremium verfügt, doch entsprechend der Auswahlsystematik wurde das BMV offensichtlich im Akteur-Set für den Gesetzgebungsprozeß nicht für relevant erachtet.Auf der Ebene des formellen Gesetzgebungsprozesses waren, außer dem BMFT und dem BMV, fünf der genannten Ministerien über einen speziell hierfür gegründeten, interministeriellen Arbeitskreis an diesem Gesetzesvorhaben beteiligt gewesen. Über dessen Federführung gab es zeitweilig Kompetenzstreitigkeiten zwischen dem BMI und dem BMJFG, wobei sich das BMJFG letztlich durchsetzen konnte. Die Gesetzesinitiative ging zunächst vom BMI aus, wurde dann aber in dieser Form vom BMJFG und BMA abgeblokkt. Daraufhin wurde die Interministerielle Arbeitsgruppe Chemikaliengesetz geschaffen, deren Geschäftsführung zunächst turnusmäßig unter den drei beteiligten Ministerien rotieren sollte. Die Rotation wurden dann aber in der Endphase durch einen Kabinettsbeschluß beendet und verblieb dann beim BMJFG bis zum Ende des Gesetzgebungsverfahrens. Außer den bisher beschriebenen drei Ministerien waren zu dieser Arbeitsgruppe in der Endphase zusätzlich auch noch das BMWi und das BML hinzugestoßen.

Wie schon vermerkt, werden Gesetzesentwürfe in der Regel durch den federführenden Referenten erstellt, der aber, entsprechend der Geschäftsordnung, diejenigen administrativen Einheiten zu beteiligen hat, die von dem geplanten Gesetz in irgendeiner Weise berührt werden. Solche Maßnahmen sichern, daß ein Ressort nicht in einer Nacht- und Nebelaktion andere betroffene Ressorts vor vollendete Tatschen stellen kann. Solche Referats- oder Ressortegoismen, in denen jede administrative Einheit ihren eigenen Zuständigkeits- und Verantwortungsbereich verbissen verteidigt, sind nun nicht allein in den Machtstrategien und Kompetenzausweitungstendenzen einzelner Bürokraten begründet, sondern lassen sich teilweise auch über die Klientelbeziehungen der verschiedenen Verwaltungseinheiten mit regierungsexternen Interessen herleiten. Hartkopf/Bohne (1983:148) weisen beispielsweise darauf hin, daß viele umweltpolitische Konflikte innerhalb der Bundesregierung nicht so sehr durch fachliche Meinungsverschiedenheiten zu erklären wären, sondern durch "Gründe, die in den Beziehungen von Bundesressorts zu organisierten Interessengruppen zu suchen sind. Diese 'regierungsexternen' Bündnisse beeinflussen maßgeblich das 'regierungsinterne' Entscheidungsverhalten der Bundesministerien." Hartkopf und Bohne machen dabei vier wichtige Bündniskonstellationen aus: Das Wirtschaftsministerium vertritt Industrieinteressen, das Arbeitsministerium Gewerkschaftsinteressen, das Landwirtschaftsministerium die organisierten Interessen der Land- und Forstwirtschaft und das Verkehrsministerium die Automobilclubs und -industrie. Das besonders enge Verhältnis zwischen Wirtschaftsministerium und Chemieindustrie wird bezeichnenderweise sogar selbst vom VCI attestiert. In der Verbands-Zeitschrift *Chemische Industrie* (1979:181) heißt es ganz unverblümt: "Für die deutsche Wirtschaft zählt das Bundesministerium für Wirtschaft (BMWi) zu den wichtigsten Ministerien der Bundesregierung. (...) Innerhalb der Ressorts gilt es als Anwalt allgemeiner Interessen der Wirtschaft gegenüber den Vorhaben des Staates, z.B. bei Umweltschutz- und Steuerbelastungen."

Schwieriger in diesem Zusammenhang sind die Vernetzungen des Innenministeriums mit externen Interessen auszumachen, da es im Vergleich zu den anderen Ministerien, keine stabilen Allianzen zu regierungsexternen, organisierten Interessen zu unterhalten scheint. Will man Hartkopf/Bohne (1983:163), zwei ehemaligen BMI-Ministerialbeamten, glauben, so hat das Innenministerium während der sozialliberalen Koalition im Umweltbereich eine etwas konfliktreichere Haltung gegenüber der Wirtschaft eingenommen 'aktiven Bündnispolitik' verfolgte: "Die Umweltpolitik muß versuchen, ihr Konzept bei Umweltschutzmaßnahmen an die unterschiedlichen Interessenlagen innerhalb der Industrie sowie zwischen Industrie und Gewerkschaften anzuknüpfen, um je nach Sachlage gegnerische Fronten aufzuweichen oder neue Bundesgenossen zu gewinnen." Immerhin weisen einige empirische Evidenzen darauf hin, daß auf der Basis dieser strategischen Doktrin das Innenministerium durch finanzielle und ideelle Förderung maßgeblichen Einfluß darauf genommen hat, organisierte Umweltinteressen auf die politische Bühne zu bringen, um in der umweltpolitischen Arena je nach Sach- und Situationslage über einen politischen Bündnispartner gegenüber Industrie oder anderen gesellschaftlichen Interessen zu verfügen. Für eine derartige Mobilisierung gesellschaftlicher Kräfte besitzt das BMI spezielle finanzielle Ressourcen. Unter Titel 68517 des Bundeshaushaltes verfügt das BMI über ein Budget von fast 1 Mio, um "Maßnahmen von Verbänden und sonstigen Vereinigungen auf dem Umweltgebiet" unterstützen zu können. Es heißt dort zur Erläuterung: "Durch Zuwendungen sollen Maßnahmen von Verbänden und sonstigen Vereinigungen gefördert werden, die geeignet sind, die Diskussion über Umweltangelegenheiten zu versachlichen, das Umweltbewußtsein durch nichtstaatliche Stellen zu verstärken und Sachverstand in Umweltfragen außerhalb der öffentlichen Verwaltung zu entwickeln. "Aktive Bündnispolitik bedeutet nun nicht, daß die Beziehungen zwischen Innenministerium und Wirtschaft nicht kooperativ wären. Wenn man die Auffassung von Hartkopf/Bohne als repräsentativ für das Innenministerium ansehen kann, so ist auch für dieses Ressort - wie für alle übrigen beteiligten Ressorts - das Kooperationsprinzip das Leitbild für die Ausgestaltung umweltpolitischer Entscheidungsprozesse (Hartkopf/ Bohne 1983:305): "Das Kooperationsprinzip verfolgt den Zweck, durch Mitwirkung und Mitverantwortung Entscheidungsbetroffener die Informationsgrundlage für staatliche Entscheidungen zu verbessern, unerwünschte Nebenwirkungen von Entscheidungen möglichst auszuschalten, den Verwaltungsaufwand für das Zustandekommen und die Durchführung von Entscheidungen zu mindern sowie Entscheidungsprozesse insgesamt für alle Betroffenen transparenter und nachvollziehbarer zu machen. Die Umweltpolitik ist aufgrund ihrer besonderen Problemsituation in hohem Maße auf die Kooperation zwischen Staat, Industrie, Gewerkschaften und Wissenschaften angewiesen. So erfordert die Beurteilung der Umweltverträglichkeit chemischer Stoffe eine Fülle technischer, wissenschaftlicher und wirtschaftlicher Informationen, die die Verwaltung nicht besitzt, sondern allein von dem Betroffenen erhalten kann. Da sich die Lieferung geeigneter und zuverlässiger Informationen nur in beschränktem Umfang mit staatlichen Geboten von Wirtschaft und Wissenschaft erzwingen läßt, sind kooperative Beziehungen zwischen Staat, Wirtschaft und Wissenschaft notwendige Bedingungen für die Gewährleistung einer ausreichenden Informationsversorgung des Staates."

Hinter dieser Konzeption steht zweifellos die allgemeine Vorstellung eine Komplexes von Ressourcen-Abhängigkeiten, dem keiner der involvierten Policy-Akteure entrinnen kann und welcher dem politischen Spiel trotz intensiver Konflikte und Interessengegensätze seine innere Kohäsion gibt. In der Zeitschrift *Umwelt* (1977/54:3) beschreibt Hartkopf dieses Netzwerk von Abhängigkeiten wie folgt: "In einer umweltbewußten Gesellschaft muß sich ein vielfältig vernetztes System des Aufeinanderhinwirkens, des Anhörens und des Einflußnehmens zwischen allen Beiteiligten entwickeln."

Im Vergleich zu den anderen Ministerien besitzt das Bundesministerium für Inneres das weitgespannteste Aufgabengebiet: 11 Fachabteilungen und 35 untergeordnete Behörden decken ein Spektrum von Politiken ab, das von innerer Sicherheit über Medienpolitik, Energiepolitik bis zur Umweltpolitik reicht. Diese Fülle und Heterogenität von Aufgaben, so einige Beobachter, geben dem BMI zu wenig Zeit für notwendige Detailfragen, die in einer so hochkomplexen Materie wie der Chemikalienkontrolle unabdingbar sind. Bezeichnenderweise wurde in der Reputations-Befragung dem Bundesministerium für Inneres im Akteur-Set weniger an Expertenwissen attestiert als allen anderen Ministerien. Andererseits muß man sicher sehen, daß das

Bundesministerium für Inneres in der durch die GGO vorgezeichneten allgemeinen Rangordnung der Ministerien das ranghöchste der fünf beteiligten Ressorts ist. Allerdings wird es in bezug auf Budget, Personal- und Verwaltungsausgaben als auch in bezug auf das zur Verfügung stehende Personal vom BMWi überrundet. Werden die beteiligten Ressorts in bezug auf ihre personellen Kapazitäten an Fachleuten für den Bereich der Chemikalienkontrolle miteinander verglichen, so verfügen das Landwirtschaftsministerium und das Wirtschaftsministerium über die meisten Experten in diesem Bereich, was besonders durch die lange Erfahrung im Bereich der Biozide und auch durch das Forschungspotential in Bundesanstalten im Ressortbereich dieses Ministeriums zu erklären ist. In dieser Hinsicht sind auch das Arbeitsministerium und Gesundheitsministerium relativ gut positioniert.

Die Ressourcen-Position von Ministerien ergibt sich nun aber nicht nur aus dem eigenen Potential, über welches die verschiedenen Ressorts verfügen, sondern aus der logistischen Verflechtung dieser Oganisationen mit ihrer Umwelt. Angesichts der zunehmenden Komplexität der politischen Regelungsmaterie kommen die Ressorts, trotz hoher Spezialisierung, mit den selbst angesammelten Informationen und dem eigenen Sachverstand auf Dauer nicht aus, sind daher auf eine funktionsfähige Logistik wissenschaftlicher und politischer Informationen angewiesen. Einen Teil dieses Nachschubapparats stellen die spezialisierten Bundesoberbehörden dar. Diese Bundesoberbehörden sind jeweils den einzelnen Bundesministerien zugeordnet und mit Forschungs-, Beratungs- und teilweise mit Vollzugsangelegenheiten betraut. Viele dieser Behörden oder Anstalten besitzen eigene Forschungskapazitäten, werden daher von den Ministerien in der Regel zur Erarbeitung wissenschaftlicher Entscheidungshilfen herangezogen. Andere Bundesoberbehörden, wie z.B. das Umweltbundesamt, betreiben selbst keine Forschung, mobilisieren das notwendige Wissen meist durch die Förderung und Koordination externer Forschungsvorhaben. Im Politikentwicklungsprozeß des Chemikaliengesetzes waren fünf Bundesoberbehörden involviert:

- die Bundesanstalt für Arbeitsschutz und Unfallforschung (BAU) in Dortmund (im Geschäftsbereich des BMA);
- die Bundesanstalt für Materialprüfung (BAM) in Berlin (im Geschäftsbereich des BMWi);
- das Bundesgesundheitsamt (BGA) in Berlin (im Geschäftsbereich des BMJFG);
- die Biologische Bundesanstalt (BBA) in Berlin und Braunschweig (im Geschäftsbereich des BML);
- das Umweltbundesamt (UBA) in Berlin (im Geschäftsbereich des BMI).

Alle diese Behörden waren mit Spezialaufgaben, wie beispielsweise Forschung, Gutachten, Stellungnahmen, Positionspapiere, Situationsanalysen und anderen Entscheidungshilfen, in den Gesetzgebungsprozeβ einbezogen. Das BML besitzt über die Biologische Bundesanstalt hinaus noch andere Forschungsanstalten, in denen teilweise für Chemikalienkontrolle relevante Forschung betrieben wird (z.B. Bundesforschungsanstalt für Ernährung in Karlsruhe, Bundesanstalt für Fleischforschung in Kulmbach, Bundesanstalt für Milchforschung). Das Bundesministerium für Forschung und Technologie wiederum hat die Oberaufsicht über eine Reihe von Groβforschungsanlagen. So war beispielsweise die Kernforschungsanlage Jülich im Auftrag des BMFT Projektträger für eine Reihe von Forschungsprojekten im Umweltchemikalienbereich. Von den genannten Bundesanstalten bzw. -oberbehörden können alle, auβer dem Umweltbundesamt, auf eine langjährige Tradition - wenn auch unter dem jeweils eigenen, durch die generelle Ausrichtung der Anstalt bedingten Blickwinkel - im Chemikalienbereich zurückblicken. So die Bundesanstalt für Materialprüfung im Bereich der physikalisch-technischen Prüfung von Stoffen, die BAU im Bereich der gefährlichen Arbeitsstoffe und das BGA auf der Ebene der Arzneimittelkontrolle und des gesundheitlichen Verbraucherschutzes (Lebensmittel, Bedarfsgegenstände etc.). Die BBA schlieβlich arbeitet schon seit den 60er Jahren auf dem Feld der Biozide. In den Gesetzgebungsprozeβ des Chemikaliengesetzes waren allerdings zunächst nur das UBA, die BAU und das BGA eingeschaltet. Das UBA war gleich zu Beginn der Gesetzesinitiative für ein 'Umweltchemikaliengesetz' im BMI aktiviert worden und erarbeitete eine Situationsanalyse, entwickelte Gesetzesentwürfe und vergab Forschungsaufträge an Wissenschaftler. Auch die BAU war sehr früh eingeschaltet, da diese Behörde das BMA vor allem in den Politikharmonisierungs-Aktivitäten der EG vertrat und auf dem Gebiet des gesundheitlichen Arbeitsschutzes einige Erfahrung und Wissen angesammelt hatte. Das BGA wurde etwas später als UBA und BAU eingeschaltet: erst dann, als das BMJFG die Gesetzesinitiative übernahm. BAM und BBA schlieβlich wurden erst in der Endphase der vorparlamentarischen Gesetzesvorbereitung über die Interministerielle Arbeitsgruppe beteiligt.

Neben den spezialisierten Oberbehörden gibt es noch einen andereren 'Nachschubmechanismus für wissenschaftliche Informationen': Das riesige Netz von Beratungsgremien, das in den letzten zwanzig Jahren von den und um die Regierungsbehörden aufgebaut wurde. Wie in anderen Politikfeldern so gibt es auch im Bereich der Chemikalienkontrolle ein weit verzweigtes Netz von Sachverständigengremien, mittels derer Regierung und Verwaltung auf externen Sachverstand zurückgreifen können. Auch diese Gremien haben im Gesetzgebungsprozeβ eine wichtige Rolle gespielt. Die verschiedenen Funktionen der Gremien und die Struktur dieses Gremiennetzwerks sollen jedoch an anderer Stelle näher betrachtet werden.

Ein weiterer bisher nicht genannter staatlicher Akteur im Gesetzgebungsprozeβ ist der Bundesrat. Dieses Organ ist im Prinzip ein Ministergremium (Rausch 1975:68) und setzt sich gemäß Art. 51 GG aus den Mitgliedern der Landesregierungen zusammen; diese werden durch die Landesregierungen jeweils bestellt und abberufen. Meist werden die Landesminister aber von Ministerialbeamten vertreten, vor allem in weniger politischen Materien. Im bundesdeutschen Regierungssystem repräsentiert der Bundesrat somit die föderalen Interessen im Politikprozeß. Art. 50 GG gibt dem Bundesrat eine Mitwirkungskompetenz im Gesetzgebungsverfahren. Gesetzesinitiativen der Bundesregierung können nicht unmittelbar dem Bundestag vorgelegt werden, sondern müssen nach Art. 76 Abs. 2 GG zunächst dem Bundesrat zur Stellungnahme zugeleitet werden. Diese formelle Vorschaltung soll dem Bundesrat die Möglichkeit geben, die verfassungsrechtliche Zulässigkeit und die Auswirkung auf Länderinteressen zu prüfen. Hierbei kann der Bundesrat Einwände machen und Änderungsvorschläge vorlegen, zu denen die Bundesregierung Stellung nehmen kann. Der Gesetzesentwurf wird dann, zusammen mit den Änderungsvorschlägen des Bundesrates und der Stellungnahme der Bundesregierung, dem Bundestag zugeleitet. Hat der Bundestag ein Gesetz verabschiedet, so hat er es nochmals an den Bundesrat weiterzuleiten. Abhängig von der im Grundgesetz geregelten Zustimmungsbedürftigkeit eines Gesetzes hat der Bundesrat dann unter Umständen Vetorecht.

Wie vermerkt, werden die Landesminister auf der Arbeitsebene in den Ausschüssen in der Regel von ihren Ministerialbeamten vertreten, die gewissermaßen die operative Ebene des Bundesrats darstellen. Dort ist aufgrund der fachlichen Unterstützung durch die Länderverwaltung - nicht zu vergleichen mit dem Bundestag - ein ähnlicher Bestand an Informationen und Sachwissen vorhanden wie auf der Referatsebene der Bundesministerien. Aufgrund der ausschließlichen Länderzuständigkeit im Giftrecht hatten die verschiedenen Bundesländer eine lange Tradition im Bereich der gefährlichen Stoffe, während man hier im Bereich der Umweltchemikalien erst ab Anfang der 70er Jahre aktiv geworden ist. Zur Koordinierung dieser Aktivitäten wurde schon im Umweltprogramm der Bundesregierung 1972 die Einrichtung eines Bund-Länder-Arbeitskreises 'Umweltchemikalien' empfohlen. Dieses Gremium, welches aus den Vertretern der einschlägigen Ministerien aus Bund und Ländern, des Bundesgesundheitsamtes und des Umweltbundesamtes zusammengesetzt ist, wurde schließlich 1975 fest etabliert und konnte im Prozeß der Chemikaliengesetzgebung aktiv eingreifen und zwischen Bundes- und Länderinteressen vermitteln. Neben diesem Gremium gibt es noch eine Reihe anderer Koordinationsgremien, in welchen Aktivitäten im Chemikalienbereich koordiniert werden, wie z. B. die Arbeitsgemeinschaft der Leitenden Medizinalbeamten (AGLMB) und die Arbeitsgemeinschaft der Leitenden Veterinärbeamten der Länder (ARGEVET) mit jeweiligen einschlägigen Ausschüssen (ALS: Arbeitkreis Lebensmittelchemischer Sachverständiger etc.) (Schulze 1983).

Transnationale Politiknetzwerke

Eine Ebene, welche die Entscheidungsstrukturen innerhalb des Regierungs- und Verwaltungssektors noch mehr kompliziert, ist die transnationale Ebene. Die von der Bundesrepublik seit den 50er Jahren eingegangenen zwischenstaatlichen Verpflichtungen und Mitgliedschaften in internationalen Organisationen haben unter anderem dazu geführt, daß bei der Entwicklung politischer Programme zunehmend Beschlüsse und Interessen supranationaler und internationaler Gremien in Rechnung gestellt werden müssen. Nach dem Yearbook of International Organizations (1981) war die Bundesrepublik 1977 Mitglied in 87 intergouvernementalen Organisationen, und es wäre verwunderlich, wenn dieser Umstand keinen Einfluß auf die Struktur auch der innenpolitischen Entscheidungsprozesse hätte. Natürlich variieren die sich hieraus ergebenden Bindungen und Handlungsrestriktionen mit dem Status einer jeweiligen internationalen Organisation.

Beispielsweise bringt die Mitgliedschaft der Bundesrepublik in der EG sicher einschneidendere Verpflichtungen mit sich als die bei den Vereinten Nationen und ihren Spezialorganisationen. So besitzt die Europäische Gemeinschaft eine Reihe supranationaler Elemente, wovon das wichtigste das EG-Recht ist. Dies bildet eine autonome Struktur, die weitgehende Kompetenzen und eigene Hoheitsrechte enthält, so daß legislative Entscheidungen auf EG-Ebene unmittelbar in den einzelnen Mitgliedsländern Geltung haben und sogar über einen eigenen Gerichtsapparat juristisch kontrolliert werden können. Allerdings haben auch Entscheidungen auf der OECD-Ebene rechtliche Bindungskraft (Artikel 5a, OECD-Vertrag), nur das dahinterstehende rechtliche Sanktionspotential ist ungleich schwächer ausgeprägt als bei der EG.

Im Politikfeld der Chemikalienkontrolle war der Einfluß der internationalen Ebene unübersehbar. Als wissenschaftliches "issue" hat das Chemikalienproblem schon frühzeitig internationale wissenschaftliche Kongresse beschäftigt, und als sozialpolitisches Problem hat es früh die Fach- und Sonderorganisationen der Vereinten Nationen auf den Plan gerufen. Innerhalb des UN-Systems haben die Internationale Arbeitsorganisation (ILO) und die Food and Agricultural Organisation (FAO) die längste Tradition in diesem Feld. Die ILO kümmert sich schon seit den 50er Jahren um Gefährdungen durch gefährliche Stoffe am Arbeitsplatz (ILO 1977). Die FAO war schon frühzeitig im Gebiet der Lebensmittelzusatzstoffe und Agro-Chemikalien tätig. Auch die Weltgesundheitsorganisation (WHO) arbeitet schon seit Mitte der 50er Jahre im Problemkreis der Auswirkungen chemischer Stoffe (Arzneimittel, Pestizide etc.) auf die Gesundheit, wobei sie in den verschiedenen Bereichen mit der FAO und der ILO kooperierte (Mercier 1981; Shuman 1983:225ff.; Alston 1978). Im Jahre 1973 richtete die WHO das "Environmental Health Criteria Program" ein, das Forschungsaktivitäten im Bereich toxischer Chemikalien koordinieren sollte. In den Jahren 1978 bis

1980 schließlich bildete die WHO, zusammen mit der ILO und dem Umweltprogramm der Vereinten Nationen (UNEP), ein "International Program on Chemical Safety", welches das Chemikalienproblem international erforschen, Richtlinien für Expositionsgrenzen chemischer Substanzen festlegen und Testmethoden entwickeln sollte (Somers 1980; Mercier 1981). Mit der Führung des "International Register of Potentially Toxic Chemicals (IRPIC)" schließlich hat auch das 1972 gegründete Umweltprogramm der Vereinten Nationen eine wichtige Stellung in der internationalen Chemikalienkontrolle (Alston 1978: 418-422; Huisman 1980). Die Gefahr des Errichtens nicht-tarifärer Handelshemmnisse durch national unterschiedliche Gesetzesregelungen und Verwaltungsrichtlinien in der Behandlung von Chemikalien und in der national unterschiedlichen Festsetzung von Produktqualitätsstandards machten frühzeitig auch all jene Akteure sensibel, die speziell als internationale Wächter der Freihandelsinteressen fungieren. Für die Beziehungen im trilateralen Raum zwischen Europa, Japan und den USA spezialisiert hatte sich die OECD schon früh (d.h. ab 1974) für eine Harmonisierung der regulativen Politiken in der Chemikalienkontrolle ihrer Mitgliedsländer eingesetzt, um Handelsbarrieren und Wettbewerbsverzerrungen zu vermeiden.

Eine ähnliche Interessenlage wie die OECD hatte die EG in diesem Bereich. Auch dort ist die Funktionsfähigkeit des zu schaffenden gemeinsamen Marktes empfindlich gestört, wenn unterschiedliche umweltpolitische und gesundheitspolitische Qualitätsstandards für chemische Stoffe den freien Warenfluß über die Grenzen behindern. Schon 1967 hatte die EG deshalb eine Richtlinie zur Rechtsangleichung in der administrativen Behandlung gefährlicher Stoffe erlassen (65/548/EWG), die im Laufe der 70er Jahre mehrmals verändert und den neuen technischen und situativen Erfordernissen angepaßt wurde (Wilkinson 1980). Die wichtigste Anpassung der jüngsten Zeit geschah mit der 6. Änderungsrichtlinie (79/831/EWG) vom 18. September 1979, welche hierdurch für alle Mitgliedsländer einen rechtlichen Rahmen für Chemikalienkontrollpolitiken geschaffen hatte. EG und OECD spielten eine wichtige Rolle in der bundesdeutschen Chemikalien-Gesetzgebung. Beide wirkten zwar nicht direkt auf die nationale Gesetzgebungsarena ein, durch ihre Tätigkeit und durch ihren Erlaß von Harmonisierungsempfehlungen bzw. -pflichten setzten sie dem nationalen Gesetzgeber aber enge Handlungsspielräume. Insofern ist die relativ hohe Einflußreputation, welche beide Organisationen im ChemG-Gesetzgebungsverfahren besaßen (die EG erhielt 17 Nennungen, die OECD 13), verständlich.

Das Repertoire an Policy-Ressourcen kontrastiert die EG gegenüber anderen internationalen Organisationen. Während sich die meisten intergouvernementalen Organisationen weitgehend nur auf moralische Politikkoordinierungstechniken stützen können (z.B. Empfehlungen, Appelle, Gentlemen's Agreements), verfügt die EG über ein Interventionsarsenal, das viele supranationale Elemente enthält. Ein Beispiel ist die schon genannte Rechtsetzungskompetenz. Nach Artikel 100 des EG-Vertrags besitzt der Ministerrat die Kompetenz, zum Funktionieren des 'Gemeinsamen Marktes' Rechtsnormen festzusetzen, die in ihrer Zielprojektion unmittelbar in den einzelnen Mitgliedsländern gelten, ohne daß diese durch die nationalen Parlamente ratifiziert werden müßten. Mit dem Europäischen Gerichtshof schließlich hat die Gemeinschaft ein Organ, welches die Nichtbefolgung von Entscheidungen zu sanktionieren vermag. Zwischen 1967 und 1978 hat die EG 100 solcher Richtlinien zur Vermeidung technischer Handelsbarrieren erlassen (*Bulletin der EG* 6/1978). Die meisten davon gelten für den Automobilbereich (41 Richtlinien). Im Gebiet der gefährlichen Stoffe wurden in diesem Zeitraum immerhin 7 Richtlinien verabschiedet. EG-Richtlinien schreiben den Mitgliedsstaaten in der Regel nur Rahmenbedingungen für Politiken vor und lassen den Mitgliedsstaaten meist die Wahl der Mittel in der operativen Ausgestaltung des Vollzugs. Es ist wichtig zu sehen, daß solche 'EG-Gesetze' den Einzelstaaten natürlich nicht von "oben" Verpflichtungen auflasten, sondern über den komplizierten Entscheidungsmechanismus der EG natürlich immer die Interessen der individuellen Mitgliedsstaaten berücksichtigen müssen. Legislative Entscheidungen in der EG fallen im intergouvernementalen Rat, wo die praktizierte Einstimmigkeitsregel garantiert, daß in EG-Entscheidungen die Mitgliedsländer-Interessen in der Regel vollständig abgestimmt und berücksichtigt sind. Diese manchmal fast unlösbare Aufgabe macht EG-Entscheidungen oft so zähflüssig.

Über die intergouvernementale Entscheidungsstruktur hinaus verfügt die EG auch über ein engmaschiges Netz funktionaler Interessenvermittlung. Partizipationsmöglichkeiten für nationale Interessengruppen - über deren europäische Vereinigungen - sind im EG-Policy-Prozeß über verschiedene Gremien institutionalisiert. Das wichtigste Gremium hierbei ist zweifelsohne der Wirtschafts- und Sozialrat (WSA). Durch paritätische Repräsentationsregelungen repräsentiert dieser heute einen Mikrokosmos des europäischen Interessengruppenuniversums (Kirchner/Schwaiger 1981). Über den WSA hinaus gibt es etwa andere Beratungskommittees (Kommission der Europäischen Gemeinschaften 1980), welche ebenfalls als institutionelle Einflußkanäle fungieren können. Inwieweit diese aber die Haupteinflußpfade funktionaler Interessenrepräsentation darstellen, darüber gibt es keine einheitliche Meinung in der Literatur. Untersuchungen deuten darauf hin, daß diese Ebene hierbei nur eine marginale Rolle spielt. Wichtigere Einflußkanäle für Interessengruppen auf europäischer Bühne scheinen Kontakte über die nationale Ministerialbürokratie zu sein (Wallace 1983: 56). Das Instrument der Rechtsangleichung hat der EG schon früh erlaubt, im Umwelt-, Gesundheits- und Verbraucherschutz aktiv zu werden. Divergierende regulative Politiken in bezug auf unterschiedliche administrative

Prozeduren und Qualitätsanforderungen bei Produkten der Mitgliedsstaaten könnten zu schwerwiegenden Funktionsstörungen im Gemeinsamen Markt führen; insofern besitzt die EG auch in diesen Bereichen nicht nur die Kompetenz, sondern die Pflicht, aktiv zu werden und Policy-Harmonisierung zu betreiben (Offermann-Clas 1983). Andererseits dürfen die EG-Aktivitäten im Umweltschutz sicher nicht nur auf verlängerte Binnenmarktpolitik reduziert werden. Auch in der EG hat sich seit Anfang der 70er Jahre ein eigenständiger Umweltpolitikbereich entwickelt, der in seiner Struktur mehr oder weniger die Umweltpolitiken der einzelnen EG-Staaten widerspiegelt (Kommission der Europäischen Gemeinschaften 1977; 1979; Commission of the European Communities 1984). Wichtig ist in diesem Zusammenhang auch die Forschungsförderung der EG im Umweltschutz - insbesondere auch im Bereich der Umweltchemikalien -, wobei auch eine Reihe bundesdeutscher Forschungsorganisationen gefördert werden (Commission of the European Community 1978; 1980).

Eine nicht weniger wichtige Instanz der Policy-Harmonisierungzwischen den Industrieländern ist die Organisation für Wirtschaftliche Entwikklung und Zusammenarbeit (OECD). Viele sehen in dieser internationalen Organisation ein bloßes internationales Wirtschaftsforschungsinstitut (sind es ja auch die Economic Outlooks, die der OECD ihre Publizität verschaffen) oder ein schlichtes Kommunikationssystem zwischen den fortgeschrittensten Industrieländern. Andere dagegen stilisieren diese Institution zu einer Art 'Wirtschafts-Nato' hoch, welche die Interessen des atlantischen Bündnisses auch im wirtschaftlichen Bereich zur Geltung bringen würde. Plausibler sind Einschätzungen, welche zwischen den Extremen von 'Understatement' und Übertreibung liegen. So charakterisiert Galtung (1973:59) die OECD als "the executive organization of the economic triumvirate EEC, Japan and USA". Ähnlich ist Camps' (1975) Einschätzung, nach der die OECD der institutionelle Ausdruck des Interblock-Managements zwischen den drei Hauptzentren ökonomischer Macht: den USA, der Europäischen Gemeinschaft und Japan, darstellt. Die OECD ist, wie die EG, ein eigenständiger 'korporativer Akteur' und keine bloße Kommunikationsstruktur. Auch die OECD verfügt - entgegen verbreiteter irrtümlicher Auffassungen - über die wichtige Kapazität, bindende Beschlüsse für die Mitgliedsländer zu fassen - obwohl dieser Organisation natürlich ein wirksames Sanktionspotential fehlt. OECD-Empfehlungen haben aber generell eine hohe 'moralische Bindekraft' (Hahn/Weber 1976: 50ff). Diese ist interessanterweise so stark, daß die bisher verabschiedeten OECD-Prinzipien in der Umweltschutzgesetzgebung durch die Mehrzahl der Mitgliedsländer übernommen wurden (Smets 1982:110ff). Im Politikprozeß des Chemikaliengesetzes war die OECD indirekt über die Harmonisierung von Testrichtlinien und Laborstandards beteiligt, die im wesentlichen in die EG-Chemikaliengesetzgebung übernommen wurden und von dort wiederum Auswirkungen auf die bundesdeutsche Regulierungspolitik in Form des Chemikaliengesetzes hatten. Diese indirekte Einflußbeziehung ist sehr prägnant im *VCI-Jahresbericht* (1977/78) herausgestellt worden: "Politische und gesetzgeberische Entscheidungen können bei der OECD nicht gefällt werden. Ihre Beschlüsse haben lediglich empfehlenden Charakter. Zuständig für die europäische Gesetzgebung ist die EG in Brüssel. Da aber bisher weder bei der EG noch bei den nationalen Regierungen klare Vorstellungen über die Bewertung von Umweltchemikalien und die Durchführung von entsprechenden Tests bestehen, muß man davon ausgehen, daß diese OECD-Aktivitäten auch auf die EG-Beratungen einen erheblichen Einfluß haben werden."

Parteien und das Parlament

Nach gängigen politischen Lehrbuchvorstellungen sind Parteien und Parlament in parlamentarisch-demokratischen Regimen die zentralen Institutionen der politischen Entscheidungsstruktur. In dieser Vorstellung vermitteln konkurrierende und vorwiegend territorial organisierte Parteiorganisationen über Wahlen die Interessen der Bevölkerung ins Parlament, welches im politischen Entscheidungsprozeß das höchste Gesetzgebungsorgan darstellt. Im Rahmen der bundesdeutschen Repräsentativverfassung sind Parteien sogar gesetzlich verankert. Parteien sind "Vereinigungen von Bürgern, die dauernd oder für längere Zeit für den Bereich des Bundes oder eines Landes auf die politische Willensbildung Einfluß nehmen und an der Vertretung des Volkes im Deutschen Bundestag oder einem Landtag mitwirken wollen" (§2 Abs.1 ParteienG). Die traditionelle Parteienlehre schreibt ihnen Repräsentativfunktionen, Rekrutierungsfunktionen der politischen Elite und Konfliktlösungs- und Interessenausgleichsfunktionen zu (Lenk/Neumann 1974). Das Parlament schließlich formt dann den institutionellen Rahmen, innerhalb dessen die über das Parteiensystem vermittelten territorialen Interessen ihren Ausgleich erfahren und über festgelegte Entscheidungsregeln in allgemeinbindende Entscheidungen transponiert werden. Das Parlament ist in rechtsstaatlichen Systemen die 'Ebene', welche den Prärogativ der kollektiv verbindlichen Gemeinwohlbestimmung besitzt. Zwar werden rechtsetzungsäquivalente Funktionen heute im großen Ausmaß auch von der Exekutive (Verordnungen) und in einigen Bereichen de facto sogar von nichtstaatlichen, privatrechtlich organisierten Institutionen wahrgenommen (wie z.B. die Standardisierungsorganisationen), doch liegt aus staatsrechtlicher Sicht die ursprüngliche legislative Gewalt allein beim Parlament. Rechtsetzungskompetenzen anderer staatlicher Organe sind nur über ausdrückliche Delegation von denen des Parlaments ableitbar.

Inwieweit diese formelle, ausschließlich dem Parlament reservierte Kompetenz faktisch realisiert wird, hängt von den realen Machtverhältnissen zwischen dem legislativen und dem exekutiven Zweig des Staates ab. Daß die verfassungsrechtliche Position des Parlaments in der Bundesrepublik nicht seiner faktischen Position in der Kräftematrix entspricht, ist seit langem Allgemeingut in der Politikwissenschaft geworden. In den gegenwärtigen Neokorporatismusdebatten wird dies präzisiert. So geht dieser Ansatz davon aus, daß sich in vielen modernen Industriegesellschaften das reale politische Entscheidungszentrum auf die Austauschebene zwischen Exekutive und organisierten Interessen verlagert hat. Pointierte Auffassungen dieser Richtung lassen Parlament und Parteien (das sogenannte Vermittlungssystem 'funktionaler' Interessen) überhaupt redundant werden: Politische Willensbildungs- und Entscheidungsprozesse würden auswandern, so formuliert es Offe (1982), "in institutionell gar nicht vorgesehene Schleich-, Um- und Nebenwege."

In vielen Politikfeldern der Bundesrepublik herrschen kooperative Arrangements vor, nach denen politische Entscheidungen zunächst mit den potentiell Betroffenen vorsondiert werden, um Informationen über ihre möglichen Reaktionen zu erhalten und um diese Reaktionen im Interesse des effektiven Vollzugs einer intendierten Politik antizipieren zu können. Diese Verhandlungsnetze werden vor allem im vorparlamentarischen Raum aufgebaut; die Hauptakteure sind dabei Ministerialbürokratien und die wichtigsten organisierten Interessen der jeweiligen Politikbereiche. Hieraus resultierende Abkommen nehmen dann parlamentarische Entscheidungen faktisch vorweg, was den aber weiterhin stattfindenden parlamentarischen Prozeß zu einer Art Ratifikation außerparlamentarischer Abkommen verkümmern läßt. In diesem Kontext spricht selbst der ehemalige Innenminister Maihofer von der "Denaturierung der Rolle des Abgeordneten", vom Herabsinken der Regierungsfraktion zu einer Art "parlamentarischen Exekutive der Regierung" (Maihofer 1981). Andererseits hat das Parlament de jure das letzte Wort und könnte sich - rechtlich gesehen - über solche Absprachen hinwegsetzen. Die Abstimmung zwischen dem exekutiven und legislativen Bereich ist insofern nicht unproblematisch. In dieser Hinsicht hat eine These des 'Parteienregierungs'-Konzeptes einige Plausibilität (Castles/Wildenmann 1986; Katz/Wildenmann 1987). Parteien sind dort nicht nur Interessenvermittlungs-Medien, die im Unterschied zu Verbänden nur nach territorialen Aufbauprinzipien organisiert sind, sondern sind gleichzeitig Steuerungs- und Koordinationsinstrumente innerhalb der Regierungsorganisation. "The essence of party government" schreibt Katz (1982:41), "is that what appears to the public as a single entity, the political party is in coordinated control of the entire government." In einem parlamentarischen Regierungssystem, in dem, im Unterschied zum präsidialen Typus, die Regierung aus der im Parlament majoritären Partei oder Parteikoalition gebildet wird, und in dem die Regierung dem Parlament verantwortlich ist, bilden die Parteien eine organisierte Klammer zwischen

Parlament und Regierung. "Sie heben", so schreibt von Beyme (1973:43), "die traditionelle Gegenüberstellung von Exekutive und Legislative auf und koordinieren von einem einheitlichen Willensbildungsprozeß her die Tätigkeit beider Gewalten." Die Unterscheidung von exekutiven und legislativen Funktionen, folgert von Beyme weiter, sei deshalb im parlamentarischen System eigentlich bereits überholt. Im Regierungssystem der Bundesrepublik sind aus dieser Perspektive die Parteienapparate Koordinationsinstrumente der Exekutive. Bei Koalitionsregierungen tritt zu den Machtzentren der Fraktionsführungen noch der Koalitionsausschuß hinzu, der bei vielen kontroversen politischen Fragen als Abstimmungsknoten zwischen Regierung und Bundestag fungiert. Die formellen Kompetenzen des Bundestages werfen in Gesetzgebungsverfahren einige Koordinations- und Steuerungsprobleme für die Exekutive auf, die ja ein Interesse daran haben muß, die im vorparlamentarischen Raum geschlossenen Abkommen möglichst unbeschädigt durch das Parlament zu schleusen. Die Regierungsparteien haben via Fraktionsdisziplin zwar die Regierungsfraktionen 'unter Kontrolle'; Gesetze können damit auch selbst gegen den Willen der Oppositionsparteien beschlossen werden. Eine solche Möglichkeit ist aber dann verbaut, wenn ein Gesetz der Zustimmung des Bundesrats bedarf, und der Bundesrat über die Nichtkongruenz der Mehrheitsverhältnisse in beiden Institutionen sich zu einer heimlichen Gegenregierung entwickelt. Solchen Konfliktpotentialen wird in der Regel vorgebaut, indem der legislative Prozeß entsprechend dem Prinzip der "antizipierten Reaktion" schon von Beginn an interfraktionell kooperativ gestaltet wird, also über interfraktionelle Arbeitskreise und Ausschüsse läuft. Zur organisatorischen Abstützung kooperativer Arrangements bietet die Binnenorganisation des Bundestags reichlich Möglichkeiten. So wird die Besetzung strategischer Positionen in Ausschüssen, den realen operativen Einheiten des Bundestages, bisher immer einvernehmlich zwischen den Fraktionen geregelt. Der Ältestenrat, in dem beispielsweise die Verständigung über die Besetzung der Stellen der Ausschußvorsitzenden und deren Stellvertreter stattfindet, ist selbst nach Fraktionsproporz zusammengesetzt. Die Ausschußmitglieder werden ebenfalls von den Fraktionen besetzt: sie sind Delegierte und praktisch weisungsgebunden; in den Ausschüssen wird in der Regel geschlossen abgestimmt. (Ellwein 1969:272f.).

Eine andere direkte Einflußschiene der Exekutive in den Bundestag ist das Recht der Beamten des federführenden Ministeriums, als Regierungsvertreter jederzeit gehört zu werden; diese Form des Einflusses ist insbesondere in den Ausschußberatungen wirksam. In der politikwissenschaftlichen Literatur wurde diese Dominanz der Regierung schon oft beklagt (Loewenberg 1969:387). Einen weiteren Koordinationsmechanismus stellen die direkten persönlichen Verbindungen zwischen den organisierten Interessen und Parlamentariern dar. Manche Parlamentarier sind selbst gleichzeitig

Verbandsfunktionäre, manche sogenannte "verdeckte" Verbandsvertreter, die ihre politische Laufbahn oft der Unterstützung von Verbänden zu verdanken haben (Freistellung ehemaliger Verbandsfunktionäre für politische Aufgaben, Wahlkampfspenden). Teilweise sind solche Vernetzungen auf derartig dauerhafte Weise angelegt, daß sich innerhalb von Fraktionen regelrecht institutionalisierte "Kontaktgruppen" zu einflußreichen Verbänden bilden, wie dies beispielsweise der *Spiegel* (1985, Nr. 39, S. 26) im Arzneimittelgesetzgebungsprozeß bei der CDU/CSU nachweisen konnte. Harmlosere Verbindungen zwischen organisierten Interessen sind informelle Treffen, welche dem Informationsaustausch dienen; so trifft sich beispielsweise die SPD-Fraktion mit Vertretern der chemischen Industrie seit 1973 alljährlich zu einem Informationsaustausch.

Die Gesamtheit der Vernetzungen zwischen Exekutive und Parlament und zwischen den verschiedenen Parteien selbst, führt dazu, daß im deutschen Bundestag auf der Arbeitsebene eine Atmosphäre der Kooperation herrscht. Vor diesem Hintergrund ist es sicher interessant, zu sehen, daß die überwältigende Mehrheit der eingebrachten Entwürfe auch verabschiedet (in der Regel 80%) und eine noch größere Mehrheit von Gesetzen (87%) 'nichtkontrovers' bzw. 'einstimmig' verabschiedet wird (Schindler 1979).

Im Umweltchemikalienbereich sind die Parteien und der Bundestag im Prinzip seit Beginn der 70er Jahre aktiv gewesen. Als Arbeitsgruppen der Bundesregierung das Umweltprogramm vorbereiteten, waren indirekt auch Parlamentarier beteiligt. Schließlich drängen auch die verschiedenen Gesetze, die im Umweltchemikalienbereich und verwandten Gebieten (z.B. Biozide) verabschiedet wurden, zur Vermutung, daß Bundestag und Parteien, wenn nicht Sachwissen und Expertise, so doch zumindest Aufmerksamkeit für diesen Politikbereich hätten institutionalisiert haben können. Bei Reiche (1977, 1982) läßt sich anhand der Aufzählung mündlicher und schriftlicher Anfragen und Verhandlungspunkte sehen, wie die Thematisierung des Chemikalien-'issues' erst als Effekt der Initiative aus dem Regierungslager auch auf den Bundestag übergegriffen hatte: Im Bereich der Umweltchemikalien und Biozide gab es 1973 4 Anfragen/bzw. Verhandlungen (A/V), 1974 3 A/V, 1975 ebenfalls 3A/V, 1976 8 A/V, 1977 immerhin 10 und 1978 sogar 15 Anfragen/Verhandlungen im Deutschen Bundestag.

Was Hartkopf (1981b:5) und Wey (1982:156ff) ganz allgemein in bezug auf die Umweltpolitik feststellen, trifft auch für den Bereich der Chemikalien zu: Die Parteien haben praktisch keine Rolle in der Thematisierung und konzeptionellen Bewältigung dieses 'issues' gespielt. Dies belegt auch eine vergleichende Untersuchung programmatischer Aussagen von SPD, CDU und FDP zu Umweltschutzthemen im Jahre 1977: Eine synoptische Darstellung der Aussagen der betreffenden Parteien zu den verschiedensten Umweltpolitik-Themen zeigt, daß sich bis zu Beginn des Jahres 1977 in keinem programmatischen Parteidokument Aussagen und Positionen zum Bereich der Umweltchemikalien finden lassen (BMI U/1-501 831/10; abgedruckt in *Umwelt* 1977:56). Auch in bezug auf Expertenwissen konnte keine der drei beteiligten Parteien behaupten, personelle Kapazitäten auf diesem Gebiet zu besitzen. Die große Zahl der Issues, in welche Parteien unter engen zeitlichen Restriktionen involviert sind, erlaubt es auch nicht, daß Parlamentarier sich wirklich intensiv auf so komplexe Fachgebiete spezialisieren. Themenvielfalt und Zeitdruck führen dazu, daß Parlamentarier mehr oder weniger oberflächlich von einem 'Feuereinsatz' zum anderen driften. Gleichzeitig gibt es im Bundestag - anders als auf Regierungsebene - fast überhaupt keine personelle Kontinuität auf der Aufgabenebene. Dieser Umstand erlaubt daher immer nur eine gewisse ad-hoc-Spezialisierung. Als die Gesetzesinitiative aus dem BMJFG über den Bundestag im Spätherbst 1979 ins Parlament gelangte, wurde der Entwurf unmittelbar einem dafür eingerichteten Unterausschuß überwiesen, in dem mehr oder weniger Laien sich das notwendige Sachwissen erst über Anhörungen der Ministerialverwaltung erarbeiten mußten. Auch in der späteren Phase war der Einfluß der Ministerialbeamten bis in die Formulierung von Änderungsvorschlägen spürbar. Die Parteien als eigenständige politische Entitäten - hier im Unterschied zu den Parlamentsfraktionen - haben selbst wenig 'programmatisch' in den politischen Prozeß der Chemikaliengesetzgebung eingegriffen. Zwar lassen sich schon in der Phase des Referentenentwurfs einige Pressemitteilungen der SPD finden; diese fanden aber zu der Zeit noch kein Echo bei den anderen Parteien - insbesondere aber nicht bei der Opposition. Dies ist verwunderlich, da diese ja eigentlich strukturell bedingt ein Interesse gehabt hätte, ein Thema aufzugreifen, das von der Regierungspartei noch nicht belegt worden ist. Bei SPD und FDP muß allerdings gesehen werden, daß beide als Regierungsparteien über ihre engen Verbindungen zu den Ministerien einen Informationsvorsprung verfügt. Während SPD und FDP schon bei Gesprächen auf Ministerialebene in das Entwurfstadium des Referentenentwurfs einbezogen wurden, war die CDU damals erst nach Vorlage des Regierungsentwurfs mit dem neuen Gesetzesvorhaben konfrontiert worden. Von ihr lassen sich die ersten - der insgesamt sehr wenigen - Pressemitteilungen erst in der parlamentarischen Phase entdecken.

Insgesamt haben die Parteien und das Parlament wenig Einfluß auf das Chemikaliengesetz ausgeübt: In nur einem halben Jahr ist der Regierungsentwurf ohne größere Veränderungen durch den Bundestag geschleust worden; sämtliche Schlüsselelemente des Regierungsentwurfs überlebten den parlamentarischen Prozeß. Die Änderungen waren zumeist redaktioneller und gesetzestechnischer Natur: Präzisierungen und Abgrenzungen von schon geltenden Gesetzen zur Vermeidung von Doppelregelungen etc.. Die relativ hohe Einflußreputation, welche die drei Parteien trotzdem erhalten haben, erklärt sich vielleicht durch die normativen Zwänge, innerhalb derer die Vertreter der Policy-Organisationen die Einflußfrage beantwortet haben. Um den Bundestag und die Parteien als einflußlos zu betrachten, ist sicherlich ein größerer Nonkonformismus mit dem vorherrschenden Weltbild der parlamentarischen Demokratie notwendig, als wenn privaten Organisationen kein Einfluß zugeschrieben wird.

Interessant ist, daß die SPD, erst nachdem sie nach der sogenannten Wende 1982 die Rolle der Opposition angenommen hatte, eine systematische Position zur Chemikalienpolitik erarbeitet hat. Im Jahre 1985 begann sie in einer Arbeitsgruppe ein Konzept für eine "umwelt- und gesundheitsverträgliche Chemiepolitik zu entwickeln -übrigens in einem Dialog mit dem VCI und der IGCPK. Dieses Konzept legte sie im Sommer 1986 dem Bundestag vor.

Organisierte Interessen

'Organisierte Interessen' in der Form von Verbänden und Vereinigungen sind insofern relevant in der Chemikalienpolitik, als sie als Problemverursacher oder Betroffene entweder durch das Problem selbst oder durch das politische Problemlösungsprogramm in ihren Interessenpositionen tangiert werden. Weiter oben ist gezeigt worden, wie die Problemstruktur allein ein ganzes Spektrum funktionaler Interessen 'betroffen' macht. Diese Interessen drücken sich in modernen Industriegesellschaften vornehmlich in organisierter Form aus. Im folgenden sollen diese verschieden betroffenen Interessenbereiche, deren relevante Akteure und deren Handlungsbedingungen im Chemikalien-Gesetzgebungsprozeß betrachtet werden.

Die Wirtschaftsinteressen

Der Bereich der Wirtschaftsinteressen ist durch die Problematik der Chemikalienkontrolle gleich mehrfach betroffen. Einerseits stellt die chemische Industrie in der Rolle des Produzenten sozusagen die problemerzeugende Instanz dar und ist somit Zielobjekt einer jeden präventiven Strategie der Lösung des Chemikalienproblems, eines jeden regulativen Eingriffs. Nun darf die chemische Industrie keineswegs als ein monolithischer Block gesehen werden, der schon aus der inneren Einheit heraus eine einheitliche Politik verfolgen würde. Die Chemiebranche besteht aus einem nur auf statistischer Ebene vereinheitlichten, heterogenen Komplex von rund 4000 Unternehmen, deren Produktdiversität, wie es ein Chemiemanager einmal ausdrückte, "von der Dachpappe bis zur Kosmetik reicht". Unter dieser großen Zahl sind etwa 100 Großbetriebe mit mehr als 1000 Beschäftigten, die rund 2/3 des gesamten Branchenumsatzes produzieren. Fast 2500 Betriebe sind Kleinunternehmungen mit durchschnittlich 6 Beschäftigten, deren Umsatzanteil nur 2,6% beträgt. Etwa 1800 Betriebe, die mehr als 90% des Branchenumsatzes auf sich vereinigen, waren im Jahre 1979 unmittelbar oder mittelbar über Fachverbände im einzigen überregionalen Interessenverband dieser Branche, dem Verband der Chemischen Industrie (VCI), organisiert. Vergleicht man Organisationsgrad und de facto-Vertretungsmonopol der deutschen Chemischen Industrie beispielsweise mit dem sehr pluralistischen Interessenfeld der amerikanischen Chemie, wird die Spezifität der bundesdeutschen Organisationsstruktur der Chemieinteressen erst richtig deutlich: In den USA konkurrieren neben rund 60 Interessenorganisationen hauptsächlich vier größere Vereinigungen um die Vertretung der 10.000 Chemiebetriebe. Zählt man alle organisierten Mitglieder dieser 4 Vereinigungen zusammen und läßt Überschneidungen außer acht, so erreicht man nicht einmal ein Drittel der Betriebe, die im VCI organisiert sind (Schneider 1985). Im Vergleich dazu besitzt der VCI faktisch ein Repräsentationsmonopol, das, verbunden mit dem bemerkenswert hohen Organisationsgrad, den VCI zum offiziellen Repräsentanten der gesamten Branche macht. Dies schlägt sich auf allen Ebenen durch eine privilegierte Position des Verbandes in den verschiedenen Beteiligungsformen im staatlichen Entscheidungssystem nieder. Die VCI-Position muß dort offenbar so dominierend sein, daß der Verband im Politikfeld der Chemikalienpolitik nicht nur als wichtigste Interessengruppe, sondern als einflußreichster Policy-Akteur überhaupt betrachtet wurde: In der Akteur-Befragung zur Einflußreputation erhielt der VCI neben dem federführenden Ministerium die meisten Nennungen.

Das Vertretungsmonopol im Interessenbereich der Chemiewirtschaft ist nun allerdings keine Besonderheit dieser Branche, sondern ist auch in fast allen anderen Wirtschaftssektoren der Bundesrepublik zu finden. Die Zentralisierung und Hierarchisierung des deutschen Verbandswesens wird in der einschlägigen Literatur durch den Umstand erklärt, daß seit der Weimarer Zeit die gemeinsame Geschäftsordnung der Ministerien (GGO) Anhörungen und Kontakte zwischen Regierung und Interessengruppen auf Spitzenverbände beschränkte (Hennis 1961). Auch die Organisationsstruktur des VCI unterscheidet sich hier nicht prinzipiell von anderen deutschen Verbänden; der VCI kombiniert eine funktionale Aufgliederung in etwa 30 Fachverbände (bezogen auf den Zeitraum 1980) mit einer regionalen Gliederung in 8 Landesverbände.

Zum Verständnis seines Aufgaben- und Tätigkeitsbereichs sollte der VCI im Gesamtsystem der bundesdeutschen Wirtschaftsinteressen betrachtet werden. Das die Bundesrepublik überziehende Netz von Unternehmerverbänden ist traditionell sowohl funktional als auch territorial differenziert: Die Wirtschaftsverbände sind spezialisiert auf die Vertretung gemeinsamer wirtschaftspolitischer Interessen. Dachverband in diesem Bereich ist der Bundesverband der Deutschen Industrie (BDI), dem alle 39 industriellen

Spitzenverbände der Bundesrepublik, darunter auch der VCI, angehören. Alle sozialpolitischen Belange der deutschen Wirtschaft werden demgegenüber von den Arbeitgeberverbänden vertreten. Der im Chemiebereich zuständige Verband ist der Bundesarbeitgeberverband Chemie e.V. Die dritte Säule wirtschaftlicher Interessenvertretung schließlich besteht aus den Industrie- und Handelskammern, die als Körperschaften des öffentlichen Rechts zahlreiche öffentliche Aufgaben wahrnehmen und auf nationaler Ebene im Deutschen Industrie- und Handelstag (DIHT) zusamengeschlossen sind. In dieser nationalen Arbeitsteilung der Vertretung der Chemiewirtschaftsinteressen ist auch die Zuständigkeit des VCI für umwelt- und gesundheitspolitische Belange geregelt. Hier wurde der Chemieverband seit Anfang der siebziger Jahre in den Strudel der staatlich-regulativen Eingriffe gezwungenermaßen hineingezogen. Staatliche Interventionen treffen die Industrie dort zweifach: Einerseits wirken sich diese Maßnahmen immer kostenerhöhend aus, andererseits schränken manche Umwelt- und Gesundheitsschutz-Maßnahmen tendenziell auch die Innovationsfähigkeit der Industrie ein. Weiterhin setzt staatliche Regulierung neue zeitliche und sachliche Restriktionen für Unternehmerentscheidungen, die destabilisierend für die Entscheidungsumwelt wirken können. Insofern hat der Verband ein genuines Interesse daran, soweit er diese Eingriffe nicht verhindern kann, ihre inhaltliche Ausgestaltung doch mitzuformen.

Zur Vertretung und Verteidigung der Mitgliederinteressen verfügt der VCI über einen riesigen Apparat. Im Jahre 1982 belief sich der Gesamtetat des Verbands auf rund 33 Mio. DM, worin allerdings 8 Mio. DM Durchlaufgelder (Beiträge zu anderen Verbänden etc.) enthalten waren (Groser 1983:105). Finanziert wird dies ausschließlich durch Mitgliedsbeiträge, wobei allerdings die großen Chemieunternehmen dominieren. Um eine übergroße Dominanz der drei größten Chemiekonzerne zu verhindern, wurde in der VCI-Verfassung der Beitrag einer Mitgliedsfirma auf höchstens 15% der genehmigten Etatsumme eines Beitragsjahres limitiert (Zimmermann 1981:132). Vor diesem Hintergrund schätzt Groser (1983), daß die drei größten Unternehmen 45% und die größten 30 etwa 75% des VCI-Etats tragen. Dieser finanzielle Untersatz ermöglicht dem VCI, eine ganze Division hochspezialisierter Verbandsexperten zu beschäftigen: Der VCI hat insgesamt 200 Beschäftigte, wovon allein 25 - etwa die Hälfte sind Akademiker - für die Umweltabteilung arbeiten. Als einziger Verband des identifizierten Organisationen-Sets verfügt der VCI über eine systematische und breit angelegte Pressedokumentation. Die hierauf basierende Medienbeobachtung ist ein wichtiger Faktor der "Monitoring Capacity" des Verbandes, die, verbunden mit den Informationskanälen, über welche der Verband durch die Beteiligungen in vielen Gremien verfügt, dem VCI einen fast vollkommenen Überblick geben über alle Aktivitäten und Ereignisse, die für die Chemiewirtschaft relevant werden könnten.

Wie erklärt sich diese starke Position? Der gute Zugang und die starke Präsenz des VCI im Netz der institutionalisierten Beteiligung und seine engen Beziehungen zu Ministerien lassen sich nicht ohne die spezifische Ressource erklären, über die kein anderer Akteur im Politikfeld verfügt: das praxisnahe, detaillierte und fundierte Expertenwissen. Über das Sachwissen seiner hauptamtlichen Experten hinaus kann der VCI auf die Kenntnisse einer außerordentlich großen Zahl von ehrenamtlichen Mitarbeitern aus den Mitgliedsfirmen zurückgreifen (VCI-Schätzung 500 bis 800; Interview). Besonders diese ehrenamtlichen Mitarbeiter verfügen über eine Informationsbasis, zu der man im Chemikalienbereich nur 'vor Ort' Zugang erhalten kann. Dieses besondere, praxisgeprägte Spezialwissen kann für den Entwurf und die effektive Umsetzung eines politischen Programms von zentraler Bedeutung sein, insofern versuchen die staatlichen Stellen, sich diese Ressourcen durch besonders kooperative Beziehungen zugänglich zu machen.

Grundsätzlich kann davon ausgegangen werden, daß die chemische Industrie in allen für sie relevanten Gremien direkt oder indirekt (z.B. BDI oder die GDCh etc.) vertreten ist. Über Möglichkeiten organisierter, institutionalisierter Einflußnahme wacht der Verband mit Adleraugen. Ein illustratives Beispiel ist die Gründung des zur Arbeitsgemeinschaft der Verbraucher (AGV) gehörenden Verbraucherinstituts. So mokierte sich der Verband in seiner Zeitschrift "Chemische Industrie", daß kein Industrievertreter im Kuratorium dieser Vereinigung zu finden sei. Die Erfahrung, einen strukturellen Vorteil in solchen Beiräten, Sachverständigengremien usw. zu besitzen und die Effizienz solcher Entscheidungsstrukturen, politische Themen erfolgreich zu kanalisieren und gegenüber der öffentlichen Diskussion abzuschotten, haben den VCI dazu geführt, selbst schon solche Koordinations- und Kooperationsgremien dem Bundeskanzler vorzuschlagen. Anders als in der Arena der öffentlichen Diskussion, in der der VCI einen relativ schwierigen Stand hat, besitzt der VCI in solchen Gremien eine viel bessere Tauschposition. Nur in einer eher sachlich orientierten Atmosphäre kommt das fachspezifische Expertenwissen zum Tragen.

Die zunehmende Einbeziehung in die politische Entscheidungsmaschinerie reflektiert der Verband wie folgt: "Mehr und mehr wird die Jahrzehnte hindurch auch die fachlichen Besonderheiten unserer industriekonzentrierten Verbandsorganisation in den Strudel nicht nur technisch und wirtschaftlich bestimmter, sondern damit auch gesamtpolitischer Aktivitäten der Legislative und Exekutive hineingezogen. Dieser Vorgang ist unvermeidlich. Die Dimension, die industrielles Handeln aus der Natur der Sache und der Umstände heraus angenommen hat, zwingt zur Beteiligung auf der Grundlage unentbehrlicher Sachkenntnis." Die Abhängigkeit von der Sachkompetenz und dem nur über den Verband verfügbaren, entscheidungsrelevanten Spezialwissen führt Regierungsstellen und Verwaltungsbehörden dazu, den VCI schon frühzeitig in alle relevanten Entscheidungen einzubeziehen. Hinzu kommt, was nicht übersehen werden darf, daß der Verband die besondere Ressource besitzt, legitimiert mit einer Stimme für die gesamte Branche sprechen zu können. Daß dieses nicht immer unproblematisch ist, zeigt ein Zitat aus einem umweltpolitischen Strategiepapier des VCI aus dem Jahre 1971: "Es muß erreicht werden, daß die chemische Industrie mit einer Zunge spricht. Voneinander abweichende Meinungsäußerungen oder Stellungnahmen gegenüber Institutionen der öffentlichen Hand oder der Publizistik - noch dazu wenn möglich mehrere angesprochene Verbände oder Firmen der chemischen Industrie unterschiedliche Verlautbarungen abgeben - würden der chemischen Industrie insgesamt außerordentlich abträglich sein."

Der Chemieverband ist sich gleichzeitig bewußt, daß er auch quasiöffentliche Funktionen erfüllt. So gibt sich der Verband große Mühe, sich gegenüber der Öffentlichkeit als Mittler zwischen Allgemeinwohl und Mitgliederinteressen denn als "pressure group" darzustellen. Auf die Frage nach der Legitimation seiner Verbandsmacht antwortete ein ehemaliger Verbandspräsident: "Wir sehen unsere Legitimation in unserer Kompetenz, in der Sachkenntnis und in der Verantwortung, die wir für unsere Tätigkeit übernehmen. Dazu treten Prinzipien, die von Anfang an die Tätigkeit des Chemieverband bestimmten: Selbstbeschränkung, Wahrung des Gemeinwohls und sozialer Bindung." (*Europa-Chemie* 21/77:S. 477).

Besonders in der Chemikaliengesetzgebungsphase hat der VCI auf verschiedene Verbandsaktivitäten hingewiesen, in denen die Chemieindustrie vemittels der Verbandsorganisation oder anderen Selbstverwaltungsgremien innerhalb der chemischen Wirtschaft "Selbstverantwortung" und "Selbstbeschränkung" ausübt. Der VCI hatte sich schon frühzeitig für freiwillige Vereinbarungen zwischen Staat und Produzenten und freiwillige Beschränkungen innerhalb der Industrie eingesetzt. Bekannteste Maßnahme hier ist wohl die Produktionsbeschränkung im Bereich der Fluorkohlenwasserstoffe. Insgesamt gibt es etwa 30 solcher stoffbezogenen Abkommen. Ein zweites Beispiel für Selbstregulierung ist die schon seit dem Jahre 1893 bestehende sicherheitstechnische Eigenüberwachung, die heute von den chemischen Großunternehmen in Zusammenarbeit mit dem Technischen Überwachungsverein (TÜV) ausgeübt wird (Volk 1981:156ff.; BASF 1982). Ein anderes Beipiel ist die Zusammenarbeit der Chemieindustrie mit den Gewerkschaften auf der Ebene der Berufsgenossenschaft in der Entwicklung von Unfallverhütungsvorschriften (Kremer 1982:708f.). Ein weiteres Beispiel ist das Transport-Unfall-Informations- und Hilfeleistungssystem des Chemieverbands (TUIS), das auf privater Basis Beratung und technische Hilfe bei Chemikalientransportunfällen bereitstellt und organisiert (VCI 1984).

Diese Aktivitäten zeigen sicherlich, daß die Chemische Industrie prinzipiell ein Interesse daran hat, Probleme in eigener Regie zu lösen, ihre

Angelegenheiten also in gewisser Weise selbst zu regulieren. Andererseits darf aber nicht übersehen werden, daß zwischen Interesse und Fähigkeit ein wichtiger Unterschied besteht. Würden die Behörden und die Öffentlichkeit sich daher auf solche Absichtserklärungen vollkommen verlassen, so würden sie allerdings die Macht des Verbandes überschätzen. Besonders in unseren Interviews mit den Ministerien und Bundesoberbehörden wurde deutlich, daß der VCI mit einer ausschließlichen Selbstkontrolle im Chemikalienbereich 'politisch überfordert' wäre. Owohl jedes relativ größere Unternehmen der Chemiebranche sich eine Nicht-Mitgliedschaft im VCI nicht leisten könnte (wegen der breiten Leistungspalette an Beratung, Information und anderen selektiven Gütern), haben die Interviews, die wir im Politikfeld führten, gezeigt, daß die Macht des Verbandes nicht so stark ist (bzw. für nicht so stark gehalten wird), als daß er 'geschäftsschädigende' Mitgliederinteressen nur mit eigenen Mitteln disziplinieren könnte.

Ein Beispiel für verbandsinterne Hindernisse hierfür ist der schon seit einiger Zeit geplante Verhaltenskodex im VCI, der sich nur schwer in den Mitgliederreihen durchsetzen läßt. Andererseits sind eine Großzahl kleiner Chemiefirmen (sogenannte 'umgebaute Waschküchen'-Firmen) nicht im Verband organisiert. Diese Firmen könnten wegen ihrer großen Zahl und Breitendiversität überhaupt schlecht kontrolliert werden. Insofern standen insbesondere die Großfirmen einer staatlichen Regulierung des Chemikalienbereichs nicht prinzipiell reserviert gegenüber. Diese gingen davon aus, daß aufgrund internationaler legislativer Prozesse und Aktivitäten der Politikharmonisierung im Welthandel von Chemikalien sowieso in zunehmendem Maße Produktqualitätsstandards aufgerichtet würden und diese aufgrund der hohen internationalen Integration erfüllt werden müßten. Gleiche nationale Standards für alle - insbesondere für die Kleinbetriebe - würden deswegen eher zur Egalisierung der Konkurrenzbedingungen führen. So argumentierte beispielsweise Dr. Broecker (VCI/CEFI/Hoechst) in einer Bundestagsanhörung ganz entschlossen gegen eine Sonderbehandlung von kleinen Firmen: "Wir können nicht einsehen, wieso ein giftiger Stoff, der von einem Kleinbetrieb produziert wird, anders behandelt werden soll, als einer von einem Großbetrieb. Das ist vom Risiko her dasselbe. Wir sehen also keine Möglichkeit, hier zu differenzieren."(Deutscher Bundestag 1980:87).

Auch wenn der Verband in der Initiativphase des (Umwelt)Chemikaliengesetzes im Jahre 1976 zunächst eine abwehrende Haltung eingenommen, und "Selbstregulierung" als Gegenkonzept vorgeschlagen hatte (Chemische Industrie 28(1976):179), so muß dies ausschließlich als taktisches Manöver betrachtet werden. Im gleichen Zug nämlich nannte der VCI Bedingungen einer staatlichen Regulierung, an der er zu kooperieren bereit wäre. Interessanterweise waren diese Bedingungen die Kernelemente des

Chemikaliengesetzes, wie es 1980 verabschiedet wurde: Anmeldeverfahren, Stufenplan, großer Spielraum für Selbstverantwortung, internationale Harmonisierung. Die einzigen Interessendivergenzen mit Teilen der Regierung bestanden in der Härte und der Tiefe der Testanforderungen und in der Reichweite des Geltungsraums des Gesetzes. Wenn der Chemieverband wirklich prinzipiell kein Interesse an einer Chemikalienregelung gehabt hätte, so hätte dieser vor allem auf OECD-Ebene nicht so intensiv mit den staatlichen Stellen kooperiert. Etwa ein Drittel der deutschen Delegation in den OECD Working groups bestand aus VCI-Vertretern; der VCI nahm dort mit etwa 30 Experten teil. Diese starke Präsenz in einem intergouvernementalen Organ ist sicher etwas ungewöhnlich für einen nationalen Interessenverband. Dies insbesondere, da die OECD für Kontakte zu Interessengruppen ein spezielles Kommittee eingerichtet hat. In den Working Groups des Chemikalienprogramms war der VCI aber als Teil der deutschen diplomatischen Delegation vertreten - und hat die Regierung somit von Ausgaben entlastet. Bis zum Jahre 1979 hatte das OECD-Programm zur Testharmonisierung rund 25 Mio DM gekostet. Der VCI allein hatte davon 10-15% aufgebracht (VCI Jahresbericht 1979/80) und dabei mehr zum Programm beigesteuert als jedes andere europäische Land (Interview).

Auf europäischer Ebene ist die Chemische Industrie im Conseil Européen des Fédérations de l'Industrie Chimique (CEFIC) organisiert, in dem der VCI ein maßgebliches Mitglied ist. Diese Organisation wurde im Jahre 1972 aus der Fusion zweier schon seit den 50er Jahren bestehenden europäischen Chemieorganisationen geboren. Zu den Mitgliedern der CEFIC zählen heute 15 nationale Branchenorganisationen, zu denen auch Chemieverbände aus den EFTA-Staaten gehören. Der CEFIC besitzt daher eine Doppelrolle: Er ist sowohl gesamteuropäischer Verband als auch Intressenverband gegenüber den Europäischen Gemeinschaften. Die sich hieraus ergebenden organisatorischen Probleme hat der CEFIC so gelöst, daß bei EG-Problemen die Verbände von Nicht-EG-Staaten kein Stimmrecht besitzen. Zur Erfüllung seines Aufgabenbestandes verfügt der CEFIC im Vergleich zu den übrigen europäischen Verbänden über außerordentlich große finanzielle und personelle Ressourcen. Während das Brüsseler Sekretariat des Spitzenverbandes der europäischen Wirtschaft UNICE beipielsweise lediglich über einen Stab von 35 Mitarbeitern verfügt, kann der CEFIC auf einen Apparat von 40 hauptamtlichen Mitarbeitern zurückgreifen (Platzer 1984). Viele Aufgaben werden auch in den etwa 30 Arbeitsgruppen erledigt, in denen ehrenamtliche Mitarbeiter aus den nationalen Chemieverbänden und Chemieunternehmen mitarbeiten. In diesen Arbeitsgruppen wird die Politik des CEFIC formuliert und werden seine Aktivitäten auf verschiedenen Gebieten vorbereitet. Allein im Bereich des Umweltschutzes verfügt der CEFIC über 4 Arbeitsgruppen mit insgesamt etwa 100 Fachleuten (Interview). Im Bereich der 'gefährlichen Stoffe' verfügt der CEFIC über eine Arbeitsgruppe "Safety of Chemicals", dem ein VCI-Vertreter vorsitzt. Eine weitere wichtige Ressource des CEFIC ist das im Jahre 1978 von 41 großen Chemiefirmen am Sitz des CEFIC gegründete europäische Koordinationszentrum 'European Chemical Industry Ecology and Toxicology Center' (ECETOX). Dieses Zentrum ist zwar rechtlich unabhängig vom CEFIC, kann aber trotzdem als sein technisch-wissenschaftlicher Arm betrachtet werden. Das Zentrum betreibt selbst keine Forschung, sondern übt nur koordinierende Funktion in bezug auf die verschiedenen Forschungsinitiativen der Chemischen Industrie in den einzelnen Mitgliedsländern aus. Schwerpunkte der Arbeit sind ähnlich gelagert wie bei der OECD: Harmonisierung von Testmethoden für gefährliche Stoffe. Darüber hinaus hat die ECETOX auch labormäßige Untersuchungen zu einzelnen Stoffen initiiert.

Hauptansprechpartner auf EG-Ebene für den CEFIC ist die Kommission - obwohl der Euro-Verband natürlich auch enge Beziehungen zur ständigen Vertretung und anderen Organen in der EG unterhält. Mit den verschiedenen zuständigen Generaldirektionen (Binnenmarkt, Energie, Umwelt- und Verbraucherschutz) gibt es regelmäßige Treffen. Darüber hinaus vertritt der CEFIC die Interessen der europäischen Chemie auch im Rahmen der OECD, den Sonderorganisationen der UN und verschiedenen nationalen Regierungen (Platzer 1984:205). Instruktiv in diesem Zusammenhang ist die Rede von Carpentier, dem Chef des Industriepolitik-Direktorats der Kommission vor dem VCI-Hauptausschuß im Sommer 1979. Hierbei bedankte sich Carpentier dafür, daß die EG-Kommission in ihren Verhandlungen mit den USA bezüglich der Politikharmonisierung im Chemiehandel vom CEFIC unterstützt worden sei, "aus dessen Kreisen man in den USA vorstellig geworden sei" (*Europa Chemie* Nr. 27(3.9.1979)). Im legislativen Prozeß des Chemikaliengesetzes war der CEFIC nur insoweit einbezogen, als daß seine Einflußnahme auf die europäische Chemikaliengesetzgebung mittels der 6. Änderungsrichtlinie indirekt auf den nationalen Bereich der Bundesrepublik gewirkt hat. Bemerkenswert ist in diesem Zusammenhang, daß der VCI, der trotz seiner zunächst sehr schwierigen Position im CEFIC (vor allem in bezug auf die britischen Chemieinteressen), sich letztlich mit seinen Positionen durchsetzen und so über den "europäischen Umweg" CEFIC-EG zusätzlich zu direkten Einflußnahmen auch indirekt über den "europäischen Hebel" auf das Chemikaliengesetz einwirken konnte. Insofern ist zu verstehen, daß ein europäischer Verband, dessen Aktivitätsbereich eigentlich auf die europäische Ebene beschränkt ist, in der Befragung immerhin drei Nennungen auf die Einflußreputationsfrage erhielt.

Die Interessenpositionen, die der VCI im Gesetzgebungsprozeß vertrat, entsprachen weitgehend denen der Großchemie, die in diesem Zusammenhang ihre generelle Dominanz im VCI offenbar ausspielen konnte. Die mittelständischen Betriebe versuchten deshalb ihre Interessen über den Deutschen Industrie- und Handelstag (DIHT) zum Tragen zu bringen. Der DIHT ist, wie schon vermerkt, ein nationaler Zusammenschluß der Industrie- und Handelskammern in der Bundesrepublik. Dieser Dachverband ist nun keine bloße Koordinationsinstanz der IHKs, sondern muß als eine zusätzliche Säule der Interessenvertetung der gewerblichen Wirtschaft begriffen werden (Adam 1979). Jäkel/Junge (1978:68) beschreiben die wirtschaftspolitischen Aufgaben des DIHT darin, "die Auffassungen der Kammern und der von ihnen vertretenen Unternehmen auf Bundesebene zusammenzufassen. Entsprechend dem gesetzlichen Auftrag der Kammern hat der DIHT das gesamtwirtschaftliche Interesse zu wahren, abwägend und ausgleichend nicht nur zwischen den verschiedenen Wirtschaftszweigen und Wirtschaftsstufen, sondern zusätzlich auch zwischen den divergierenden regionalen Interessen." Zur Erfüllung dieser Aufgaben verfügt der DIHT über eine relativ große Verwaltung in Bonn. Zwar verfügt diese Organisation über ein Referat Umweltschutz; für Spezialwissen auf dem Gebiet der Chemikalienkontrolle reichen jedoch die personellen Kapazitäten nicht aus. Im Chemikaliengesetzgebungsprozeß hat sich der DIHT relativ spät eingeschaltet und erst nach der routinemäßigen Zusendung des Referentenentwurfs eine Stellungnahme erarbeitet. Darüber hinaus hat der DIHT noch an der parlamentarischen Anhörung teilgenommen und sich dort besonders für großzügigere Ausnahmeregelungen im Interesse der Klein- und Mittelbetriebe eingesetzt (Deutscher Bundestag 1980:163). Er hat sich allerdings - angesichts der konsequenten VCI-Position - nicht durchsetzen können. In der Macht-Reputations-Befragung erhielt der DIHT nur 2 Einflußnennungen, die seinen geringen Einfluß in etwa widerspiegeln. Im Gesetzgebungsprozeß des ChemG war der Einfluß der Interessen der Chemiewirtschaft insgesamt dominierend. Hierfür ist nicht nur die organisatorische Verfaßtheit und Stärke der Chemieinteressen maßgebend gewesen, sondern vor allem das riesige Wirtschaftspotential, welches hinter ihrem Verband steht und für welches ihr Verband spricht. Betrachtet man die Stellung der Chemie im Branchenvergleich der Bundesrepublik, so wird die herausragende Stellung der Chemischen Industrie in der Wirtschaft der Bundesrepublik offenbar: in vielen Bereichen nimmt die Chemiebranche eine wichtige, in manchen sogar eine führende Position ein.

Auf der Ebene des Gesamtumsatzes und der Beschäftigten besitzt die Chemische Industrie eine mittlere Position. Werden aber die Wirtschaftszweige untereinander auf der Ebene des Auslandsumsatzes, der Gesamtinvestitionen und der ausländischen Direktinvestitionen verglichen, so nimmt die Chemische Industrie einen führenden Platz ein. Instruktiv wären sicher auch Daten über den Anteil dieses Industriezweigs am Steueraufkommen- hier liegen jedoch keine veröffentlichten Zahlen vor. Aus der Tatsache aber, daß BASF, Bayer und Hoechst zu den zehn größten Steuerzahlern der Bundesrepublik zählen (Zeit 10.8.1984), kann geschlossen werden, daß die Chemie auch hier einen wichtigen Platz einnimmt.

TABELLE II.3:
Die Position der Chemischen Industrie im Branchenvergleich (1977-1980)

Industriezweig	Gesamtumsatz Mrd. DM 1980(1)	Auslandsumsatz Mrd. DM 1980(1)	Beschäftigte in Tsd. 1980(1)	Investitionen Mrd. DM 1980(2)	Direktinvesti- Mrd.DM 1980(3)	F+E-Ausg. Mrd.DM 1977(4)
Chem. Ind.	108	41	550	5.5	16	4.4
Berbau	26	5	235	-	3	0.3
Metallerz.	43	15	262	-	2	0.3
Maschinenbau	112	49	1004	3.9	5	1.7
Fahrzeugbau	110	45	781	5.0	8	2.0
Elektroind.	100	30	944	-	9	4.4
Textilind.	30	6	298	-	-	-
Nahrungsmittel	128	9	472	3.8	1	0.1
Baugewerbe	114	-	1261	-	-	-

Quellen: 1) VCI (1984) 2) Zimmermann (1981) 3) Monatsberichte d. Deutschen Bundesbank 8(1982):44 4) Schulze/Weiser (1982:14) für 1977.

Eine sehr wichtige und strategische Vergleichsebene ist der Forschungsbereich. Hier ist die Chemische Industrie ebenfalls führend. So entfallen etwa ein Viertel aller Forschungs- und Entwicklungsausgaben und des gesamten Forschungs- und Entwicklungspersonals der bundesdeutschen Wirtschaft auf die Chemische Industrie, davon wieder der überwiegende Teil auf die Großunternehmen.

TABELLE. II.4
Struktur des Forschungspotentials in der Chemischen Industrie (Ergebnisse einer Umfrage des VCI 1979)

Beschäftigtenklassen	geschätzte Gesamtzahl forschender Unternehmungen	Abgegebene Meldungen				
		Anzahl Unternehmungen	F+E-Aufwendungen Mio. DM	staatl. Mittel Mio. DM	F+E-Personal (Voll+Teilzeit)	F+E-Aufwendungen % vom Umsatz
>100	(200)	89	33	3	486	3,9
100- 500	(140)	131	189	9	2506	3,1
500-1000	(40)	38	236	5	2471	5,1
1000-2000	(35)	34	300	18	3194	3,9
2000-5000	21	21	303	13	3074	2,8
5000-10000	7	7	743	5	6925	9,6
10000<	10	10	3071	63	33096	4,4
Summe	ca.450	330	4875	116	51752	

Quelle: VCI Jahresbericht 1980/81, S. 34.

Bezogen auf die nur eigenfinanzierten, nationalen Aufwendungen machen diese sogar ein Drittel der gesamten BRD-Forschungsaufwendungen aus (VCI Jahresbericht 1980/1981:35). Von besonderem Gewicht ist dabei die Tatsache, daβ die Chemie ihr Innovationspotential fast ausschlieβlich selbst trägt. Nur etwa 2,4% der Forschungs- und Entwicklungsaufwendungen waren 1980 im Chemiebereich aus öffentlichen Geldern finanziert (siehe Tab. II.4). Diese hohe Eigenfinanzierung im Forschungsbereich ist ein wichtiger Indikator für die Autonomie dieses Sektors im Bereich der Innovationspolitik.

Im internationalen Vergleich ist die herausragenden Bedeutung der Chemiebranche noch offensichtlicher. So nahm die deutsche Chemische Industrie im Jahre 1977 in bezug auf die Forschungsausgaben noch vor Japan und nach den USA den zweiten Platz in der Weltrangliste ein. Auch in bezug auf andere Indikatoren schneidet die Chemische Industrie im internationalen Vergleich sehr gut ab.

TABELLE II.5:
Die Deutsche Chemische Industrie
im internationalen Vergleich (1978).

Land	Umsatz Mrd.DM(1)	Export Mrd.DM(1)	Beschäftigte in Tsd.(1)	F+E Mrd. DM(1)	RAE(2)
Bundesrepublik	88	37	548	4.5	6.4
Groβbritannien	60	16	438	-	11.8
Frankreich	51	17	305	1.8	-4.9
Italien	36	8	292	0.5	-11.7
USA	254	21	1088	10.1	5.6
Japan	123	13	414	3.9	-22.8
Schweiz	12	10	62	1.2	27.7

Quelle: 1) VCI, Chemiewirtschaft in Zahlen. 2) Relatives Auβenhandelsergebnis als "Wettbewerbsfähigkeitsindex"; vgl. Legler (1982) für das Jahr 1977.

Wie aus der Tabelle II.3 entnommen werden kann, ist die Bundesrepublik Deutschland unter den westlichen Industrieländern der drittgröβte Chemieproduzent (auf den Umsatz bezogen). Auf der Vergleichsebene der Exporte ist die bundesdeutsche Chemie an erster Stelle. Diese starke Position in der internationalen Arena, welche die Chemische Industrie übrigens traditionell einnahm (Ilgen 1983), gibt der Chemieindustrie, auch wenn sie noch nie der Schlüsselsektor der deutschen Nationalökonomie war, dennoch ein besonderes Gepräge und Gewicht. Bezeichnend ist, daβ die deutsche Chemie in der internationalen Wirtschaftspresse zuweilen "The Chemical Reich" genannt wurde. Diese internationale Stärke hat natürlich Rückwirkungen auf die innenpolitische Position - insbesondere in der gegenwärtigen Ära des Neomerkantilismus, in der die verschiedenen Nationalstaaten bekanntlich zu Spezialisierungsstrategien auf dem Weltmarkt greifen. Ihre relativ gute Wettbewerbsposition (Legler 1982) und ihre Nähe zu strategischen Zukunftstechnologien, wie Informations- und Biotechnik, machen sie zu einer der wichtigsten Funktionsindustrien der Zukunft (Colombo 1980, Porta 1984).

Diese reale wirtschaftliche Bedeutung ist auch im Bewußtsein der Öffentlichkeit verankert. Seit den 50er Jahren gilt die Chemische Industrie als Wachstumsindustrie *par excellence*. Entsprechend einiger Umfragen in den letzten 15 Jahren besitzt die Chemische Industrie die Reputation, der wichtigste Industriezweig in der Bundesrepublik zu sein. So hatte beispielsweise das Basic Research Institut in Frankfurt in mehreren Repräsentativbefragungen (1971, 1977 etc.) festgestellt, daß die Chemische Industrie noch vor der Elektro- und Automobilindustrie in bezug auf ihre in der Öffentlichkeit wahrgenommene wirtschaftliche Bedeutung den ersten Rang einnimmt. Gleichzeitig mußte aber auch festgestellt werden, daß die Chemische Industrie die schlechteste Umweltschutz-Reputation überhaupt besitzt. Die zitierte Befragung machte in diesem Zusammenhang deutlich, daß die Chemische Industrie als Umweltverschmutzer Nr. 1 gesehen und empfunden wird (*VCI-Verbandsmitteilungen* v. 30.4.1977). Hieraus ergibt sich für die Chemische Industrie eine denkbar schwierige Position in der Arena der öffentlichen Diskussion, welche der Chemieverband trotz massiver Public--Relations-Feldzüge und Millionenbeträge an Werbeaufwendungen nicht signifikant verbessern konnte. Aus diesem Kontext erklärt sich dann auch die verständliche Präferenz des Chemieverbandes, Politikthemen möglichst aus der öffentlichen Arena herauszuhalten und in "sachliche" Sachverständigengremien zu 'kanalisieren'.

Die Arbeitsinteressen

Noch bevor Chemikalien in die 'Umwelt' im engeren Sinne gelangen, können diese im Produktionsprozeß Gesundheit und Leben von den direkt in den Produktionsprozeß involvierten Arbeitnehmern schädigen. Insofern sind allein von der materiellen Logik der Chemieproduktion schon die Interessen der Arbeiter betroffen; es müßten also damit auch die 'organisierten' Arbeitsinteressen in diesen Bereich involviert sein. Wie auch im Bereich der Wirtschaftsinteressen ist die Organisationsstruktur der Arbeitsinteressen im Chemiebereich zum großen Teil durch eine historisch zu erklärende Globalstruktur bestimmt. Nach dem zweiten Weltkrieg wurden nicht wieder die in der Weimarer Zeit existierenden ideologisch konkurrierenden Einzelgewerkschaften rekonstruiert, sondern eine Einheitsgewerkschaft geschaffen, die nach dem Prinzip des Industrieverbands untergliedert wurde. Daraus hätte eigentlich ein Repräsentativmonopol der für den Chemiebereich zuständigen Industriegewerkschaft Chemie, Papier, Keramik (IGCPK) folgen müssen. Tatsächlich aber wurde dieses Monopol schon wenige Jahre nach Gründung des Deutschen Gewerkschaftsbundes (DGB) verwässert durch die Abspaltung der Deutschen Angestellten Gewerkschaft (DAG) im Jahre 1949, die eine eigene, vom DGB unabhängige Organisation bildete. Eine zusätzliche Durchlöcherung der Monopolposition des DGB brachte die Abspaltung der christlichen Gewerkschaften 10 Jahre später, die sich unter dem Namen Christlicher Gewerkschaftsbund Deutschlands gründeten, der heute aber nur eine relativ geringe Zahl von Mitgliedern hat. Im Jahre 1979/80 waren dies etwa 230.000. Eine andere Organisation, die in der Nachkriegszeit rekonstruiert wurde, war die Union der Leitenden Angestellten (ULA), die 1980 etwa 40.000 angestellte Führungskräfte in Industrie und Handel organisierte. Von den Mitgliederzahlen sind die beide letztgenannten Organisationen natürlich nicht mit dem DGB zu vergleichen, der 1979 mehr als 7 Mio Mitglieder zählte. Im Bereich der Chemiewirtschaft konkurrieren somit mit der dem DGB zugehörigen IGCPK drei weitere Gewerkschaften: die DAG, der der ULA angeschlossene Verband angestellter Akademiker und leitender Angestellter der Chemischen Industrie (VAA) und die Christliche Gewerkschaft Bergbau-Chemie-Energie (CGBCE). Von diesen Organisationen war aber nur die IGCPK in signifikanter Weise in die Chemikalienpolitik involviert. In der Einfluß-Reputations-Befragung erhielt die IGCPK 16 Nennungen, der VAA nur eine und die DAG überhaupt keine. Insofern zählt von den im Chemiesektor tätigen Gewerkschaften nur die IGCPK zum Policy-Akteur-Set.

Die IGCPK ist bei weitem die bedeutendste Interessenorganisation der Arbeitnehmer im Chemiesektor. Über den Chemiebereich hinaus sind in dieser Gewerkschaft auch die Arbeitnehmer der Mineralöl-, der Kautschuk-, der Papier- und der Glasindustrie organisiert. Im Jahre 1980 waren der IG-Chemie rund 660.000 Mitglieder angeschlossen - 540.000 Arbeiter und 120.000 Angestellte -; sie ist damit nach der IG-Metall und der ÖTV die drittgrößte der 17 DGB-Gewerkschaften. Der Organisationsgrad für den gesamten Organisationsbereich dieser Gewerkschaft liegt bei 52% (Groser 1983). Etwas mehr als die Hälfte der in der IGCPK organisierten betriebstätigen Mitglieder sind aus dem Chemiebereich. Der Organisationsgrad der Industriegruppe Chemie liegt mit 45,2% etwas niedriger als in der Gesamtorganisation. Der Organisationsgrad ist nur ein Indikator für die Postion der IGCPK in der Arbeitnehmerschaft. Ein anderer sind die bei den Betriebswahlen erhaltenen Stimmen. Hier hat die IG-Chemie in den letzten Jahren eine entscheidend bessere Position besetzt: 1978 wurden über 13.000 Betriebsräte der IGC gewählt, das sind 86% aller Betriebsratsitze im Bereich Chemie. Dieses Ergebnis hält die IGCPK schon seit fast 20 Jahren (siehe Tab. 4 bei Streek 1982). Der niedrige Organisationsgrad bei gleichzeitig relativ guter Position in den Betriebsräten wird von einigen Autoren durch die sogenannte "strukturelle Dominanz der betrieblichen Ebene" erklärt. So sieht beispielsweise Streeck (1981) in den chemiespezifischen Wachstumsbedingungen seit dem zweiten Weltkrieg - anhaltender Boom! -

die Ursache dafür angelegt, daß die Kapitalseite einen Teil der Produktivitätsfortschritte über höhere Effektivlöhne an die Arbeitnehmer weitergeben konnte und so in der Lage war, ein relativ konfliktfreies Klima industrieller Beziehungen erhalten zu können. "Bis zur Mitte der siebziger Jahre befand sich die Chemische Industrie in einem ständigen Boom, der sie nicht nur von staatlichen Subventionen unabhängig machte, sondern ihr auch eine hervorragende Wettbewerbsposition auf dem Arbeitsmarkt verschaffte und das Risiko unkontrollierter betrieblicher Konflikte gering hielt. Aus der Perspektive der Arbeitgeber ist unter solchen Bedingungen der Betriebsrat als Vertreter der Belegschaft und Partner in einem innerbetrieblichen Verhandlungssystem vollkommen ausreichend." (Streeck 1981: 257).

Der niedrige Organisationsgrad ist eines der zentralen Organisationsprobleme der IGCPK. Die Mitgliedsbeiträge (im Jahre 1979 rund 115 Mio.DM), etwa 90% der finanziellen Ressourcen der Organisation, machen die Organisation daher stark vom Wohlverhalten der Mitglieder abhängig. Als Mitte der 60er Jahre der Organisationsgrad einen Tiefstand von 37,5% erreichte, geriet die Organisation zunehmend in finanzielle Schwierigkeiten, die sich in den Jahren 1966-1969 fast zur Überlebenskrise dimensionierten. Mittels eines fast beispiellosen Prozesses der administrativen Rationalisierung und Modernisierung hat die IGC die Finanzprobleme inzwischen behoben. Die Einführung computerunterstützter Informationssysteme und eines Bankeinzugsverfahrens der Mitgliedsbeiträge (schon 1975 bezahlten rund zwei Drittel der Mitglieder auf diese Weise!) konnten die Beitragszahlungsrate innerhalb weniger Jahre von 85 auf 95% steigern (Streeck 1982:62). Derartige Rationalisierungsmaßnahmen, verbunden mit einer zügigen Zentralisierung und Professionalisierung der Organisation, haben die IGC, so Streeck (1981:395), "bis zum Ende der 60er Jahre zur technisch bestorganisierten Einzelgewerkschaft gemacht."

Die 'strategische Orientierung' der IGCPK in den industriellen Beziehungen einerseits und der allgemeinen Politik andererseits ist heute "sozialpartnerschaftlich kooperativ". Schudlich (1982) ordnet die IGCPK den "bedingt kooperativen Gewerkschaftstypen" zu. Ein zentraler Erklärungsfaktor dieser Orientierung scheint wiederum die "strukturelle betriebliche Dominanz" zu sein, welche im Verbund mit der privilegierten Position der Betriebsräte im Chemiebereich zu einem besonders asymmetrischen Abhängigkeitsverhältnis zwischen Betriebsräten und Gewerkschaft führt. Streeck (1981:257) beschreibt diesen Zusammenhang so: "Indirekte Organisationssicherung kommt nur zustande, wenn die Gewerkschaft die Betriebsräte dazu bewegen kann, in ihren Verhandlungen mit dem Arbeitgeber auch gewerkschaftliche Interessen einzubringen." Im Gegenzug muß die Organisation Einfluß in Form von Positionen und Funktionen in gewerkschaflichen Gremien anbieten. Die Herausbildung einflußreicher und mächtiger "Betriebsfürsten", die sowohl in Gewerkschaftsgremien als auch in den Aufsichtsräten der Unternehmen sitzen, sogenannte "Multifunktionäre", die wenig Interesse an einer konfliktorientierten Strategie haben, ist deshalb eine allgemein zu beobachtende Erscheinung im Chemiebereich. Dies schafft wiederum Konfliktpotentiale zwischen Gewerkschaftsbasis und Führung, welche sich in regelmäßigen Abständen über das Ventil innergewerkschaftlicher Oppositionsbewegungen ausdrücken und oft nur mit schärfsten disziplinarischen Maßnahmen wieder eingedämmt werden können. "Wie in sonst bisher keiner anderen DGB-Gewerkschaft", schreibt Schudlich (1982: 132), "stoßen in der IGCPK unterschiedliche gewerkschaftliche Positionen so offen und zugleich so hart aufeinander".

Eine weitere Erklärung für die kooperative Orientierung liegt in der Folgewirkung der zunehmenden Einbeziehung der Chemiegewerkschaft in den Verbund der integrierten Beteiligung an politischen Entscheidungsprozessen. In einer einschlägigen Studie konnte Süllow (1981; 1982) Ende der 70er Jahre 133 Gremien staatlicher oder halbstaatlicher Institutionen ausmachen, in denen Gewerkschaften beteiligt sind. In den von Süllow untersuchten Gremien ist die IGCPK in 10 Gremien vertreten und steht damit an dritter Stelle der DGB-Gewerkschaften. Es kann aber davon ausgegangen werden, daß in dieser Studie nur ein Bruchteil existierender Arbeitsgruppen und Gesprächskreise erfaßt ist. Selbst im Umweltbereich gibt es regelmäßige "Kamingespräche" zwischen Regierung, Industrie und Gewerkschaften. Die Chemiegewerkschaft betrachtet derartige Partizipationsmöglichkeiten als wichtigen Aktivposten. Einen bezeichnenden Einblick in diese Position gibt das IGCPK-Hauptvorstandmitglied Schulze, der sich unlängst gegen den Vorwurf, korporatistische Kontakte mit der Kapitalseite und der Regierung zu pflegen, mit folgender Argumenationsfigur wehrte: "Wir leben in einer Zeit (...), in der die Gewerkschaften zumindest zu den Besprechungen zugezogen werden, in denen Weichenstellungen .. verabredet oder zumindest angekündigt oder vorbereitet werden. (...) Offenbar haben viele, die uns insbesondere von links kritisieren, vergessen, daß noch vor etwa 12, 13 Jahren so etwas überhaupt nicht möglich war. Sondern damals war es bei der gleichen rechtlichen Verfassungslage durchaus an der Tagesordnung, daß die Gewerkschaften noch nicht mal beteiligt wurden an solchen Besprechungen. Damals wurde von den Regierenden (...) gefragt, ob die Gewerkschaften überhaupt legitimiert seien für die Aufstellung von Forderungen. Sie waren damals nicht dabei, aber sie sind heute dabei und insoweit betrachten sie den Staat als den Repräsentanten legaler Macht ..." (*Loccumer Protokolle* 42/1980, S. 134f.).

Auf internationaler Ebene ist die IG-Chemie der internationalen Föderation von Chemie- Energie- und Fabrikarbeitergewerkschaften (ICEF) angeschlossen. Innerhalb der ICEF wurde für die europäische Ebene ein spezieller Koordinationsausschuß (ICEF-KA) gebildet, der die Interessen der 21 europäischen Mitgliedsverbände (insgesamt 1,4 Mio Mitglieder) gegenüber der EG vertritt. Der Sitz des Koordinationsausschusses befindet sich an der Hauptgeschäftsstelle der IGCPK in Hannover - was die starke Stellung der deutschen Chemiearbeiter im europäischen Kontext verdeutlicht. Die Präsidentschaft im KA-ICEF lag in den letzten 10 Jahren beim Vorsitzenden der IG-Chemie - früher bei Hauenschild, jetzt bei dem SPD-Abgeordneten der Mitte-Rechts-Gruppierung Rappe. Auch der 'politische Sekretär' und die zwei weiteren hauptamtlichen Mitarbeiter und der notwendige, verwaltungstechnische Apparat dieses europäischen Verbands werden von der deutschen Chemiegewerkschaft gestellt. So müssen praktisch nur die Sitzungsgelder und die Fahrtkosten über Mitgliedsbeiträge der europäischen Mitgliedsverbände finanziert werden. Verglichen mit seinem natürlichen Gegner auf europäischer Ebene, dem CEFIC, ist der ICEF-Koordinationsausschuß in der EG-Arena sehr unscheinbar und im legislativen Prozeß der 6. Änderungsrichtlinie der EG nur sehr marginal in Erscheinung getreten. Es ist hier offenkundig, daß die Vertretung der Arbeitnehmerinteressen auf europäischer Ebene im Bereich der gefährlichen Stoffe fast ausschließlich über direkte Kontakte zwischen der IG-Chemie, den bundesdeutschen Ministerialbeamten und der Kommission der EG verlaufen ist. Der Koordinationsausschuß fungierte eher als ein Mobilisierungsinstrument der IG-Chemie, um die relevanten Chemiegewerkschaften der übrigen EG--Staaten in bezug auf die EG-Gesetzgebungsaktivitäten zu mobilisieren. Obwohl die IG-Chemie im Bereich des Arbeitsschutzes vor gefährlichen Arbeitsstoffen seit langem involviert ist, konnte sich die IGCPK erst Anfang 1978 in die Chemie-Gesetzgebung einschalten.

Interessanterweise wurde die IGCPK nicht von Anfang an in die geheimen Vorverhandlungen zwischen Ministerialbürokratie und Chemieverband einbezogen, sondern bekam erst Zugang 'zur Arena', nachdem sie mit einem Jahr Verspätung die geheimen Vorverhandlungen auf europäischer und nationaler Ebene entdeckt hatte und daraufhin über die Presse eine massive Öffentlichkeitskampagne entfacht hatte. Die relativ späte Einbeziehung in den korporatistischen Politikformulierungsverbund war sicher entscheidend für das spätere Verhalten und die bezogenen Positionen der Chemiegewerkschaft. Die IGCPK erhielt Zugang zur Policy-Arena im wesentlichen nur durch Mobilisierung ihrer Mitglieder und damit indirekt der Öffentlichkeit. So mobilisierte die IG-Chemie über die Drehscheibe des ICEF-KA damals auch ihre verbündeten Gewerkschaften in den übrigen EG-Ländern. Die Mobilisierungsaktivitäten waren sehr wirkungsvoll - zumindest in punkto Beteiligung. Ab Mitte 1978 wurde der einzige Chemikalien-Experte der IGCPK, der im Jahre 1977 erst neu eingestellt worden war, in sämtliche Beratungen zwischen Regierung und organisierten Wirtschaftsinteressen einbezogen. Der Chemiker Albracht war ab 1978 selbst in einer OECD Arbeitsgruppe vertreten und konnte sogar an der Internationalen Konferenz über Chemikalienkontrolle teilnehmen, zu der ansonsten keine Gewerkschaftsvertreter eingeladen gewesen waren.

Unter den organisierten Interessen belegte der Chemieverband auf der Ebene der Einflußreputation nach dem VCI die zweite Position. Diese Position hat die Chemiegewerkschaft sicherlich nicht nur aufgrund der engagierten Öffentlichkeitsarbeit erreicht, sondern zweifellos auch dadurch, daß die Chemiegewerkschaft als eine wichtige organisierte Kraft - zwar mit Verspätung - dann doch noch in den inneren Kreis des Verhandlungsnetzes zwischen Ministerialebene und Wirtschaftsinteressen einbezogen wurde. Wie bemerkt, hatte diese Verspätung Einfluß auf das Verhalten und die Interessenpositionen der IG Chemie. So nahm sie zu dem zwischen Chemieindustrie und den beteiligten Bundesministerien vereinbarten Gesetzes-Konzept eine relativ kritische Haltung ein (Albracht 1980). Geringen Einfluß auf den Chemikalien-Gesetzgebungsprozeß hatten die übrigen Organisationen in diesem Bereich. Die DAG, die im Angestelltenbereich mit ihren knapp 500.000 Mitgliedern einen Organisationsgrad von 5% besitzt (Groser 1983:60), hatte selbst zu geringe Kapazitäten, um diesen Spezialbereich der Politik bearbeiten zu können. Diese Gewerkschaft war zwar in der parlamentarischen Phase über Stellungnahmen und Anhörungen involviert, konnte jedoch aufgrund der genannten Kapazitätsbeschränkungen keine spezifischen Positionen entwickeln und vertreten.

Auch der VAA, im Bereich der leitenden Angestellten in der Chemischen Industrie nach der IGCPK "die mitgliedsstärkste Organisation mit einem Organisationsgrad von rund 75%" (Borgward 1977:6), war nur marginal in den Gesetzgebungsprozeß involviert. Mit etwa 10 Hauptamtlichen verfügt der VAA, im Verhältnis zu seiner Mitgliederzahl, über einen relativ starken Apparat, jedoch dürften auch hier die 'politischen' Ressourcen größtenteils im Reservoir der ehrenamtlichen Mitarbeiter vermutet werden. Das Sachwissen, auf das der VAA über die Mitarbeit leitender Angestellter der chemischen Industrie zurückgreifen kann, ist ähnlich dem VCI; wobei zwischen VAA und VCI insofern oft Überschneidungen vorliegen, als leitende Angestellte von VCI-Mitgliedsfirmen, die in VCI-Gremien mitarbeiten, gleichzeitig Mitglieder des VAA sind und dort durch ehrenamtliche Mitarbeit Sachwissen vermitteln können. Solche Rollenüberschneidungen bzw. Positions- und Funktionshäufungen machen es schwierig, den VAA in der Spannweite zwischen Wirtschafts- und Arbeitsinteressen genau zu orten. Von offizieller Seite wird der VAA insofern bei den Arbeitsinteressen lokalisiert, als er - wie auch die Chemiegewerkschaft und die DAG - Vertreter in die Gremien für die Entwicklung von Regelungen zur Arbeitsplatzsicherheit bei der Berufsgenossenschaft der chemischen Industrie (BG-Chemie) und beim BMA Vertreter entsenden kann. Im Politikprozeß der Chemikaliengesetzgebung wurde der VAA erst in der Phase der offiziellen Verbandsbeteiligung (ab Frühjahr 1979) berücksichtigt und konnte in der parlamentarischen Phase an der Sachverständigenanhörung teilnehmen.

Die Umweltinteressen

Das Gefahrenpotential gefährlicher Chemikalien berührt Allgemeinheitsinteressen an einer gesunden Natur, an sauberer Luft, unverseuchtem Boden und sauberem Wasser. Diese Interessen sind auch in der Bundesrepublik inzwischen organisiert und auf der politischen Bühne von einer Reihe von Organisationen vertreten. Allerdings unterscheidet sich das umweltpolitische Feld stark von den anderen Bereichen organisierter Interessen, die schon eine längere Geschichte haben. Obwohl Organisationen, welche die Belange einer intakten Umwelt vertreten, in Form von Heimat-, Naturschutz- und Wanderverbänden schon seit fast einem Jahrhundert existieren, sind die Umweltinteressen erst seit Anfang der 70er Jahre 'politisch relevant' geworden, nachdem die Herausbildung einer Bürgerinitiativ-Bewegung Themen wie 'Umweltschutz', 'Gesundheitsschutz' etc. auf die politische Tagesordnung brachte. Als zentrales Charakteristikum dieses organisierten Interessenfeldes muß die Heterogenität und die Diversität der Gruppen und Organisationen gesehen werden. Dies erschwert es sicherlich, von den organisierten Umweltinteressen zu sprechen. Kein anderer Bereich ist so wenig spezifiziert, inkohärent und heterogen wie dieses Interessenfeld. Auf der Ebene der organisierten Interessen ist es der einzige Bereich, der sich in seiner pluralistischen Struktur mit US-amerikanischen Bewegungen und Interessengruppen vergleichen könnte. Dies gilt sowohl für die Zahl der Organisationen, ihre Konkurrenz untereinander, als auch in bezug auf ihr Verhältnis zu staatlichen Instanzen.

Die Pluralität gilt sowohl für die Politikthemen, die als organisatorische Gravitationspunkte fungieren, als auch für integrierende Ideologien, die von orthodoxem Marxismus bis zu konservativer Naturromantik reichen. Seit einigen Jahren versucht das Umweltbundesamt (UBA) eine Gesamterfassung existierender Initiativen und Organisationen im Umweltbereich und schrieb zur Ausgabe 1981/1982 von "Bürger im Umweltschutz": "Wie schwierig es ist, ein hinreichendes Bild der Verbands- und Initiativszene zu zeichnen, haben wir wieder einmal bei dieser - fünften - Auflage erlebt: ständig entstehen neue Gruppen, alte verschwinden, ändern ihre Struktur und ihren Standort." (UBA 1981/82)

Trotz dieses turbulenten Organisationskontextes lassen sich einige zentrale Konturen erkennen: Die Umweltorganisationen in der Bundesrepublik können in hauptsächlich zwei Strömungen eingeteilt werden, die sich insbesondere aufgrund ihrer zeitlichen Entstehung unterscheiden. Eine Richtung umfaßt die traditionellen Naturschutzverbände, welche schon seit der Jahrhundertwende existieren. Hierunter fallen Naturschutzvereine, Heimat- und Wanderverbände, Tierschutzvereine etc.. Die wenigsten dieser

Organisationen waren allerdings vor der Umweltdekade politisch sichtbar und umweltpolitisch aktiv. Die andere Strömung umfaßt die neue, genetisch vornehmlich auf die Bürgerinitiativen zurückgehende Umweltbewegung, deren Kennzeichen Spontaneität, informelle, nicht auf Dauer angelegte Organisationsstrukturen, aber hohe politische Aktivität in bezug auf unmittelbare politische Ziele sind. Gleichzeitig zeigen diese letztgenannten Gruppen eine hohe Visibilität in der Arena der Öffentlichkeit.

Der in der Öffentlichkeit bekannteste Umweltverband ist zweifellos der Bundesverband Bürgerinitiativen Umweltschutz e.V. als größter Zusammenschluß von Bürgerinitiativen im Umweltschutz in der Bundesrepublik Deutschland. Seit seiner Gründung 1972 ist der BBU von ursprünglich 16 auf gegenwärtig rund 300 Mitgliedsgruppen angewachsen, über die mittelbar etwa 1000 Umweltinitiativen und Vereine organisiert sind. Rucht (1982:42) geht davon aus, daß der BBU zwar von den in der Bundesrepbulik geschätzten 4000 bis 20.000 Gruppen nur einen Bruchteil repräsentiert, aber doch als wichtigster Repräsentant und Sprachrohr zumindest für das reformistische Lager innerhalb der Bürgerinitiativen anzusehen ist.

Hervorstechendstes Charakteristikum des Bürgerinitiativen-Verbandes ist seine geringe Formalisierung. Rieder (1980:19) bezeichnet den BBU als einen "Verein mit Mitgliedern, deren Zahl nicht genau bekannt ist." So soll der BBU auch Gruppen zu seinen Mitgliedern zählen, die sich von ihm vertreten 'fühlen'. Nach einer Selbstdarstellungsbroschüre des BBU sieht sich dieser Verband als dezentral organisiert, indem jede Mitgliedsgruppe im Rahmen der Zielsetzungen der Organisation völlig selbständig und autonom arbeitet. Diese starke Autonomie der Mitgliedsgruppen scheint das zentrale Strukurproblem dieser Organisation zu sein, das alle Organisationsbereiche durchzieht und eine hohe Abhängigkeit der Verbandsführung von den Mitgliedsinitiativen begründet. Sternstein (1981:58), ein ehemaliger Insider dieser Organisation, beschreibt dieses Strukturproblem wie folgt: "... das geringe Machtgefälle zwischen Verband und Mitgliedsbürgerinitiativen im BBU ist hauptsächlich darauf zurückzuführen, daß der Verband gegenüber den Mitgliedsgruppen keinerlei Weisungsrechte besitzt. Von dem ihm formell zustehenden Recht auf Ausschluß einer Gruppe hat er bisher keinen Gebrauch gemacht (...). Während der Vorstand wegen der Unabhängigkeit der Mitgliedsgruppen keine Macht über sie hat, ist der Austritt oder die Drohung eines Austritts auf Grund des chronischen Geldmangels des BBU ein durchaus empfindliches Sanktionsmittel in der Hand der Mitgliedsinitiativen."

In Zusammenhang mit der hohen Mitgliedsautonomie steht die Furcht vor einer zu starken Führung - was sich aus der jüngeren Geschichte dieses Verbands erklärt, in der der frühere Vorsitzende Wüstenhagen die Verbandsführung lange Zeit vollkommen monopolisiert hatte. Die institutionelle Konstruktion einer kollektiven Führung durch drei geschäftsführende, ehrenamtliche Vorsitzende kann aber auch ganz generell als institutionalisierter Ausdruck des Mißtrauens der Basis gegenüber Funktionären und Verbandsführern betrachtet werden. Auch die geringe Zahl von hauptamtlichen Mitarbeitern, über die der Bürgerinitiativen-Verband zur Führung seiner Geschäfte verfügt (1980 waren es vier), läßt sich teilweise durch die Bürokratisierungsfurcht erklären. Ein anderer Faktor hierbei ist das schmale Budget des BBU, das 1980 nur 640.000 DM betrug. Fast die Hälfte davon wurde durch staatliche Zuschüsse für die Durchführung von Informationsveranstaltungen und anderen Umweltschutzaktivitäten finanziert. Den Großteil dieser Förderungen erhielt der BBU vom BMFT und vom UBA. Zum letzteren unterhielt der BBU zumindest in der Gesetzgebungsperiode des ChemG sehr enge Beziehungen.

Im Gesetzgebungsprozeß wurde der BBU erst kurz vor der parlamentarischen Phase initiativ - mobilisiert einerseits durch die IG-Chemie und andererseits durch das Umweltbundesamt. Die erste Aktivität in diesem Bereich war eine Presseerklärung in bezug auf die 'Grundsätze für ein Chemikaliengesetz', welche vom Regierungskabinett im September 1978 beschlossen wurden. Eine weitere wichtige Intervention des BBU war die Organisation des 'Chemiekongresses' im Frühjahr 1979 in Darmstadt, der vor allem darauf zielte, Bürgerinitiativen, Verbraucherverbände und Gewerkschaften zu Protestaktionen in Hinsicht auf den als zu 'weich' kritisierten Referentenentwurf zu mobilisieren. Dieser Kongreß ist interessanterweise vom UBA finanziert worden, das auf diesem Wege offenbar Alliierte für eine härtere Regelung im Gesetzgebungsentwurf auf die politische Bühne bringen wollte. Vor allem während der parlamentarischen Phase steigerten sich die Aktivitäten des BBU, der sämtliche Kernelemente des Regierungsentwurfs massiv kritisierte und das Chemikaliengesetz als "Gesetz zum Schutz der Chemischen Industrie" bezeichnete. Im März 1980, nach der Sachverständigenanhörung, bei der der BBU ebenfalls präsent war, initiierte der BBU die erste wirklich 'direkte' nationale Aktion: In einem Eilinfo forderte der Verband seine Mitgliedsgruppen auf, Protestbriefe an Ministerien und Bundestagsabgeordnete zu schreiben, wofür der BBU einen Vordruck anbot. Weiterhin wurde konkret empfohlen: "Überraschen Sie Politiker und Presse mit Päckchen, die kleine Kostproben von "ganz ungefährlichen Stoffen" enthalten, wie z.B. Rheinwasser, Ruhrgebietsluft, Schlamm aus der Oker, .. Ölklumpen aus der Nordsee ...". Das Echo auf diese Mobilisierungsaktion war relativ groß. Etwa zweitausend dieser vorgedruckten Protestbriefe und viele Päckchen mit übelriechenden Umweltproben erreichten die Parlamentarier (Damaschke 1984:125f). Politisch gesehen war diese Protestaktion allerdings wirkungslos.

Ein anderer wichtiger Umweltverband, dessen Herkunft teilweise ebenfalls auf die Bürgerinitiativbewegung zurückgeht, ist der Bund für Umwelt- und Naturschutz Deutschlands e. V. (BUND). Als bundesweite Umweltorganisation entstand er im Jahre 1975 durch die Fusion verschiedener lokaler und regionaler Initiativen und zählte im Jahre 1980 etwa 20.000 Einzelmitglieder. Im Vergleich zum BBU ist dieser Umweltverband kein Zusammenschluß von Gruppen, sondern kennt, mit einigen Ausnahmen, nur Einzelmitgliedschaften. Im Vergleich zum BBU tritt der BUND entschieden professioneller und vor allem auch seriöser auf. Diese bessere Etabliertheit ist allein schon durch die Zusammensetzung des Vorstandes ersichtlich, zu dem beispielsweise Prominente wie Professor Dr. Grzimek zählen. Zwar verfügte die Bundesgeschäftsstelle inklusive Geschäftsführer 1980 auch nur über vier bis fünf Hauptamtliche; hier sind aber die Hauptamtlichen auf Landesebene nicht erfaßt. Sternstein (1981) schätzt den hauptamtlichen Stab des BUND inklusive Landesverbände auf 20 Mitarbeiter, 25 Schreibkräfte und 30 Zivildienstleistende (1981:112).

Die öffentlichen Zuschüsse des BUNDs machen sich im Vergleich zum BBU gering aus - nur etwa 3% des Jahresbudgets von knapp einer Million DM für die Bundesebene. Die finanziellen Ressourcen des BUND insgesamt - also Bund und Länder zusammengenommen - schätzt Sternstein (1981:11ff.) auf etwa 8 Mio DM. Wie der BBU, so wurde der BUND in die Chemikalienpolitik erst mit Beginn der offiziellen Verbandsbeteiligung involviert und wurde erst im Laufe der parlamentarischen Phase nennenswert aktiv, konnte allerdings keine derartig öffentlichkeitswirksamen Aktionen vorweisen wie der Bürgerinitiativenverband, jedoch - relativ betrachtet - sich in der Öffentlichkeit durch Pressemeldungen ebenfalls einiges Gehör verschafften. In der parlamentarischen Sachverständigen-Anhörung war auch der BUND sowohl durch seinen Geschäftsführer als auch seinen einzigen nebenamtlichen Chemikalienexperten präsent. Auch von seiten des BUND wurde das Gesetzeskonzept der Regierung massiv kritisiert; die Interessenpositionen des BUND waren - wie die des BBU - gegen sämtliche Kernelemente des Gesetzentwurfs gerichtet.

Eine Organisation, welche die traditionellen Naturschützer in der politischen Arena vertritt, ist der schon Anfang der 50er Jahre gegründete Dachverband Deutscher Naturschutzring e.V. (DNR), der nach Angaben der Lobby-Liste (Bundesminister der Justiz 1979) etwa hundert Naturschutz- und Tierschutzverbände, Heimat- und Wanderbünde mit insgesamt mehr als 2,5 Mio Mitglieder vertritt. Sternstein (1981:130) beschreibt den DNR als Interessenverband 'konservativer Prägung'. Der Vorstand des DNR setzt sich aus renomierten Persönlichkeiten zusammen, die zum Teil hohe Positionen in Staat, Wirtschaft und Wissenschaft einnehmen. Dies kontrastiert diesen Verband zu den beiden genannten Umweltverbänden. Der Stab an hauptamtlichen Mitarbeitern ist allerdings noch kleiner als der des BBU-Sekretariats. Der DNR versteht sich als Lobby für die Umwelt, als Interessenvertreter der angeschlossenen Umweltverbände, unterscheidet sich also in seinem Politikverständnis vollkommen vom BBU. Die Einflußschiene in politische Entscheidungsprozesse ist traditionelle Lobbytätigkeit und institutionalisierte Beteiligung. Aus diesem Grund tritt der DNR in der Öffentlichkeit sehr selten in Aktion. Das Jahresbudget des DNR für 1980 betrug fast 600.000 DM - etwa zwei Drittel davon stammen aus öffentlichen Mitteln des BML. Zu diesem unterhält der DNR sehr enge Beziehungen, die teilweise historisch bedingt sind.

Die Chemikalienkontrolle im allgemeinen und das Chemikaliengesetz im besonderen waren für den DNR ein Randthema. Im Gesetzgebungsprozeß - außer der parlamentarischen Anhörung - war er nicht sonderlich in Erscheinung getreten.

Der kleinste im Umweltbereich auf nationaler Ebene politisch aktive Verband ist der Deutsche Heimatbund (DHB), ein Dachverband von zwölf Landesverbänden, in denen unmittelbar oder mittelbar 1000 Vereinigungen und Verbände mit etwa einer halben Million Mitglieder organisiert sind. Schon Anfang dieses Jahrhunderts gegründet, ist er die älteste überregionale Umweltorganisation. Dieser Verband wird ebenfalls stark aus staatlichen Zuschüssen finanziert. So erhält der Heimatbund vom BMI mit mehr als 100.000 DM eine institutionelle Förderung, die zwei Drittel der gesamten institutionellen Zuschüsse des Bundeshaushaltes an Heimat-, Wander- und Naturschutzbünde ausmacht. Im Gesetzgebungsprozeß war dieser Verband nur in der Anfangsphase (nach der Mobilisierung durch das BMI/UBA veröffentlichte dieser eine Presseerklärung) für kurze Zeit aktiv, blieb aber in der nachfolgenden Phase vor allem deswegen unsichtbar, weil die schwache personelle Ausstattung dies nicht zuließ (der DHB besitzt nur einen Hauptamtlichen).

Drei der aufgeführten nationalen Umweltverbände (BBU, BUND und DNR) sind Mitglieder im Bureau Européen de l'Environement (BEE), dem einzigen Umweltverband auf europäischer Ebene. Das BEE wurde 1974 gegründet, um den Umweltschutz in Europa zu fördern und Umweltinteressen speziell gegenüber der EG zu vertreten. Die Geschäftsstelle des BEE mit Sitz in Brüssel hatte im Bezugsjahr 1980 allerdings nur einen hauptamtlichen Mitarbeiter und ein Budget von schlichten 75.000 ECU (Kirchner/ Schwaiger 1981:20), das teils durch Zuschüsse der Europäischen Gemeinschaft, teils durch verschiedene nationale Regierungen finanziert wurde.

Das BEE wurde erst im Laufe des Jahres 1979 in der Chemikalienpolitik aktiv, als sich die 6. Änderung der EG-Direktive (67/548/EEC), das sogenannte 'europäische Chemikaliengesetz', im Endstadium der Beratungen im Ministerrat befand und die europäischen Umweltverbände von den amerikanischen Umweltschützern mobilisiert wurden. Das erste wichtige Mobilisierungsereignis war ein Chemiekongreß in Brüssel, der durch das BEE im Winter 1978/79 zusammen mit der amerikanischen Umweltbehörde EPA und verschiedenen US-Umweltorganisationen organisiert wurde. Zentrales Ziel dieses Treffens war, die europäischen Umweltorganisationen zu mobilisieren und noch im Sinne einer Verschärfung der Regelungen auf den EG-Gesetzgebungsprozeß einwirken zu können. Ein zweites Mittel europäischer Mobilisierung war übrigens eine Zeitschrift, der "Toxic Substances Newsletter", der von amerikanischen Umweltschützern finanziert und vom BEE zusammen mit der amerikanischen Organisation National Aubedon Society herausgegeben wurde (Whitehead 1980). Erklärtes Ziel des Newsletter war es, "to further communications among US and European environmental organisations and assist the efforts of both the general public and the professional community's efforts to harmonise national and global approaches for controlling harmful substances in the environment."

Will der Einfluß dieses Interessenbereichs insgesamt beurteilt werden, so hatten die Umweltinteressen in den verschiedenen Arenen der Chemiepolitik nur eine marginale Position eingenommen. Dieser Umstand ist sehr plausibel durch das Theorem der Ressourcenabhängigkeit erklärbar. Umweltverbände verfügen über keine der Ressourcen, die von besonderer Wichtigkeit im Prozeß der Formulierung und Implementation einer öffentlichen Politik der Chemikalienkontrolle wären. In bezug auf Expertenwissen können diese Organisationen meist nicht einmal (der BUND macht hier eine Ausnahme) auf nebenamtliche Chemikalien-Fachkräfte zurückgreifen - von hauptamtlichen Fachleuten ganz zu schweigen. Die Einflußreputation dieser Organisationen bewegt sich deshalb am unteren Ende der Einflußskala. Lediglich der BUND und der BBU hatten zwei bis drei Nennungen erhalten, was vor allem darauf zurückzuführen ist, daß diese beiden Verbände während der letzten Phase des Gesetzgebungsprozesses sehr aktiv in der Öffentlichkeitsarbeit waren und somit zumindest als Mobilisateure in bezug auf die Öffentlichkeit von Bedeutung waren. Demgegenüber waren die übrigen Umweltverbände im Gesetzgebungsprozeß praktisch 'unsichtbar'.

Die Verbraucherinteressen

Das Chemikalienproblem tritt im Bereich der Konsumgüter als Thema der Produktsicherheit auf, betrifft daher alle jene Akteure, die sich für dieses Anliegen in der Öffentlichkeit einsetzen: die organisierten Verbraucherinteressen. Im Vergleich zu den Kapital- und Arbeitsinteressen sind organisierte Verbraucher, ähnlich wie Umweltschützer, erst seit den 50er und 60er Jahren auf der politischen Bühne präsent. Brisanz gewann dieses Politikthema allerdings erst zu Beginn der 70er Jahre. In dieser Zeit entwickelte sich eine sogenannte "grassroot" Bewegung der Verbraucher, in der tausende kleiner lokaler Verbrauchervereine und oft nur einzelproduktorientierte, kleine Basisinitiativen entstanden. Einer empirischen Untersuchung zufolge sind rund zwei Drittel solcher Verbraucherinitiativen nach 1969 entstanden (Stauss 1980:169). Relevant für den politischen Prozeß sind allerdings nur die von der Regierung imputierten sogenannten "Fremdorganisationen" des Verbraucherinteresses - wie sie innerhalb der Analysen zur Verbraucherpolitik von einigen Autoren von den 'Selbstorganisationen" abgegrenzt werden (Stauss 1980; Brune 1975:107). Diese Interessen haben sich in der Bundesrepublik nicht durch Selbstorganisation einzelner Verbraucher herausgebildet, sondern wurden regelrecht 'von oben' eingesetzt: Im Jahre 1953 entstand die 'Arbeitsgemeinschaft der Verbraucherverbände' als ein Zusammenschluß verschiedenartigster Verbände. Initiiert wurde die Gründung durch einen nordrhein-westfälischen Staatssekretär und die Vorsitzenden zweier kirchlicher Hilfswerke. Viele dieser nun zusammengeschlossenen Organisationen hatten allerdings recht wenig mit verbraucherpolitischen Belangen zu tun, die Repräsentativität dieser Vereinigung wurde deshalb schon früh in Abrede gestellt. Im Jahre 1971 zur Arbeitsgemeinschaft der Verbraucher (AgV) umbenannt, ist diese Organisation heute ein Dachverband von 35 Verbänden, der faktisch alle verbraucherpolitisch relevanten Organisationen auf politischer Ebene unter einem Dach zusammenfaßt und nach eigener Meinung damit 8 Mio Verbraucher mittelbar vertritt. Die in dieser Weise hierarchisch gegliederte AGV ist der Idealtyp eines korporatistischen Verbands: Von staatlicher Seite gegründet, besitzt er nicht nur das Quasi-Monopol in der Interessenvertretung der Verbraucher gegenüber staatlichen Institutionen und anderen gesellschaftlichen Interessen, sondern erfüllt auch wichtige Trägerfunktionen für staatliche Verbraucherpolitik: Verbraucherberatung und Verbraucherinformation. Diese funktionale Zweiteilung ist organisatorisch über zwei verschiedene Beiräte, in welchen die Verbandspolitiken entwickelt und formuliert werden, abgestützt. Während der Beirat A der AGV für die Vertretung von Verbraucherinteressen zuständig ist, hat der Beirat B die Funktion, Aktivitäten zur Verbraucherinformation und -beratung zu fördern und zu koordinieren. Diesem Beirat gehören daher die regionalen und lokalen Verbraucherzentralen an, welche die operativen Einheiten der Verbraucherpolitik in der Bundesrepublik darstellen (AGV-Jahrebericht 1983, Blume 1976).

Das beachtenswerte hohe Jahresbudget des AGV von etwa 7 Mio. DM wird zu mehr als 80% aus öffentlichen Zuschüssen finanziert. Dies ermöglicht der Organisation, einen professionellen Stab von mehr als 30 hauptamtlichen Mitarbeitern zu beschäftigen (Stauss 1980:45). Ein weiteres korporatistisches Charakteristikum der AGV ist seine starke Präsenz im Gremiennetz der integrierten Beteiligung an der politischen Entscheidungsvorbereitung (Bievert et al. 1984:349). Sowohl im bereits 1949 gebildeten Verbraucherausschuß beim BML, dem neben der AGV auch Gewerkschaften und Parteien angehören, als auch im 1972 gegründeten Verbraucherbeirat beim BMWi stellt die AGV den Vorsitzenden. In zahlreichen weiteren Gremien, wie ministeriellen und behördlichen Fachausschüssen, Selbstverwaltungsgremien der Wirtschaft und anderen gesellschaftlichen Organisationen, ist die AGV vertreten. Auf europäischer Ebene ist sie im WSA und in anderen Komitees der EG-Ebene direkt präsentiert. Insgesamt listet beispielsweise der Jahresbericht 1980 37 Organisationen und Institutionen auf, in denen der AGV institutionell vertreten ist.

Auf europäischer Ebene sind die Verbraucherinteressen im Bureau Européen des Unions des Consomateurs (BEUC) organisiert, einem Konsortium von Verbraucherorganisationen aus allen EG-Mitgliedsländern, das in Brüssel über eine Vertretung mit einem halben Dutzend hauptamtlicher Mitarbeiter und einem bescheidenen Jahresbudget von 86.000 ECU verfügt (Kirchner/ Schwaiger 1981:20). Bezeichnenderweise hat die AGV, obwohl sie Mitglied des BEUC ist, als einziger europäischer, nationaler Verbraucherverband ein eigenes Vertretungsbüro in Brüssel. Im Vergleich zu anderen, zum Teil sehr konfliktorientierten europäischen Verbraucherverbänden, ist die sehr kooperativ orientierte AGV offenbar nicht bereit, ihre privilegierten Beziehungen zur EG-Kommission und anderen EG-Institutionen an einen - durch viele heterogene europäische Gruppen zusammengesetzten und daher wenig steuerbaren - europäischen Verbraucherverband zu verlieren.

Obwohl eigentlich von der Chemikalienproblematik logisch tangiert, waren sowohl AGV als auch BEUC vor der parlamentarischen Phase nur in Randbereichen in die Thematik der Chemikalienkontrolle involviert. Das BEUC war zwar in einer Arbeitsgruppensitzung bezüglich der verschiedenen Anpassungen der EG-Richtlinie 67/548/EWG zur Angleichung der Rechts- und Verwaltungsvorschriften für die Einstufung, Verpackung und Kennzeichnung gefährlicher Stoffe vertreten (COM DG XI/568/74-F), konnte aber angesichts der vielen Problemfronten, an denen das BEUC tätig ist, und der geringen personellen und finanziellen Ausstattung dieser Organisation wenig Erfahrung und Wissen im Bereich der Chemikalienkontrolle mobilisieren.

Trotz finanziell besserer Ausstattung hatte auch die AGV den Problem- bzw. Aufgabenbereich der gefährlichen Stoffe erst 1978, also kurz vor Beginn der parlamentarischen Phase zu bearbeiten begonnen. In den Gesetzgebungsprozeß hatte sich die AGV erst eingeschaltet, als ihr im Rahmen der formellen Verbandsbeteiligung der Referentenentwurf im Frühjahr 1979 zugesandt wurde. Hierzu hat sie eine Stellungnahme abgegeben, die aber - bezogen auf die in ihr repräsentierten Interessenpositionen - sehr unkritisch ausfiel. Hier hat zweifellos die fast totale Abhängigkeit von staatlicher Förderung eine nicht unerhebliche Rolle gespielt. Während der parlamentarischen Phase ist die AGV ebenfalls an der Sachverständigen-Anhörung beteiligt worden, ist aber auch dort nicht sichtbar kritisch in Erscheinung getreten.

In der Reputations-Umfrage erhielt dieser Verbraucherverband nur eine Nennung - zählt also nicht zum eigentlichen Policy-Akteur-Set. Dies ist verständlich: Anders als die Umweltverbände verfügt die AGV zwar über ein relativ großes Budget und über eine hauptamtliche Mitarbeiterin für den Bereich gefährlicher Stoffe, ist aber durch fast totale Ressourcenabhängigkeit von staatlichen Instanzen vollkommen von deren Wohlverhalten abhängig. Insofern konnte die AGV im Chemikaliengesetzgebungsprozeß auch keine 'echten' Verbraucherpositionen vertreten und hielt sich dementsprechend im Hintergrund.

Technik und Wissenschaft

Während die Teilnahme von organisierten Interessen - neben staatlichen Akteuren und Parteien - an politischen Entscheidungsprozessen meist unhinterfragt angenommen wird, tun sich viele Studien schwer mit der Verortung und Behandlung des Bereichs von Wissenschaft und Technik. Zwar besteht vielerorts Übereinstimmung darüber, daß in der Gegenwartsgesellschaft Wissenschaft und technische Intelligenz Schlüsselpositionen einnehmen. Als eigenständiger Faktor in politischen Entscheidungsprozessen wird die Wissenschaft aber meist stark vernachlässigt. Politische Entscheidungsprozesse sind heute in ihrer kognitiven Komplexität ohne die Teilnahme von Wissenschaftlern nicht mehr vorzustellen. Diese zunehmende Bedeutung von Wissenschaftlern in der Politik hat manche schon von der 'Verwissenschaftlichung der Politik' sprechen lassen. Dies trifft nur einen Teil der Realität und läßt sich besser als ein Spezialisierungsprozeß im Rahmen zunehmender Arbeitsteilung begreifen. So wird die Analyse politischer Problemsituationen, die Datenerhebung und Auswertung heute in vielen Bereichen nicht mehr von den Politikern und Bürokraten selbst bewerkstelligt, sondern diese Funktionen werden gewissermassen 'ausgelagert' und in Form von Aufträgen an öffentliche oder private wissenschaftliche Institute übergeben. Andere Formen der Mobilisierung wissenschaftlicher Expertise sind die Bildung von Sachverständigen-Gremien. Wenn hier Wissenschaftler beauftragt werden, 'objektive', auf wissenschaftlicher Grundlage erarbeitete Analysen zu erstellen, so sind Experten in dieser Funktion politisch nicht vollkommen neutral, sondern in Forschungsstrategien, erkenntnisleitenden Paradigmen und der Art und Weise, wie wissenschaftliche Ergebnisse vermittelt werden, wirken notwendigerweise auch die persönlichen Interessen und Präferenzen der einzelnen Wissenschaftler mit.

Der amerikanische Soziologe Bell wies darauf hin, daß "die Wissenschaftler oder, allgemeiner, die technische Intelligenz heute bei den politischen Vorgängen als Schicht berücksichtigt" werden müßte (Bell 1973:253). Dies trifft sicher zu auf funktionaler Ebene; auf der Akteurebene ist es jedoch weniger sinnvoll, von Aggregaten wie Schichten oder Klassen auszugehen. Auch hier ist es fruchtbarer, auf der Analyseebene 'korporativer Akteure' anzusetzen. Wie in den übrigen Gesellschaftsbereichen haben sich auch die wissenschaftlichen Aktivitäten auf Großorganisationen konzentriert. Zwar spielt in vielen Bereichen natürlich immer noch der einzelne Wissenschaftler eine wichtige Rolle. Im naturwissenschaftlichen Sektor aber haben sich die relevanten Forschungsaktivitäten auf die sogenannte 'big science' (de Solla

Price 1974) konzentriert. Nicht mehr akademische Gemeinschaften von individuellen Wissenschaftlern sind die vorherrschenden Produktions- und Distributionsagenten von Wissen, sondern Großorganisationen.

Die heutige 'organisierte Wissenschaft' kann im wesentlichen in die Bereiche Universitätsbereich, Großforschung, Organisationen der Forschungsförderungen bzw. -koordination und die wissenschaftlich-technischen Berufsgesellschaften eingeteilt werden. Der letztgenannte Komplex betreibt nicht selbst Forschung, sondern regelt die Rahmenbedingungen der Forschung (Forschungsförderung, -Koordination), befaßt sich mit der Veröffentlichung und Verbreitung von Forschungsergebnissen und nimmt oft Selbstverwaltungsaufgaben in bestimmten Bereichen der Wissenschaft und Technik wahr. Besonders diese letztgenannten Organisationen ähneln stark den 'Interessengruppen', verfügen meist über eigene Repräsentationsstrukturen, pflegen aktive Kontakte zu Regierungsstellen und vertreten gewissermaßen 'die Interessen der jeweiligen Disziplin' im politischen Raum. Oft bieten sich gerade diese Organisationen an, institutionelle Vorrichtungen zu schaffen (z.B. Sachverständigengremien), in welchen Informationsaustausch zwischen Anwendern (Politiker) und Produzenten wissenschaftlicher Erkenntnis stattfinden kann. In der Bundesrepublik ist die herausstechendste Organisation dieses *genre* sicherlich der Verband Deutscher Ingenieure (VDI), der über eine Unzahl von Gremien aller technischen Bereiche verfügt, über welche entscheidungsrelevantes Wissen mobilisiert und an die betreffende politische Stelle gelenkt werden kann.

Im Bereich der Chemikalienkontrolle der Bundeserepublik ist eine Großzahl wissenschaftlicher und technischer Organisationen tätig, die die verschiedenartigsten Forschungs- und Kontrollaufgaben wahrnehmen. Als 'politisch relevant' im Gesetzgebungsprozeß wurden aber nur drei Organisationen angesehen. In Tab.II.6 sind die wichtigsten, im Chemikalienbereich tätigen, wissenschaftlichen Organisationen (Forschungs- und Forschungsförderungsorganisationen) zusammengestellt. Hier sind auch Organisationen aufgelistet, die schon in den Betrachtungen des staatlichen Sektors genannt wurden. Viele dieser Bundesämter besitzen ebenfalls eigene Forschungskapazitäten, ihre vornehmlichen Aufgaben liegen jedoch meist im Bereich der Verwaltung.

Wird von den Bundesanstalten abgesehen, so wurden in der auf der Reputations-Befragung basierenden Eingrenzung der relevanten Akteure im Bereich der Wissenschaft und Technik nur 3 Organisationen als einflußreich im Gesetzgebungsprozeß betrachtet: die Deutsche Forschungsgemeinschaft, der Sachverständigenrat für Umweltfragen, die Berufsgenossenschaft der Chemischen Industrie.

Die Deutsche Forschungsgemeinschaft (DFG) ist eine Selbstverwaltungskörperschaft der deutschen Wissenschaft und wird hauptsächlich von staatlicher Seite finanziert (Bund und Länder). Ihre Mitglieder sind fast alle bundesdeutschen wissenschaftlichen Hochschulen, wissenschaftliche Akademien, Großforschungseinrichtungen und wissenschaftliche Verbände. Neben ihren Hauptaufgaben der Planung, Koordinierung und Förderung von Forschungsvorhaben erfüllt die DFG noch wichtige Funktionen der Politikberatung, welche selbst satzungsmäßig festgelegt sind. Die DFG wurde zweifellos auch deshalb als relativ einflußreich betrachtet, weil in ihrem Rahmen schon seit Jahrzehnten Wissenschaftler aus Forschungsinstituten und Universitäten in Arbeitsgruppen über Themen zusammenarbeiteten, die für Chemikalienkontrolle im weitesten Sinne von hoher Relevanz sind.

TABELLE II.6:
Die Forschungsorganisationen der Chemikalienpolitik

Einrichtung	Gebiet
a. Behörden und Anstalten des Bundes	
Bundesamt f. Materialprüfung	physisch-chemische Stoffprüfungen
Biologische Bundesanstalt	Pflanzenschutzmittel, Umweltchemikalien
Bundesanstalt f. Milchforschung	Lebensmitteltoxikologie
Bundesanstalt f. Fleichsforschung	Lebensmitteltoxikologie
Bundesanstalt f. Ernährung	Lebensmitteltoxikologie
Bundesanstalt f. Gewässerkunde	chemische Wasserverunreinigung
Bundesforschungsanstalt f. Fischerei	Ökotoxikologie
Deutsches Hydrographisches Institut	chemische Verunreinigung des Meeres
Bundesgesundheitsamt	Toxikologie
Bundesanstalt f. Arbeitsschutz und Unfallforschung	Toxikologie der Arbeitsstoffe
b. autonome, staatlich finanzierte Forschungseinrichtungen	
Kernforschungsanlage Jülich	Ökotoxikologie
Gesellschaft für Strahlenforschung	Ökochemie, Ökotoxikologie
FhG - Insititut für Toxikologie	Ökochemie, Toxikologie
Deutsches Krebsforschungszentrum	Toxikologie, Umweltkarzinogene
Universitäten	Toxikologie, Umweltforschung
c. Organisationen der Forschungsförderung und -Koordination	
Bundesmin.f. Forschung u.Technologie	Umweltforschung, Arbeitsschutz
Umweltbundesamt	Umweltforschung
Deutsche Forschungsgemeinschaft	Toxikologie, Umweltforschung

In diesem Zusammenhang ist besonders die MAK-Kommission (Kommission zur Prüfung gesundheitsschädlicher Arbeitsstoffe) zu nennen. Von dieser Kommission werden akzeptierte Höchstkonzentrationen von Gasen, Dämpfen etc. am Arbeitsplatz festgelegt (MAK-Werte = maximale Arbeitsplatzkonzentrationen) und in sogenannten MAK-Listen veröffentlicht, welche dem Gesetzgeber und den Behörden als wissenschaftliche Entscheidungsgrundlage für Arbeitsschutzregelungen dienen (Henschler 1981). Neben diesem Gremium verfügt die DFG noch über eine Reihe anderer Ausschüsse, die für den

Bereich der Chemikalienkontrolle relevant sind; so der Senatsausschuß für Umweltforschung, die Farbstoffkommission, die Fremdstoffkommission usw.. Alle diese Kommissionen betreiben neben der Regelung von Forschungsfragen der jeweiligen Disziplinen, wie gesagt, auch Politikberatung für Ministerien und Parlamente. Zusammengesetzt aus renommierten Wissenschaftlern der jeweiligen Fachgebiete bieten die einzelnen Gremien eine spezifische Organisationsform der Wissensmobilisierung, mittels derer Politiker und Ministerialbürokraten relativ bequem auf den jeweiligen 'Stand der wissenschaftlichen Erkenntnisse' zugreifen können.

Im Gesetzgebungsprozeß des Chemikaliengesetzes waren verschiedene DFGGremien aktiv. Noch in der Initiativphase des damaligen 'Umweltchemikaliengesetzes' beim BMI setzte der DFG-Ausschuß für Umweltforschung eine Arbeitsgruppe "Umweltwirksamkeit von Chemikalien" ein, die - so der Wunsch einiger damit befaßter staatlicher Institutionen - die gesetzgeberische Vorbereitungen für eine Umweltchemikalien-Gesetzgebung beratend begleiten sollte (DFG Tätigkeitsbericht 1977:150). Dieses Gremium setzte sich aus Wissenschaftlern von Universitäten, Großforschungseinrichtungen, Behördenvertretern und einem Vertreter der Industrie zusammen (Chemiker, Biologen, Toxikologen). Beratungsfunktionen wurden von diesem Gremium in der Weise ausgeübt, daß die unmittelbar in den Gesetzgebungsprozeß involvierten Beamten von Ministerien und Bundesanstalten zu den Gremiensitzungen eingeladen waren. Eine zweite Form der Einflußnahme auf den Gesetzgebungsprozeß durch dieses Gremium war die Veröffentlichung einer Studie (DFG 1979) zu dem Zeitpunkt, als im Sommer 1979 der Regierungsentwurf über den Bundesrat dem Parlament zugeleitet wurde. In der Studie, sowie in begleitenden Presseverlautbarungen äußerte sich das DFG-Gremium äußerst kritisch zum Regierungsentwurf.

Ein in ähnlicher Weise einflußreicher Akteur war der Sachverständigenrat für Umweltfragen (SRU). Dieses Anfang der siebziger Jahre geschaffene Gremium wird aus dem Bundeshaushalt finanziert und hat den Auftrag, "die Umweltsituation der Bundesrepublik Deutschland und deren Entwicklungstendenzen zu begutachten, sowie Fehlentwicklungen zu analysieren und Möglichkeiten zu deren Vermeidung oder Beteiligung aufzuzeigen." (SRU 1983:2). Der SRU erfüllt diese Aufgaben hauptsächlich durch Gutachten. Die 12 Mitglieder des Rats sind jeweils anerkannte Wissenschaftler aus Universitäten und Forschungseinrichtungen und werden vom BMI berufen, wobei darauf geachtet wird, daß alle fachlich relevanten Disziplinen abgedeckt sind und die Wissenschaftler nicht Repräsentanten bestimmter Interessengruppen sind (sog. Unvereinbarkeitsregelung!). Organisatorisch unterstützt wird der Rat von einer Geschäftsstelle mit etwa 20 Mitarbeitern und einem Jahresbudget von etwa 1.8 Mio DM.

Im Politikprozeß des Chemikaliengesetzes wurde der SRU aktiv, nachdem er vom BMI beauftragt wurde, die Regelungsabsichten im Umweltchemikalienbereich zu begutachten und eine Stellungnahme dazu abzugeben. Im Gesetzgebungsprozeß legte der SRU insgesamt zwei Stellungnahmen vor: die erste nach Veröffentlichung des Referentenentwurfs (Frühjahr 1979), die zweite nach Veröffentlichung des Regierungsentwurfs (Sommer 1979). In beiden Stellungnahmen unterwarf der SRU die jeweiligen Gesetzgebungsentwürfe einer massiven Kritik (*Umweltbrief* 19/17.9.1979).

Eine weitere 'technische' Organisation, die im Politikprozeß als einflußreich (4 Einfluß-Nennungen) betrachtet wurde, ist die Berufsgenossenschaft der Chemischen Industrie (BG-Chemie). Diese Organisation ist allerdings von ihrer Aufgabenstellung keine wissenschaftliche Vereinigung. Formell betrachtet sind ihre Funktionen im Chemiebereich auf den Bereich der technischen Unfallverhütung am Arbeitsplatz beschränkt. Von ihrer Hauptaufgabe her ist die BGChemie Berufsgenossenschaft, d.h. eine Selbstverwaltungsorganisation der Wirtschaft und Arbeitnehmer zur Absicherung von Risiken am Arbeitsplatz (Berufskrankheit, Unfälle) und Träger der gesetzlichen Unfallversicherung der Chemischen Industrie. In dieser Funktion hat die BG-Chemie ein natürliches Interesse an Maßnahmen zur Beseitigung von Gesundheitsrisiken und Unfallgefahren (nach dem Motto: der billigste Unfall ist kein Unfall!). Aus diesem Interesse heraus fördert und trägt die BG-Chemie viele wissenschaftliche Aktivitäten im Gefahrenstoffbereich (Stoffuntersuchungen, technische Regeln). Seit 1977/78 wurden diese Tätigkeiten in einem 'Programm zur Verhütung von Gesundheitsschäden durch Arbeitsstoffe' intensiviert, in welchem Wissenschaftler aus Industrie und öffentlichen Forschungsinstituten zusammenarbeiten, um u.a. auch eine Liste toxischer Arbeitsstoffe aufzustellen.

In die Chemikaliengesetzgebung wurde die BG-Chemie im Grunde wenig involviert. So hat sie zwar Stellungnahmen zu den verschiedenen Entwürfen vorgelegt und wurde ebenfalls an der parlamentarischen Anhörung beteiligt. Wichtiger aber ist, daß die BG-Chemie mit der Einrichtung der betreffenden wissenschaftlichen Arbeitsgruppe praktisch indirekt auch Implementationsaufgaben des Chemikaliengesetzes wahrnimmt. In der genannten wissenschaftlichen Arbeitsgruppe wurden bisher 80 gefährliche Arbeitsstoffe aufgelistet, die nun entsprechend einem Prioritätenschema in bezug auf ihre schädlichen Eigenschaften näher untersucht werden sollen (teils durch bloße Literaturrecherchen, teils durch Kurzzeittests).

Die übrigen in Tab. II.4 aufgelisteten Forschungsorganisationen erhielten keine oder nur sehr geringe Einflußnennungen. Trotzdem dürften diese Organisationen als generelle Lieferanten wissenschaftlicher Informationen in der Chemikalienkontrolle nicht unterschätzt werden, und einige davon haben sicher hierüber eine indirekte Rolle im Gesetzgebungsprozeß gespielt. Inbesondere das Institut für ökologische Chemie der Gesellschaft für Strahlenforschung (GSF) hat über seinen Leiter, Professor Korte, seit Beginn der 70er Jahre einen nicht unerheblichen Anteil an der Thematisierung des Chemikalien-Problems. Professor Korte aber war wiederum Mitglied des DFG-Gremiums, so daß die Einflußreputation der DFG vielleicht auch indirekt über die Reputation seiner Ausschuß-Mitglieder erklärbar wird.

Was für die BG-Chemie galt, gilt in ähnlicher Weise auch für die Gesellschaft Deutscher Chemiker (GDCH), eine berufsständische Organisation der deutschen Chemiker. In dieser Organisation sind mit etwa 18.500 Mitglieder etwa zwei Drittel aller bundesdeutschen Chemiker organisiert. Obwohl - oder vielleicht gerade weil - diese Vereinigung im Gesetzgebungsprozeß überhaupt nicht in Erscheinung getreten ist, wurde ihr nach Inkrafttreten des Chemikaliengesetzes ein Sachverständigengremium zugeordnet, welches faktisch auf freiwilliger Basis Implementationsaufgaben wahrnimmt. Nach §4, Abs.6 ChemG ist die Bundesregierung ermächtigt, unter bestimmten Bedingungen auch für Altstoffe (Stoffe, die vor Inkrafttreten des ChemG schon auf dem Markt waren) mittels einer Rechtsverordnung Prüfungen und Anmeldung zu verlangen. Entsprechend den Regelungen soll die Bundesregierung hierzu allerdings zuvor 'Sachverständige' anhören. Vom BMI wurde in der Umsetzungsphase des Chemikaliengesetzes angeregt, zu diesem Zweck ein Expertengremium einzurichten. Dieses Gremium sollte dann bei einer neutralen wissenschaftlichen Organisation angesiedelt werden, wozu dann die GDCh ausgewählt wurde (*Nachrichten Chemische Labortechnik* 30/ 1982:8). In der Präambel der Geschäftsordnung dieses Gremiums heißt es über Ziele und Aufgaben dieses Gremiums: "Dem Kooperationsprinzip folgend sind Vertreter der Gesellschaft Deutscher Chemiker (GDCh), des Bundesministeriums des Innern (BMI), der chemischen Industrie und des Umweltbundesamtes (UBA) in Abstimmung mit dem Gesundheitsministerium übereingekommen, mit freiwilligen Maßnahmen sachgerechte Problemlösungen für Gefahrstoffe im Umwelt- und Gesundheitsbereich zu suchen". Daß die GDCh organisatorischer Träger dieses Sachverständigengremiums ist, bringt für den VCI insofern Vorteile mit sich, als daß diese Gesellschaft einerseits die Reputation einer neutralen wissenschaftlichen Vereinigung besitzt, andererseits aber personell und finanziell eng an den VCI angebunden ist (Rilling 1986).

3. INTERAKTIONSZUSAMMENHÄNGE UND TAUSCHNETZWERKE

Einleitung

Eine zentrale Annahme des angewandten analytischen Bezugsrahmens ist, daß der strukturelle Kontext, in welchen die verschiedenen Akteure eingebettet sind, deren Handlungsspielräume bestimmt und damit wichtiger Bestandteil einer Erklärung von 'policy-outcomes' ist. Die Policy-Arena kann unter diesem Gesichtspunkt als ein Ensemble verschiedener, ineinander verschachtelter, sich gegenseitig überlappender und miteinander verflochtener Netze begriffen werden, welche die Interaktionen der Policy-Akteure untereinander restringieren und formen. Dies ist einerseits die institutionelle Umwelt, die sich aus der Politikorganisation einer Gesellschaft ergibt (u.a. Regierungssystem, Verwaltungssystem und Parteiensystem) - also die über die Verfassung eines Staates formell institutionalisierten Kontaktbeziehungen zwischen einem spezifischen Set von Akteuren. Obwohl weniger 'formell' organisiert, fallen hierunter auch die Organisationsstrukturen funktionaler Interessen: das sogenannte 'System der Interessengruppen', das ebenfalls strukturelle Beziehungen zwischen verschiedenen Akteurskategorien impliziert. Alle diese Netzwerke kennen ihre interne Logik, unterwerfen die in sie eingeknüpften Akteure spezifischen Handlungsbedingungen: Sie alloziieren Ressourcen, regeln die Arbeitsteilung, eröffnen Handlungsoptionen und definieren Handlungsrestriktionen. Diese Prägung ist aber nicht vollkommen deterministisch. Die Netze setzen den Handlungen der verschiedenen Akteure zwar Restriktionen, engen aber die Handlungsmöglichkeiten keineswegs soweit ein, daß unter dem Zwang der Umstände die Wahl zwischen verschiedenen Strategien überhaupt hinfällig würde. Netzwerke zeichnen allenfalls Gelegenheitsstrukturen vor, in welchen sich Akteure einzurichten haben und innerhalb welcher weiterhin die Dynamik des rationalen und strategischen Interessenhandelns die Akteure in der Wahl ihrer Ziele und Mittel antreibt.

Neben den präexisiterenden institutionellen Strukturen existieren wiederum Relationsgefüge, die sich simultan aus Interaktionsprozessen herausbilden, also 'emergent' sind. Indem Akteure miteinander kommunizieren, Ressourcen austauschen, miteinander in Kooperationsbeziehungen treten, entstehen Arrangements oder 'Tauschkreisläufe' (Marin 1985), die ebenfalls prägend und strukturierend auf das individuelle und kollektive Handeln der involvierten Akteure wirken. Durch die institutionellen Gegebenheiten einerseits und unterschiedlichen Positionen der Akteure in den Emergenzstrukturen andererseits, wird den verschiedenen Akteuren das Repertoire von Handlungsoptionen vorstrukturiert. Dies produziert unter Umständen Machtbeziehungen: Sind die Restriktionen und Gelegenheitsstrukturen asymmetrisch verzerrt, so schreiben diese unter den verschiedenen Akteuren gleichzeitig Begünstigungs- und Benachteiligungsverhältnisse - damit Machtdifferentiale - fest.

In der Arena der Chemikalienpolitik werden im folgenden drei verschiedene Strukturebenen herausgearbeitet, über welche die wichtigsten Interaktions- und Austauschbeziehungen in der Politikentwicklung strukturiert werden: erstens eine spezifische Struktur der institutionalisierten Verbindungen; zweitens die Struktur der Ressourcenabhängigkeit und drittens die Machtstrukturen.

Netze institutioneller Kontakte

Ein wichtiger Aspekt der Politikformulierung sind Kommunikations-, Kooperations- und Austauschverbindungen, die nicht spontan entstehen oder abhängig vom jeweiligen situativen Kontext jeweils neu geknüpft werden, sondern die 'institutionalisiert' werden, organisatorisch also auf Dauer gestellt sind. Als Ergebnis historischer Handlungen wirken solche Arrangements dann als strukturelle Vorgaben für gegenwärtige Handlungsprozesse. Obwohl Verfassungen und politische Organisationsstrukturen das Prärogativ öffentlicher, allgemein bindender Entscheidungen auf ein genau abgestecktes Set staatlicher Akteure beschränken, macht es die Komplexität gegenwärtiger Industriegesellschaften und deren feingliedrige Arbeitsteilung heute undenkbar, daß öffentliche Politiken ausschließlich von öffentlich-politischen Akteuren entworfen und formuliert werden. Sowohl in bezug auf Informationsbeschaffung als auch -verarbeitung sind die politischen Entscheidungsstellen abhängig von Wissens- und Informationsressourcen anderer Akteure, benötigen daher funktionsfähige Informationsbeschaffungssysteme. Diese sind nicht nur für den Zugriff auf entscheidungsrelevante Informationen, sondern auch für die Querkoordination funktional selbständiger Aktionseinheiten relevant.

Sämtliche institutionellen Verklammerungen zwischen Akteuren können gewissermaßen als eine Infrastruktur für Informationsaustausch betrachtet werden. Im folgenden wird zunächst eine spezifische Form von Kontaktnetzen, welche Informationsverbindungen ermöglichen, betrachtet. Dies sind zunächst institutionelle Verbindungen, die aus sehr unterschiedlichen Komponenten zusammengesetzt sein können. Einerseits können Akteure durch Unterordnungsverhältnisse miteinander in Beziehung treten. Im vorliegenden Akteur-Set trifft dies beispielsweise auf das Verhältnis zwischen den Ministerien und den Bundesanstalten zu. Andere Verknüpfungsmodi sind die gemeinsame Zugehörigkeit/Unterordnung zu einem übergeordneten Gremium. Dies existiert beispielsweise auf der Ebene der Beziehungen zwischen den Ministerien untereinander, die ja über das Bundeskabinett miteinander verklammert sind. Der Bundesrat, die Ministerien und die Parteien sind schließlich über das Parlamentarische Regierungssystem miteinander institutionell verbunden. Eine weitere Kontaktmöglichkeit sind schließlich Verbindungen die sich über personelle Verflechtungen zweier Organisationen ergeben. Viele Organisationen verfügen über Steuerungs- oder Aufsichtsgremien, die teilweise oder vollkommen mit externen Personen zusammengesetzt sind. Derartige personelle Verküpfungen bieten eine wichtige Form der dauerhaften Kontakte zwischen Policy-Akteuren. So sitzen beispielsweise Vertreter der IG-Chemie und des VCI in der Vertreterversammlung der BG-Chemie, und im Kuratorium der DFG sind Verteter der Bundesministerien und der Länder (also indirekt des Bundesrats) vertreten. Dies bedeutet nun nicht schon, daß solche institutionellen Kontakte wirklich auch als Kanäle für Informationsaustausch benutzt werden; sie bieten aber die Möglichkeit dafür, sollten also als Gelegenheitsstruktur für aktualisierte Kommunikation betrachtet werden.

TABELLE II.7
Direkte institutionelle Kontakte im Policy-Akteur-System

Nr.Org.	1	2	3	4	5	6	7	8	9	10	11	12	13	14	15	16	17	18	19	20	21	22	23	24	25	26
1.BMA	.	1	1	1	1	1	.	1	.	.	.	1	1	1	.	1	.	.	.	.	.	.	.	1	1	.
2.BML	1	.	1	1	1	1	.	.	.	1	.	1	1	1	.	1	.	.	.	.	.	.	1	1	1	.
3.BMI	1	1	.	1	1	1	.	.	.	.	1	1	1	1	.	1	.	.	.	.	.	.	1	1	1	.
4.BMJFG	1	1	1	.	1	1	.	.	1	.	.	1	1	1	.	1	.	.	.	.	.	.	1	1	1	.
5.BMWi	1	1	1	1	.	1	1	.	.	.	.	1	1	1	.	1	.	.	.	.	.	.	1	1	1	.
6.BMFT	1	1	1	1	1	.	.	.	.	.	.	.	.	.	.	.	.	.	.	.	.	.	1	1	1	.
7.BAM	.	.	.	.	1	.	.	.	.	.	.	.	.	.	.	.	.	.	.	.	.	.	.	.	.	.
8.BAU	1	.	.	.	.	.	.	.	.	.	.	.	.	.	.	.	.	.	.	.	.	.	.	.	.	.
9.BGA	.	.	.	1	.	.	.	.	.	.	.	.	.	.	.	.	.	.	.	.	.	.	.	.	.	.
10.BBA	.	1	.	.	.	.	.	.	.	.	.	.	.	.	.	.	.	.	.	.	.	.	.	.	.	.
11.UBA	.	.	1	.	.	.	.	.	.	.	.	.	.	.	.	.	.	.	.	.	.	.	.	.	.	.
12.BR	1	1	1	1	1	.	.	.	.	.	.	.	.	1	1	1	.	.	.	.	.	.	1	.	.	.
13.SRU	1	1	1	1	1	.	.	.	.	.	.	.	.	.	.	.	.	.	.	.	.	.	.	.	.	.
14.SPD	1	1	1	1	1	.	.	.	.	.	.	1	.	.	1	1	.	.	.	.	.	.	.	.	.	.
15.CDU	.	.	.	.	.	.	.	.	.	.	.	1	.	1	.	1	.	.	.	.	.	.	.	.	.	.
16.FDP	1	1	1	1	1	.	.	.	.	.	.	1	.	1	1	.	.	.	.	.	.	.	.	.	.	.
17.BUND	.	.	.	.	.	.	.	.	.	.	.	.	.	.	.	.	.	1	.	.	.	.	.	.	.	.
18.BBU	.	.	.	.	.	.	.	.	.	.	.	.	.	.	.	.	1	.	.	.	.	.	.	.	.	.
19.DIHT	.	.	.	.	.	.	.	.	.	.	.	.	.	.	.	.	.	.	.	.	1	.	.	.	.	.
20.IGCPK	.	.	.	.	.	.	.	.	.	.	.	.	.	.	.	.	.	.	.	.	.	1	.	.	.	.
21.VCI	.	.	.	.	.	.	.	.	.	.	.	.	.	.	.	.	.	.	1	.	.	1	.	.	.	1
22.BGCh	.	.	.	.	.	.	.	.	.	.	.	.	.	.	.	.	.	.	.	1	1	.	.	.	.	.
23.DFG	.	1	1	1	1	1	.	.	.	.	.	1	.	.	.	.	.	.	.	.	.	.	.	.	.	.
24.EG	1	1	1	1	1	1	.	.	.	.	.	.	.	.	.	.	.	.	.	.	.	.	.	.	1	.
25.OECD	1	1	1	1	1	1	.	.	.	.	.	.	.	.	.	.	.	.	.	.	.	.	.	1	.	.
26.CEFIC	.	.	.	.	.	.	.	.	.	.	.	.	.	.	.	.	.	.	.	.	1	.	.	.	.	.

Die Netzwerkanalyse dieser Kontakte dient letztlich der Strukturbeschreibung und -analyse. Der Zweck der Morphologie der Verbindungen und

Kontakte ist die quantitative Analyse. Hierzu werden die Verbindungen zwischen Akteuren gewöhnlich in der Form einer binären quadratischen Matrix dargestellt. Die Zeilen werden dort mit i und die Spalten mit j bezeichnet; die einzelnen Eintragungen mit a_{ij}. Bezogen auf die hier untersuchten Kontakte zwischen den Policy-Akteuren bedeutet daher eine Eintragung $a_{ij} = 1$ in einer Zeile dieser Matrix - die gemeinhin mit dem Großbuchstaben 'A' abgekürzt wird -, daß zwischen der i-ten und j-ten Organisation ein institutionelles Kontaktverhältnis besteht. Aus logischen Gründen ist diese Matrix immer symmetrisch, denn jede Verbindung von einem Akteur i zu einem Akteur j existiert auch auf umgekehrtem Wege. In der Sprache der Netzwerkanalyse bzw. der Graphentheorie wird hier von einem ungerichteten Graphen gesprochen. Die Formalisierung eines derartigen Kontaktnetzes, welches durch die institutionelle Struktur des Regierungssystems und der sonstigen formellen und personellen interorganisatorischen Beziehungen zwischen den 26 Policy-Akteuren aufgespannt ist, erlaubt dann u.a. die Beantwortung der Frage, wie die Akteure auch auf indirektem Wege miteinander verbunden sind, sich also prinzipiell über Beziehungsketten erreichen können. So läßt sich aus der in Tab. II.7 dargestellten Dreiecksmatrix der Berührungsmatrix A eine Erreichbarkeitsmatrix R errechnen (Knoke/Kuklinski 1982:47).

Zur Errechnung der Erreichbarkeitsmatrix wird zunächst die Dreiecksmatrix symmetrisiert und dann schrittweise binär potenziert (Boolesche Multiplikation) und ebenfalls jeweils aufsummiert. Da die m-te Potenz der Berührungsmatrix angibt, wieviel m-stufige Verbindungen es zwischen den Akteuren i und j gibt, berechnet man die Matrix

(1) $(A + E)^{n-1}$.

Der Exponent erklärt sich aus der Tatsache, daß es in einem Graphen mit n Akteuren logischerweise höchstens eine (n-1)-stufige Verbindung geben kann. Die Einheitsmatrix wird dabei addiert, da die Diagonale der Adjazenzmatrix verschwindet, aber jeder Akteur über sich selbst erreichbar sein muß. Die Eintragungen der Erreichbarkeitsmatrix R zeigen dann, ob ein Akteur i einen Akteur j in einer endlichen Reihe von Schritten überhaupt erreichen kann. Eine Eintragung in A_2 zeigt beispielsweise dann, daß sich zwei Akteure in mindestens zwei Schritten erreichen können. Eine Null-Eintragung in R $(= (A + E)^{n-1})$ bedeutet dann, daß sich zwei Akteure in n-1 oder weniger Schritten nicht erreichen können.

Mittels dieser Analyse läßt sich dann herausarbeiten, ob das Akteur--System ein einziger Verbund bzw. eine einzige Zusammenhangskomponente bildet, oder ob es in mehrere unverbundene Unternetze zerfällt. Die in Tab II.7 dargestellt institutionelle Kontaktstruktur zerfällt in der Tat in 3 Komponenten. So existieren also drei Akteurgruppen, die sich gegenseitig nicht erreichen können. Die größte dieser Komponenten wird durch die staatlichen Organisationen, EG und OECD, die Parteien und die DFG gebildet. Die zweitgrößte Zusammenhangskomponente besteht aus den Wirtschaftsverbänden und der BG-Chemie; die kleinste Komponente schließlich wird aus den Umweltverbänden gebildet.

TABELLE II.8

Indirekte Kontakte im Akteur-System: Erreichbarkeitsmatrix

Nr.Org.	1	2	3	4	5	6	7	8	9	10	11	12	13	14	15	16	17	18	19	20	21	22	23	24	25	26
1.BMA	.	1	1	1	1	1	1	1	1	1	1	1	1	1	1	1	.	.	.	.	.	.	1	1	1	.
2.BML	1	.	1	1	1	1	1	1	1	1	1	1	1	1	1	1	.	.	.	.	.	.	1	1	1	.
3.BMI	1	1	.	1	1	1	1	1	1	1	1	1	1	1	1	1	.	.	.	.	.	.	1	1	1	.
4.BMJFG	1	1	1	.	1	1	1	1	1	1	1	1	1	1	1	1	.	.	.	.	.	.	1	1	1	.
5.BMWu	1	1	1	1	.	1	1	1	1	1	1	1	1	1	1	1	.	.	.	.	.	.	1	1	1	.
6.BMFT	1	1	1	1	1	.	1	1	1	1	1	1	1	1	1	1	.	.	.	.	.	.	1	1	1	.
7.BAM	1	1	1	1	1	1	.	1	1	1	1	1	1	1	1	1	.	.	.	.	.	.	1	1	1	.
8.BAU	1	1	1	1	1	1	1	.	1	1	1	1	1	1	1	1	.	.	.	.	.	.	1	1	1	.
9.BGA	1	1	1	1	1	1	1	1	.	1	1	1	1	1	1	1	.	.	.	.	.	.	1	1	1	.
10.BBA	1	1	1	1	1	1	1	1	1	.	1	1	1	1	1	1	.	.	.	.	.	.	1	1	1	.
11.UBA	1	1	1	1	1	1	1	1	1	1	.	1	1	1	1	1	.	.	.	.	.	.	1	1	1	.
12.BR	1	1	1	1	1	1	1	1	1	1	1	.	1	1	1	1	.	.	.	.	.	.	1	1	1	.
13.SRU	1	1	1	1	1	1	1	1	1	1	1	1	.	1	1	1	.	.	.	.	.	.	1	1	1	.
14.SPD	1	1	1	1	1	1	1	1	1	1	1	1	1	.	1	1	.	.	.	.	.	.	1	1	1	.
15.CDU	1	1	1	1	1	1	1	1	1	1	1	1	1	1	.	1	.	.	.	.	.	.	1	1	1	.
16.FDP	1	1	1	1	1	1	1	1	1	1	1	1	1	1	1	.	.	.	.	.	.	.	1	1	1	.
17.BUND	.	.	.	.	.	.	.	.	.	.	.	.	.	.	.	.	.	1	.	.	.	.	.	.	.	.
18.BBU	.	.	.	.	.	.	.	.	.	.	.	.	.	.	.	.	1	.	.	.	.	.	.	.	.	.
19.DIHT	.	.	.	.	.	.	.	.	.	.	.	.	.	.	.	.	.	.	.	1	1	1	.	.	.	1
20.IGCPK	.	.	.	.	.	.	.	.	.	.	.	.	.	.	.	.	.	.	1	.	1	1	.	.	.	1
21.VCI	.	.	.	.	.	.	.	.	.	.	.	.	.	.	.	.	.	.	1	1	.	1	.	.	.	1
22.BGCh	.	.	.	.	.	.	.	.	.	.	.	.	.	.	.	.	.	.	1	1	1	.	.	.	.	1
23.DFG	1	1	1	1	1	1	1	1	1	1	1	1	1	1	1	1	.	.	.	.	.	.	.	1	1	.
24.EG	1	1	1	1	1	1	1	1	1	1	1	1	1	1	1	1	.	.	.	.	.	.	1	.	1	.
25.OECD	1	1	1	1	1	1	1	1	1	1	1	1	1	1	1	1	.	.	.	.	.	.	1	1	.	.
26.CEFIC	.	.	.	.	.	.	.	.	.	.	.	.	.	.	.	.	.	.	1	1	1	1	.	.	.	.

Da die Erreichbarkeit nur jeweils aussagt, welche Akteure sich grundsätzlich, also auch über sehr lange Ketten, erreichen können, wäre es interessant zu wissen, wie weit die verschiedenen Akteure in punkto Beziehungsketten jeweils voneinander entfernt sind. Eine solche Fragestellung kann mittels der Pfaddistanzmatrix D beantwortet werden, in der eine Eintragung d_{ij} darüber Auskunft gibt, welches die kürzesten Beziehungsschritte sind, die zwei Akteure voneinander trennen.

Das Verfahren für diese Berechnung ähnelt dem der Erreichbarkeitsmatrix. Auch hier wird die Ausgangsmatrix sukzessive zur n-ten Potenz erhoben. Erreichen sich zwei Akteure direkt - also in A - so nimmt d_{ij} den Wert 1 an. Besteht nur eine indirekte Verbindung zwischen zwei Akteuren (also ein Wert $a^2_{ij} > 0$ bei A^2), dann nimmt dij den Wert 2 an; bei einer 3-stufigen (A^3) Beziehung $d_{ij} = 3$. Auf der Basis der Daten aus der Berührungsmatrix der institutionellen Kontakte ergibt sich dann die in Tab.II.9 dargestellte Pfaddistanzmatrix, in welcher die längsten Verbindungen 3 Pfade lang sind (zwischen der IG-Chemie und dem DIHT).

TABELLE II.9
Pfadistanzmatrix der indirekten institutionellen Kontakte im Akteur-System

Nr.Org.	1	2	3	4	5	6	7	8	9	10	11	12	13	14	15	16	17	18	19	20	21	22	23	24	25	26
1.BMA	.	1	1	1	1	1	2	1	2	2	2	1	1	1	2	1	.	.	.	.	.	.	2	1	1	.
2.BML	1	.	1	1	1	1	2	2	2	1	2	1	1	1	2	1	.	.	.	.	.	.	1	1	1	.
3.BMI	1	1	.	1	1	1	2	2	2	2	1	1	1	1	2	1	.	.	.	.	.	.	1	1	1	.
4.BMJFG	1	1	1	.	1	1	2	2	1	2	2	1	1	1	2	1	.	.	.	.	.	.	1	1	1	.
5.BMWI	1	1	1	1	.	1	1	2	2	2	2	1	1	1	2	1	.	.	.	.	.	.	1	1	1	.
6.BMFT	1	1	1	1	1	.	2	2	2	2	2	2	2	2	2	2	.	.	.	.	.	.	1	1	1	.
7.BAM	2	2	2	2	1	2	.	2	2	2	2	2	2	2	2	2	.	.	.	.	.	.	2	2	2	.
8.BAU	1	2	2	2	2	2	2	.	2	2	2	2	2	2	2	2	.	.	.	.	.	.	2	2	2	.
9.BGA	2	2	2	1	2	2	2	2	.	2	2	2	2	2	2	2	.	.	.	.	.	.	2	2	2	.
10.BBA	2	1	2	2	2	2	2	2	2	.	2	2	2	2	2	2	.	.	.	.	.	.	2	2	2	.
11.UBA	2	2	1	2	2	2	2	2	2	2	.	2	2	2	2	2	.	.	.	.	.	.	2	2	2	.
12.BR	1	1	1	1	1	2	2	2	2	2	2	.	2	1	1	1	.	.	.	.	.	.	1	2	2	.
13.SRU	1	1	1	1	1	2	2	2	2	2	2	2	.	2	2	2	.	.	.	.	.	.	2	2	2	.
14.SPD	1	1	1	1	1	2	2	2	2	2	2	1	2	.	1	1	.	.	.	.	.	.	2	2	2	.
15.CDU	2	2	2	2	2	2	2	2	2	2	2	1	2	1	.	1	.	.	.	.	.	.	2	2	2	.
16.FDP	1	1	1	1	1	2	2	2	2	2	2	1	2	1	1	.	.	.	.	.	.	.	2	2	2	.
17.BUND	.	.	.	.	.	.	.	.	.	.	.	.	.	.	.	.	.	1	.	.	.	.	.	.	.	.
18.BBU	.	.	.	.	.	.	.	.	.	.	.	.	.	.	.	.	1	.	.	.	.	.	.	.	.	.
19.DIHT	.	.	.	.	.	.	.	.	.	.	.	.	.	.	.	.	.	.	.	3	1	2	.	.	.	2
20.IGCPK	.	.	.	.	.	.	.	.	.	.	.	.	.	.	.	.	.	.	3	.	2	1	.	.	.	2
21.VCI	.	.	.	.	.	.	.	.	.	.	.	.	.	.	.	.	.	.	1	2	.	1	.	.	.	1
22.BGCh	.	.	.	.	.	.	.	.	.	.	.	.	.	.	.	.	.	.	2	1	1	.	.	.	.	2
23.DFG	2	1	1	1	1	1	2	2	2	2	2	1	2	2	2	2	.	.	.	.	.	.	.	2	2	.
24.EG	1	1	1	1	1	1	2	2	2	2	2	2	2	2	2	2	.	.	.	.	.	.	2	.	1	.
25.OECD	1	1	1	1	1	1	2	2	2	2	2	2	2	2	2	2	.	.	.	.	.	.	2	1	.	.
26.CEFIC	.	.	.	.	.	.	.	.	.	.	.	.	.	.	.	.	.	.	2	2	1	2	.	.	.	.

Personelle Politiknetzwerke

Das bisher untersuchte generelle institutionelle Kontaktnetz zwischen dem Akteur-Set existiert allerdings unabhängig von den konkreten Politiken, welche innerhalb dieser Bedingungen prozessiert werden. Die allgemeine Struktur der institutionellen Verbindungen der Policy-Akteure hat also nur unter Umständen etwas mit den speziellen Inhalten der Chemikalienpolitik zu tun. Aussagekräftiger sind institutionelle Verknüpfungen, welche sich inhaltlich auf das konkrete Politikfeld beziehen. Insofern wird sich die

Behandlung dieses Netzes allgemeiner institutioneller Verknüpfungen auf die bloße Darstellung in Tab. II.7 beschränken. Im Gegensatz hierzu wird eine 'policy'-bezogene Kontaktstruktur eher im Netz der Politikberatungsgremien vermutet, das im folgenden untersucht werden soll. Der gesamte Bereich des Rückgriffs auf externe Informationen in der Entscheidungsvorbereitung wird gewöhnlich 'Politikberatung' genannt. Eine spezielle Form solchen Zugriffs stellt die institutionalisierte Politikberatung dar. Daneben gibt es natürlich auch andere Organisationsformen, welche von der Zusammenarbeit mit staatlichen und kommerziellen Forschungsinstituten, der Vergabe von Forschungsaufträgen und Gutachten bis hin zu informellen Gesprächen mit Experten reichen (Mayer/Görgen 1979). Die Gesamtheit der für Politikformulierung relevanten institutionalisierten Verbindungen kann als ein infrastrukturelles logistisches Netzwerk für Informationsaustausch und Aushandlung begriffen werden. Derartige Netze können heute in vielen fortgeschrittenen Industriegesellschaften - vor allem korporatistischer Prägung - beobachtet werden (Olsen 1981). In der Bundesrepublik gibt es keine genauen Zahlen, wieviele solcher Gremien es im Bereich der Regierung und Verwaltung gibt. Im Jahre 1969 wurden in einer Erhebung des BMI insgesamt 264 Beratungsgremien gezählt - 190 davon bei den Bundesministerien und 74 bei den nachgeordneten Bundesbehörden (BT-Drucksache V/4585 vom 14.7.1969; Schröder 1976). In einer Antwort auf eine kleine Anfrage im Mai 1977 schließlich legte die Regierung dem Bundestag eine Aufstellung vor, nach der es im Jahre 1977 im Bereich von Regierung und Bundesverwaltung 358 solcher Gremien gegeben habe, für welche ein Jahresetat von insgesamt 9,9 Mio DM veranschlagt worden war (BT-Drs. 8/484). Andere Untersuchungen, wie z.B. Süllow (1982) und eigene Recherchen weisen aber darauf hin, daß diese Zahlen gewissermaßen nur die Spitze eines Eisbergs messen, also nur eine geringe Auswahl der insgesamt existierenden Gremien umfassen. Kommissionen und Arbeitskreise, deren Dauer kurzfristiger angelegt ist und deren Finanzierung nicht direkt über den Bundeshaushalt läuft, sind darin nicht aufgeführt.

Dieses nationale Gremiennetz wird noch überlagert von einem weitverzweigten und dichter werdenden internationalen Netzwerk institutionalisierter Partizipation an der Vorbereitung politischer Programme. Auch Mayer/Görgen (1979) weisen in ihrer empirischen Untersuchung über die wissenschaftliche Beratung der Bundesministerien auf Seminare und Kolloquien auf EG- und OECD-Ebene als weitere wichtige Informationsquellen für Ministerialbeamten hin (Mayer/Görgen 1979:37). Ein instruktives Beispiel gibt das Bundesgesundheitsamt (BGA), das in einem Jahresbericht schreibt: "Eine besondere Ausformung hat die wissenschaftliche Beratung des Bundesgesundheitsamtes durch die Mitarbeit in zahlreichen internationalen Organisationen erfahren. Die von der Bundesrepublik Deutschland seit 1951 eingegangenen zwischenstaatlichen Verpflichtungen haben dazu geführt, daβ sie bei ihren Entscheidungen zunehmend Beschlüsse supranationaler und internationaler Gremien in Rechnung stellen muβ. Oft werden diese Beschlüsse durch wissenschaftliche Kommissionen aufbereitet, die von den Mitgliedsstaaten mit sachverständigen Delegierten beschickt werden" (BGA 1983:294). Der BGA-Tätigkeitsbericht listet daraufhin 15 internationale Gremien auf, in denen das BGA über Mitarbeiter vertreten ist. Ein anderes Beispiel gibt die Bundesanstalt für Materialprüfung (BAM), die in einer eigens zu diesem Zweck hergestellten Broschüre sämtliche Organisationen und Institutionen (also auch private oder halbstaatliche) auflistet, in denen Mitarbeiter der BAM mitwirken. Insgesamt werden dort 931 Funktionen in nationalen Gremien, 91 in europäischen und 172 in internationalen Gremien angeführt (BAM 1981: 113).

Auch im Bereich der Chemikalienkontrolle läβt sich ein nationales, besser: transnationales Netzwerk institutionalisierter Partizipation herausarbeiten. Es gibt auch hier eine Fülle von Beiräten, Arbeitskreisen, Projekt- und Arbeitsgruppen, in denen wissenschaftlich-technische oder politische Aspekte der Chemikalienkontrolle erörtert werden. In dieser Studie konnte ein Groβteil dieser Gremien mittels der Analyse von Sekundärliteratur oder verwaltungsinterner Dokumente ermittelt, andere konnten durch die Expertenbefragung identifiziert werden. Insgesamt war es möglich, ein Set von Gremien zusammenzustellen, in welchem einerseits technische Regelungen erarbeitet werden, die eng mit der Thematik 'gefährlicher Stoffe' in Zusammenhang stehen, und andererseits Gremien, die speziell zur Formulierung bzw. Implementierung des Chemikaliengesetzes eingesetzt wurden.

In der Tabelle II.10 wurden die wichtigsten Gremien dieses Politikfeldes - zusammen mit ihrem Bezugszeitraum und ihrer hauptsächlichen Zusammensetzung - aufgelistet. Es wäre sicher überzogen, wenn man versuchen wollte, aus der Beteiligungstruktur der verschiedenen Akteure an diesen Gremien direkt auf privilegierte Positionen hinsichtlich des Zugangs zu strategischen Entscheidungszentren und -stationen im Policy--Making- Prozeβ zu schlieβen. Hierzu wären die jeweilige Stellung und die Funktionen dieser Gremien zu disparat. Einerseits sind in dieser Aufstellung Gremien enthalten, die sich auf bloβe technische Regelungsarbeit beschränken (z.B. die sogenannte 'MAK-Kommission für gefährliche Arbeitsstoffe'), oder auch Beratungskommissionen, die lediglich Forschungskoordinationsaufgaben im Chemikalienbereich wahrnehmen (z.B. die BMFT--Gremien). Andererseits sind dort auch bloβe Diskussionsforen aufgelistet; so ist im Gremien-Set beispielsweise auch die Arbeitsgemeinschaft für Umweltfragen zu finden, welche in der Umweltpolitik die Aufgabe der "Frühkoordination im vorparlamentarischen Raum" zwischen den verschiedenen Umweltverbänden, Gewerkschaften, organisierten Wirtschaftsinteressen und den Parteien wahrnimmt. Interessanterweise ist dieses Gremium für Umweltverbände die einzige institutionalisierte Kommunikationsverbindung zu den übrigen Policy-Akteuren. Neben den nationalen Gremien sind auch noch internationale Arbeitsgruppen bei der EG und OECD in dieser Aufstellung enthalten - welche ja formell keine Entscheidungskompetenzen in der nationalen Gesetzgebung haben.

Tab. II.10
Gremien der institutionalisierten Beteiligung an Politikformulierung und Implementation der Chemikalienkontrolle

Nr.	Name des Gremiums	Zeitraum	Teilnehmer
1.	Interministerielle Projektgruppe Umweltchemikalien beim BMJFG	1972 - 1976	B, W, I, V
2.	Projektgruppe "Umweltchemikalien und Biozide" zum Umweltprogramm der Bundesregierung	1970 - 1971	B, W, I V.
3.	Arbeitsgemeinschaft für Umweltfragen (AGU)	1971 -	V, P
4.	Bund-Länder-Ausschuß für Umweltchemikalien	1975 -	B
5.	DFG-Senatsausschuß für Umweltforschung/ Ad hoc-Ausschuß "Umweltwirksamkeit von Chemikalien	1977 - 1980	W, B, I
6.	DFG-Kommission zur Prüfung gesundheitschädlicher Arbeitsstoffe (MAK-Kommission).	1953 -	W, I
7.	Ausschuß für gefährliche Arbeitsstoffe beim BMA/ bzw. der BAU (AgA)	1972 -	B, W, I, G
8.	Beratungsgremien des BGA:		B, W, I
	- Ad hoc-Gruppen zum Chemikaliengesetz;	1978 -	B, W, I
	- Zentrale Erfassungs- & Bewertungsstelle für Umweltchemikalien	1974 -	B, W, I B, W, I
	- Kunsstoffkommission/Kosmetische Erzeugnisse/etc.		
9.	BMI-AK Lagerung u. Transport wassergef. Stoffe	1970/71	B, W, I
10.	Interministerielle Arbeitsgruppe Chemikaliengesetz (IMAGChemG); Federführung: BMJFG und BMI	1978 -	B B
11.	UBA-ad hoc-Gruppen zum Chemikaliengesetz	1978 -	B, W, I
12.	BMFT-Beratungsgremien: "schädigende Arbeitsstoffe";	1982 -	W, I
	"Methoden zur ökotox. Bewertung von Chemikalien	1978 -	W, I
13.	OECD-Arbeitsgruppen zum "Chemicals Programme"	1978 -	B, I, W
14.	EG Arbeitsgruppe zur Klassifizierung, Verpackung & Kennzeichnung von gefährlichen Stoffen	1968 -	B, I
15.	Expertengruppe(n) der EG Kommission u. Ständigen Vertretung "6. Änderungungsrichtlinie"	1976 - 1979	B, I, W
16.	Beratergremium für umweltrelevante Altstoffe (BUA)	1982	I, B, W
17	BG Chemie Beratergremium "Verhütung von Gesundheitsschäden durch Arbeitsstoffe".	1980/81	I, B, W, G
18.	Beratungsgremium "Neue Stoffe" d. Bewertungsstellen	1982	B
19.	Koordinierungsgrem."Altstoffe" d. Bewertungsstellen	1982	B
20.	Expertengruppen zur Ausfüllung des Anhangs V der EG-Richtlinie 79/831/EWG	1979/80	B, I, W

Erläuterungen: B = Behörden, G = Gewerkschaften, I = Industrie, V = sonst. Verbände, W = Wissenschaft

Quellen: 1) BMJFG (1976); 2) BT-Drs VI/2710. 3) Korrespondenz; Interviews. 4) Schulze (1981). 5) DFG (1979); 6) DFG-Tätigkeitsberichte; DFG (1977ff). 7) 75,(BGBl. I S.2493) 8) BGA-Jahresberichte; Interview 9) BT-Drs VI/2710. 10) Interview 11) Interview 12) BMFT Beratungsplan 1980. 13) UBA (1980) 14) Interview; Protokoll COM XI/568/74-f 15) Interview 16) Geschäftsordnung des BUA 17) Interview 18) Interview 19) Interview 20) UBA (1980).

Ausgehend von der funktionalen Heterogenität dieser Policy-Gremien ist es daher eher angemessen, die Partizipation in einem oder mehreren Gremien nicht schon als Indiz für eine strategische Position im Entscheidungsprozeß, sondern nur als Indikator für institutionellen Zugang zu einer Infrastruktur für policy-relevanten Informationsaustausch zu interpretieren. Über die Beteiligung der Policy-Akteure an den Gremien spannt sich ein institutionalisiertes Kontaktnetz zwischen den Organisationen auf, welches als eine Gelegenheitsstruktur für Kommunikation zwischen den Policy-Akteuren betrachtet werden kann (Pappi/Melbeck 1984). Wenn beispielsweise das Umweltbundesamt und der Verband der Chemischen Industrie in dem geleichen Gremium beteiligt sind, so kann dieses Gremium als Plattform fungieren, auf der diese Organisationen in routinierter Weise zusammentreffen, Informationen austauschen, ihre gegenseitigen Präferenzen und Interessen signalisieren, wechselseitigen Einblick in die unterschiedlichen Positionen und Zwänge des anderen erhalten und Konflikte aushandeln und kontrolliert beilegen können. Ein solches Netzwerk, welches über institutionalisierte Beteiligung an Politikformulierungsgremien zwischen den verschiedenen Organisationen aufgespannt wird, funktioniert unter Umständen als infrastrukturelle Grundlage eines Netzes aktueller und manifester Kommunikationsbeziehungen.

Das 'Aufspannen' eines Netzwerkes zwischen Akteuren über gemeinsame Mitgliedschaften in Gremien wird in der Netzwerkanalyse als Induktion eines Netzwerks aus einem 'bipartiten Graphen' behandelt. Diese Methoden sind besonders in der Analyse von personellen Verflechtungen zwischen Unternehmungen (interlocking-directorates: Fennema/Schijf 1978) und auch in der Gemeindesoziologie (Pappi/Melbeck 1984) angewandt worden. Auf die hier interessierende Fragestellung bezogen ist der Ausgangspunkt einer solchen Induktion dann die Darstellung der Mitgliedschaftsbeziehungen von Akteuren in Gremien in der Form einer binären Matrix. Die Zeilen dieser Matrix (welche hier mit C bezeichnet wird) repräsentieren dann die Akteure (i), während die Spalten die Gremien (j) darstellen. Ein Element c_{ij} dieser Matrix C nimmt immer dann den Wert 1 an, wenn i Mitglied im Gremium j ist, und 0, wenn keine solche Beziehung exisitert. Das induzierte Netzwerk der institutionalisierten Kommunikation K zwischen den Akteuren ergibt sich dann aus der Multiplikation der Matrix C mit der Transponierten von C, also mit C' (Pappi/Melbeck 1984:569). In der kompakten Matrixschreibweise lautet dies:

(2) $K = C * C'$

Das Resultat der Verkettung der beiden Rechteckmatrizen durch Multiplikation ist eine symmetrische Quadratmatrix, in welcher sowohl Zeilen als auch Spalten 'Akteure' repräsentieren. Eine Eintragung $k_{ij} > 0$

der Matrix K bedeutet dann, daß zwei Akteure i und j über das durch die Gremien aufgespannte Netz in Kontakt miteinander treten, bzw. anders und genauer gesagt: in mindestens einem Gremium gleichzeitig Mitglieder sind. Aus dem vorliegenden Datensatz der Mitgliedschaftsbeziehungen zwischen den Policy-Akteuren und den in Tab. II.8 aufgelisteten Gremien ergibt sich dann folgendes Netz institutionalisierter Verbindungen, welche in Tab II.11 - da es ja symmetrisch ist - nur durch die obere Dreiecksmatrix dargestellt ist. Sowohl die Spalten als auch die Zeilen der Matrix repräsentieren hierbei die Policy-Akteure.

Tabelle Nr. II.11
Institutionalisierte Kommunikationsstruktur der Policy-Akteure

	1	2	3	4	5	6	7	8	9	10	11	12	13	14	15	16	17	18	19	20	21	22	23	24	25	26
1 BMA	.	4	4	7	4	3	2	7	9	6	5		2							5	9	3	4	2	1	1
2 BML		.	5	6	5	5	2	5	8	7	7	2			1					4	7	1	4	3	3	2
3 BMI			.	6	3	5	1	4	8	5	8	1	1	1	2	1	1	1	1	5	8		2	2	2	1
4 BMJFG				.	5	6	4	6	10	7	7	1	3	1	2	1	1	1	1	7	12	3	5	3	2	2
5 BMWi					.	3	2	4	6	5	4		1							4	6	2	3	2	2	1
6 BMFT						.	2	4	5	6	6	1		1	2	1	1	1	1	5	6	2	2	2	2	2
7 BAM							.	3	5	3	2		1							4	5	2	1	2	2	2
8 BAU								.	9	7	7	1	2		1					7	7	4	3	3	3	2
9 BGA									.	11	11	2	2		1					9	16	3	5	3	3	2
10 BBA										.	8	1			1					6	9	2	3	3	3	2
11 UBA											.	2	1	1	2	1	1	1	1	6	9	1	3	3	3	2
12 BR												.			1						1		2			
13 SRU													.							2	3	2	2			
14 SPD														.	1	1	1	1	1	1	1					
15 CDU															.	1	1	1	1	1	1		1			
16 FDP																.	1	1	1	1	1					
17 BUND																	.	1	1	1	1					
18 BBU																		.	1	1	1					
19 DIHT																			.	1	1					
20 IGCPK																				.	12	5	2	3	3	2
21 VCI																					.	5	5	4	3	2
22 BGChemie																						.	2	1	1	1
23 DFG																							.			
24 EG																								.	3	2
25 OECD																									.	2
26 CEFIC																										.

Im Gegensatz zu binären Matrizen ist in der Dreiecksmatrix der Tab.II.9 auch die Intensität der Verflechtung zwischen den Akteuren zu entnehmen. Beispielsweise sind der VCI und das Bundesgesundheitsamt in 16 der genannten Gremien gleichzeitig Mitglieder. Andere sehr hohe Verflechtungsintensitäten existieren zwischen BMJFG und VCI, ebenso zwischen dem BMFJG und dem BMA.

Viele netzwerkanalytische Untersuchungsstrategien gehen von der Gesamtstruktur des Kommunikationsnetzes aus und bezwecken die Herausarbeitung von Gesamt- oder Teilstrukturkonfigurationen oder die Errechnung von Indizes, welche die verschiedenen Tendenzen solcher Konfigurationen verdichtet ausdrücken (z.B. Dichte, Asymmetrie etc.). Derartige Maße sind bei komparativen Studien über verschiedene Netze wichtig, im vorliegenden Fall aber wenig aussagekräftig. Im Gegensatz hierzu ist, ausgehend von dem hier angewandten analytischen Bezugsrahmen, die positionelle Analyse aussagekräftiger. Durch diese sollen die verschiedenen individuellen Positionierungen der Policy-Akteure ermittelt werden, um Hinweise zu gewinnen, welche Akteure vorteilhaftere oder privilegiertere Stellungen im Netzwerk einnehmen, bzw. welche Akteure isolierter positioniert sind. Hierfür sind in der Netzwerkanalyse eine Reihe von Maßzahlen entwickelt worden.

Der einfachste strukturelle Index für individuelle Netzwerkpositionen ist die 'Grad-Zentralität'. Diese basiert auf dem Gedanken, daß die Position eines Akteurs in dem Maße zentral ist, wie er in alle übrigen Netzwerkbeziehungen involviert ist. Dieses Maß setzt die Summe der Beziehungen, in die ein Akteur direkt involviert ist (ein- und ausgehende Beziehungen) in Beziehung mit den maximal möglichen Beziehungen, in die der gegebene Akteur in einem gegebenen Netz theoretisch involviert sein könnte, kann daher - wie Freeman (1979:221) dies vorschlägt - auch als 'Kommunikationsaktivität' interpretiert werden. Dieses Netz wird gewöhnlich zuvor symmetrisiert.

In der üblichen Summenschreibweise errechnet sich dieses Zentralitätsmaß wie folgt ($C^{D}{}_{i}$ sei die Gradzentralität des i-ten Akteurs; a_{ij} die binär kodierten Verbindungen zwischen den Akteuren i und j; n die Gesamtzahl der Akteure):

$$(3) \quad C^{D}{}_{i} = \frac{\sum_{j=1}^{N} a_{ij} + a_{ji}}{\sum_{i=1}^{N} \sum_{j=1}^{N} a_{ij}}$$

Dieses Maß der 'Gradzentralität' summiert also die direkten Beziehungen auf, die ein Akteur mit anderen Akteuren eingeht (eingehende und ausgehende Beziehungen) und bezieht diese auf die Gesamtsumme existierender Verbindungen im Netz. Das Ergebnis dieser Zentralitätsanalyse ist in Tab.II.12 zu entnehmen. Hierbei nehmen das Umweltbundesamt, der VCI und das BMA die Spitzenstellungen ein. Generell ist hier die Exekutive besser positioniert als die Parteien und die Umweltverbände.

Im Vergleich zur Gradzentralität ist das Zentralitätsmaß, welches von Bavelas (1951) entwickelte wurde, etwas 'eleganter': Es errechnet nicht nur die direkten Beziehungen, sondern berücksichtigt auch die indirekten Beziehungen, in die ein Akteur involviert ist. Dieser Zentralitätsindex ist von Freeman als 'Centrality based on closeness' bezeichnet worden. Er weist nicht nur auf die direkte Kommunikationsaktivität eines Akteurs hin, sondern gibt vor allem Hinweise darauf, welche Personen in einem Kommunikationsnetz insoweit vorteilhaft positioniert sind, daß sie möglichst viele Akteure in möglichst geringen Entfernungen (Schritten) erreichen können. Operationalisiert wird dieses Konzept, indem aus der binären Kommunikations-Ursprungsmatrix eine Pfaddistanzmatrix errrechnet wird, in welcher eine Eintragung $a_{ij} > 0$ bedeutet, daß sich die Akteure i und j in einer endlichen Zahl von Pfaden oder Schritten erreichen können. Ein Akteur ist in diesem Konzept dann in dem Maße zentral positioniert, als er die übrigen n-1 Akteure in möglichst geringen Schritten erreichen kann. Das einfachste Zentralitätsmaß ist daher das Inverse der Pfaddistanzsumme, die einen Akteur mit den übrigen n-1 Akteuren verbindet. Zur besseren Vergleichbarkeit kann dieser Wert dann noch auf die Gesamtsumme der Pfaddistanzen eines Netzes oder auf andere Bezugsgrößen (z.B. Summe der kürzesten Distanzen; Freeman (1979)) bezogen werden. In der folgenden Analyse wird die Bezugsgröße die jeweils kürzeste Pfaddistanz-Summe darstellen. Diese Werte werden zur besseren Vergleichbarkeit auf das Maximum 1.o skaliert. Über den Informationsgehalt einer Intervallskala hinaus ist daraus dann gleichzeitig eine Quasi-Rangordnung der Akteure in bezug auf die Akteurposition ersichtlich.

Basierend auf der Pfaddistanzmatrix P errechnet sich die Nähe-Centralität (C^{C}_{i}) eines gegebenen Akteurs i wie folgt. Die Länge der Pfaddistanzen zwischen den Akteuren i und j wird dabei durch d_{ij} dargestellt, und die Summe der Pfade, die einen jeden Akteurs von den übrigen Akteuren im System trennt, wird auf die theoretisch mögliche minimale Pfaddistanzsumme im System bezogen (N-1). Dies bedeutet, daß der Akteur, der die kürzesten Verbindungen zu allen übrigen Akteuren unterhält, die zentralste Position einnimmt. Formell kann dieser Zusammenhang so dargestellt werden:

$$(4) \quad C^{C}_{i} = \frac{N-1}{\sum_{j=1}^{N} d_{ij}}$$

Die Errechnung dieses Zentralitätsindizes erfordert eine große Menge von Matrix-Rechenoperationen und ist daher sinnvollerweise nur mit einem Computer-Programm durchzuführen. Für die Analyse der Matrix in Tab.II.11 wurde das von Marsden geschriebene Programm CENTRAL benutzt, welches im Programmsystem SONIS implementiert ist. Hierzu wird das aus der Verkettung der Rechteckmatrizen induzierte quadratische Netz der institutionalisierten Verbindungen K zunächst in eine binäre Matrix transformiert, da ja bei diesem Analyseschritt nicht interessiert, wie häufig zwei Akteure jeweils über Gremien verbunden sind, sondern nur, ob eine solche Beziehung existiert oder nicht. Das Konzept der Nähe-Zentralität abstrahiert ja von der Intensität der verschiedenen Pfade und zieht nur die jeweiligen 'Pfadlängen' in Rechnung, die zwei Akteure voneinander trennen.

TABELLE II.12:
Netzwerkpositionen der Policy-Akteure

Nr.	Akteure	Institut. Kontakte#	Informat.-tausch#	Ressourcentausch#
1.	BMA	0.78	0.90	0.77
2.	BML	0.81	0.53	0.32
3.	BMI	0.96	0.78	0.33
4.	BMJFG	1.00	0.90	0.55
5.	BMWi	0.78	0.68	0.21
6.	BMFT	0.96	0.58	0.30
7.	BAM	0.78	0.48	0.62
8.	BAU	0.83	0.80	0.67
9.	BGA	0.83	0.70	0.39
10.	BBA	0.81	0.68	0.49
11.	UBA	1.00	0.98	0.46
12.	BR	0.64	0.58	0.51
13.	SRU	0.66	0.30	0.25
14.	SPD	0.64	0.33	0.03
15.	CDU	0.76	0.38	0.03
16.	FDP	0.64	0.48	0.03
17.	BUND	0.64	0.20	0.01
18.	BBU	0.64	0.18	0.06
19.	DIHT	0.64	0.20	0.03
20.	IGCPK	0.96	0.75	0.59
21.	VCI	1.00	1.00	1.00
22.	BGChem	0.76	0.33	0.29
23.	DFG	0.76	0.78	0.79
24.	EG	0.74	0.53	0.36
25.	OECD	0.74	0.38	0.32
26.	CEFIC	0.74	0.25	0.31
Durchschnitt		0.79	0.56	0.37

#zur Vergleichbarkeit auf MAX = 1 reskaliert

Die Matrix K in Tab.II.11 wurde in der Weise umkodiert, daß eine Eintragung c_{ij} den Wert 1 annimmt, wenn eine oder mehrere institutionelle Verbindungen zwischen Akteuren existieren, und den Wert 0, wenn keine Beziehung existiert. Die hieraus resultierende binäre symmetrische Quadratmatrix wurde dann der Zentralitäts-Analyse mit dem SONIS-Modul CENTRAL unterworfen. Die Ergebnisse dieser Analyse repräsentieren dann die unterschiedlichen Netzwerkpositionen der Akteure in bezug auf ihre Nähe zueinander und sind in Tabelle II.12 dargestellt.

Auffallend ist, daß der Chemieverband VCI zusammen mit dem im Gesetzgebungsprozeß federführenden Gesundheitsministerium (BMJFG) und dem Umweltbundesamt (UBA) im institutionalisierten Kontaktnetz die zentralen Positionen einnehmen; gleich danach folgen das Innenministerium (BMI), das Forschungsministerium (BMFT) und die Chemiegewerkschaft IGCPK. Bezogen auf die verschiedenen Akteurkategorien liegen die Umweltverbände und Parteien - mit Ausnahme der CDU - unter dem Durchschnitt, während Regierung, Verwaltung, wissenschaftliche Organisationen und Wirtschaftsverbände überdurchschnittliche Ergebnisse erzielen. Interessant ist, daß selbst internationale Organisationen bessere Werte als die Parteien aufweisen.

Ressourcenaustauschnetzwerke

Im Unterschied zum vorherigen Netz der Gremienverflechtungen, das als Gelegenheitsstruktur für Informationsaustausch interpretiert wurde, ist auch das Netz manifester Informationsflüsse im Prinzip meßbar, welches im Gegensatz zur bloßen Möglichkeitsstruktur von Tausch dann die - abgesehen von der Meßproblematik - realen Ressourceninterdependenzen repräsentiert. Im Feld politischer Interaktion stellt Informationsaustausch einen wichtigen Aspekt dar. Akteure tauschen problemorientiertes Wissen, wie Güter in einer arbeitsteiligen Gesellschaft dann getauscht werden, wenn der Tausch komparative Kostenvorteile (Ricardo) verspricht. Gleichzeitig können über Informations- und Kommunikationsbeziehungen auch Interessen und Präferenzen signalisiert, gemeinsame Ziele eruiert und gemeinsame Normen geschaffen werden (Knoke 1983).

Auf den Politikprozeß bezogen können Informationen sowohl in technische bzw. wissenschaftliche Informationen als auch in politische Informationen, welche sich auf die Präferenzen, Interessen und Strategien befreundeter oder gegnerischer Organisationen beziehen, eingeteilt werden. Insbesondere bei innovativen, nicht-routinierten Politikprozessen entsteht für die involvierten Akteure meist ein beträchtlicher Grad an Unsicherheit für strategische Handlungsentscheidungen. Der Aufbau eines bzw. der Einstieg in ein auf ein politisches Thema bezogenes Kommunikationsnetzwerk kann daher als Versuch interpretiert werden, mittels der Konstruktion dauerhafter und routinierter Kommunikationsverbindungen die Wahrscheinlichkeit zu erhöhen, bei Bedarf über qualitativen und zeitigen Wissensfundus zu verfügen und damit die Entscheidungsunsicherheit zu minimieren. Die Analyse dieser Kommunikationsnetze kann wichtige Einsichten darüber vermitteln, wie eine Policy-Arena organisiert ist: Ob die Akteure vielseitige Beziehungen eingehen, wie eng sie miteinander verflochten sind, oder ob die Arena fragmentiert oder gar atomisiert ist, die Akteure also zueinander relativ isoliert sind. Eine solche Analyse kann andererseits auch Machtdifferentiale aufdecken. Akteure unterscheiden sich in dieser Hinsicht insbesondere in ihren strukturellen Positionen. Solche unterschiedliche Positionierungen im Kommunikationsnetzwerk haben zweifellos Auswirkung auf Qualität und Zeitigkeit von Informationen.

In der Positionsanalyse der manifesten Struktur des Informationsaustauschs wurden wieder netzwerkanalytische Standardverfahren für die Zentralitätsanalyse angewandt. Die Daten hierzu stammen wiederum aus der standardisierten Befragung. Die jeweiligen Informanten der Policy-Organisationen wurden anhand der Organisationsliste gebeten, *"die Namen aller Organisationen, mit denen sie regelmäßigen Informationsaustausch über Angelegenheiten der Chemikalienkontrolle pflegten"*, zu nennen. Mittels dieser Informationen wurde wiederum eine binäre, quadratische Matrix erstellt, in welcher eine Eintragung $a_{ij}=1$ bedeutete, daß die i-te Organisation mit einer j-ten Organisation in regelmäßigem Kommunikationsverhältnis in bezug auf Chemikalienpolitik stand. Für die Errechnung der Nähe-Zentralität wurde die asymmetrische Binärmatrix zuvor 'exklusiv symmetrisiert'. Diese Form der Symmetrisierung bedeutet, daß nur wenn zwei Akteure übereinstimmend über eine Informationsverbindung berichteten, in Matrix A eine solche Beziehung angenommen und durch eine 1 dargestellt wird. Aus dieser symmetrisierten binären Quadratmatrix wurden dann - wie schon beim Gremiennetz - die verschiedenen Akteurpositionen errechnet; das Ergebnis ist in Tabelle II.12 dargestellt.

Auf der Basis der Centrality based on Closeness (Gleichung 4) hatten die Ministerien BMA, BMI, BMJFG und die Oberbehörden UBA, BAU etc., der VCI und die DFG die höchsten Punkte erreicht. Interessant ist, daß der VCI nach dem Umweltbundesamt - zusammen mit dem BMA - den zweiten Rang einnimmt. Die Positionen der Umweltverbände und Parteien liegen relativ peripher. Einzige, ebenfalls relativ gut positionierte Interessengruppe ist die Chemiegewerkschaft.

Eine andere Meßstrategie zur Bestimmung vorteilhafter Netzwerkpositionen ist das Konzept des 'Prestige'. Dieses Maß ist der bislang elaborierteste Positionsindex für die Stellung eines Akteurs in einem Beziehungsnetzwerk (Burt 1982:35). Im Vergleich zu den anderen Maßen hat es zwei entscheidende Vorteile: Es erfordert keine vorhergehende Symmetrisierung der Netze und impliziert somit nicht den damit zusammenhängenden Informationsverlust. Über die Asymmetrie von Beziehungen hinaus kann dieser Index auch die Intensität von Beziehungen in Rechnung zu stellen. Der Prestige-Index summiert also nicht bloß die Zahl direkter und indirekter Kontakte der verschiedenen Akteure auf, sondern stellt insbesondere noch die Qualität der Beziehungen in Rechnung (Burt/Knoke 1982:199; Burt 1982:35).

Ein Akteur besitzt nach diesem Konzept ein hohes Prestige, wenn er in punkto Reputation oder Einfluß von Akteuren genannt wird, welche gleichfalls Positionen mit hohem Prestige besetzen. Ähnlich wie bei den Zentralitätsmaßen ergibt sich das Prestige aus der Summe der Beziehungen, in die ein Akteur direkt und indirekt involviert ist. Die Beziehungen werden aber nicht über alle Akteure hinweg gleichmäßig gewichtet, sondern jede erhaltene Kommunikationsbeziehung ist gleichzeitig mit dem Prestige des 'Senders' bewertet, so daß sich das Prestige eines Akteurs aus der Summe aller bewerteten Beziehungen ergibt, die einen Akteur erreichen. Wenn mit p_i das Prestige des Akteurs i und mit z_{ij} die Stärke bzw. Intensität der Beziehungen, die Akteur j erhält, bezeichnet wird, welche ihrerseits wiederum mit dem Prestige der Akteure $i = 1$,..., n gewichtet werden, dann errechnet sich p_i wie folgt:

$$(5) \quad p_i = \sum_{j=1}^{N} p_j * z_{ji}$$

Dies ist natürlich zunächst zirkulär, denn nach jeder neuen Gewichtung der eingehenden Beziehungen bei den verschiedenen Akteuren ändert sich deren Prestige, was wiederum zu einem neuen Gewichtungsfaktor führt. Dieser simultane Zusammenhang kann aber als Eigenvektorproblem der Matrixalgebra gelöst werden. In der Matrix-Schreibweise ist die Gleichung (5) wie folgt dargestellt:

$$(6) \quad P = P' * Z.$$

Dabei stellt P' einen Spaltenvektor von N Prestigepunkten und Z eine Quadratmatrix von bewerteten Beziehungen dar, in welcher der Wert einer Eintragung z_{ij} mit der Stärke der Beziehungen zunimmt. Werden die Zeilen von Z auf die Summe 1 normiert (Transformation von Z in eine stochastische Matrix), dann nimmt der Eigenwert der Matrix den Wert 1 an und die Multiplikation in Formel (6) kann dann als Iterationsvorschrift betrachtet werden, die so lange fortgesetzt wird, bis sich keine Änderungen in P mehr ergeben. P entspricht dann dem Eigenvektor der Matrix zum Eigenwert 1.

Zur Errechnung des empirischen Prestigeindex wurden zunächst die Zeilen der Kommunikationsmatrix auf 1 normiert, im Anschluß wurde dann mit einer SONIS-Prozedur der Eigenvektor errechnet. Dieses Maß (siehe Tab II.12) kann dahingehend interpretiert werden, daß es sozusagen die Qualität jedes Akteurs als 'Informant' ausdrückt und somit einen Hinweis auf die Tauschposition der verschiedenen Akteure in punkto "Information" geben kann. In dieser Hinsicht dominiert der VCI sogar über das sonst gut positionierte Umweltbundesamt; ansonsten weist auch dieses Maß auf eine eindeutige Dominanz der Exekutive einerseits und der Marginalität der Umweltverbände und des Parteiensystems andererseits hin. Interessanterweise besitzen auch die IGCPK und die DFG relativ gute Positionen auf der Ebene des Prestiges im Netzwerk.

Wie oben schon ausgeführt, ist ein wichtiges Charakteristikum von Kommunikationsnetzen die 'Verbundenheit' der Akteure untereinander: Dies ist einmal die Frage, ob jeder Akteur von jedem Akteur prinzipiell - sei es auch über mehrere Stufen - erreichbar ist. Während bei sehr kleinen Netzen eine solche Frage leicht und ohne komplizierte mathematische Prozeduren über Pfeildiagramme beantwortbar ist, kann die Frage der Verbundenheit eines großen Kommunikationsnetzes nur über die Errechnung einer Erreichbarkeitsmatrix oder einer Pfaddistanzmatrix beantwortet werden. Während die Erreichbarkeitsmatrix zeigt, ob ein Akteur A_i einen Akteur A_j in einer endlichen Reihe von Schritten erreichen kann, zeigt die Pfaddistanz jeweils die kürzesten Pfade auf, die zwei Akteure miteinander verbinden. In der vorliegenden Analyse wurde hierzu das von Marsden entwickelte Programm DIGRAPH benutzt. Ergebnis dieser Analyse war, daß das Policy-Akteur-Set der Chemikalienpolitik in bezug auf die Kommunikationsstruktur eine im Sinne der Graphentheorie "starke Komponente" bildet (Harary et al. 1969:50ff). Dies bedeutet, daß im Netzwerk des 'routinierten Informationsaustausches' jeder Akteur prinzipiell jeden anderen Akteur - wenn auch über Umwegen - erreichen kann. Kein Akteur und auch keine Akteurgruppe ist im Informationsaustauschnetz der Policy-Akteure somit vollkommen isoliert. Etwas formeller ausgedrückt heißt dies, daß jedes der 650 kombinierbaren Akteur-Paare $n*(n-1)$ sich in einer Reihe endlicher Schritte gegenseitig erreichen kann. 48% der möglichen $n*(n-1)$ Akteur-Paare können dies direkt, also in einer 1-stufigen Beziehung, wiederum 48% erreichen sich in 2-stufigen Beziehungen und nur 4% benötigen 3 Stufen.

Einen ähnlich starken Hinweis auf die hohe Verbundenheit des Kommunikationsnetzes signalisiert der von der Soziometrie bekannte Dichte-Index, welcher die aktuellen Beziehungen eines Netzes zu den theoretisch möglichen $n*(n-1)$ Relationen in Beziehung setzt: Von 26*25 theoretisch möglichen Informationsaustausch-Beziehungen wurden 292 angegeben, was einen Dichte-Index von 0.45 ergibt. Im Vergleich zu Ergebnissen anderer Politikfeldanalysen wie beispielsweise bei Laumann/ Knoke/Kim (1985: 9), wo Dichten von 0.30 errechneten wurden, ist dies relativ hoch.

Weitere wichtige Informationen über die strukturelle Anordnung der Akteure kann die Analyse strukturell äquivalenter Positionen liefern. Anders als in der Cliquen-Analyse werden Akteure dort nicht nur nach dem Kriterium der internen Verbundenheit zusammengefaßt und als eine, wie Kappelhoff dies bezeichnet, "Zone relativer Verdichtung vom Rest des

Netzwerks abgegrenzt", sondern sie werden unter einem Gesichtspunkt aggregiert, der sowohl interne Verbundenheit als auch Beziehungen zu den übrigen Akteuren im Netz berücksichtigt (Kappelhoff 1984:464ff.) Jeder Akteur hat gewissermaßen ein einzigartiges Beziehungsprofil zu den übrigen n-1 Akteuren. Kommt es nun aber vor, daß Beziehungsprofile zwischen zwei oder mehreren Akteuren vollkommen gleich sind (d.h. sowohl eingehende als auch ausgehende Beziehungen), so besitzen diese Akteure strukturell äquivalente Positionen im Netz (Lorrain/White 1971:81). Ein solches Kriterium ist allerdings für empirische Analysen meist zu restriktiv, denn absolut identische strukturelle Positionen lassen sich nur sehr selten herausarbeiten (Knoke/Kuklinsky 1982: 59).

Vor diesem Hintergrund ist von Burt (1982) eine Methode eingeführt worden, mit welcher die "strukturelle Äquivalenz" von Akteurpositionen mittels eines kontinuierlichen Gradmessers, der sogenannten "Euklidischen Distanz" (die Summe der quadrierten Abweichungen zwischen den Akteur-Beziehungsprofilen), ausgedrückt wird. Sind zwei Beziehungsprofile vollkommen identisch, so nimmt dieses Maß den Wert 0 an, mit zunehmender Unähnlichkeit der Beziehungsprofile steigt dieser Wert (Burt 1982:42ff; Kappelhoff 1984:485ff; Knoke/Kuklinsky 1982:485ff).

Abb. II.1:
Die strukturelle Ähnlichkeit der Kommunikationsprofile

```
Intra-   0 1 0 1 0 1 1 0 1 1 1 1 2 2 0 0 0 2 2 1 1 0 0 2 2 2
Cluster  7 0 6 2 5 3 5 2 6 9 7 8 0 1 8 1 9 2 3 4 1 4 3 5 4 6
Distanz
0.115    . . . . . . . . . . xxx . . . . . . . . . . . . . .
0.230    . . . . . . . . . . xxx . . . . . . . . . . . . xxx
0.346    . . . . xxx . . . . xxx . . . . . . . . . . . . xxx
0.423    . . . . xxx . . . . xxx . . . . . . . . . . xxx xxx
0.500    . . . . xxx . xxx . xxx . . . . . . . . . . xxx xxx
0.538    . . . . xxx . xxx . xxx . . . . xxx . . . . xxx xxx
0.576    . . . . xxx . xxx . xxx . . . . xxx . . . xxxxx xxx
0.576    . . xxx xxx . xxx . xxx . . . . xxx . . . xxxxx xxx
0.576    xxx xxx xxx . xxx . xxx . . . . xxx . . . xxxxx xxx
0.653    xxx xxx xxx . xxx . xxx . . . xxxxx . . . xxxxx xxx
0.692    xxx xxx xxx . xxx . xxx . . xxxxxxx . . . xxxxx xxx
0.730    xxx xxx xxx . xxx . xxx . . xxxxxxxxx . . xxxxx xxx
0.769    xxx xxx xxx . xxx . xxx . . xxxxxxxxx . xxxxxxx xxx
0.769    xxx xxx xxx . xxx . xxxxx . xxxxxxxxx . xxxxxxx xxx
0.923    xxx xxx xxx . xxx . xxxxx . xxxxxxxxx xxxxxxxxx xxx
0.923    xxxxxxxxxxxxxxxxxxxxxxxxxxxxxxxxxxxxxxxxxxxxxxxxxxx
```

Zur Analyse der strukturell äquivalenten Positionen in der Kommunikationsstruktur wurde das Programm STRUCTURE von Burt benutzt, welches die kontinuierlichen, positions-strukturellen Distanzen zwischen den verschiedenen Akteurpaaren jeweils berechnet und anschließend die Akteure einer hierarchisch-agglomerativen Cluster-Analyse unterwirft (Schlosser

1976; Sodeur 1974; Everitt 1983). Im Dendogramm in Abb. II.1 ist das Ergebnis dieser Analyse ersichtlich. Die Distanzwerte stellen dabei jeweils Schwellenwerte dar, nach denen die verschiedenen Akteure paarweise und sukzessive nach dem Grad ihrer 'strukturellen Äquivalenz' zusammengefaßt werden (die Ziffern im Kopf des Dendogramms repräsentieren die Organisationsnummern der vorgehenden Tabellen).

In bezug auf ihr Kommunikationsprofil sind hier die zueinander ähnlichsten Organisationen die beiden Umweltverbände BBU und BUND, die später dann mit der Chemie-Gewerkschaft zusammenge-"clustert" werden. Das zweitähnlichste Profil besitzen die EG und der CEFIC, das dritt-ähnlichste schließlich OECD und BMI. Auf dem Schwellenwert 0.92308 werden zusätzlich zu den schon angeführten Clustern, nun OECD, BMI, BMJFG, UBA und SPD zusammengefaßt. Ein weiteres Cluster auf dieser Schwelle bilden die stark wissenschaftlich-technisch orientierten Organisationen BAU, BMA, BGA, BGChemie und DFG.

Eine andere Fragestellung zur Kommunikationsstrukturanalyse des Akteur-Netzwerks ist, welcher Teil der in der Befragung direkt berichteten Kommunikationsbeziehungen auf die durch das Gremiennetz aufgespannte, institutionelle Struktur zurückgeführt, d.h. erklärt werden könnte. Hierzu wird zunächst die Schnittmenge zwischen den durch das Kommunikationsnetz berichteten Beziehungen und dem durch Gremienbeziehungen aufgespannten Netz gebildet. Da das Netz der institutionalisierten Beziehungen prinzipiell schon symmetrisch ist, ist auch das Kommunikationsnetz zu symmetrisieren: Wenn einer der beiden Kommunikationspartner über eine Beziehung berichtet hat, wird eine gegenseitige Kommunikationsbeziehung angenommen (inklusive Symmetrisierung). Die Schnittmenge zwischen dem Kommunikations- und dem Gremiennetz errechnet sich durch die Addition der beiden Binärmatrizen, wobei jede Eintragung der Ergebnismatrix genau dann zur Schnittmenge gehören wird, wenn diese den Wert 2 annimmt. Ergebnis der Analyse ist, daß sich 88% der Kommunikationsbeziehungen zwischen Akteuren mit institutionellen Kontakten überlappen. Dies bedeutet nun nicht, daß schon 88% der direkt berichteten Kommunikationsbeziehungen durch das institutionelle Netz erklärt werden könnten. Genauso können Akteure trotz bestehender institutioneller Verbindung keine Kommunikationsbeziehungen über Chemikalienkontrolle unterhalten. Zur statistischen Analyse des Zusammenhangs dieser beiden Netze soll deshalb ein relativ einfaches Zusammenhangsmaß verwandt werden: der Korrelationskoeffizent ϕ (phi) für 2x2-Tabellen (Bohrnstedt/Knoke 1982:311f.).

Der durch diese Analyse erhaltene Wert ist relativ hoch, wenn dabei bedacht wird, daß in diesem Falle ϕ maximal 0.81 annehmen kann (wenn alle Kommunikationsbeziehungen mit institutionellen Beziehungen überlappen würden). Wird dieser sehr hohe Wert dementsprechend korrigiert (ϕ_{adj} =

ϕ/ϕ_{max}), so ergibt sich immerhin noch ein ϕ_{adj} von 0.61, was auf einen relativ engen Zusammenhang zwischen den beiden Netzen hinweist.

TABELLE II.13:
Erklärung der aktualisierten Kommunikation durch institutionelle Kanäle (ϕ = 0.61)

		Gremiennetzwerk		
Kommu-		nein	ja	Summe
nikations	ja	46	349	395
netzwerk	nein	148	107	255
	Summe	194	456	650

In der Tat scheint das Gremiennetz eine wichtige Rolle für die persönlichen Kontakte zwischen den verschiedenen Vertretern der Policy-Organisationen zu spielen. Über diese Kanäle kennt sich das gesamte Set der 'Policy-Maker' persönlich. Die verschiedenen Akteure verfügen so über Informationen hinsichtlich der Eigenarten, besonderen Interessenpositionen und Handlungsbedingungen der übrigen Akteure, was für den Aufbau stabiler korporatistischer Austauschverhältnisse eine wichtige Voraussetzung ist. Eine wichtige Annahme war ja, daß die Arrangements, die die Regierung und die wichtigsten organisierten Interessen in der Politikformulierungsphase eingehen, vor allem 'politischen Kredit' involvieren und somit ohne Vertrauensverhältnisse nicht auskommen. Es scheint, daß gerade das Gremiennetz der 'institutionalisierten Partizipation' ein sehr fruchtbares Milieu herstellt, in dem solche vertrauensvollen Beziehungen besonders gut gedeihen.

Ressourcenaustausch

Neben Informationsaustausch-Beziehungen zwischen den Policy-Akteuren lassen sich auch spezifische materielle Ressourcentausch-Verbindungen herausarbeiten. Oft ist der Zugang zu bestimmten Ressourcen auf einige wenige Akteure beschränkt und anderen Akteuren nur über Tausch zugänglich. Andererseits tauschen viele Akteure auch dann, wenn potentiell die Kapazität vorhanden wäre, beispielsweise Informationen selbst zu erarbeiten, es jedoch unter dem Gesichtspunkt der komparativen Kostenvorteile günstiger ist, diese Ressourcen aus der Umwelt zu mobilisieren. Hat sich der Tausch verallgemeinert, so entsteht ein zusätzlicher Zwang zur Arbeitsteilung und Spezialisierung. Dieses so entstehende Netz gegenseitiger Abhängigkeiten interessiert hier wiederum nur unter positionellen Gesichtspunkten: Wie sind die Akteure im Ressourcen-Austauschnetz positioniert? Gibt es Machtdifferentiale, die aus unterschiedlichen Positionen in diesem Netz resultieren?

Ein schwieriges Problem in der Analyse von Ressourcenstrukturen ist zweifellos das Meßproblem. Ressourcenbeziehungen (vor allem finanzielle Transfers) gehören offensichtlich zu den heikelsten Beziehungen, welche meist wie Geheimnisse gehütet werden. Empirische Analyse kann sich somit weniger auf Realgüterflüsse beziehen, sondern ist - wie die Umfrageforschung überhaupt - darauf angewiesen, nur Beziehungen zu ermitteln, über welche sich die befragten Akteure eine Vorstellung machen können, und vor allem dazu bereit sind, darüber zu berichten. Ein pragmatisches Vorgehen vor diesem Hintergrund ist die Forschungsstrategie von Laumann et al. (1985), die auch in der vorliegenden Studie verfolgt wurde. Orientiert an deren Vorgehen wurden den Informanten der Policy-Organisationen folgende Fragen gestellt: *1. Für den Entscheidungsprozess zum Chemikaliengesetz waren wissenschaftliche und technische Informationen von zentraler Bedeutung. a) Von welcher der in der Liste genannten Organisationen erhält Ihre Organisation normalerweise wissenschaftliche und technische Informationen? b) An welche Organisationen liefert Ihre Organisation solche Informationen? 2. Würden Sie mir bitte a) die Organisationen auf der Liste nennen, die von Ihrer Organisation finanzielle Zuwendungen als Zahlung für Dienstleistungen, als Mitgliedsbeiträge oder Spenden erhalten; b) die Organisationen nennen, von denen Ihre Organisation solche Zuwendungen erhält.*

Analog zum Kontratieffschen Input-Output-Modell wurden diese Ressourcenflüsse in einer Matrix dargestellt, in welcher die in den Matrixzeilen genannten Organisationen an die in den Spalten aufgeführten Organisationen Ressourcen liefern - umgekehrt also die Akteure j von den Akteuren i abhängig sind. Die Umfragedaten wurden so zunächst in vier Matrizen dargestellt: für jeden Austauschtypus jeweils eine binäre Sender- und eine binäre Empfängermatrix. Behauptete ein Policy-Akteur i, er erhalte wissenschaftlich-technische Informationen von einem Akteur j, so wurde dies mit 1 kodiert, während 'keine Beziehungen' mit dem Wert 0 kodiert wurde. Nachdem zwei dieser Matrizen transponiert wurden, um 'Sender' und 'Empfänger' von Ressourcen jeweils kompatibel zu machen, wurden die 4 Matrizen zu einer einzigen Ressourcenaustauschmatrix aufsummiert, bei der die Eintragungen Werte von 0 bis 4 annehmen konnten (zu dieser Vorgehensweise Laumann et al. 1985:9). Die Addition einer jeweiligen Austauschmatrix (wissenschaftliche Informationen; finanzielle Transfers) mit ihrer Transponierten hat zur Folge, daß gegenseitig berichtete Ressourcenaustauschbeziehungen in jeder Matrix den Wert 2 annehmen, nichtreziproke Beziehungen den Wert 1 und keine Beziehungen den Wert 0; eine 4 in der Gesamtmatrix hätte also bedeutet, daß zwischen zwei Akteuren beide Ressourcentypen reziprok genannt wurden. Diese Ressourcen-Gesamtmatrix stellt die Basis der folgenden Analyse dar.

Als ein wichtiger struktureller Aspekt des Ressourcentausch-Netzes interessiert zunächst, ob auch sämtliche Organisationen in das Netz eingebunden sind oder ob einige Akteure isoliert sind. Darüber hinaus hat auch die Intensität der Austauschverflechtungen Aussagekraft. Diese kann über den Indikator der Netzwerk-Dichte gemessen werden. Hierbei ist zunächst die Bewertung der Beziehungen unwichtig. Basis dieser Analyse ist daher nur eine binäre Version der Ressourcenmatrix, welche aussagt, ob überhaupt Beziehungen existieren. Die Ressourcenmatrix R wird somit dichotomisiert: Alle Matrixeintragungen größer als 0 werden auf den Wert 1 gesetzt. Ergebnis der Komponentenanalyse ist, daß auch in diesem Netz das gesamte Policy-Akteur-Set eine einzige Zusammenhangskomponente bildet. Das binäre Ressourcennetz berichtet eine Gesamtheit von 272 Beziehungen, was bei 650 theoretisch möglichen Beziehungen einen Dichteindex von 0.42 ergibt; ein Wert, der erstaunlicherweise nicht sehr viel niedriger als die Dichte des Kommunikationsnetzes von 0.45 liegt.

Der zentrale Gesichtspunkt, unter den die Analyse des Ressourcen-Tauschnetzes gestellt ist, ist wieder die unterschiedliche Positionierung der Akteure in diesem assymetrischen Netz von Tauschverflechtungen. Die Akteure unterscheiden sich dabei im Grad ihrer Abhängigkeit von anderen Akteuren, bzw. im Ausmaß, in dem andere Akteure von ihnen abhängig sind. Dies wird im folgenden als Tauschposition bezeichnet werden. Ein gegebener Akteur hat offenbar in dem Maße eine zentrale, starke oder prominente Tauschposition, als viele andere Akteure in größerem Umfange von ihm Ressourcen beziehen als er von ihnen. Zur quantitativen Bestimmung der Tauschposition bietet sich der sogenannte Prestigeindex an (Gleichung 5). Wie schon vermerkt unterscheiden Zentralitätsindizes im Prinzip nicht, ob ein Akteur Sender oder Empfänger von Beziehungen ist. Im Gegensatz hierzu wertet der Prestigindex nur empfangene Beziehungen, welche selbst wieder mit den 'empfangenen' Beziehungen der Sendern gewichtet werden. Auf Ressourcenaustausch-Beziehungen bezogen bedeutet dies entsprechend umgekehrt, daß ein Akteur in dem Maße eine starke Tauschposition einnimmt, wie er selbst wenige Ressourcen von seiner Umwelt bezieht, aber viele Ressourcen an Akteure liefert, die ihrerseits wiederum viele Ressourcen an andere Akteure liefern. Formell ausgedrückt werden also die Ressourcen, die ein Akteur i an einen Akteur j liefert, in dem Umfang gewichtet, in dem Akteur i Ressourcen an Akteure x,y,z liefert. Dies ist ein Problem, welches nur über eine Art 'Gleichgewichtsanalyse' des Tauschnetzes gelöst werden kann. Ein Lösungweg für dieses Problem liegt in der Errechnung des Eigenvektors der Ressourcen-Tausch Matrix.

Der Prestige-Index in Tab. II.12 schreibt dem VCI, der DFG und dem BMA die 'stärkste' Tauschposition zu. Die starke Position der DFG legt nahe, daß hier vor allem die 'wissenschaftlichen Informationen' stark ins

Gewicht fielen. Ebenfalls interessant ist, daβ die beiden mächtigsten Verbände VCI und IGCPK auch hier in ihrer Akteurkategorie prädominant sind.

Bisher wurde - aus struktureller Perspektive - das Tauschnetz der Ressourcen Geld und Wissenschaftliche Informationen betrachtet. Neben diesen gibt es noch eine ganze Reihe anderer Ressourcen, die als Machtmittel fungieren und die Organisationen bzw. Policy-Akteure in die Lage setzen, entsprechend ihren Interessen 'Policy-Ereignisse' zu beeinflussen bzw. zu kontrollieren. Diese Ressourcen unterscheiden sich in vielen Gesichtspunkten. Zum einen sind nur einige dieser Ressourcen tausch- und übereigenbar, wie Geld oder Informationen. Manche Ressourcen wie Entscheidungskompetenzen, öffentliche Autorität und Legitimität sind an Ämterpositionen, also an Institutionen gebunden und verlieren ihren Tauschwert, wenn ein anderer Akteur sie nutzen wollte. Andererseits sind bestimmte Ressourcen wiederum an bestimmte Interessenkategorien gebunden. So können z.B. Umweltverbände in einem Kontext der Erstarkung des Umweltbewuβtseins auf spontane Weise über gutes Ansehen in der Öffentlichkeit verfügen, ohne - wie beispielsweise die organisierten Wirtschaftsinteressen - Millionenbeträge in Public-Relations-Feldzüg investieren zu müssen, um das schon relativ schlechte Image etwas 'aufzupolieren' bzw. es nicht noch schlechter werden zu lassen.

Im folgenden wird davon ausgegangen, daβ jeder Akteur über eine ganz spezifische Ressourcenausstattung verfügt, die ihn strukturell von anderen Akteuren unterscheidet. Zur empirischen Erforschung dieser Ressourcenstruktur wurde ein ähnlich exploratives Vorgehen wie bei Laumann/Pappi (1976:195) gewählt. In der Befragung wurde den Informanten eine Liste von 9 Ressourcen vorgelegt, die als bedeutsam für die Einfluβnahme auf eine Politikentwicklung erachtet wurden. Diese sind:

1. Expertenwissen.
2. Finanzielle Ressourcen.
3. Personal und technische Einrichtungen.
4. Entscheidungskompetenz bedingt durch wichtige Position in der Staatsorganisation.
5. Gute Beziehungen zu einfluβreichen Organisationen.
6. Fähigkeit, im Rahmen seines Organisationsbereichs für die Unterstützung einer Politik zu sorgen.
7. Hoher Repräsentationsgrad/ bzw. Organisationsgrad
8. Fähigkeit die Öffentlichkeit zu mobilisieren.
9. Gutes Image in der Öffentlichkeit.

Ein jeder Informant wurde gebeten, für möglichst 5 (gut bekannter) Organisationen zu beurteilen, über welche Ressourcen diese verfügen bzw. nicht verfügen. Die Urteile wurden in eine Diskriminanzmatrix eingetragen, worin die Zeilen Organiationen und die Spalten die Ressourcen repräsentierten. Urteilte ein Informant, daß eine Organisation über eine oder mehrere der genannten Ressourcen verfügt, so wurde dies mit 1, wenn nicht, mit 0 kodiert. Die absoluten Urteilswerte wurden sodann in relative Häufigkeiten transformiert, wobei die Zeilenvektoren durch die Zahl der Urteile dividierten wurden, die eine Organisation erhielt. Hierbei blieben allerdings Organisationen unberücksichtigt, die von weniger als drei Informanten beurteilt wurden.

Die Zeilenvektoren der Ressourcenmatrix sind als die spezifischen Profile der Ressourcenausstattung zu interpretieren. Zur quantitativen Bestimmung dieser 'Unähnlichkeiten' bzw. 'Distanzen' wurden dann für jedes mögliche Akteurpaar die 'Euklidischen Distanzen' zwischen den Ressourcenprofilen errechnet. Die so errechnete Distanzmatrix wurde einer Smallest Space Analysis unterworfen. Hierbei handelt es sich um eine nicht-metrische multidimensionale Skalierung mit dem von E. Roskam geschriebenen Programm MINISSA(N) aus der MDS(X) Serie (Coxon et al. 1981). Ergebnis war eine zweidimensionale Lösung mit einem Stresswert von 0.14, der eine relativ gute Paßgüte signalisiert.

Das Skalogramm ist in Abb.II.2 dargestellt. Die Distanzen zwischen den verschiedenen Organisationen drücken dabei die Unähnlichkeit der Akteure in bezug auf ihre im Politikfeld perzipierte Ressourcenausstattung aus. Je näher also Akteure zueinander positioniert sind, desto ähnlicher sind diese in ihrer im Politikfeld perzipierten Ressourcenausstattung.

Die horizontale Achse des Abb.II.2 ist als Unähnlichkeit in punkto Verfügbarkeit über Ressourcen zu interpretieren, die wichtig für eine prominente Position in der öffentlichen Arena sind (Mobilisierungsfähigkeit, Image). Interessant ist hier, daß die EG in diesem Zusammenhang die schwächste Position einnimmt. Die privilegiertesten Positionen in bezug auf diese 'Öffentlichkeits'-Ressourcen nehmen offenbar besonders jene Akteure ein, die eng mit Umweltinteressen verbunden sind. Die Umweltverbände sind hier herausragend - aber auch die wissenschaftlichen Akteure SRU und DFG, welche im Gesetzgebungsprozeß pointierte ökologische Positionen vertraten, kontrastieren in dieser Hinsicht zu den staatlichen Institutionen.

Beachtenswert in diesem Zusammenhang ist auch die Positionierung des UBA, das sich im Vergleich zu den übrigen staatlichen Institutionen besonders durch die Verfügbarkeit dieser genannten Ressourcen auszeichnet. Die vertikale Achse schließlich drückt die Distanz besonders in bezug auf den Besitz solcher wissenschaftlich-technischen Ressourcen wie Expertenwissen, Personal und technische Einrichtungen aus. Hier müssen allerdings die Positionen von BAM und BMWi mit Vorsicht betrachtet werden, da die Werte dieser Organisationen nur über jeweils 3 Beurteilungen zustande gekommen sind. Wären diese Organisationen von einer größeren

Anzahl von Informanten beurteilt worden, hätten diese beiden Akteure unter Umständen keine so hohen Werte in bezug auf die wissenschaftlich-technischen Ressourcen erzielt. Generell belegen auf dieser Dimension sowohl der VCI, forschungsnahe Ministerien (BMFT, BML), Oberbehörden und wissenschaftliche Organisationen eine prominente Position. Im Kontrast dazu verfügen offenbar die Parteien, die IGCPK und der Verbraucherverband über die geringsten Ressourcen dieser Kategorie. Der Bundesrat, die CDU, der DIHT, die BGChemie und der CEFIC blieben in dieser Analyse unberücksichtigt, da diese weniger als 3 Beurteilungen erhielten.

Abb. II.2
Die Ähnlichkeit der Ressourcenausstattung der Policy-Akteure
Multidimensionale Skalierung: Zweidimensionale Lösung (Stress 0.14)

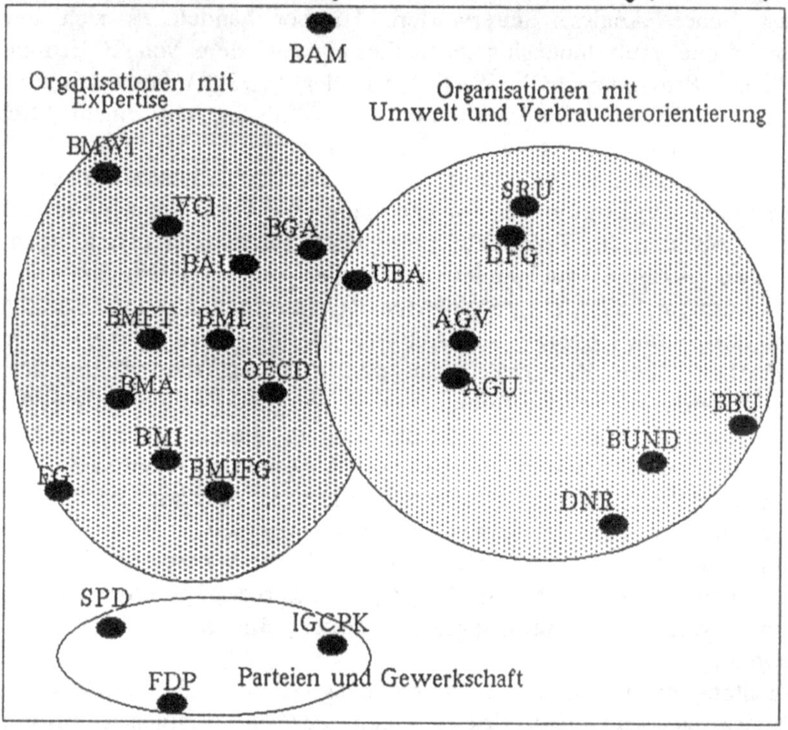

Ein weiterer Aspekt der Ressourcenstruktur ist die Ähnlichkeit bzw. Unähnlichkeit der Ressourcen bzw. Ressourcenkategorien untereinander in bezug auf ihre Distributionmuster unter den verschiedenen Akteuren. Konnten schon im vorhergehenden Abschnitt verschiedene Ressourcenkategorien in bezug auf ihre 'Träger' (die Akteure) gruppiert werden, so kann diese Strukturbetrachtung der Ressourcen selbst noch präzisiert werden. Wieder ausgehend von der Akteur-Ressourcen-Diskriminanzmatrix wurden hierzu Unähnlichkeitsmaße der Ressourcen auf ihre Akteurprofile errechnet und auch hier die resultierende Distanzmatrix mit MINISSA(N) zweidimensional skaliert. In Abb. II.3 ist diese Lösung dargestellt, die einen Streßwert von 0.09 aufweist. Zusätzlich wurde die Distanzmatrix einer hierarchischen Clusteranalyse unterworfen; die schraffierten Kreise repräsentieren die Ressourcen-Cluster bezogen auf den Distanzschwellenwert 2.59 (das Dendogramm in Abb. II.4).

Abb.II.3
Ressourcenähnlichkeit in der Akteurstruktur

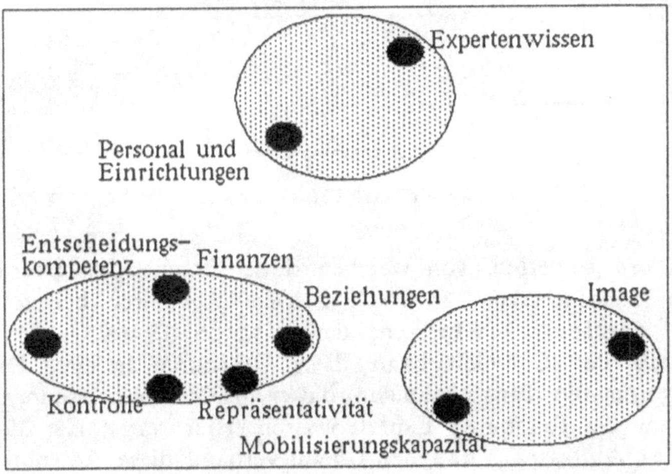

In Hinsicht auf die Akteurstruktur bilden die Ressourcen auf der Ebene des genannten Schwellenwerts drei Cluster: Zwei dieser Cluster wurden weiter oben schon erwähnt und als wissenchaftlich-technische bzw. öffentlichkeitswirksame Ressourcen bezeichnet. Das dritte Cluster links unten könnte schließlich als Kategorie organisatorischer Ressourcen interpretiert werden: als Ressourcen, die organisierte Gebilde wie Bürokratien und stark formalisierte Interessengruppen typischerweise charakterisieren.

In dem in Abb.II.4 repräsentierten Dendogramm ist diese Ressourcenstruktur noch deutlicher zu erkennen. Am ähnlichsten sind hier zunächst "Beziehungen zu einflußreichen Organisationen" und der "Organisationsgrad" eines korporativen Akteurs. Die zweitähnlichsten Ressourcen sind dann Entscheidungskompetenz und die sogenannte "private government"-Kapazität (Streeck/Schmitter 1985), nämlich die Fähigkeit, im eigenen Organisationsbereich für die Unterstützung einer Politik zu sorgen. Die drittähnlichsten Ressourcen schließlich sind die von uns bezeichneten öffentlichkeitswirksamen Ressourcen. Was die Ressource betrifft, "im eigenen Organisationsbereich für die Unterstützung einer Politik zu sorgen", hatte unter den 'organisierten Interessen' die Chemiegewerkschaft IGCPK den höchsten Wert erzielt.

Abb. II.4
Dendogramm der Ressourcenähnlichkeit

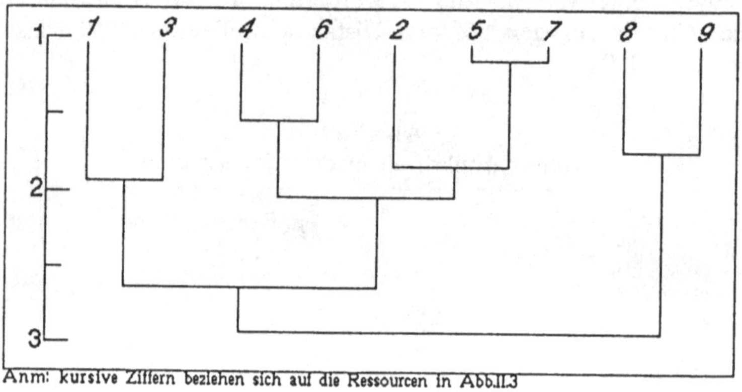

Anm: kursive Ziffern beziehen sich auf die Ressourcen in Abb.II.3

Alle sieben Experten, von welchen diese Organisation beurteilt wurde, waren der Ansicht, daß die IGCPK diese Ressource besitzt. Den VCI beurteilten dagegen 19 Experten; davon waren 13 (also nur 68%) der Ansicht, daß der Chemieverband diese Ressource besäße. Fast spiegelverkehrt waren die Einschätzungen dieser beiden Interessenorganisationen in bezug auf die Ressource Expertenwissen. Hier waren alle 19 Beurteiler des VCI der Auffassung, daß der Chemieverband diese Ressourcen besäße, bei der IGCPK jedoch nur 4 von 7 (57%). Sehr interessant ist darüberhinaus noch die Einschätzung der IG-Chemie in bezug auf die Mobilisierungskapazität; hier waren ebenfalls alle Beurteiler einig, daß die Chemiegewerkschaft diese Ressource besäße. Vor diesem Hintergrund wird klar, was die Spezifität der Ressourcenausstattung dieser beiden mächtigen Interessengruppen ausmacht. Die enge Einbeziehung des VCI in den Politikformulierungsverbund des Chemikaliengesetzes scheint weniger auf der Disziplinierungskapazität gegenüber seinen Mitgliedsfirmen begründet zu sein, als auf dem unentbehrlichen Sachwissen, über das diese Organisation verfügt. Demgegenüber spielt die 'private interest government'-Kapazität eine größere Rolle bei der IG-Chemie. Dieser Organisation wird die Kapazität bescheinigt, sowohl eine 'policy' in der eigenen Organisation durchsetzen zu können als auch die Fähigkeit, "die Öffentlichkeit zu mobilisieren". Dies heißt für 'Policy-Maker' des staatlichen Sektors, daß sie sich entscheiden können, die IG-Chemie als Partner in der Politikformulierung zur besseren Durchsetzbarkeit einer Politik in den Gewerkschaftsreihen zu beteiligen oder einen gefährlichen Gegner in der öffentlichen Arena zu besitzen.

Interessenpositionen und Machtstrukturen.

Macht kann in Anlehnung an Coleman (1973) als Kapazität verstanden werden, Ereignisse oder Resultate von Ereignissen zu kontrollieren. Als Komponenten dieser Kapazität können einerseits die 'instrumentellen Machtmittel' eines Akteurs (z.B. Geld, rechtliche Kompetenzen etc.), andererseits aber auch seine strukturelle Position in Interaktionszusammenhängen und Tauschstrukturen betrachtet werden. Diese Komponenten zusammen bilden das Machtpotential eines Akteurs, das dieser zur Realisierung seiner Interessen einsetzen kann bzw. das in seinem Sinne oder Interesse wirkt.

Im Zusammenhang mit der Politikentwicklung des Chemikaliengesetzes interessiert nicht das generelle Machtpotential der verschiedenen Akteure, sondern nur jenes, welches relevant für die hier untersuchten Policy-Ereignisse ist. Eine Machtanalyse muß dementsprechend inhaltlich auf das Politikfeld und den konkreten Politikprozeß bezogen sein. Wie sind nun aber die Machtmanifestationen empirisch zu bestimmen? Hier kennt die empirische Machtforschung zwei klassische Machtkonzepte, die in diesem Zusammenhang relevant sind: den Reputationsansatz und den Entscheidungsansatz (Hradil 1980:77ff).

Die Reputationsmethode besteht im Kern darin, über Umfragen herauszufinden, welcher Akteur bzw. welche Akteure in einer spezifizierten Akteurpopulation als der bzw. die Mächtigsten erachtet werden. In der Tat ist diese Methode keine Erforschung der wirklichen Macht eines Akteurs, sondern eine Art Meinungsforschung der Macht. Damit wird das durch Umfrageforschung generell aufgeworfene Problem relevant, ob das Meinungsbild einer spezifischen Population auch die in dieser Untersuchungseinheit existierenden, realen Verhältnisse abbildet. Andererseits ist, wie Scheuch (1973:1004) sehr richtig bemerkt hat, Machtreputation ein wichtiger Aspekt von Macht. Um Macht über andere Akteure zu besitzen, sind u. U. keine realen Machtmittel notwendig. Der bloße Glaube, daß ein Akteur über spezifische Machtmittel verfüge, kann über die Logik der "antizipierten Reaktion" eine vergleichbare Wirkung erzeugen wie 'reale' Machtmittel. Wird nun die Annahme für plausibel gehalten, daß die Meinung, die in einer Akteurpopulation über die Macht eines oder mehrerer Akteure in einer Politikentwicklung vorherrscht, den realen Einfluß repräsentiert, den ein Akteur in einem Politikprozeß ausgeübt hatte, so kann Machtreputation als empirisches Maß der Macht verwendet werden.

Eine Methode, die nicht an der Meinung über Macht, sondern an der reell ausgeübten Macht in der empirischen Machtfeststellung ansetzen will, ist der Entscheidungsansatz. Dieser Ansatz besteht im Prinzip darin, den Entscheidungsprozeß daraufhin zu durchleuchten, inwiefern die beteiligten bzw. interessierten Akteure ihre Interessen realisieren konnten. Entscheidungprozesse werden in dieser forschungsstrategischen Perspektive daher möglichst in detaillierte und bewertbare Entscheidungselemente zerlegt und mit den Akteurinteressen bzw. -präferenzen verglichen, was dann letztlich eine Quantifizierung oder zumindest eine Bewertung realisierter Interessenpositionen ermöglichen soll.

In der vorliegenden Analyse wurden beide Strategien angewandt, um die Machtmanifestationen in der Chemikaliengesetzgebung festzustellen. Einerseits wurde das Policy-Akteur-Set auf die in diesem Prozeß besonders einflußreichen Akteure befragt, andererseits wurde die Entscheidungskette dieses Prozesses auf die unterschiedlichen Grade der Interessenrealisierung der verschiedenen Akteure hin untersucht. Darüber hinaus wurde noch eine dritte Strategie zur Messung von Interessenrealisierung angewandt, die als subjektive Interessenrealisierung gedacht werden könnte: Zusätzlich zu den übrigen Maßen wurde auch die subjektive Einschätzung realisierter Interessen der Policy-Akteure mit einer 'rating'-Skala gemessen.

Mittels der Einflußreputation wurde schon das Policy-Akteur-Set eingegrenzt. Diese Daten können darüber hinaus auch zu einer relationalen Machtstruktur-Analyse benutzt werden, in welcher sich die Macht eines Akteurs aus seiner Stellung in der Gesamtreputationsstruktur ergibt. Hierzu wurden die Daten in einer quadratischen Binärmatrix dargestellt, in welcher eine Eintragung $m_{ij} = 1$ bedeutete, daß ein Akteur j von einem Akteur i als "besonders einflußreich im Gesetzgebungsprozeß" betrachtet wurde. Zur quantitativen Bestimmung der Machtreputation wurde dann der Prestige-Index errechnet. Dieser Index gewichtet die Machtreputation, welche eine Akteur j erhält, mit der Machtreputation des urteilenden Akteurs i. Dieses Einflußmaß berücksichtigt also die Einflußnennungen von Mächtigen in stärkerem Maße als die Nennungen von weniger Mächtigen. Dies beruht auf der Annahme, daß Einflußreiche eher beurteilen können, wer außer ihnen selbst sonst noch einflußreich ist. Eine weitere theoretische Implikation ist in der Zeilennormierung auf die Summe 1 enthalten. Es wurde gezeigt, daß in der Eigenvektoranalyse die Binärmatrix zunächst in eine zeilen-stochastische Matrix transformiert wird. Dies bedeutet daß die einzelne Machtzuschreibung eines Akteurs i für einen Akteur j eine Funktion der Summe der Machtnennungen, die Akteur i abgibt, darstellt. Hierüber werden Machtnennungen von Akteuren, die viele Akteure für mächtig halten, geringer gewichtet als Machtzuschreibungen von Akteuren, die nur wenigen Akteuren Macht zuschreiben. Durch diese Technik wird also gewissermaßen die Inflationierung von Macht ausgeschaltet.

Die zweite Methode der Machtfeststellung, die angewandt wurde, war der 'Entscheidungsansatz' (Hradil 1980:76ff). Hierzu wurden zunächst 7 zentrale Streitpunkte und Themen des legislativen Prozesses zum Chemikaliengesetz herausgearbeitet. Daraufhin wurden die Informanten der verschiedenen 'Policy-Akteure' auf ihre Position zu den verschiedenen Themen hin befragt.

1. Im Chemikalien-Gesetzgebungsprozeß war die erste Grundsatzentscheidung, die bei der Einleitung eines Gesetzgebungsprozesses getroffen werden mußte, ob der Staat überhaupt mit gesetzlichen Regelungen in den Verantwortungsbereich der Chemieindustrie eingreifen oder ob etwa auf eine Problemlösung in vollkommener Selbstregulierung bzw. Selbstverantwortung der Industrie gedrängt werden sollte. Dieser Konfliktpunkt bestand nicht nur theoretisch (als denkbare Politikoptionen), sondern stellte sich auch praktisch. So hatte der VCI, nachdem die EG 1976 in diesem Bereich gesetzgeberisch aktiv wurde, zur Abwehr staatlicher Intervention eine Selbstregulierung auf verbandlicher Basis vorgeschlagen. Interessant ist, daß sich diese Entscheidung für viele Policy-Akteure gar nicht als solche gestellt hatte. Etwa die Hälfte der Informanten konnte deswegen hierzu - im Rückblick - keine explizite Position angeben. Für viele war es eine typische 'Nichtentscheidung' (Bachrach/Baratz 1975), eine Entscheidung, die sich insoweit scheinbar 'selbst' getroffen hat, da niemand alternative Politikoptionen im Blickfeld hatte.

2. Ein weiteres 'issue' in der Politikentwicklung war eine Frage des 'timing': Wegen der hochgradigen internationalen Verflechtung der Chemikalienkontrolle stellte sich die Frage, entweder zuerst über die 'europäische Schiene' eine europäisch harmonisierte Chemikalienpolitik zu formulieren und diese dann in eine nationale Politik umzusetzen, oder unverzüglich einen nationalen Vorstoß in diesem Politikbereich zu inszenieren, der dann erst im Nachhinein an die Politiken der EG-Mitgliedsländer angepaßt würde. Auch in bezug auf dieses 'issue' hatten viele Policy-Akteure keine explizite Position bzw. sahen die Strategie europäischer Politikharmonisierung gewissermaßen schon im Zwang der Umstände, die sich vor allem aus der EG-Mitgliedschaft ergeben, angelegt.

3. Ein grundsätzliches 'issue' im vorparlamentarischen Gesetzgebungsprozeß war die Entscheidung über die Reichweite des Gesetzes. Eine Position trat dabei für einen sogenannten 'ressortübergreifenden Ansatz' im Gesetzentwurf ein. Damit war gemeint, mit einem übergreifenden Chemikaliengesetz gleichzeitig Umweltschutz-, Gesundheitsschutz- und Arbeitschutzaspekte in einem einheitlichen gesetzlichen Rahmen zusammenzufassen. Dies wurde als 'große Lösung' einer sogenannten 'kleinen Lösung' gegenübergestellt, welche nur den engen Bereich der Umweltaspekte der Chemikalienproblematik - aber dann entsprechend detailliert! - regeln wollte. Wichtig ist dabei aber, daß das Konzept der 'großen Lösung' selbst

sehr ambivalent war - und heute in der Gesetzesinterpretation immer noch ist. Während viele darunter - um dies mit einer gern gebrauchten Metapher auszudrücken - ein 'Dachgesetz' verstanden, das einen einzigen gemeinsamen Rahmen für alle medienübergreifenden und stoffbezogenen Regulierungsaktivitäten bietet, sahen andere, wie beispielsweise die Chemische Industrie, die 'große Lösung' nur als breit angelegtes Auffangbecken, welches die bislang unregulierten Lücken zwischen Lebensmittelgesetz, Pflanzenschutzmittelgesetz, Arzneimittelgesetz etc. 'stopfen' sollte.

4. Ein weiteres 'issue' war die Entscheidung zwischen einem 'Zulassungsverfahren' und einem 'Anmeldeverfahren' im Entwurf des administrativen Kontrollsystems. Bei einem Zulassungsverfahren wäre eine Produktion bzw. Vermarktung chemischer Stoffe nur dann möglich, wenn eine zuständige Behörde über einen Zulassungsantrag positiv entscheidet. In einem solchen Verfahren sind daher weitgehende Eingriffs- und Vetopotentiale angelegt. Regelungen dieser Art existieren beispielsweise im Bereich der Arzneimittel und im Pflanzenschutz, haben also eine gewisse Tradition im bundesdeutschen Recht. Ein Anmeldeverfahren dagegen impliziert nur, daß chemische Stoffe vor ihrer Herstellung oder Kommerzialisierung mit einem bestimmten Anmeldedossier an eine zuständige staatlichen Stelle gemeldet werden - verpflichten den Hersteller von Chemikalien also zunächst nur, die Behörden über die Produktion bzw. die Vermarktung eines Stoffes zu informieren. Die Eingriffsvollmacht der Administration und deren Veto-Potential ist damit noch nicht geregelt.

5. Ebenfalls ein 'issue' war die Entscheidung, ab wann im Produktzyklus einer Chemikalie die Kontrollmechanismen einsetzen sollen. Hier gibt es einen breiten Möglichkeitsraum für Regelungen. Praktisch wurden aber nur zwei Lösungen einander gegenübergestellt: Kontrolle schon vor der Herstellung oder erst vor der Vermarktung. Einige Akteure (z.B. das BMWi) versuchten diesen Konfliktpunkt dahingehend zu leugnen, daß sie behaupteten, unter marktwirtschaftlichen Bedingungen würden Stoffe, die nicht verkauft werden können, sowieso nicht produziert werden. Dieses 'issue' ist aber insofern realer Konfliktstoff, als viele Zwischenprodukte nur firmenintern zirkulieren, also niemals Märkte erreichen, im Produktionsprozeß aber doch die Gesundheit der Arbeiter schädigen können. Ein 'premanufacturing'-Ansatz wäre daher aus Arbeitsschutzgesichtspunkten rationaler.

6. Eine weitere Frage war, aus Gründen der allgemeinen Knappheit an Ressourcen nicht jede Chemikalie auf alle Risikofaktoren untersuchen zu lassen, sondern eine Testverpflichtung und deren 'Tiefe' jeweils von bestimmten Kriterien abhängig zu machen. Hier gingen die Gesetzesdesigner schon früh davon aus, die Regulierungsintensität der Chemikalien an deren Produktionsvolumina zu koppeln. Hierzu wurde ein sogenannter 'Stufenplan' entwickelt, der vorsah, daß nach einer Grundprüfung für alle neuen Che-

mikalien (von den Ausnahmen abgesehen) die Prüfungsanforderungen entsprechend bestimmter Mengenschwellen mit dem Produktionsvolumen ansteigen sollten. Je höher das Produktionsvolumen eines Stoffes war, desto intensiver sollte also ein Stoff auf gesundheits- und umweltschädigende Wirkungen geprüft werden. Insbesondere von 'wissenschaftlicher Seite' wurde dieses Vorgehen als zwar ökonomisch pragmatisch, aber doch vom Schutzziel her gesehen als 'unsinnig' bezeichnet, da die Gefährlichkeit vieler Stoffe weniger von ihrer Menge als von ihrer stofflichen Struktur abhinge.

7. Ein darauf bezogener, aber doch eigenständiger Kernpunkt war schließlich die Entscheidung, wie die etwa 50.000 jetzt schon auf dem Markt befindlichen chemischen Stoffe zu behandeln wären: Regelungsvorschläge bewegten sich hier zwischen den Extremen der Behandlung wie neue Stoffe und der vollkommenen Nichtberücksichtigung in der Chemikalienkontrolle. In der parlamentarischen Phase verliefen die Fronten ganz einfach zwischen den Befürwortern einer Ausgrenzung der Altstoffe aus dem administrativen Kontrollverfahren für neue Stoffe und zwischen den Befürwortern einer Einbeziehung von Altstoffen. Hier muß natürlich auch das Dilemma von Regierung, Verwaltung und Industrie gesehen werden, welche niemals in der Lage gewesen wären, die finanziellen Ressourcen und wissenschaftlichen Kapazitäten aufzubringen, sämtliche 50.000 Altstoffe systematisch überprüfen zu lassen.

Der sehr komplexe Gesetzgebungsprozess des Chemikaliengesetzes ist mit den hier skizzierten sieben Zentralthemen nicht bis in alle Aspekte hinein beschrieben. Sicher existierten neben den genannten issues noch andere Konfliktpunkte, die für einige Akteure von Relevanz waren. Unter forschungspragmatischen Gesichtpunkten war es aber notwendig, die Befragung auf eine beschränkte Zahl relevanter issues einzugrenzen. Darüber hinaus ist die bloße Aufsummierung realisierter, 'auf geäußerte Positionen' bezogener Interessen überhaupt auch nur ein sehr grobes Maß für Entscheidungsmacht, da die verschiedenen Interessenrealisierungen gleich gewichtet sind und eine unterschiedliche Gewichtung der einzelnen issues eine Art Themenhierarchie voraussetzt, deren Spezifizierung selbst wieder eine sehr komplexe Analyse voraussetzt.

Wie vermerkt wurde neben der 'objektiven' Feststellung der Entscheidungsmacht zusätzlich noch ein 'subjektives Maß' für Interessenrealisierung eingeführt. Die verschiedenen Informanten wurden gebeten, auf einer siebenstufigen Rating-Skala einzustufen, inwieweit das Ergebnis der Chemikaliengesetzgebung den Wünschen, Erwartungen, Forderungen ihrer Organisation entspräche.

In Tabelle II.11 sind die verschiedenen Machtindizes aufgelistet. Dies ist einerseits der Prestige-Index für Einflußreputation (erste Spalte). Darüber hinaus sind auch die Werte der Policy-Akteure in bezug auf objektive und subjektive Interessenrealisierung dargestellt. Der Index 'objektiver' Interessenrealisierung mißt die Zahl der realisierten Interessenpositionen eines Akteurs bezogen auf die explizit geäußerten Interessenpositionen bezüglich der 7 issues. Der Index 'subjektive Interessenrealisierung' repräsentiert die direkte Einstufung auf der siebenstufigen Rating-Skala, die allerdings zur besseren Vergleichbarkeit auf das Maximum = 1 reskaliert wurde.

TABELLE II.14:
Interessenrealisierung und Einflußreputation

Nr.	Akteure	Einfluß# Prestige	Inter.-real. subj.-	obj.#	Differenz# subj.- obj.
1.	BMA	0.63	0.83	1.00	-0.17
2.	BML	0.45	0.67	1.00	-0.33
3.	BMI	0.88	0.83	0.71	-0.17
4.	BMJFG	1.00	0.67	1.00	-0.33
5.	BMWi	0.68	-	1.00	-
6.	BMFT	0.05	0.50	0.83	-0.33
7.	BAM	0.26	-	-	-
8.	BAU	0.52	0.50	0.71	-0.21
9.	BGA	0.47	0.50	0.50	-
10.	BBA	0.29	0.67	1.00	-0.33
11.	UBA	0.57	0.67	0.86	-0.19
12.	BR	0.28	-	-	-
13.	SRU	0.23	0.50	0.17	+0.33
14.	SPD	0.21	-	1.00	-
15.	CDU	0.13	0.83	0.80	+0.03
16.	FDP	0.22	0.83	0.80	+0.03
17.	BUND	0.03	0.17	0.00	+0.17
18.	BBU	0.04	0.17	0.00	+0.17
19.	DIHT	0.01	0.67	1.00	-0.33
20.	IGCPK	0.63	0.50	0.33	+0.17
21.	VCI	0.98	0.33	0.86	-0.53
22.	BGChem	0.13	0.33	-	-
23.	DFG	0.12	-	0.29	-
24.	EG	0.37	-	0.86	-
25.	OECD	0.50	0.75	0.83	-0.08
26.	CEFIC	0.10	0.50	0.71	-0.21
Durchschnitt		0.38	0.57	0.71	

Anm.: fehlende Daten = "-"; #zur Vergleichbarkeit auf MAX = 1 reskaliert

Ein Korrelationskoeffizient von 0.68 zwischen den Spalten 2 und 3 bescheinigt einen relativ hohen Zusammenhang zwischen den Indizes für 'subjektive' und 'objektive' Interessenrealisierung. Eher schwach ist der Zusammenhang zwischen diesen genannten Indizes und dem in Spalte 1 aufgelisteten Prestige-Index (zwischen 1 und 3: $r = 0.38$; zwischen 2 und 3: $r = 0.23$). Dies zeigt, daß die verschiedenen Methoden doch relativ unterschiedliche Tatbestände messen. Dieser Zusammenhang wird auch durch folgende Überlegungen deutlich: eine hohe Interessenrealisierung muß nicht bedeuten, daß eine Organisation auch fähig gewesen wäre, nur aus eigener Kraft die notwendigen Entscheidungen zu kontrollieren. Eine hohe Interessenrealisierung kann sich einfach schon durch positive Externalitäten des Ressourceneinsatzes anderer Akteure ergeben, beispielsweise daß eine Interessenkonvergenz mit anderen mächtigen Akteuren vorliegt, Interessen also realisiert werden können ohne eigenen Ressourceneinsatz (Trittbrettfahrerproblem). Ähnliche Einwände gelten auch für das subjektive Maß für Interessenrealisierung: Hier ist das jeweilige Anspruchsniveau einer Organisation entscheidend. Allein die Angaben des VCI machen deutlich, daß auch ein Akteur, der, objektiv betrachtet, fast alle seiner geäußerten Interessenpositionen realisieren konnte, trotzdem nicht mit dem 'policy-outcome' vollauf zufrieden sein braucht. Gerade die Differenz zwischen subjektiv geäußerter und objektiver Interessenrealisierng gibt einen interessanten Einblick in die Wahrnehmungsmuster und die Anspruchsniveaus der Policy-Akteure. Alle relativ mächtigen Akteure haben ihre Macht durchweg subjektiv unterschätzt, während die relativ machtlosen Akteure ihre Macht generell überschätzten.

Wird davon ausgegangen, daß im Akteur-System zirkulierende Reputation ein gemeinsamer Bezugsrahmen für Machteinschätzungen schafft, so ist die quantitative Machtermittlung am plausibelsten mit dem Prestige-Vektor der Machtreputationsdaten zu bewerkstelligen - obwohl hier natürlich immer im Auge behalten werden muß, daß 'Einstellungen' gemessen werden. Verglichen mit anderen Machtquantifizierungen erscheint dies immer noch als die auch theoretisch fundierteste Abbildung der Machtstruktur. Dieser Index kann mit der Methode der multidimensionalen Skalierung mit dem Entscheidungs-Machtmaß verbunden werden, um so zwei Perspektiven der Machtfeststellung in einem zweidimensionalen Raum graphisch darzustellen. Hierzu wurde zunächst eine Ähnlichkeitsmatrix der Akteure in bezug auf ihre Interessenpositionen errechnet, welche anschliessend mit dem Programm MINISSA(N) zweidimensional skaliert wurden. Die Lösung ist in Abb. II.4 dargestellt. Der Streßwert von 0.10 deutet eine gute Passgüte dieser Lösung an. Die Entfernungen zwischen den Akteurpositionen drücken dabei die Unähnlichkeit in bezug auf die sieben Interessenpositionen aus. Die Radien der Punkte repräsentieren das jeweilige Einflußreputations-Prestige der Akteure.

Die horizontale Achse des Skalogramms läßt sich ganz offensichtlich als Gewinner-Verlierer Dimension interpretieren; es kontrastiert die übermächtigen Proponenten (rechts) gegenüber den relativ machtlosen Opponenten der Version des Chemikaliengesetzes, die dann letztlich vom Bundestag verabschiedet wurde. Als ausgesprochene Kritiker vieler Kernpunkte des Gesetzes sind praktisch nur die Umweltverbände, die sogeannten 'wissenschaftlichen Akteure' und die Chemiegewerkschaft in Aktion getreten. Die beiden Oberbehörden BGA und BAU hatten ebenfalls einige distanzierte Positionen zu den übrigen Ministerien und Behörden in bezug auf die Schlüsselthemen der Politikentwicklung. Die vertikale Dimension dagegen ist schwerer zu interpretieren. Hier lassen sich sowohl Unterschiede in bezug auf 'Internationalität' als auch 'Umweltorientierung' sehen; jedoch ein durchgehender Zug wie in der horizontalen Dimension ist hier nicht zu erkennen.

Abb. II.5

Einfluß und Interessenpositionen

(Multidimensionale Skalierung: Stress 0.10)

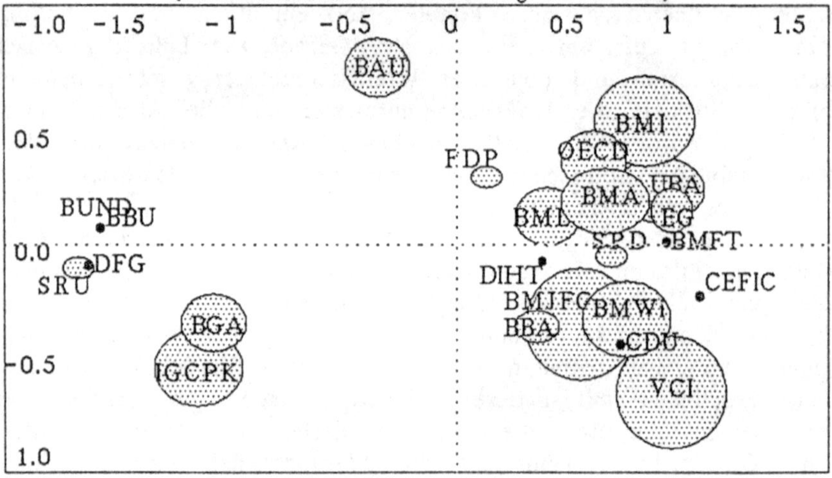

Der zentrale Kern des hier skizzierten Policy-Modells ist die Auffassung einer Politikentwicklung als Ergebnis eines Interessenkampfes, in dem öffentliche, allgemein bindende Entscheidungen bestimmt werden. Wie weit die jeweiligen Akteure ihre Interessen realisieren, hängt von deren Machtpotential oder deren Koalition mit mächtigen Akteuren ab. Das Machtpotential wiederum wird als zum großen Teil durch die strukturelle Position der Akteure in den Interaktions- und Tauschnetzwerken bedingt betrachtet.

Diese Zusammenhangshypothese läßt sich empirisch testen. Einerseits liegen hierfür für die verschiedenen Netze Zentralitäts- und Prestigevektoren vor, andererseits liegen mit den entwickelten Indizes drei verschiedene Variablen vor, welche verschiedene Aspekte des Einflusses auf den 'policy-outcome' abbilden oder repräsentieren. Diese könnten somit als abhängige Variablen gefaßt werden, die durch die verschiedenen Netzwerkpositions-Variablen bestimmt sind.

Um die Intensität dieses Zusammenhangs zu ermitteln wurde eine multivariate Regression errechnet mit den unabhängigen Variablen "Netzwerkposition im Informationsaustausch" (INFO), "Position im Ressourcenaustauschnetz" (RESS) und "Position im Gremiennetzwerk" (GREM) und der abhängigen Varaiblen "Einflußposition" (MACH). Das Ergebnis ist ein hochsignifikanter Zusammenhang, bei dem die drei Variablen INFO, RESS und GREM 72 % der Varianz erklären. Im folgenden Pfad-Diagramm sind die Zusammenhänge im einzelnen dargestellt; die Pfadkoeffizienten entsprechen dabei den standardisierten Regressionskoeffizienten.

Abb. II.6
Eine multivariate Erklärung von Einfluß

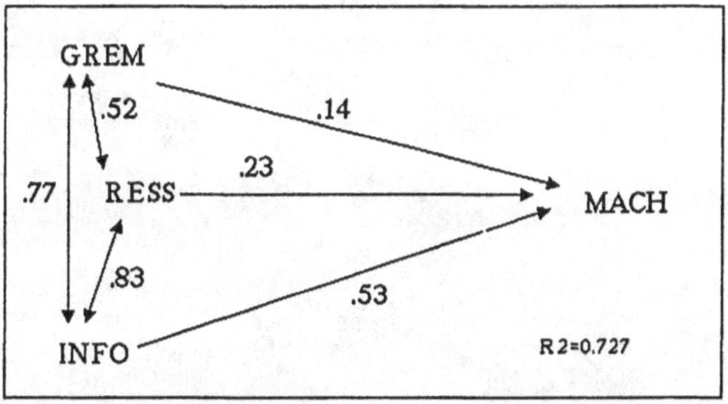

Die größten Effekte gehen von den Tausch-Variablen INFO und RESS aus. Die hohe Korrelation zwischen den unabhängigen Variablen zeigt allerdings, daß die Netzwerkpositions-Variablen unter Umständen dasselbe messen. Andererseits könnte der besonders hohe Zusammenhang zwischen INFO und RESS auch nahe legen, daß beide Variablen als manifeste Indikatoren, die sich beide auf eine gemeinsame latente Variable beziehen, interpretiert werden könnten. Diese Variable wäre dann als 'generelle Tauschposition' zu bezeichnen. Unter Umständen repäsentiert auch die Variable GREM nichts anderes als 'Tauschposition', denn Mitgliedschaft in den Politikformulierungsgremien entsteht fast ausschließlich durch Kooption, und kooptiert wird nur der, der etwas Relevantes für die Politikformulierung bzw. Implementation zu bieten hat.

Im folgenden wird diese latente Variable aus dem Durchschnitt der beiden Tauschvariablen gebildet und deren Zusammenhang mit der Einflußposition in einem Streudiagramm dargestellt. Da beide Skalen jeweils auf das Maximum 1 bezogen sind, wäre bei einem vollkommenen Zusammenhang zu erwarten gewesen, daß sich die Verteilung eng um die Winkelhalbierende gruppiert. Wie das Streudiagramm zeigt, existieren z.T. erhebliche Abweichungen von diesem Erwartungswert.

Abb. II.7
Streudiagramm: Einfluß und Tauschposition

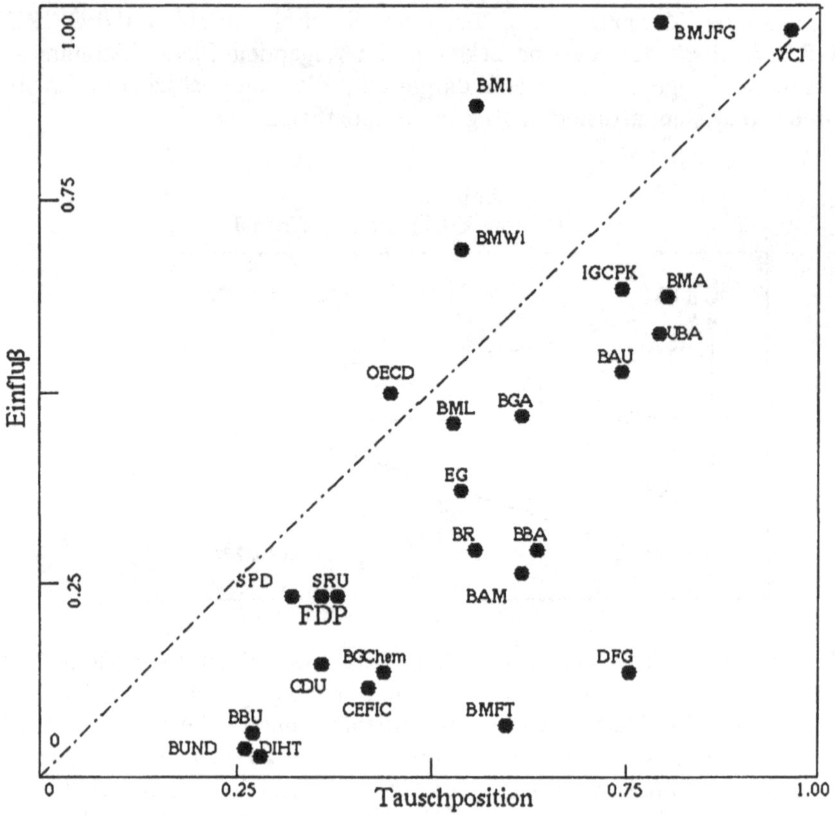

Der Determinationskoeffizient von .32 weist aber trotzdem auf einen signifikanten Zusammenhang zwischen den beiden Variablen hin. Die größten Abweichungen oberhalb der Winkelhalbierenden haben das BMJFG, das BMI und das BMWi aufzuweisen. Diese Akteure verfügten offensichtlich über mehr Einfluß als von deren Tauschpotential her zu erwarten gewesen wäre. Da der Indikator Tauschpotential ja hauptsächlich Austauschbeziehungen auf der Ebene von 'Geld' und 'wissenschaftlichen Informationen' mißt, ist anzunehmen, daß bezüglich des Einflußpotentials auch die Amtsmacht eine wichtige Rolle spielt. Dies gilt insbesondere für das BMJFG, das ja dem Index entsprechend nur eine mittlere Tauschposition einnimmt, trotzdem die Spitzenposition in der Einflußhierarchie einnimmt. Als federführendes Ministerium im Gesetzgebungsprozeß hatte es offenbar die mäßige Tauschposition durch die aus der Federführung resultierenden formalrechtlichen Ressourcen kompensiert.

Das Umgekehrte gilt für die DFG unterhalb der Winkelhalbierenden. Die Rolle, die diese Organisation in der Forschungsförderung und im Austausch wissenschaftlicher Informationen spielt, hat sich nicht in Einfluß umgesetzt. So scheint es Faktoren zu geben, die Tauschpotential, wenn dies in politischen Einfluß umgesetzt wird, mindern oder 'abpuffern'. Hier können natürliche viele Faktoren eine Rolle spielen, die aber in diesem Rahmen nicht mehr erörtert werden können. Am fruchtbarsten wäre hier sicher die Konstruktion und Überprüfung der Hypothese des 'politischen Tausches' im Zusammenwirken mit vielen anderen relevanten Faktoren mit Hilfe eines linearen Kausalmodells, bzw. einer "echten" Pfadanalyse mit einer Reihe intervenierender Variablen. Dies ist aber in dem hier gesetzten Rahmen nicht möglich.

Interessanterweise lassen sich auch ohne die statistische Technik der Korrelations- oder Regressionsanalyse schon auf den ersten Blick wichtige Zusammenhänge erkennen. Als zentrale und mächtigste Akteure drängten sich allein durch die Beobachtung von Presseberichten und Interviews zwei bis drei Ministerien, einige Bundesbehörden, der Verband der Chemischen Industrie und in etwas geringerem Ausmaß die Chemiegewerkschaft auf. Gerade diese Akteure, deren Prädominanz also auch in der qualitativen Analyse der Politikarena und des Politikprozesses unübersehbar war, konnten auch mittels der Netzwerkanalyse des Akteur-Sets als durchweg vorteilhaft strukturell positioniert identifiziert werden.

Der Parlamentarische Sektor - die Parteien und der Bundestag spielten in der Formulierung der Chemikalienpolitik praktisch keine Rolle - obwohl dieser Sektor ja von der Verfassung her die Prärogative für legislative Politikformulierung besitzt. Der von der Exekutive entwickelte Gesetzesentwurf wurde im parlamentarischen Gesetzgebungsprozeß in seiner Substanz auch nicht verändert. Diese marginale Position spiegelte sich auch in den verschiedenen Netzwerkpositionen dieser Akteurkategorien wieder. Ähnliches gilt für die Umwelt- und Verbraucherverbände, welche sowohl auf der Ebene des Einflusses als auch auf der Ebene der unterschiedlichen Netzwerke nur sehr periphäre Positionen einnahmen.

In sämtlichen Netzen konnte als der zentrale Kern die Exekutive und die organisierten Wirtschaftsinteressen festgestellt werden. Dies stützt auch Beobachtungen, die in der Korporatismusdiskussion in anderen Politikfeldern gemacht wurden. Das reale 'policy-making game' in der Chemikaliengesetzgebung spielte sich im wesentlichen zwischen diesen beiden Akteurkategorien ab, wobei allerdings später auch noch die Chemiegewerkschaft Zutritt bekam.

Der mächtigste Akteur im Akteur-System war der Verband der Chemischen Industrie. Dieser Verband besitzt die höchste Reputation für Einfluß auf das Chemikaliengesetz und überrundet dabei sogar noch das federführende Ministerium. In den zwei Ressourcen-Netzwerken und dem Gremiennetzwerk nahm der Chemieverband ebenfalls die Spitzenposition ein. Wie kann diese herausragende Stellung erklärt werden? Ein wichtiger erklärender Faktor ist die strategische Geschlossenheit dieses Interessenbereichs. Der Verband der Chemischen Industrie verfügt über das Vertretungsmonopol der wirtschafts- und industriepolitischen Interessen der Chemischen Industrie und kann damit mit einer Zunge für die gesamte Chemiebranche sprechen. Dies muß als eine bedeutende Ressource betrachtet werden, welche der Verband in politische Tauschgeschäfte einbringen kann. Darüber hinaus verfügt der Chemie-Verband über eine zusätzliche Einflußressource: Fast das gesamte Expertenwissen der technischen Chemikalienkontrolle liegt im Bereich der chemischen Industrie und ist den staatlichen Planern nur über enge Kooperation mit dem Chemieverband zugänglich. Es darf natürlich nicht auch vergessen werden, daß der politische Einfluß der Chemischen Industrie zum großen Teil auch auf dem großen Wirtschaftspotential dieser Branche basiert:

- die Chemieindustrie ist ein wichtiger Investor und Arbeitgeber
- die Chemische Industrie hat eine sehr gute Weltmarktposition und ist ein wichtiger Devisenverdiener für die bundesdeutsche Volkswirtschaft
- die Chemische Industrie ist nicht nur eine wichtige Wachstumsindustrie, sondern insbesondere durch ihre Nähe zu den strategischen Zukunftstechnologien wie Gentechnik, Biotechnik und Kommunikations- und Informationstechnik eine wichtige Funktionsindustrie der Zukunft.

Gerade für den bedeutendsten Wachstumssektor "Information- und Kommunikation" produziert die Chemieindustrie wichtige Rohstoffe. So wird heute das Weltmarktpotential für "Electronic Chemicals", deren Endprodukte die Halbleiter sind, für das Jahr 2000 auf 25 Mrd. geschätzt (SZ vom 2.4.1987).

Insgesamt ergibt sich für die Chemische Industrie ein großes Potential tauschfähiger und strategischer Ressourcen, das diesem organisierten Interesse tatsächlich die dominanteste Position im Politikfeld garantiert.

Die relativ starke Position der Gewerkschaften in der Politikarena der Chemikalienkontrolle ist in dieser Hinsicht schon schwieriger zu erklären. Auch sie besitzt relativ gute Positionen in den verschiedenen Netzen. Die typischen Ressourcen, über welche diese Organisation verfügt scheinen aber weniger Expertenwissen als Kontroll- und Vermittlungsfähigkeit gegenüber ihren Mitgliedern zu sein - also die Fähigkeit, die eigenen Reihen bei Bedarf mobilisieren oder disziplinieren zu können.

Insgesamt beurteilt, waren aus struktureller Perspektive die einflußreichsten Akteure entweder diejenigen, die über die Federführung des Gesetzgebungsprozesses institutionell schon für eine zentrale Position determiniert waren (das BMJFG und das BMI), enge Alliierte dieser Akteure waren (wie beispielsweise UBA und BAU) oder zentrale Positionen in den

Ressourcentauschnetzen (in großem Maße der VCI, etwas weniger die IGCPK) besaßen. Neben institutionell garantierten Positionen im Politikfeld (z.B. Entscheidungskompetenz) scheint daher ein weiteres Hauptkriterium für Entscheidungsmacht in der Politikentwicklung die Position in den Tauschnetzwerken zu sein.

Das scheinbar friedlichste Gesetz
ist der momentane Abschluß einer Periode des Kampfes,
worauf die gegenseitigen Parteien
zu neuem Kampf sich rüsten.

Franz Oppenheimer

Teil III.
DIE POLITIKENTWICKLUNG DES CHEMIKALIENGESETZES: EREIGNISSE, ENTSCHEIDUNGEN UND ENTWICKLUNGEN:

Einleitung

Die bisherige Analyse der Chemikalienpolitik hatte den Zeitfaktor ausgeblendet. Der Strukturaspekt der Chemikalienpolitik-Arena war in den Vordergrund der Betrachtung gestellt. In diesem Abschnitt folgt nun eine sequentielle Behandlung der Politikentwicklung. Hierbei wird ein 'heuristisches Hilfsmittel' benutzt, das in der Politikwissenschaft bislang wenig Anwendung erfahren hat: das PERT-Diagramm (PERT = Program Evaluating and Review Technique). Dies ist eine Netzwerktechnik, mittels derer Ereignisketten und Vernetzungen zwischen Ereignissen graphisch repräsentiert und damit besser fassbar gemacht werden können (Spickhoff 1966). Kunreuther et al. (1983) sind die einzigen Autoren, die einen solchen zeitlichen Vernetzungsansatz in einer politikwissenschaftlichen Untersuchung angewandt haben. Andererseits ist im Bereich der betriebswirtschaftlichen Planungstheorie dieses Instrument als 'Netzplantechnik' schon lange bekannt.

Urspünglich wurde diese Methode bei der Planung des US-Polarisraketen-Programms entwickelt, wo es galt, die Arbeit von etwa 3000 Herstellerfirmen und Organisationen zur Durchführung dieses Großprojekts zu koordinieren. Einzelpläne mußten richtig ineinandergreifen, eventuelle Störungen erkannt und in ihren zeitlichen Auswirkungen sofort übersehen werden. Interdependenzen zwischen Aktivitäten, Ereignissen und Randbedingungen werden dort mittels zeitlicher Netzwerke repräsentiert, welche, wie Fässler/ Reichwald (1972:274) es ausdrücken, als "graphische Darstellung logisch zusammenhängender Teilprozesse" fungieren. Doch Netzplantechnik ist keine bloße graphische Illustration zeitlicher Ereignisverflechtungen; wie auch die Netzwerkanalyse bietet sie ein breites Repertoire statistischer Techniken zur quantitativen Analyse dieser Ereigniszusammenhänge. Auch hierzu werden auf der Graphentheorie basierende Methoden angewandt (Hässig 1979). Die 'Kanten' (Pfeile) sind hier Symbole für Aktivitäten (Vorgänge) und die Knoten werden als Zeichen für Ereignisse (Resultate von Vorgängen) benutzt. Ein jüngstes Anwendungsbeispiel dieser Methode ist die Modernisierung des Passagierschiffes "Queen Elizabeth 2", welches in nur 179 Tagen vollkommen überholt wurde. Dies war nur zu schaffen, indem sämtliche Arbeitsabläufe und Arbeitsschritte mittels eines Computerprogramms optimal in funktionaler und zeitlicher Hinsicht aufeinander abgestimmt wurden.

Die strengen Bedingungen, die für eine graphentheoretische Behandlung von Ereignisnetzen gelten (wie sie beispielsweise in Methoden des Operations Research vorliegen), können in der Behandlung politischer Ereignisse meist nicht eingehalten werden. Es müßten dann beispielsweise alle Aktivitäten und Ereignisse eines Netzes bekannt und eindeutig bestimmbar sein. Dies ist bei Planungsprozessen auf Unternehmensebene schon schwierig zu erfüllen, schon gar nicht bei der Analyse sozialer und politischer Ereignisse. Wie Kunreuther et al. (1983) in ihrer Risikostudie verfahren sind, so wird auch hier das PERT-Diagramm nur als graphisches Hilfsmittel benutzt, um den engmaschigen Zusammenhang zwischen nationalen und internationalen Policy-Ereignissen in ihren logischen Zusammenhängen darzustellen und in ihren Interdepenzen begreifbar zu machen.

Zu diesem Zweck war es zunächst notwendig, die wichtigsten Ereignisse der Politikentwicklung des Chemikaliengesetzes zu identifizieren und dann in ihrer Verflechtung darzustellen. Die als wichtig identifizierten Ereignisse und Aktivitäten sind in Tab. III.1 aufgelistet, wobei die Ziffern nationale Ereigisse kennzeichnen und Buchstaben Ereignisse auf europäischer und internationaler Ebene. Die Ereignisse wurden darüber hinaus noch in die Policy-Phasen eingeteilt, die in Teil I der Arbeit entwickelt wurden. In Abb. III.1 sind diese Ereignisse in ihrem vernetzten Wirkungszusammenhang in einem PERT-Diagramm dargestellt. Die Pfeile in diesem Diagramm stellen keine Tätigkeiten dar, wie dies in der Netzplantechnik üblich ist, sondern beabsichtigen, ähnlich wie bei Kunreuther et al. (1983), nur die Wirkungszusammenhänge der Ereignisse im Sinne kausaler Verursachung oder struktureller Bedingung zu verdeutlichen.

Im folgenden sollen die einzelnen Phasen und Ereigniszusammenhänge näher betrachtet werden. Im wesentlichen folgt der Prozeßverlauf dem in dem PERT-Diagramm vorgezeichneten groben Zusammenhang. Bei Bedarf werden dann Hintergrundinformationen eingeblendet, welche den spezifischen Handlungskontext verständlicher machen. Schließlich werden manche spezifischen Ereignisse noch einer zusätzlichen Detail-Analyse unterzogen.

Ein weiterer wichtiger Punkt der Prozeßbetrachtung ist die Konzentration auf die entscheidungsgenetische Dimension. Im vorhergehenden Kapitel wurden die Kern-Streitpunkte und Schlüsselelemente der Chemika-

Abb. III.1 : Die transnationale Vernetzung der Policy-Ereignisse (PERT-Diagramm)

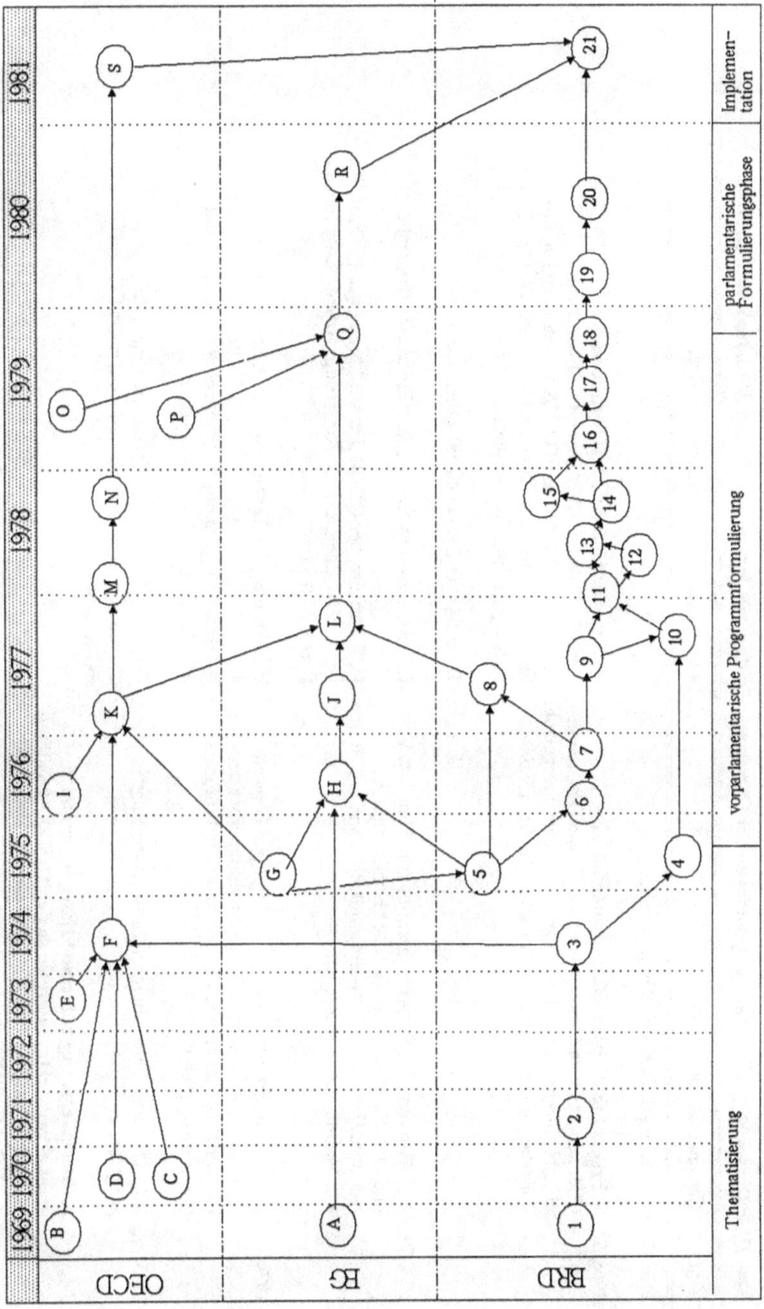

Tab. III.1: **Die wichtigsten Entwicklungsstationen der Chemikalienkontrolle in der europäischen und bundesdeutschen Arena**

Zeit	Nationale Arena	Europäische und Internationale Arena
Die Thematisierung des Chemikalienproblems.		
1968/69	1. Erkenntnisse über Gefahrenpotential im Chemiebereich entfachen wissenschaftliche Diskussion über "Umweltchemikalien". Erstes deutsches Symposium über das Umweltchemikalienproblem bei der GSF.	A. Erstellung international harmonisierter Liste gefährlicher Chemikalien im Europarat. Anregungen werden in EG aufgenommen: EG-Richtline zur einheitlichen Kennzeichnung und Verpackung gefährlicher Substanzen (1967).
		B. Schweiz erläßt ein Chemikaliengesetz.
1970/71	2. Aufstellung des Sofortprogramms zum Umweltschutz und erstes Umweltprogramm der Bundesregierung. Auf dem Gebiet der Umweltchemikalien sind eine Reihe von Maßnahmen vorgesehen.	C. USA Gesetzesinitiative zur Chemikalienkontrolle.
		D. Errichtung der OECD-Umweltabteilung und Einrichtung der OECD Chemicals Sector Group: Arbeit besonders im Bereich der Pflanzenschutzmittel.
1974	3. In der Interministeriellen Projektgruppe Umweltchemikalen werden Forschungsaktivitäten über den Umweltchemikalienbereich koordiniert und Informationen ausgetausch.	E. Schweden und Japan erlassen Chemikaliengesetze.
		F. OECD-Empfehlung zur präventiven, international harmonisierten Chemikalienkontrolle.
1975	4. BMJFG erarbeitet internen Entwurf für Bundesgiftgesetz (1974/75).	G. Frankreich bereitet Gesetzesinitiative für ein Chemikaliengesetz vor und informiert OECD und EG-Kommission.
	5. Bundesregierung befürchtet Handelshemmnisse, gewinnt verstärktes Interesse an den OECD Aktivitäten und drängt auf eine Politikharmonisierung innerhalb der EG (Mai 1975).	

Die Politikformulierung des Chemikaliengesetzes.

1976	6. BMI läßt zum ersten Mal öffentlich Absichten für Gesetzgebungsinitiative zur Umweltchemikalienkontrolle erkennen (September 1976); Koalitionsvereinbarungen dazu (Dezember 1976).	H. EG eruiert verschiedene Politikoptionen für gemeinsame Chemikalienpolitik. Handlungsoption der 6. Änderung der Richtlinie 67/548/EWG (Klassifizierung gefährlicher Stoffe) setzt sich durch. Kommission legt Richtlinien-Entwurf vor (September 1976)
	7. Sondierungsgespräche zwischen BMA, BMI, VCI und UBA in der BAU, Dortmund (Dezember 1976).	I. Die USA verabschieden ihr TSCA.
1977	8. BMA und BMI lassen von ihren beiden nachgeordneten Behörden (BAU, UBA) mit dem VCI einen Gegenentwurf zum Richtlinienentwurf der EG-Kommission erarbeiten, in dem der Stufenplan entwickelt wird.	J. Der WSA und das EP billigen den Kommissions-Entwurf (Frühjahr 1977).
	9. BMI bereitet ein "Umweltchemikaliengesetz vor; erster interner Entwurf liegt im Frühjahr 1977, der zweite im August, der dritte im Oktober und der vierte im November 1977	K. 14. Sitzung der OECD Chemie-Gruppe in Paris: Die USA stellen TSCA vor und verweisen auf potentielle Handelsbarrieren (Juni 1977). OECD-Rat verabschiedet Empfehlungen zur Einführung einer 'Pre-marketing Notification' von Chemikalien und richtet OECD-Testing Programm ein (Sommer 1977).
	10. Das BMJFG entscheidet sich für "große Lösung". Dies bedeutet, die BMI-Initiative abzublocken (August 1977); gewinnt hierzu BMA als Alliierten.	L. Treffen der EG Ratsexperten (Delegationen) zur Beratung der 6. Änderungsrichtlinie: Deutsche Delegation schlägt Stufenplan vor.
1978	11. Kompetenzkonflikte zwischen BMJFG/BMA und BMI; Kompromiß: Gemeinsame Federführung von BMJFG, BMA und BMI. Regelung für internationale Vertretung im Chemikalienbereich: EG = BMJFG, OECD = BMI.	M. EPA und BMI initiieren eine internationale Konferenz über Chemikalienkontrolle in Hässelby/Schweden, um den Harmonisierungsanstrengungen innerhalb der OECD Nachdruck zu verleihen.
	12. BMJFG überarbeitet Entwurf des Bundesgiftgesetz als Rohentwurf für Chemikaliengesetz (Vorl. 16.5.78).	N. Das OECD Chemicals Testing Programm wird zum Chemicals Program ausgebaut (November 1978).
	13. Errichtung der Interministeriellen Arbeitsgruppe Chemikaliengesetz (IMAGChemG); 1.Sitzung 23.6.78.	

1978	14. BMJFG/BMA können sich im Regierungskabinett gegen BMI durchsetzen; Kabinettsbeschluß: "Möglichst 'Große Lösung'"(6.9.1978).	O. EPA implementiert TSCA. EG und USA: Verhandlungen zum Abbau tarifärer Handelsbeschränkungen durch nationale Chemikalienpolitiken; Koppelung der TSCA-Implementation an EG-interne Gesetzgebung. Dadurch Zwang für schnelle Verabschiedung der 6. Änderungsrichtlinie.
	15. BMI startet Öffentlichkeitskampagne: Minister gibt kritische Interviews. Staatssekretär nennt Chemikalienproblem 'chemische Zeitbombe' und erzeugt riesiges Medienecho. BMI schaltet SRU ein; versendet Gesetzesentwurf an verschiedene Gruppen, darunter auch Umweltverbände (Herbst/Winter 1978).	P. Frankreich plant unilaterale Implementation seines Chemikaliengesetzes.
1979	16. Das BMJFG legt einen Referenten-Vorentwurf vor, der an interessierte Verbände und Organisationen zur Stellungnahme übersandt wird (Februar 1979). Scharfe Kritik von seiten der Wissenschaft, den Umweltverbänden und der Chemie-Gewerkschaft.	
	18. Der Referentenentwurf wird geringfügig überarbeitet, vom Kabinett verabschiedet und über Bundesrat an Bundestag gesandt. Bundestag nimmt Stellung. Erste Lesung im Bundestag und Verweisung der Beratungen an einen Unterausschuß 'Chemikaliengesetz'.	Q. Offizielle Verabschiedung der Änderungsrichtlinie im Ministerrat (August 1979).
1980	19. Beratungen im Unterausschuß. Öffentliche Anhörung von Verbänden und Wissenschaftlern im Unterausschuß.	
	20. Zweite und dritte Lesung; Verabschiedung des Chemikaliengesetzes am 16.9.1980;	
Die Implementationsphase des Chemikaliengesetzes		
1981	21. Erlaß von Durchführungsverordnungen.	R. In EG-Arbeitsgruppen wir der 'technische' 5. Anhang beraten und ausgehandelt.
	Das ChemG tritt am 1.1.1982 in Kraft.	S. OECD-Ratsentscheidung zur gegenseitigen Anerkennung von Testdaten (November 1981).

liengesetzgebung herausgearbeitet und identifiziert. In der nachfolgenden Prozeßanalyse ist es nun wichtig, zu sehen, zu welchen Zeitpunkten die verschiedenen Konflikte bzw. Entscheidungen auftraten, wann bestimmte Politikoptionen generiert, wann und wie welche auf den Plan traten oder auch ausgeschaltet wurden, und welche Akteure sich hierbei jeweils durchsetzen konnten.

1. Die Herausbildung des Chemikalienproblems.

Wie in Teil II herausgearbeitet wurde, hat das 'Chemikalienproblem' sowohl einen materiellen als auch einen kognitiv-normativen Aspekt. Einerseits liegt das Problem toxischer Substanzen in der fortwährenden Innovation, Produktion und Verwendung chemischer Produkte, ohne daß die Stoffe in ihrer komlexen Wirkungsweise auf Organismen hinreichend erforscht wären. Andererseits ist ein 'materielles Problem' immer nur in dem Maße sozial oder politisch wirksam, wie ein Problemzustand sowohl kognitiv perzipiert als auch normativ inakzeptabel wird - also soziale Vermittlungsglieder existieren. Diese beiden Aspekte sollen im folgenden Abschnitt in zeitlicher Perspektive herausgearbeitet werden.

Problemdruck

Die industrielle Entwicklung der Chemie in Deutschland begann praktisch in der sogenannten "zweiten Industrialisierungsphase", welche nach der Gründerkrise 1873 einsetzte. Die Produkte der Chemischen Industrie wurden in dieser Zeit hauptsächlich auf der Basis anorganischer Stoffe hergestellt. Der wirkliche Aufschwung der Chemieindustrie begann aber erst mit dem Zeitalter der 'organischen Chemie', der auf Kohlenstoffen basierenden Stoffsynthese. Kohle war damit zunächst einer der wichtigsten Rohstoffe der Chemieproduktion. Dies änderte sich erst, als in den Nachkriegsjahren in zunehmendem Maße die Kohle vom Erdöl verdrängt wurde. Die Wirkung dieser neuen Rohstoffbasis auf die Chemieproduktion war gewaltig: in den 50er Jahren schnellte die Chemieproduktion regelrecht nach oben. Innerhalb kurzer Zeit wurde diese Branche zum Prototyp einer Wachstumsindustrie überhaupt. Eine Vielzahl neuer Produkte und neuer Anwendungen wurden auf der Rohölbasis entwickelt. Dies waren insbesondere Innovationen in den Bereichen von Kunstoffen, Kunstharzen und Chemiefasern. Andere Wachstumssparten der Chemie waren der Bereich der Pflanzenschutzmittel und die pharmazeutische Industrie.

Die säkulare Produktionsentwicklung der Chemischen Industrie setzt nach der Gründerkrise ein, steigt bis zu den 30er Jahren leicht an, fällt während des Zweiten Weltkriegs leicht ab und schnellt in der Rekonstruktionsphase der Bundesrepublik regelrecht nach oben. Dieser Anstieg nach dem Zweiten Weltkrieg ist in Abb. III.1 zu verfolgen. Dabei fällt insbesondere die Zunahme organischer Chemikalien ins Auge.

ABBILDUNG III.2
Chemikalienproduktion in der BRD 1950-1980

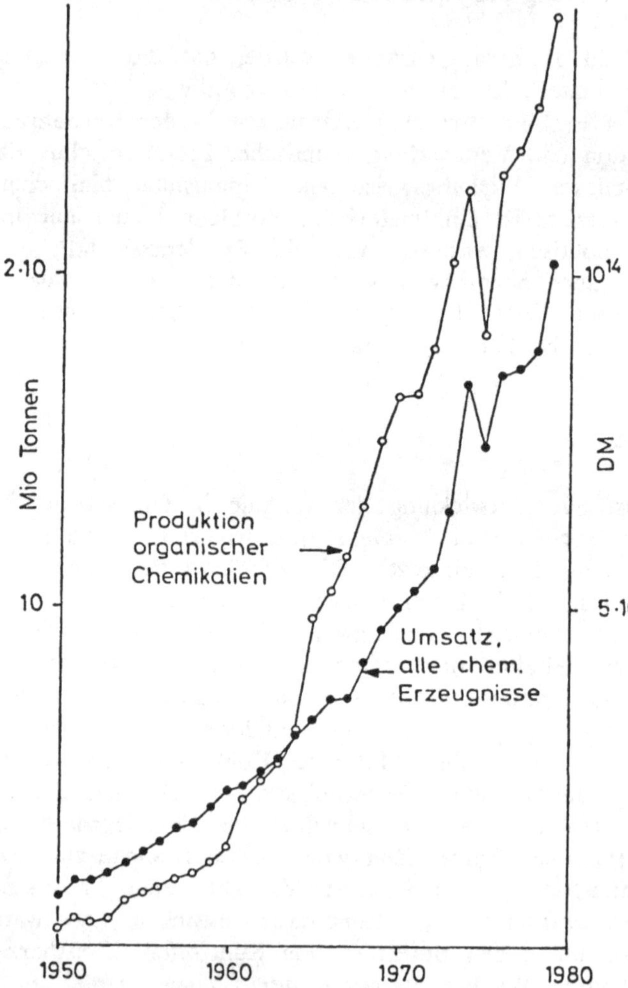

Quelle: Henschler (1981:35)

Natürlich ist die Produktionsentwicklung selbst noch kein Indikator für die gefährlichen Auswirkungen chemischer Stoffe auf Mensch und Umwelt.

Öffentliche Wahrnehmung

Da schädliche Wirkungen generell sowohl von der stofflichen Eigenschaft einer chemischen Substanz als auch von der in die Umwelt abgegebenen Menge abhängen, kann darauf geschlossen werden, daß auch bei einem stabilen Anteil gefährlicher Stoffe an der Gesamtproduktion und einem stabilen Anteil der in die Umwelt emitierten Substanzen die chemische Vergiftung der Umwelt der Produktionskurve folgt, also ebenfalls exponentiell zunimmt. Der Prozeß der Wahrnehmung dieses Problems verlief dagegen nicht so kontinuierlich, sondern setzte im wesentlichen erst in den 50er und 60er Jahren ein. Der erste Bereich, in dem sich die potentielle Gefährlichkeit chemischer Substanzen auf die menschliche Gesundheit zeigte, war der Produktionsbereich. Hier wurden schon früh Regelungen vor gefährlichen Stoffen am Arbeitsplatz geschaffen.

Im Jahre 1939 allerdings hatte die Hitler-Regierung schon ein Gesetz über gesundheitsschädliche und feuergefährliche Arbeitsstoffe geschaffen, das den Behörden ermöglichte, vorzuschreiben, "daß Arbeitsstoffe, die gesundheitsschädliche oder feuergefährliche Bestandteile enthalten, nicht oder nur unter bestimmten Bedingungen in den Verkehr gebracht (..) werden dürfen" (§1) (Quellmalz 1977:15). Der wirkliche Arbeitsschutz in dieser Hinsicht begann erst in den 50er Jahren, wo im Rahmen der MAK-Kommission der Deutschen Forschungsgemeinschaft (DFG) Regelungen für höchstzulässige Konzentrationen gefährlicher Arbeitsstoffe am Arbeitsplatz entwickelt wurden. Hierbei hat diese Kommission auch stark mit internationalen Gremien kooperiert. Ein anderer Bereich, in dem die gefährlichen Wirkungen bestimmter Chemikalien sichtbar wurden, war der Pflanzenschutz. Auch hier ist im Rahmen der DFG eine Pflanzenschutzmittel-Kommission schon seit Ende der 50er Jahre tätig (DFG 1979b).

Sehr aufschlußreich in diesem Zusammenhang ist die Geschichte des Pflanzenschutzmittels DDT. Paul Müller, ein Chemiker der Firma Geigy in Basel, entdeckte 1939, daß eine Verbindung, die schon aus dem vorigen Jahrhundert bekannt war, zur Bekämpfung von Insekten geeignet ist. Aufgrund seiner stofflichen Eigenschaften (billig, stabil, extrem haftend, wasserunlöslich, stark toxisch für Insekten) erwies sich diese Substanz bald als regelrechte Wunderwaffe gegen die Übertragung tropischer Krankheiten wie Malaria, Gelbfieber etc., weswegen Müller hierfür 1948 den Nobelpreis erhielt. Anwendungen in großem Maßstab machten aber bald auch die negativen Effekte der vormals 'günstigen' Stoffeigenschaften deutlich: das DDT ist von außerordentlich hoher Persistenz. Rückstände dieses Pflanzenschutzmittels finden sich deswegen inzwischen auf der ganzen Erde, selbst im Eis der Antarktis wurden Spuren dieser Substanz ermittelt (UBA/BMI 1980). Hinzu kommt, daß sich das DDT über die Nahrungskette anreichert (akkumuliert). Interessanterweise waren vielen Wissenschaftlern und Regierungsbeamten diese negativen Effekte schon Anfang der 50er Jahre bekannt

(Dunlap 1981). Aber erst die Kontroverse über Rachel Carsons populärwissenschaftliches Buch 'Silent Spring' (1962) mobilisierte in den USA - und in Europa etwas später - die Öffentlichkeit. Doch erst 1972 wurde das DDT durch eine Entscheidung der amerikanischen Umweltbehörde EPA verboten (Dunlap 1981:231ff.). In der Bundesrepublik wurde die Verwendung dieser Substanz im selben Jahr durch ein spezielles Gesetz (DDT-Gesetz vom 7.8. 1972; BGBL I S. 1385) untersagt.

Die Geschichte des DDTs und seiner öffentlichen Regulierung steht symptomatisch für viele chemische Stoffe, für viele Umweltthemen überhaupt. Daß ein Thema in der 'scientific community' als entscheidungs- und regelungsbedürftig betrachtet wird, ist keine hinreichende Bedingung dafür, daß dieses auch auf die Regierungsagenda gelangt und innerhalb der Regierungsorganisation Unterstützung findet, um in ein 'Politisches Programm' transformiert zu werden. Ein wichtiger zusätzlicher Faktor ist öffentliche Nichtakzeptanz einer Situation oder eines Problems. Andererseits sind aber auch Situationen denkbar, in denen öffentlicher Protest nicht spontan entsteht, sondern wiederum von Fraktionen innerhalb des Regierungslagers oder sogar von der internationalen Ebene aus gezielt initiiert wird.

Ein anderes Beispiel für Karriere und Fall einer chemischen Substanz ist das PCB. Dieses unterscheidet sich jedoch in einem Punkt grundsätzlich vom DDT. Anders als Pestizide wurden die PCBs nie in größeren Arealen eingesetzt, sondern fanden vorwiegend in geschlossenen technischen Systemen Verwendung. Trotzdem sind sie heute auch in den siedlungsfernsten Gebieten der Erde nachweisbar. Die ersten PCBs wurden schon 1894 synthetisiert, jedoch erst ab den 30er Jahren dieses Jahrhunderts industriell genutzt. Seine Umweltschädlichkeit wurde 1966 festgestellt; allerdings sollte es noch einige Jahre dauern, bis aus dieser Erkenntnis politisch-administrative Konsequenzen gezogen wurden. "Obgleich sie schon 1966 von dem schwedischen Forscher Jensen in Umweltproben identifiziert und in späteren Arbeiten als global erkannt worden waren, wurde die Öffentlichkeit erst einige Jahre später durch einen Vorfall in Japan, bei dem zahlreiche Personen durch ein PCB-verseuchtes Nahrungsmittel erkrankten, auf diese Gefahrenstoffe aufmerksam" (Müller/Korte 1973:112). Ähnliche Unfälle ereigneten sich in Kanada, den USA und in Irland. Eine Reihe von Industrieländern ergriff schon Anfang der siebziger Jahre regulative Maßnahmen gegen diesen Stoff. In der Bundesrepublik allerdings wurden PCBs erst im Jahre 1978 auf ausschließlich geschlossene Systeme beschränkt (OECD 1981d).

2. Die Thematisierung des Chemikalienproblems.

Die Geschichte der Thematisierung und Regulierung dieser Chemikalien steht symptomatisch für viele Gefahrenstoffe, symptomatisch auch für viele Umweltthemen. Des öfteren mußte man in diesem Bereich feststellen, daß es für die Politisierung eines 'issues' nicht ausreicht, wenn das Problem von Wissenschaftlern und Bürokraten erkannt wird. Ein wichtiges, zusätzliches Moment ist öffentliche Nichtakzeptanz und Protest, die meist aber erst aufgrund solcher katalytischen oder kritischen Ereignisse wie Unfälle und Katastrophen entstehen. Ein zusätzlicher Faktor sind Interessenkonstellationen - dies gilt vor allem auch für den internationalen Bereich. Auch für den Chemikalienbereich gilt, wie für eine Reihe anderer Umweltthemen, daß das Thema in anderen Ländern aufgeworfen wurde, in der internationalen Arena thematisiert und von dort aus gleichsam in die Bundesrepublik importiert worden ist (Küppers et al. 1978:106; Hartkopf 1982:13).

Internationale Anfänge

Der Thematisierungsprozeß des Chemikalienproblems war also im wesentlichen eine internationale Politikdiffusion. Wichtige Pfade dieser internationalen Ausbreitung waren sicher die Massenmedien, aber mehr noch die Internationalen Organisationen in ihrer Funktion als Drehscheiben für Informationsaustausch und Koordinierung zwischen Regierungen und Verwaltungsbehörden. In diesem Zusammenhang sind die UN Sonderorganisationen wichtig. Beispielsweise wurde schon 1956 bei der Weltgesundheitsorganisation (WHO) und der Food and Agricultural Organization (FAO) ein gemeinsames Expertenkomitee über "Food Additives and Contaminants" eingerichtet, 1961 schließlich ein gemeinsames Komitee über Pestizidrückstände. Schon 1949 organisierte die UNESCO einen internationalen Kongreß zum Naturschutz, auf dem das Thema der Umweltschädlichkeit von Pflanzenschutzmitteln als zentraler Punkt auf der Tagesordnung stand.

Neben den internationalen Organisationen waren weitere wichtige Ausbreitungspfade die internationale Verflechtung der Wissenschaft in den für toxikologische Forschung relevanten Disziplinen. Ein Beispiel gibt die Mutationsforschung. 1969 wurde die Environmental Mutagen Society in den USA gegründet; im selben Jahr wurde das Zentrallabor der Mutagenitätsforschung in der Bundesrepublik in Freiburg eröffnet. Ein Jahr darauf wurde die European Environmental Mutagen Society (EEMS) eingerichtet (Marquardt 1971:844-46).

Ähnliche Diffusionsprozesse gab es in der Ökotoxikologie. Im Bereich der Umweltchemie und Ökotoxikologie war insbesondere Professor Korte vom Institut für Ökologische Chemie der Gesellschaft für Strahlenforschung maßgeblich am Import dieser Disziplin und Forschungsrichtung aus den USA beteiligt. Dort als Berater in verschiedenen Expertenkomitees tätig, war es Professor Korte, der über ein internationales Symposium über "Aspekte der chemischen und toxikologischen Beschaffenheit der Umwelt" schon 1969 das Thema der Umweltgefährlichkeit von Chemikalien auf die Tagesordung nicht nur der bundesdeutschen Wissenschaft, sondern auch auf die Regierungsagenda brachte. An diesem Symposium, welches insbesondere durch das damalige Ministerium für wissenschaftliche Forschung (BMwF) finanziert wurde, nahmen Wissenschaftler, Vertreter staatlicher Aufsichtsbehörden und Industrieexperten aus 17 Nationen teil. Während diese Symposiums wurde eine aus Vertretern der Behörden, Forschungsinstituten und Industrie zusammengesetzte deutsche Arbeitsgruppe eingesetzt, die sich das Ziel der Bestandsaufnahme laufender und in Zukunft notwendiger Forschungsarbeiten setzte. Hierzu wurde dann eine Studiengruppe beauftragt, eine Fragebogenaktion (nach der sogenannten Delphi-Methode) über chemisch-toxikologische Probleme des Umweltschutzes durchzuführen. Ebenfalls ausgehend von diesem Symposium wurden zwei internationale wissenschaftliche Gesellschaften gegründet: Die International Academy of Environmental Safety (IAES) und die International Society of Ecotoxicology and Enviromental Safety (SECOTOX), bei denen Professor Korte lange Zeit präsidierte. Das Institut für ökologische Chemie kooperierte in dieser Zeit auch eng mit dem Gesundheitsministerium, das zum einen an einer bundesweiten Vereinheitlichung der Länder-Giftgesetze arbeitete. Darüberhinaus arbeitete das betreffende Referat auch mit dem Arbeitsministerium (BMA) im Europa-Rat in Straßburg zusammen, wo eine europaweite Standardisierung der Klassifizierung und Kennzeichnung gefährlicher Stoffe angestrebt wurde (Conseil de l'Europe 1968). Aus dieser Arbeit ergaben sich dann Anstöße für eine Umsetzung dieser Politik in der EG mittels der Richtlinie 67/548/EWG.

Eine Aktivität, die ebenfalls in diesem Zusammenhang gesehen werden muß, war die Einsetzung der Projektgruppe "Umweltchemikalien und Biozide" unter Federführung des Gesundheitsministeriums. In dieser Arbeitsgruppe arbeiteten Vertreter verschiedener Bundesministerien, der Wissenschaft und der chemischen Industrie zusammen, um den 'Umweltchemikalien'-Teil des 1972 von der Bundesregierung verabschiedeten ersten Umweltschutzprogramms zu formulieren. 1971 legte diese Gruppe einen Bericht vor, in dem vor allem verstärkte Forschungstätigkeit in diesem Bereich gefordert und regulative Möglichkeiten eruiert wurden. In diesem Bericht wurde gleichzeitig der neue Begriff der Umweltchemikalien aus der Taufe gehoben, der nun als Bezeichnung für Stoffe verwendet wurde, "die durch menschliches Zutun in die Umwelt gebracht werden und in Mengen auftreten können, die geeignet sind, Lebewesen, insbesondere den Menschen, zu gefährden." (Korte 1972:183). Unter 'menschlichem Zutun' verstand diese Gruppe direkte und indirekte, intendierte und nichtintendierte Handlungsfolgen. Der Begriff "Lebewesen" umfaßte sowohl den Menschen als auch Tiere, Pflanzen und Mikroorganismen. Der Gefährdungsbegriff sollte akute wie chronische, daüberhinaus auch synergetische und bioakkumulative Effekte erfassen.

Im Umweltprogramm der Bundesregierung (1972) wird in einem besonderen Kapitel "Umweltchemikalien und Biozide" auf das Chemikalienproblem Bezug genommen, auf das Gefährdungspotential hingewiesen und es werden Maßnahmen zur Koordinierung und Förderung von Forschungsaktivitäten und zur effektiveren gesetzlichen Kontrolle von Umweltchemikalien angekündigt. Unter anderem sollten die Regelungen im Lebensmittel-, Fleischbeschau-, Milch- und Arzneimittel-, Futtermittel- und Pflanzenschutzrecht verschärft werden, und ein Bundesgiftgesetz sollte das Inverkehrbringen von Giften bundeseinheitlich regeln (Bundesregierung 1972:109-114). Weitere Maßnahmen des Umweltprogramms waren die Einrichtung einer "Zentralen Erfassungs- und Bewertungsstelle für Umweltchemikalien", die sich aber vorwiegend auf die Erfassung von Schwermetallen in Lebensmitteln konzentrierte (Musche 1975), und die "Interministerielle Projektgruppe Umweltchemikalien", die in diesen Fragen die Aktivitäten zwischen den Ressorts koordinieren sollte. Die Federführung dieser Gruppe lag beim Gesundheitsministerium; eine weitere Funktion der Gruppe war die Zuarbeit zur Chemikalien-Sektor-Gruppe der OECD. Vertreten waren in diesem Gremium interessanterweise nicht nur Ministerialbeamte, sondern auch Vertreter wichtiger Forschungsorganisationen, der Industrie und schließlich auch von Verbraucher- und Umweltschutzinteressen. Die Gewerkschaften waren in dieser Zeit intressanterweise noch nicht involviert. Zu dieser Zeit wurde der Bereich der Umweltchemikalien offensichtlich völlig losgelöst von der Problematik der 'gefährlichen Arbeitsstoffe' betrachtet. Vielleicht kann dies auch als Grund dafür angesehen werden, daß sich die Gewerkschaften bis zum Jahre 1977/78 wenig für die Umwelt- und Chemikalienproblematik interessierten. Die ebenfalls in diese Zeit fallende Verabschiedung der Arbeitsstoffverordnung (1971) wurde somit in keinem Zusammenhang mit Umweltschutzgesichtspunkten gesehen.

Wie weiter oben schon vermerkt wurde, war die Thematisierung des allgemeinen Umweltproblems (jetzt verglichen mit der speziellen Chemieproblematik) von Anfang an international angelegt. Dies hatte auch organisatorische Konsequenzen bei vielen internationalen Organisationen. In vielen dieser Institutionen wurden Umweltabteilungen eingerichtet. 1969 wurde sogar bei der Nato der sogenannte Umweltausschuß eingesetzt (von Ward et.al. 1979:12ff), in dem die Chemikalienproblematik jedoch eine untergeordnete Rolle spielte. Auf der ersten Internationalen Umweltkonferenz in Stockholm (1972), auf der auch das United Nations Environment Programm

(UNEP) eingerichtet wurde, wurde in einem speziellen Kapitel der verabschiedeten Resolutionen auf die Gefährlichkeit von Chemikalien für die Umwelt hingewiesen und die Einrichtung internationaler Programme zur Prüfung und Bewertung potentieller Schadwirkungen von Chemikalien auf Mensch und Umwelt gefordert.

Im Jahr 1970 richtete die OECD eine Umweltabteilung ein, welche die Aufgabe übertragen bekam, die Umweltpolitiken der Mitgliedsländer zu koordinieren. Einer der ersten Schritte dieses "Environment Department" war die Errichtung einer festen Arbeitsgruppe mit Vertretern der einzelnen Mitgliedsländer, um Umfang und Gefährdungspotential des Chemikalienproblems zu erforschen. In diesem Zusammenhang wurde auch die bis dahin geltende Problemdefinition des Chemikalienproblems modifiziert. In dieser Zeit wurde das Konzept eingeführt, nach dem nicht nur bestimmte Kategorien oder Gruppen von Chemikalien, sondern jede Chemikalie als potentiell gefährlich betrachtet wurde. Dies implizierte auf regulativer Ebene, daß möglichst alle Chemikalien vor ihrer Verwendung auf mögliche schädliche Gesundheits- und Umweltwirkungen untersucht werden sollten (OECD 1978).

Zu diesem Zeitpunkt war die Schweiz das einzige Land, das seit 1969 eine auf dieser Konzeption basierende Gesetzgebung besaß. 1970 begann auch in den USA die Diskussion über die Notwendigkeit einer systematischen Überprüfung aller Chemikalien vor ihrer Vermarktung. Im Sommer 1970 erhob eine Arbeitsgruppe des US-Council of Environmental Quality (CEQ) Informationen über gefährliche Chemikalien, die nicht unter den vorhandenen rechtlichen Regelungsmechanismen kontrolliert werden konnten, und entdeckte, daß eine zunehmende Zahl neuer Chemikalien jährlich vermarktet wurde, ohne zuvor auf ihre Umwelt- und Gesundheitsgefährdung überprüft worden zu sein. Im April 1971, nach Präsident Nixons "annual message on environment", wurde ein von der Regierung ausgearbeiteter Entwurf in den Congress eingebracht, der allerdings zunächst an Konflikten zwischen Senat und Repräsentantenhaus scheiterte. Erst sechs Jahre später, nach mehreren Anläufen, sollte dieses Gesetz schließlich verabschiedet werden (Schneider 1985; Reynolds 1977; Schwartz/Marion 1977).

Im Juli 1973 trat in Schweden ein Chemikaliengesetz in Kraft, das eine Vor-Vermarktungs-Kontrolle vorsah. Japan erließ im Oktober 1973 ein Chemikaliengesetz, dessen Fokus besonders auf dem Umweltschutz lag. Dies ist insofern verständlich, als in Japan regulative Maßnahmen im Chemikalienbereich erst durch Umweltkatastrophen ausgelöst wurden, z.B. die sogenannte Minamata-Krankheit (Weidner 1977b). Nachdem Schweden ein Gesetz verabschiedet hatte, wurde es in den darauffolgenden Jahren in der "Chemicals Group" der OECD sehr aktiv. Ein Vertreter des schwedischen "Produktkontrollamts" übernahm sogar den Vorsitz in dieser Gruppe. Die Wettbewerbsnachteile, welche die schwedische chemische Industrie durch dieses neue Gesetz aufgebürdet bekam, sollten offenbar durch eine Internationalisierung dieser regulativen Politik gemildert werden. Die Arbeit der OECD Chemikaliengruppe bekam hierurch einen neuen Impetus und mündete schließlich in der Ratsempfehlung C(74)215 vom 14. November 1974, in der eine international harmonisierte Kontrolle von Chemikalien vor ihrer Vermarktung gefordert wird.

Die Arbeit der OECD-Chemikalien-Gruppe konzentrierte sich von nun an darauf, operationalisierbare Ansätze für eine Harmonisierung neuer Gesetzgebungsaktivitäten und der Implementation verschiedener, schon erlassener nationaler Gesetze im Bereich der Chemikalienkontrolle zu entwickeln. Hierzu gehörte einerseits die Erforschung der Produktions- und Verwendungsprofile von Chemikalien, um die Schwerpunkte zukünftiger Kontrolle besser übersehen zu können, andererseits die Untersuchung bisher praktizierter legislativer und administrativer Kontrollpraktiken in der Schweiz und Japan. In der offiziellen 'Geschichtsschreibung' der OECD wird der Eindruck einer ungebrochenen Kontinuität der Arbeit dieser Gruppe vermittelt (OECD 1978; 1984). Einige Augenzeugen weisen hingegen auf sehr unterschiedliche Interessenlagen zwischen den verschieden OECD--Mitgliedsländern während dieser Jahre hin. Einem Industrie-Experten zufolge war zu dieser Zeit, zumindest von seiten der Bundesrepublik, niemand wirklich an den OECD-Aktivitäten interessiert (Interview); einem anderen Experten zufolge sind damals sogar Überlegungen angestellt worden, die OECD-Sektorgruppe aufzulösen, weil sich das Umweltinteresse stark auf die Kernenergieproblematik zu konzentrieren begann (Interview). Vor dem Hintergrund, daß die Schweiz, Japan und Schweden nur einen relativ geringen Anteil des Welthandels in Chemikalien auf sich vereinigten, ist dieses schwache Interesse auch verständlich.

Das Interesse an Politikharmonisierung in der OECD war im wesentlichen nicht umweltpolitisch, sondern ökonomisch begründet. Unterschiedliche regulative Politiken der verschiedenen Länder liefen Gefahr, über unterschiedliche gesetzlich vorgeschriebene Testverfahren, unterschiedliche administrative Reglements und Bewertungskriterien Hemmnisse für den internationalen Chemikalienhandel aufzurichten. Diese Art von Handelsschranken werden im internationalen Freihandelssystem, das insbesonders auf den Regelungen des "General Agreement on Trade and Tariffs" (GATT) basiert, als "Non Tariff Trade Barriers" (NTBs) behandelt. Spezifische technische Standards oder besondere administrative Prozeduren eines Landes können es trotz formal 'offener Grenzen' ausländischen Konkurrenten doch schwierig machen (in manchen Fällen sogar unmöglich machen), weiterhin solche Märkte zu bedienen, weil unverhältnismäßig hohe 'compliance costs' den Marktzutritt erschweren und damit die Wettbewerbsfähigkeit verschlechtern. Schottelius/Broecker (1982) führen zwei illustrative Beispiele für NTBs in Japan an. So verlangt das japanische Chemikaliengesetz gewisse ökotoxische Tests an Fischen und Bakterien, die nur in Japan vorkommen. Bei pharmazeutischen Produkten schließlich steht die japanische Verwaltung auf dem Standpunkt, daß klinische Tests in Europa wegen der besonderen physischen Konstitution der japanischen Bevölkerung nicht anerkannt werden können. Die größte Barriere des japanischen Chemikalienrechts für die europäische Industrie sei jedoch die Bestimmung, nach der "die Toxikologie betreffenden Unterlagen grundsätzlich bei einem oder mehreren amtlichen Laboratorien angefertigt sein müssen. Ein Teil dieser Unterlagen kann ersetzt werden durch Ergebnisse, die von international anerkannten Laboratorien erarbeitet wurden" (Schottelius/Broecker (1981)). Einem Industrieexperten zufolge hat das Unternehmen Hoechst AG nach Inkrafttreten des Japanischen Gesetzes zumindest bis 1977 kein Produkt mehr auf den Markt bringen können (UBA 1977:43).

Die Industrie reagierte auf solche Handelshemmnisse zum einen mit Bemühungen, über bilaterale Verhandlungen zwischen Regierungsvertretern der Bundesrepublik und Japans die Anerkennung von Tests in Industrielabors zu erreichen (*Chemische Industrie* 28(1976)1). Eine andere Strategie der deutschen und europäischen Industrie war die Gründung einer internationalen Organisation, gemeinsam mit den größten japanischen Chemiefirmen, welche im Bereich der Umweltgefährdung von Chemikalien gemeinsame Forschung koordinieren und auf eine Harmonisierung regulativer Politiken hinwirken sollte (Anliker 1979). Diese Organisation, die Ecological and Toxicological Association of the Dyestuffs Manufacturing Industry (ETAD), 1974 gegründet, ist vom Namen her auf die Farbstoffindustrie spezialisiert, in ihr sind aber alle großen Multinationalen Chemieunternehmen der westlichen Welt vertreten. Insofern dürfte es künstlich sein, die verschiedenen Chemiesparten so exakt voneinander zu trennen.

Der Import eines Politikthemas

Obwohl die deutsche Chemieindustrie von Anfang an an den Beratungen der OECD Chemicals Group beteiligt war, entwickelte sie erst dann verstärktes Interesse an einer Politikharmonisierung zwischen den OECD-Ländern, als die französische Regierung auf dem Treffen der OECD Chemicals Group im Mai 1975 erklären ließ, daß sie die Initiierung eines Gesetzes zur Kontrolle von Chemikalien beabsichtige. Spätestens ab diesem Zeitpunkt demonstrierte die deutsche Chemieindustrie eine rege Kooperationsbereitschaft. In der "Chemicals Group" arbeitete sie deshalb an einem Regulierungskonzept mit, das ihre Interessen nicht zu stark beeinträchtigen sollte. So konnte die deutsche Delegation im Mai 1976 einen auf einer VCI-Umfrage basierenden Bericht über "Abschätzung des Umwelteinflusses von Industriechemikalien - Produktionszahlen und Anwendungsmuster" vorlegen, der die seit langem vom BMJFG und VCI avancierte Kernidee des Stufenplans zum ersten Mal in einem internationalen Forum vorstellte: "Man and his environment must be protected against harmful effects due to chemicals. To reach this objective, manufacturers are required to assess the environmental impact of their chemical products, and governmental authorities will have to impose, in certain cases, regulations concerning their use. It is the Government's right and duty towards society to ascertain the application of this basic rule. The a.m. objectives can and should be reached without seriously restricting the trade in chemicals products at the same time. This is important because of the international commitments of the chemical industry and because of this industry's key position within commerce." Unter "Solution to the Problem" schreibt der Bericht: "Premarket screening of all new chemicals as to their potential toxic or ecotoxic effects must become mandatory. *The intensity of such screening should depend on the quantities put on the market*" (Hervorhebung durch V.S.) (OECD 1976a:5). Die Bewertung schon auf dem Markt befindlicher Chemikalien sollte sich an den Produktions- und Verwendungsmustern von Chemikalien der VCI-Umfrage orientieren. Das Ergebnis dieser Studie (in der u.a. 120 Chemikalien identifiziert werden konnten, die in Mengen über 50.000 t/p.a. weltweit produziert werden) präsentierten die Vertreter der Bundesrepublik in zwei Anhängen und erwähnten mehrmals die enge Kooperation mit dem Chemieverband: "Even though the establishment of production figures and the composition of their use patterns cannot easily be carried out, it is still possible by way of close cooperation with experts of the chemicals industry." Die Erhebung der Zahlen sei nur möglich gewesen durch die "close and generous cooperation extended by the Verband der Chemischen Industrie (VCI)." (ebd.S.6).

Die Grundidee hinter der Stufenregelung war, daß der Chemischen Industrie - um nicht innovationshemmend zu sein - erlaubt wird, einen Stoff soweit zu vermarkten, daß zumindest die Ausgaben für Forschung und Entwicklung gedeckt werden können, und die regulativen Eingriffe erst in einer Phase des Produktzyklus einsetzen in welcher mit einem Stoff Gewinne erzielt werden.

Das Umweltbundesamt spielte zu dieser Zeit eine untergeordnete Rolle in den OECD-Verhandlungen, hat es seine "Abteilung für Umweltchemikalien" auch erst im Jahre 1976 eingerichtet. In einem internen Planungspapier dieser Behörde vom Februar 1977 heißt es: "Das Umweltbundesamt würde eine verstärkte Beteiligung an den Arbeiten der "Chemicals Group" begrüßen, weil erfahrungsgemäß die Arbeiten der EG stark von den Vorarbeiten bei der OECD beeinflußt werden." (UBA 1977:56). Diese Absicht konnte das UBA später verwirklichen. So konnte es einerseits einen Mitarbeiter in den Verwaltungsstab der OECD-Chemicals-Division delegieren. Andererseits übernahm der Leiter der Chemieabteilung des UBA die Führung der deutschen Delegation in den OECD-Arbeitsgruppen und wurde später sogar "head" der "Chemicals Division".

Auch die Amerikaner, sonst relativ "unterproportional" zu ihrem sonstigen Engagement in der OECD an der "Chemicals Group" beteiligt, begannen Ende 1976 plötzlich reges Interesse zu entwickeln. Ende Oktober wurde ihr TSCA verabschiedet. Vom 20.-22. Oktober 1976 tagte die OECD-Chemicals Group und plante die Erstellung eines neuen Berichts unter dem Titel "Testmethoden zur Früherkennung der ökotoxischen Eigenschaften von neuen Chemikalien". Die deutsche Delegation bekundete Bereitschaft, die Federführung zu übernehmen; die US Delegation interessierte sich dafür, als "copilot country" zu fungieren. EPA und UBA führten daraufhin Gespräche und vereinbarten, dieses Thema innerhalb des Deutsch-Amerikanischen Umweltschutzabkommens intensiv aufzugreifen (UBA 1977:56).

Der Umstand, daß Frankreich beabsichtigte, Gesetzgebungsaktivitäten zur Chemikalienkontrolle zu entwickeln, ließ auch die EG tätig werden. Schon Ende 1975 begannen Beratungen zwischen Kommission und Experten aus den Mitgliedsländern. Der Schwerpunkt der Verhandlungen um eine internationale Politikharmonisierung hatte sich damit in die europäische Arena verlagert. Die Arbeit der OECD wurde damit nicht weniger relevant, sondern hatte im intergouvernementalen Aushandlungsprozeß nur eine andere Funktion erhalten, jetzt schwerpunktmäßig eine Art 'Zuarbeiterrolle' zur Gesetzgebungsaktivität innerhalb der EG. Die Harmonisierung mit Schweden und Japan war zwar weiterhin wichtig, besaß aber nicht mehr den Stellenwert, den EG-interne Anstrengungen nun hatten, zur Funktionsfähigkeit des gemeinsamen Marktes die verschiedenen Politiken der Chemikalienkontrolle zu harmonisieren.

3. Die Formulierung des Chemikaliengesetzes.

Die Initiierung und Formulierung eines bundesdeutschen Chemikaliengesetzes ist ohne Bezugnahme auf die sogenannte Internationale Arena im Rahmen der OECD und im institutionellen Geflecht der Europäischen Gemeinschaften nicht verstehbar. Regierungsveröffentlichungen zum Thema erwecken oft den Eindruck, daß die Verabschiedung des Chemikaliengesetzes der konsequente und sachlogisch letzte Schritt der Umsetzung des Umweltprogramms der Bundesregierung ist. Diese Sichtweise versucht die realen Prozesse von Interessenkonflikten, Strategien und Taktiken einzelner Policy-Akteure zu verdecken. In dem hier angewandten Ansatz wird aber gerade versucht, diese Windungen, Entscheidungspunkte, taktischen Manöver, strategischen Gefechte, signifikaten Einschnitte und neuralgischen Phasen herauszuarbeiten, durch welche die bundesdeutsche Chemiepolitik geprägt und konstituiert wurde.

Europäische Politikharmonisierung

Ein signifikanter Einschnitt in der internationalen Chemikalienkontrolle war die Tatsache, daß Frankreich im Mai 1975 die OECD-Mitgliedsländer auf einem Treffen der Chemicals Group darüber informierte, ein eigenes Gesetzgebungsverfahren für ein Chemikaliengesetz einzuleiten. Die Stimmengewinne der französischen Ökologiebewegung in der Präsidentschaftswahl ein Jahr zuvor hatte die Französische Regierung offenbar veranlaßt, auf diesem Gebiet initiativ zu werden. Einen Monat später informierte Frankreich die Europäische Kommission entsprechend einem am 5.3.1973 geschlossenen Informationsabkommen auf dem Gebiet des Umweltschutzes. Dieses Abkommen sieht vor, daß die Mitgliedsstaaten die Kommission sobald wie möglich über jeden Entwurf von Rechts- und Verwaltungsvorschriften zum Umweltschutz, die eine unmittelbare Auswirkung auf das Funktionieren des gemeinsamen Marktes haben, zu unterrichten haben. Entsprechende Vorschriften (z.B. Richtlinien) können nur dann erlassen werden, wenn die Kommission nicht innerhalb von zwei Monaten nach der Unterrichtung die betreffende Regierung von ihrer Absicht informiert hat, dem Rat Vorschläge für entsprechende Gemeinschaftsmaßnahmen zu unterbreiten. Die Kommission hat diesen Vorschlag binnen fünf Monaten vorzulegen, der Rat hat - im Prinzip - ebenfalls nur fünf Monate Zeit darüber zu entscheiden (Kommission der Europäischen Gemeinschaften 1977:277ff).

Die französische Initiative hätte nicht nur Frankreichs Chemieindustrie reguliert, sondern auch den größten Exportmarkt der deutschen Chemischen Industrie mit regulativen Auflagen belastet. Dies sind etwa 11% der gesamten deutschen Chemieausfuhr (VCI-Chemiewirtschaft in Zahlen 1980:88). So hatte spätestens ab diesem Zeitpunkt die Chemische Industrie der Bundesrepublik das größte Interesse an einer europäischen Harmonisierung der Chemikalienkontrolle - natürlich soweit es nicht möglich war, einen regulativen Eingriff in Frankreich zu verhindern. Zunächst jedoch kamen das Gesundheitsministerium, das auf dem Chemicals Group Meeting die deutsche Regierung vertrat, und Vertreter des VCI, welcher ebenfalls in der deutschen Delegation repräsentiert war, überein, das französische Vorhaben "abzublocken" (Interview). Die EG-Kommission sollte auf die Ankündigung eines Richtlinienentwurfs gedrängt werden. Hierzu wurden Kommissionsexperten gemeinsam mit VCI-Vertretern zu einer Lagebesprechung nach Bonn eingeladen. Noch im Laufe desselben Jahres begannen die Beratungen in einer Expertengruppe, in der neben Kommissionsexperten auch Vertreter der Mitgliedsstaaten aus Ministerien und Industrie - darunter auch der VCI - zusammenarbeiteten. Im Jahresbericht 1975/76 machte der Chemieverband kein Hehl daraus, daß er "von Anfang an in dieses Thema eingeschaltet gewesen" sei (S.50). Weiter heißt es dort: "Über den CEFIC wurde versucht, eine einheitliche europäische Industriemeinung zu finden und diese der EG-Kommission nahezubringen. Mit der Bundesregierung wurde eine enge Zusammenarbeit vereinbart. Die Bundesregierung will - nicht zuletzt aus wirtschaftlichen Gesichtspunkten - unnötigen zusätzlichen administrativen Aufwand vermeiden und wird sich in Brüssel einer generellen staatlichen Zulassung chemischer Erzeugnisse vor dem Inverkehrbringen widersetzen. "Wurde nun die EG-Kommission aktiviert, so bedeutete es für die deutschen Behörden und Industrie auch, teilweise die 'Steuerung' dieses Prozesses zu verlieren. Zur Verhinderung eines französischen Alleingangs war ein europäisches Vorgehen aber unabdingbar. So war zunächst sehr unklar, welche Form eine gemeinsame Politik in der Chemikalienkontrolle annehmen sollte. Erst Anfang 1976 wurden die Konturen einer kommunitären legislativen Aktivität sichtbar. Erst dann war klar, daβ eine gemeinsame Politik die Form einer Änderung der Richtlinie über Kennzeichnung und Verpackung gefährlicher Stoffe aus dem Jahre 1967 annehmen sollte. Diese Option, vertreten vom Kommissions-Direktorat "Binnenmarkt", bedeutete vom Ansatz her eine ressortübergreifende Lösung, welche praktisch ein Giftgesetz mit Arbeitsschutzvorschriften und einigen Umweltregelungen kombinieren wollte. Die generelle Kontrolle der Umweltwirksamkeit von Chemikalien sollte darin aber nur einen sehr beschränkten Platz erhalten. Diese "Marschroute" wurde sowohl vom BMJFG als auch vom BMA unterstützt. Beide waren schon seit langem an den Beratungen der inzwischen 5 Änderungen dieser Richtlinie beteiligt. Auch der VCI setzte sich für ein solches Vorgehen ein; schon im Jahr 1974 hatte der VCI ein vereinheitlichtes Giftgesetz begrüβt, das im Gesundheitsministerium vorbereitet worden war. Unter dem Hinweis auf Gesetzgebungsvorhaben in der Schweiz, Japan, Schweden und den USA kritisierte der Chemieverband aber die beabsichtigte Ausdehnung des Giftbegriffs auf alle gesundheitsschädlichen Stoffe. So heiβt es im VCI-Jahresbericht 1974/75: "Vor allem die bekanntgewordene Absicht, für alle Fertigwaren, die irgendwelche Giftstoffe enthalten, eine Zulassungspflicht einzuführen, erscheint recht praxisfremd, wenn man bedenkt, daβ bei gleichzeitiger Ausweitung des Giftbegriffs unter diese Kategorie viele Lacke, Klebstoffe, Haushaltsmittel und ähnliche Erzeugnisse fallen würden" (*VCI Jahresbericht* 1974/75:41).

Im Sommer 1975 hatte das Arzneimittelreferat im Gesundheitsministerium einen Entwurf für ein "Bundesgiftgesetz" erarbeitet, das ein Kontrollverfahren vorsah, nach dem alle gefährlichen Stoffe in einer Giftliste erfaβt werden sollten. Dieser Entwurf ging aber insofern über das traditionelle 'Listenprinzip' hinaus, als daβ eine generelle Anmelde- und Prüfungspflicht nach genormten Testverfahren eingeführt werden sollte. So sah §10 vor, daβ alle Stoffe und Zubereitungen bei der Herstellung nach einem bestimmten Prüfungsschema zu prüfen sind, welches vom Gesundheitsministerium im Zusammenwirken mit einem Sachverständigengremium festgelegt würde. Die Furcht des VCI, (*Jahresbericht* 1974/75:43), daβ "auch Aspekte des Umweltschutzes stärker Berücksichtigung finden" könnten, war aber zu der Zeit schon unbegründet, da der Gefahrenbegriff bzw. Giftbegriff im Entwurf relativ eng ausgelegt und vornehmlich auf akute Toxizität orientiert war: (§2) "Gifte im Sinne dieses Gesetzes sind Stoffe, die abhängig von der Menge und Zeit durch chemische Einwirkung auf den Menschen die Gesundheit schädigen oder den Tod herbeiführen können" (BMJFG 1975:9).

Auf europäischer Ebene gingen die Vorbereitungen für eine gemeinsame Politik in der Chemikalienkontrolle, zumindest in der Anfangsphase, zügig voran. Bereits im Februar 1976 hatte die Generaldirektion XI (Binnenmarkt) der EG-Kommission einen Entwurf zur Änderung der 6. Änderungsrichtlinie vorgelegt, welcher ein Anmeldeverfahren für chemische Stoffe vorsah. In diesem Entwurf war vorgesehen, daβ der Produzent jeden chemischen Stoff, der vermarktet werden sollte, nach einem bestimmten Schema zu prüfen hat und ihn entsprechend seiner Gefährlichkeitsmerkmale mit einem Klassifizierungsvorschlag zu versehen und einem speziell hierfür eingerichteten Sachverständigenausschuβ der Kommission zu melden hat. Dieser Ausschuβ hätte daraufhin die Unterlagen zu prüfen und der Kommission Bewertungsvorschläge zu machen. Würde der Stoff als gefährlich für Mensch und Umwelt eingestuft, würde er in eine spezielle Liste aufgenommen und entsprechenden Auflagen unterworfen. In bezug auf besonders gefährliche Stoffe sah dieser Entwurf begrenzte Eingriffsvollmachten vor. So wäre die Kommission dann befugt, Verwendungsbeschränkungen oder totale Verbote auszusprechen, wenn sich ein Stoff als besonders gefährlich erweisen würde (*Chemische Industrie* 28(1976)4,179).

Eine strengere Option, die verstärkt den Umweltschutzgedanken ins Zentrum rückte, vertrat das 'Umweltdirektorat', das vor allem von der französischen Regierung unterstützt wurde. Schon im Frühjahr hat dieses Generaldirektorat einen Richtlinienentwurf vorgelegt, in dem - ähnlich wie bei dem französischen Gesetzentwurf - für die umweltrelevanten Stoffe ein staatliches Zulassungsverfahren vor der Vermarktung vorgesehen war, wenn die Stoffe pro Hersteller in einer Menge über 500t/Jahr produziert werden, und die Humantoxizität des Stoffes einen bestimmten Schwellenwert überschreitet.

Nach den VCI-Jahresberichten waren im April 1976 noch die Haltungen der verschiedenen Mitgliedsländer sehr gegensätzlich. Die französische Regierung war eher zu einem Zulassungsverfahren vor Markteinführung geneigt. Eine ähnliche Haltung war bei den niederländischen und belgischen Regierungen zu beobachten gewesen. Dagegen waren die englische und die deutsche Regierung für ein noch nicht spezifiziertes Anmeldeverfahren beim Inverkehrbringen neuer Stoffe eingetreten und wollten die Kontrolle der Umweltchemikalien in der Eigenverantwortlichkeit der Industrie belassen. Im Mai 1976 schlieβlich hatten sich die Mitgliedsstaaten zumindest auf ein "pre-marketing notification"-System geeinigt. Wie ein Eingriffsverfahren im einzelnen operationalisiert werden würde, das gewährleisten könnte, daß als gefährlich erkannte Chemikalien wirksam kontrolliert und in ihrer Vermarktung und Verwendung beschränkt werden könnten, darüber herrschte noch Unklarheit. Nur Frankreich war bereit, die entsprechende Entscheidungskompetenz einem Komitee der Kommission zu übertragen. Die übrigen Mitgliedsstaaten wollten soweit nicht gehen und waren eher dafür, die Entscheidungsvollmacht nur beim intergouvernementalen Ministerrat anzusiedeln (*Europolitique* vom 1.6.76).

Am 8. September legte die Kommission dem Rat einen Richtlinienentwurf vor, der eine Anpassung der Direktive des Ministerrats vom 27.6.1967, die die Klassifikation, Verpackung und Kennzeichnung gefährlicher Substanzen regelte, vorsah (COM(76)433/final). Die Anpassung sollte eine neue Gefährlichkeitskategorie einführen: die Umweltschädlichkeit von Stoffen. Mit dem Ziel, umwelt- und gesundheitsschädigende Effekte von Chemikalien zu kontrollieren, sah der Entwurf vor, daß alle neu auf den Markt gebrachten Chemikalien zuvor nach bestimmten Verfahren getestet und mit den Testunterlagen bei den zuständigen nationalen Behörden spätestens zum Zeitpunkt der Vermarktung angemeldet werden sollten. Im Kommissionsentwurf hatte sich das Binnenmarkt-Direktorat gegenüber den EG-Umweltschützern durchgesetzt. So war nun kein Zulassungs-, sondern ein bloßes Anmeldeverfahren vorgesehen. Darüberhinaus teilte der nun gewählte 'ressortübergreifende Ansatz', welcher Arbeitsschutz-, Gesundheitsschutz- und Umweltschutzgesichtspunkte in einem einzigen gesetzlichen, gemeinsamen Rahmen regeln wollte, Umweltschutzzielen nur einen sehr begrenzten Stellenwert zu. Stoffe wie Pharmazeutika, Lebensmittelzusatzstoffe etc., die schon anderweitig geregelt waren, wurden aus der Anmeldepflicht herausgenommen. Ebenso wurden Stoffe für Forschung und Entwicklung von der Anmeldepflicht befreit, um das Innovationspotential der Chemischen Industrie nicht zu sehr zu beeinträchtigen. Erstaunlicherweise wurden die Prüfungsmethoden und -vorschriften schon sehr detailliert im Anhang des Entwurfs festgehalten. So waren u.a. Toxizitätstests auf akute, chronische und subchronische Wirkung, Tests auf Karzinogenese, Mutagenese, Tetratogenese vorgesehen. Darüberhinaus sah dieser Entwurf auch ökotoxikologische Tests an Bakterien, Algen, Fischen und Vögeln vor.

Interessanterweise war durch den Umstand, daß die EG nur Angelegenheiten, die Auswirkungen auf das Funktionieren des gemeinsamen Marktes haben, regeln kann, ein 'pre-marketing' Ansatz vorgezeichnet. Die Politikoption, wie die Amerikaner im TSCA, mit der Kontrolle schon bei der Herstellung eines Stoffes einzusetzen - was aus Arbeitsschutzgründen effektiver wäre - wurde damit durch die konstitutionelle Struktur der EG automatisch ausgeschaltet.

Wie schon angemerkt, war der VCI sowohl über die OECD-Verhandlungen, über direkte Konsultationen mit Gesundheitsministerium und BMA als auch über den CEFIC von Anfang an im Beratungsprozeß der Richtlinie beteiligt. Im April 1976, als der Richtlinienentwurf von der Kommission an den Ministerrat ging, reagierte der VCI-Präsident Sammet auf der VCI-Jahresversammlung Ende Oktober 1976 besorgt in bezug auf die Chemieinteressen: "Daß unsere Sorge vor zunehmendem Gesetzesperfektionismus nicht unberechtigt ist, zeigt der Vorschlag der EG-Kommission, alle neuen chemischen Stoffe einer Kontrolle zu unterwerfen. Zunächst ist dabei an eine Anmeldung bei der Kommission gedacht. Hierzu ist folgendes zu sagen: Eine staatliche Aufsicht und Kontrolle von chemischen Substanzen ist dort zu bejahen, wo wirklich allgemeines Interesse besteht. Das betrifft zum Beispiel Zulassungsvorschriften für Arzneimittel, Pflanzenschutzmittel oder Lebensmittelzusatzstoffe. Eine Notwendigkeit zu einem umfassenden Anmeldeverfahren für alle chemischen Substanzen ist in gar keiner Weise zu erkennen. Die Sicherheit der chemischen Erzeugnisse wird dadurch nicht verbessert. Weit wirkungsvoller ist der Versuch, für alle relevanten Chemikalien Sicherheitsdatenblätter zu erstellen, die auf den in eigener Verantwortung der Herstellung durchgeführten umfangreichen Prüfungen beruhen" (*Chemische Industrie* 28(1976/11:625). Diese "eigenverantwortliche Erfassung und Kontrolle " von sogenannten Umweltchemikalien mittels industrieeigener Datenerfassungsblätter kann als eine spezifische Strategie der Chemischen Industrie verstanden werden, um eine drohende staatliche Intervention in der Bundesrepublik abzuwehren. So heißt es in der VCI Zeitschrift *Chemische Industrie* (28(1976)4:180): "Die Durchsetzung dieses Konzepts der Eigenverantwortlichkeit der Industrie hat nur Aussicht auf Erfolg, wenn die chemische Industrie bereit ist, die Ergebnisse ihrer eigenen Prüfungen den in den Verkehr gebrachten neuen Stoffen in Form von Stoffdatenblättern beizufügen.(...) Es besteht kein Zweifel daran, daß bei einer einheitlichen Handhabung in der chemischen Industrie die Chancen für die Anerkennung der Selbstkontrolle am größten sind."

In einem internationalen Klima legislativer Aktivitäten in der Chemikalienkontrolle dürfte der VCI allerdings nie selbst daran geglaubt haben, eine solche Maximalforderung durchsetzen zu können. Das Selbstregulierungsangebot sollte deshalb auch nicht für bare Münze genommen werden, sondern muß eher als Signal für kooperatives Verhalten verstanden werden. Von diesem Hintergrund her ist dann auch zu verstehen, warum der Verband im selben Atemzug Konzessionen für ein eventuelles Chemikaliengesetz anbieten konnte: "Falls der Staat aus politischen Gründen, auf eine Anzeige neuer Stoffe nicht zu verzichten können glaubt, sollte eine solche Anmeldung beim Inverkehrbringen von bestimmten Kriterien, von der Stoffmenge und auch den Handhabungskategorien abhängen" (ebd.). Mindestens drei der Kernelemente der späteren 6. Änderungsrichtlinie und des späteren

Chemikaliengesetzes wurden damit, wenn auch noch wenig spezifiziert, schon so früh vom Chemieverband als Bedingungen genannt: das Stufenkonzept des Prüfungsschemas, das Anmeldeverfahren, der Vor-Vermarktungsansatz.

Der VCI vertrat diese Position auch auf europäischer Ebene über den europäischen Verband CEFIC. Dieser legte im Januar 1977 eine Stellungnahme zum Richtlinienentwurf der Kommission vor. Der CEFIC betonte dort generelle Kooperationsbereitschaft. Ein gemäßigtes Anmeldeverfahren, bei dem der Hersteller eine Chemikalie erst ab einer bestimmten Mengengrenze anmelden müsse, sei für die Chemische Industrie annehmbar: "Über die Vorlage eines einfachen Dossiers mit Daten herrscht Übereinstimmung. Diese Daten werden nach Mengenschwellen festgesetzt, und zwar in Übereinstimmung mit der Produktionsmenge, dem Verwendungszweck und den Eigenschaften des betreffenden Stoffes." Der europäische Chemieverband stellt daraufhin ein dreistufiges Stufenkonzept vor, nach dem aufwendige toxikologische Studien, insbesondere Langzeituntersuchungen, erst vorgeschrieben werden sollten, wenn ein Stoff in sehr großen Mengen auf den Markt gebracht wird. Ein weiterer wichtiger Punkt der CEFIC-Stellungsnahme betraf die Eingriffsermächtigung staatlicher Instanzen: "Die chemische Industrie würde es als unerwünscht betrachten, wenn die Anmeldung zu automatischen restriktiven Maßnahmen führen würde, die sich aus bloßen Verwaltungsprozeduren ergeben könnten. Sie glaubt deshalb mit Recht verlangen zu dürfen, daß jede Beschränkung beim Vermarkten einer Chemikalie durch gesetzliche Vorschriften oder durch Einwirkung des Rats erfolgen soll" (VCI-Verbandsmitteilung 20. Januar 1977).

Im Frühjahr 1977 nahmen auch der WSA und das europäische Parlament - die beide nur eine beratende Funktion im Gesetzgebungsprozeß der Europäischen Gemeinschaften haben - Stellung zum Kommissionsentwurf. Beide begrüßten das Vorhaben. Während aber die Stellungnahme des Europaparlaments vollkommen kritiklos war (die Änderung zweier Worte wurde empfohlen!) (OJ No. C 30/35 vom 7.2.77), machte der WSA immerhin einige kritische Anmerkungen. Der WSA bedauerte, daß der Entwurf nur neue Stoffe umfaßte und auch kein Zulassungsverfahren enthielt (OJ No. C 114/20 v. 11.5.77).

Zu diesem Zeitpunkt ist es wichtig, die Schnittstelle zwischen der nationalen und der europäischen Policy-Arena zu betrachten. Zur selben Zeit, als die Kommission ihren offiziellen Entwurf für die 6. Änderungsrichtlinie vorlegte, gab BMI-Staatssekretär Hartkopf vor dem Fachverband der Futtermittelindustrie in Mannheim (30.9.1976) zum ersten Mal die Absicht einer Gesetzesinitiative bekannt: " ... es (wird) ein Umweltchemikalien-Gesetz geben, für das in der nächsten Legislaturperiode die Vorarbeiten beginnen werden. Ziel dieses Gesetzes ist einerseits der Schutz der Umwelt und andererseits die Schaffung eines langfristigen Planungsinstrumentariums für Produzenten und Anwender solcher Chemikalien" (Hartkopf 1976:30).

Gesetzgebung in der nationalen Arena.

Die deutsche Gesetzesinitiative kann nicht getrennt von der EG-Entwicklung gesehen werden, sie muß direkt im Zusammenhang mit den Harmonisierungsbestrebungen der EG gesehen werden. An der Initiierung der gemeinschaftlichen Politik waren die Deutschen ihrerseits wieder maßgeblich beteiligt gewesen. Andererseits war der Kommissionsentwurf für deutsche Behörden und die deutsche Chemieindustrie zu restriktiv. Kurz nach der offiziellen Vorlage des Kommissionsentwurfs beauftragten die beiden Ministerien BMI und BMA deshalb zwei Experten ihrer nachgeordneten Behörden UBA und BAU, einen kompletten Gegenentwurf zu entwickeln. Ende 1976 und Anfang 1977 stellten UBA und BAU einen Entwurf für eine deutsche Stellungnahme hinsichtlich des Richtlinienentwurfs fertig, in dem der Stufenplan zum ersten Mal bis ins kleinste Detaill ausformuliert wurde. Das Prinzip der an Mengenschwellen orientierten Prüfungsschemata ging davon aus, daß - mit Ausnahmen - neue Chemikalien erst ab einer produzierten Jahresmenge von 2000 t geprüft und angemeldet werden sollten. Dabei sollten sich die Prüfungen auf dieser Ebene auf physikalisch-chemische Eigenschaften und akute toxische Wirkungen beschränken. Erst bei Erreichen eines Vermarktungsvolumens von 5000 t/p.a. sollten weitergehende Prüfungen, insbesondere auf langfristige toxische Wirkungen und Ökotoxizität, verlangt werden. Zur Konzeptionalisierung dieser Regelungsstrategie hatten intensive Beratungen zwischen dem VCI und den verschiedenen Bundesressorts stattgefunden. Die erste Besprechung fand am 14.12.1976 in der BAU, eine weitere am 17.12.1976 im BMI und am 16/17.1.1977 schließlich fand eine Anhörung in Bonn statt (UBA 1977). An den Beratungen von seiten des VCI war hier besonders Dr. Broecker von der Firma Hoechst beteiligt, der sowohl im Fachausschuß für Umweltchemikalien des VCI als auch im CEFIC-Ausschuß Safety of Chemicals Mitglied war. Der Entwurf wurde im Februar von der Firma Hoechst ins Englische übersetzt und von Vertretern des UBA auf einem dem OECD-Chemicals Group Meeting im Juni 1977 vorgeschalteten Treffen der EG- Mitgliedsstaaten, auf dem eine gemeinsame Position zu dem im Januar desselben Jahres in Kraft getretenen US TSCA entwickelt werden sollte, vorgelegt. Interessanterweise war bis dahin die sonst sehr einflußreiche IG-Chemie noch nicht in die Beratungen eingeschaltet gewesen. Über irgendwelche "Kanäle" bekam die IGCPK dieses Papier zugespielt und entdeckte, daß die Bundesregierung mit dem VCI in allen Einzelheiten ein Regelungskonzept entwickelt hatte (*Bild der Wissenschaft* 5. 1979:154). Mit dieser Entdeckung ging die Chemie-Gewerkschaft an die Öffentlichkeit. Im Januar 1978 griff der *Spiegel* diese Geschichte auf. Unter der Überschrift "Trickreiche Lobby" meldete er: "Die IG-Chemie wirft der Bundesregierung vor, sie paktiere mit der Chemieindustrie und wolle eine EG-Vorschrift über die Prüfung und Anmeldepflicht neuer chemischer Stoffe verwässern. (...) Als die Deutschen im letzten Jahr auf einer Konferenz in Paris ihren Gegenvorschlag präsentierten, unterlief den Beamten eine peinliche Panne. Das Papier trug im Kopf die Ortsangabe "Frankfurt-Hoechst" und entpuppte sich als Vorschlag des Verbandes der Chemie-Industrie (VCI), der bei den Farbwerken Hoechst ins Englische übersetzt worden war "(*Der Spiegel* v.9.1.1978).

Die IG-Chemie war offensichtlich konsterniert, bisher nicht gebührend in den Beratungsprozeß einbezogen gewesen zu sein. Zwar hätte sie prinzipiell über die Plenarsitzung des WSA (über die Verbindungslinie DGB und EGB) und über die Beratung im EP (über SPD-Abgeordnete und Gewerkschaftsfunktionäre, die EP-Abgeordnete sind) von den Beratungen zur EG-Änderungsrichtlinie erfahren haben können. Darüberhinaus gab es einige Presseveröffentlichungen in der Bundesrepublik über das EG-Vorhaben (*Welt* 30.10. 1976; *Handelsblatt* vom 2.11. 1976). All' diese Zeichen wurden offenbar von der "Monitoring"-Abteilung der IG-Chemie übersehen. Zu diesem Zeitpunkt gab es sicherlich auch noch keine institutionalisierte Aufmerksamkeit innerhalb der Chemiegewerkschaft für diesen Regulierungsbereich. Ihren einzigen Spezialisten, den Chemiker Albracht, hatte sie erst im Jahre 1977 eingestellt. Albracht beschrieb die Einschaltung der Chemie Gewerkschaft später wie folgt: "Wir erfuhren von dem Gesetzentwurf in diesem Umfang erst, als die Bundesregierung bereits mit dem in allen Einzelheiten sehr deutlich von der Industrie vorgezeichneten, alten deutschen Stufenplan nach Brüssel ging ..." (*Bild der Wissenschaft* 5(1979): 154).

Anfang 1978 ging die IG-Chemie dann in die Offensive und startete eine breit angelegte, sowohl intraorganisatorische als auch nach außen gerichtete Öffentlichkeitskampagne. Sie machte darüberhinaus verschiedene Eingaben bei EG, Bundeskanzleramt und Ministerien, in Zukunft gebührender beteiligt zu werden (Damaschke 1984:80). Auf europäischer Ebene organisierte sie ein Treffen des ICEF-Koordinationsausschusses, auf dem eine einheitliche Meinung der europäischen Chemiegewerkschaften zur Problematik der "gefährlichen Stoffe" in Form einer Resolution verabschiedet wurde, worin insbesondere der Stufenplan zurückgewiesen wurde (Albracht 1980). Im Hinblick auf die Sensibilisierung der öffentlichen Aufmerksamkeit für die Chemikalienproblematik war die Mobilisierungsaktion der IG-Chemie relativ erfolgreich. Die Berichterstattung in der Presse, im Jahre 1977 noch sehr zaghaft, nahm im Laufe des Jahres 1978 sprunghaft zu. Darüber hinaus hatte diese aber noch einen anderen Effekt - und zwar auf die Partizipationsstruktur. Die IGCPK wurde von nun an - neben dem VCI - in sämtliche wichtige Beratungen einbezogen. So war ihr Experte Albracht sogar in einer OECD-Arbeitsgruppe beteiligt und konnte an der Internationalen Konferenz für Chemikalienkontrolle in Stockholm im Frühjahr 1978 teilnehmen, zu der sonst keine Gewerkschaftsvertreter eingeladen waren.

Gleichzeitig mit der Erarbeitung des deutschen Stufenplans begannen im BMI Vorarbeiten zu einem Referentenentwurf für ein 'Umweltchemikaliengesetz'. Anfang Dezember 1976 waren in den Koalitionsvereinbarungen zur neuen Legislaturperiode schon Abmachungen zwischen SPD und FDP für ein Gesetz im Umweltchemikalienbereich getroffen worden. Im Frühjahr 1977 hatte das BMI-Referat U-II 9 die erste Version eines Entwurfs für ein 'Umweltchemikaliengesetz - UChemG' vorgelegt; im August 1977 schon die zweite. Dieses Gesetz sollte "Menschen sowie Tiere (..) vor umweltgefährdenden Einwirkungen durch Stoffe und Zubereitungen schützen, die als Erzeugnisse in den Verkehr gebracht werden (§1)". Dieser Entwurf enthielt ein Anmeldeverfahren vor der Vermarktung, den Stufenplan, aber noch keine Präzisierung bezüglich der Behandlung der Altstoffe. Was die konkreten Prüfungsanforderungen betrifft, so sollte diese Festlegung der Bundesregierung mittels einer Rechtsverordnungsermächtigung delegiert werden; daß aber die Prüfungen von der Vermarktungsmenge abhängig sein würden, war schon im Entwurf vermerkt. Diese Elemente waren soweit relativ kompatibel zum EG-Entwurf. Der BMI-Entwurf ging aber insofern über den Richtlinien-Entwurf hinaus, als er großen Nachdruck auf die Kategorie der 'umweltgefährdenden Stoffe' legte, worunter Substanzen gefaßt waren, "die selbst oder deren Zerfallsprodukte aufgrund ihrer Menge, Verbreitung, Toxizität, Persistenz, Bioakkumulationsfähigkeit umweltgefährliche Wirkungen herbeiführen können"(§3 Abs.3).

Wie weiter oben vermerkt wurde, war die bundesdeutsche Chemische Industrie schon immer gegen eine Ausweitung des Gefährdungsbegriffs auf den Umweltbereich gewesen. Die Chemische Industrie hatte daher kein Interesse an einem 'Umweltchemikaliengesetz'. Gegen ein derartiges Regelungsvorhaben hatte der Chemieverband langjährige 'Verbündete' innerhalb der deutschen Ministerialbürokratie mobilisieren können. Dies waren das Gesundheitsministerium (BMJFG) und das Arbeitsministerium (BMA). Das BMJFG versuchte ja schon seit langem ein 'Bundesgiftgesetz' durchzusetzen und hatte 1975 hierzu auch einen Entwurf vorbereitet. In diesem Entwurf wollte es letztlich auch die sogenannten 'Umweltchemikalien' abdecken, zielte im wesentlichen aber nur auf akut toxische Stoffe. Am 23. August 1977 entschied das Gesundheitsministerium bei einem *jour fixe*, dem Innenministerium die Gesetzesinitiative streitig zu machen und als Gegenzug einen Gesetzesentwurf zu entwickeln, der sich nicht nur auf Umweltschutzgesichtspunkte beschränken, sondern ein einheitliches Regelungskonzept gegenüber gefährlichen Stoffen bringen sollte, welches also ressortübergreifend Umweltschutz-, Arbeitsschutz- und Gesundheitsschutzregelungen unter einem Dach zusammenzufassen beabsichtigte.

Während dessen gingen die Arbeiten am Entwurf eines Umweltchemikalien-Gesetzentwurfs im Innenministerium weiter, und im Dezember 1977 hatte dieses Ministerium einen relativ ausgearbeiten Entwurf fertiggestellt, der im Januar dann mit der Begründung der Zuständigkeit an die anderen Ressorts übersandt wurde. Das BMJFG schaltete daraufhin das BMA ein, welches sich dann bereit erklärte, mit dem Gesundheitsministerium ein gemeinsames Gesetz für Gesundheit und Umweltschutz vorzubereiten, falls sich das Innenministerium gegen einen ressortübergreifenden Ansatz sperren sollte. Angesichts dieser Allianz mußte das Innenministerium einlenken. Im März schlossen die drei Ministerien auf Staatssekretärsebene deshalb einen Kompromiß, in dem eine gemeinsame Federführung des Gesetzgebungsprozesses von Gesundheitsministerium und Innenministerium festgelegt wurde. Bezüglich der internationalen Vertretung für gefährliche Stoffe einigte man sich darauf, daß das Gesundheitsministerium die Federführung für den EG-Bereich und das Innenministerium für den OECD-Bereich besitzen sollte.

US-Intervention in die europäische Harmonisierungspolitik

Aus einem internen Planungspapier des Umweltbundesamtes läßt sich entnehmen, daß sich Innenministerium und UBA über die OECD einen wirksameren Einfluß auf die europäische und internationale Politikharmonisierung versprachen als innerhalb der EG. Diese Einschätzung bliebe unverständlich - da ja die EG viel größere Kompetenzen hinsichtlich der Durchsetzung bestimmter internationaler Abkommen auf der Ebene seiner Mitgliedstaaten besitzt, als die OECD - wenn eine bedeutende Veränderung in der 'internationalen Arena der Chemikalienkontrolle' übersehen werden würde: Im Jahr 1977 betreten auch die Amerikaner die europäische Arena der Chemikalienkontrolle.

Im Oktober 1976 hatte der amerikanische Kongreß als eines seiner letzten Gesetzgebungsverfahren dieser Legislaturperiode noch das TSCA verabschiedet. Das Gesetz trat am 1.1.1977 in Kraft und etwa zur selben Zeit wurde auch die Carter-Administration in die Amtsgeschäfte eingeführt. Mit Präsident Carter kamen viele Umweltschützer in Regierungsstellen. Die zweithöchste Position im US-Umweltamt EPA (die des stellvertretenden Administrators) wurde beispielsweise mit einer Umweltschützerin besetzt, die auch für die Implementation des TSCA zuständig sein sollte. Von seiten der deutschen Chemieindustrie wurde deshalb davon ausgegangen, daß das TSCA, bisher nur ein Rahmengesetz, auf jeden Fall und in seiner vollen Schärfe implementiert würde *(Chemische Industrie* 30(1978)1,25). Um die befürchtete Wettbewerbsverzerrung zwischen der strikter regulierten US-Chemieindustrie und der von regulativen Lasten noch freien, europäischen Chemie zu vermindern oder abzupuffern, hatten die Amerikaner sofort auf die Strategie der Internationalisierung ihres Chemikaliengesetzes TSCA gesetzt. Die USA nutzten dabei sowohl die Kommunikationsnetze internationaler Organisationen als auch direkte Kontakte zwischen EPA, EG-Kommission und UBA. Auch die amerikanischen Umweltschützer waren sehr aktiv: vom Aufbau von Beziehungen zur europäischen Umweltszene bis zur Gründung von einschlägigen Zeitschriften. Eine Zeitschrift der europäischen Chemieindustrie zitiert einen italienischen Chemiemanager mit dem Satz: "The EPA sent assault troops to negotiate. We got the idea that the U.S. industry was superior ecologically. That is not true."

Die bis zu diesem Zeitpunkt erkennbaren Konturen der 6. Änderungsrichtlinie wichen in vielen Punkten erheblich von den relativ restriktiven Bestimmungen des US-TSCA ab. Entgegen einem bloßen Anmeldeverfahren sah TSCA ein Quasi-Zulassungsverfahren vor, und es setzte nicht erst vor der Vermarktung sondern schon bei der Herstellung von chemischen Stoffen ein. Darüber hinaus deckte das US-Gesetz nicht nur neue Stoffe ab, sondern umfaßte prinzipiell alle Chemikalien, die hergestellt, verkauft und verwendet wurden (Schneider 1985; Dominguez 1979; Jenkins 1980).

Ganz generell betrachtet sind die effektivsten transatlantischen intergouvernementalen Kanäle zur Intrusion von Politikthemen in die europäische Arena die Verbindungen über OECD und NATO. Interessanterweise brachten die Amerikaner in beiden Organisationen dieses Issue auf die Tagesordnung europäischer Regierungen: einerseits auf der Plenarsitzung des Nato-Umweltausschusses im Frühjahr 1977 (*Revue de l'Otan* 25(1977) 6,20), andererseits innerhalb der OECD. Auf dem Juni-Treffen der Chemicals Group in Paris erklärten die Amerikaner die Vorschriften des TSCA und ihre Auswirkungen auf die europäische Chemieindustrie und vermittelten für viele europäische Industrielle den Eindruck, daß der US-Markt für europäische Chemieprodukte bald geschlossen sein würde (Interview). Wilkinson (1980:487) zitiert in diesem Zusammenhang einen US-Beamten, der meinte, die US-Dominanz in den OECD-Meetings dieser Zeit hätte einige EG-Länder irritiert. Schon im Monat darauf, am 7. Juli verabschiedete der OECD-Rat eine Empfehlung für harmonisierte Verfahren zur Chemikalienkontrolle (OECD1979:98ff.). Auf der Basis dieser Empfehlung richtete die OECD im Herbst desselben Jahres ein "Chemical Testing Program" ein, in dem in sechs Expertengruppen Testverfahren zwischen den westlichen Industrieländern im allgemeinen, und zwischen den USA und der EG im besonderen, harmonisiert werden sollten. Darüberhinaus fanden auch direkte Gespräche zwischen den USA und der EG in bezug auf den Abbau bzw. die Vermeidung potentieller Handelsbarrieren statt (Kenis/Schneider 1987).

Die Verhandlungen innerhalb der OECD einerseits, und die EG-Verhandlungen bezüglich der 6. Änderungsrichtlinie im Jahre 1977 und Anfang 1978 andererseits, erschienen den USA offenbar zu zähflüssig. Unterstützt durch die schwedische Regierung initiierten sie deshalb eine sogenannte *high level conference* in Hässelby bei Stockholm, um die Harmonisierungsanstrengungen zu beschleunigen und zu erweitern, "because the OECD was moving slowly", wie es in einem gemeinsamen Bericht des bundesdeutschen Ökoinstituts und des amerikanischen Natural Resources Defence Council (NRDC 1979a:26) heißt. Welche Rolle die Bundesrepublik hier gespielt hat, ist relativ unklar. Der ehemalige Staatssekretär Hartkopf meinte in einem Interview, daß diese Konferenz praktisch von EPA-Chef Costle und ihm organisiert worden sei - obwohl er hierzu keinen Auftrag von der Bundesregierung besessen hätte. In einer Rede vom 12.6.1980 beschreibt er die Wirkung der Stockholm Konferenz wie folgt: "Aber dann fand im April 1978 in Stockholm eine Konferenz der politischen Experten der wichtigsten Industriestaaten statt, die auch auf meine Initiative - wenn damals noch ohne Mandat - einberufen worden ist. Hier gelang es, in einer Zangenbewegung von USA, Skandinavien und uns, den großen Durchbruch zu erreichen. Denn bei diesem Treffen wurde allen Teilnehmern endlich bewußt, daß harmonisierte Regelungen über das Inverkehrbringen von Chemikalien von hoher Bedeutung für die Wirtschaftspolitik eines jeden einzelnen Landes sind." Vor dem Hintergrund der schwierigen Position, welche das Innenministerium in der nationalen Gesetzgebungsarena hatte, ist diese Strategie verständlich: Wie Hartkopf hier diese Aktion als "Zangenbewegung" beschrieb, so erhoffte das Innenministerium offensichtlich in der internationalen Arena mit Hilfe internationaler Alliierter Gefechte zu gewinnen, welche seine Position in der nationalen Gesetzgebungsarena verstärken sollten. Die Konferenz war offenbar ein Erfolg. Vertreter aus 15 Industrieländern und einiger internationaler Organisationen - darunter je ein Vertreter des VCI und der IG-Chemie - nahmen daran teil.

Ergebnis der Konferenz war, sich in der internationalen Politikharmonisierung zukünftig auf vier Bereiche zu konzentrieren: auf das Problem der Harmonisierung von Testvorschriften, das ja schon im OECD Testing-Program bearbeitet wurde, zweitens auf die Entwicklung abgestimmter Standards in bezug auf anerkannte Laborpraktiken ("Good Laboratory Practice"), drittens auf die Entwicklung von Datenaustauschsystemen in diesem Bereich und viertens die Erarbeitung von Lösungsansätzen für das Problem der Geheimhaltung von Test- und Anmeldedaten. Eine wichtige Übereinkunft der Konferenz war auch, daß die OECD für diese Aufgaben als das zuständige internationale Gremium betrachtet wurde. In der Abschluß-Erklärung der Teilnehmer heißt es: "the meeting recognized that the OECD was the appropriate forum in which expedient action should be taken in some of the priority areas identified above. Several nations confirmed their willingness to contribute resources to enable expanded activities to be carried out within the OECD" (unveröffentlichtes Protokoll). Im selben Jahr wurde daraufhin das OECD Chemicals Testing Program erweitert und der bisherige für Chemikalienkontrolle zuständige Verwaltungsstab innerhalb der Umweltabteilung aufgestockt. Mittlerweile hatte sich die deutsche Regierung, im Verein mit der deutschen Chemieindustrie, mit ihrem Stufenplan in der EG-Verhandlungsarena schon weitgehend durchgesetzt. Schon zu dieser Zeit wurde ersichtlich, daß die geplanten Regelungen in der EG aus der Sicht der Industrie eine relativ "günstige Bilanz geben würden." Es werde kein staatliches Zulassungsverfahren, sondern lediglich eine Anmeldung beim Inverkehrbringen vorgesehen, meldete der im Sommer 1978 erscheinende *VCI-Jahresbericht* 1977/78. Die EG plane auch keine Regelungen für schon auf dem Markt befindliche Stoffe. Es sei nicht einmal - wie beispielsweise in den USA, Japan und Schweden - die Aufstellung eines Altstoff-Inventars beabsichtigt. Die Einstufung und Kennzeichnung der neuen, gefährlichen Stoffe würde weiterhin - nach vorgegebenen Kriterien - in der Eigenverantwortung der Hersteller bleiben. Der Gegenvorschlag der Bundesregierung sei zwar grundsätzlich positiv in Brüssel aufgenommen worden, die inzwischen erfolgten Beratungen hätten jedoch gezeigt, daß die anderen Regierungen in vielen Punkten abweichende Vorstellungen gehabt hätten. Eine uneingeschänkte Annahme des deutschen Vorschlags sei daher nicht zu erwarten. Insbesondere stoße der Stufenplan auf Widerstand anderer Staaten. Nur Großbritannien hätte eine ähnliche Position. Das Prinzip der gestuften Prüfung sei jedoch grundsätzlich akzeptiert. Alle Delegationen, mit Ausnahme der deutschen, seien für die Einbeziehung der subakuten Toxizität und spezifische Arten von Ökotoxizität in die Grundprüfung. Hinsichtlich der "Verteidigungsstrategie" schrieb der Chemieverband zu dieser Zeit, daß er weiterhin auf dem Stufenplan beharren würde, und zwar sowohl bezüglich des Anmeldeverfahrens als auch der Prüfungsanforderungen. Die Bundesregierung schließe sich weiterhin dieser Auffassung an und signalisiere Zusammenarbeit. Daß allerdings in bezug auf die Höhe der Mengenstufen Konzessionen in Brüssel gemacht werden müßten, lasse sich jetzt nicht mehr ausschließen, hieß es im VCI-Jahresbericht.

Im Laufe des Jahres 1978 veröffentlichte die US Umweltbehörde die ersten Verordnungsentwürfe (regulations) zur Implementation des TSCA. Das amerikanische Verfahren zum Erlaß von Durchführungsverordnungen sieht vor, daß die EPA jeden Verordnungsentwurf im Federal Register zu veröffentlichen hat, um interessierten Personen die Möglichkeit zu geben, an dem Verfahren durch Einreichung von schriftlichen Stellungnahmen teilzunehmen. Auch die EG-Kommission wurde an diesem Verfahren beteiligt und hatte von 1978 bis 1981 dem EPA elf Stellungnahmen zukommen lassen und dabei die Interessen des Gemeinsamen Marktes vertreten (COM(81)69).

Die Verhandlungen zwischen Kommission und EPA hatten aus mehrerlei Gründen eine beschleunigende Wirkung auf den legislativen Prozeß der 6. Änderungsrichtlinie. Einige Mitgliedsstaaten sahen in der Anpassungsrichtlinie eine Strategie, in der die Verabschiedung dieser Richtlinie erst eine rechtliche Verhandlungsgrundlage mit den Amerikanern schaffen sollte

(Wilkinson 1980:473, Kenis/Schneider 1987). Die USA selbst hatte im Hinblick auf die eigene Chemieindustrie ein genuines Interesse, die EG auf die Verabschiedung einer "harmonisierten" Direktive zu drängen. Verschiedene Stimmen in den USA wiesen auf das Dilemma zwischen 'weichen Importregelungen', welche Umwelt- und Gesundheitsschutzziele gefährden würden, und andererseits der konsequenten TSCA-Anwendung hin, welche unweigerlich zu Barrieren im Chemiehandel führen würde, sofern die Importeure nicht selbst angemessene Produktsicherheitsstandards einführten. Ein Beispiel ist Gabbay (1977:490): "Where imported toxic substances are regulated less strictly than domestic toxic substances, the United States may be subjected to increase risks to health and environment and may be sustain increased deficits in the balance of trade. On the other hand, when American regulations are equally applied to imports, the cost of compliance by foreign producers may significantly greater than the costs of compliance by domestic Producers. The disadvantage for foreign manufacturers may constitute a trade barrier in conflict with American international trade policies and American obligations under the General Agreement on Tariffs and Trade (GATT)". In einem solchen Kontext war für viele EG-Mitgliedsländer die 6. Änderung daher im wesentlichen keine gesundheitspolitische oder umweltpolitische Maßnahme, sondern eine Art Gegenleistung für die USA, um potentielle Handelsbarrieren für Euro-Chemikalien in den USA zu verhindern. In dem schon zitierten NRDC-Bericht heißt es sehr überzeugend: "The EEC's understanding of harmonization means, to paraphrase one official, that they could test a chemical according to the precepts of the 6th modification, evaluate the substance and be able to market it in the U.S. as 'acceptable' without being required to conduct any further testing"(S.33)). Eine andere Quelle gibt vielsagenden Einblick in das Industrie-Verständnis der euroamerikanischen Politikharmonisierung: In der VCI-Zeitschrift *Europa Chemie* ((11/1978: 159) heißt es: "Diese Bestrebungen sind nicht unproblematisch, weil die Gefahr besteht, daß die extensiven amerikanischen Bestimmungen über diesen Weg auch in europäische Gesetze und Verordnungen gelangen".

Die Amerikaner verstanden unter Harmonisierung natürlich Annäherung an den amerikanischen Regulierungsstandard (Internationalisierung von TSCA!) und versuchten daher in verschiedensten Formen, auf eine striktere 6. Änderungsrichtlinie Einfluß zu nehmen. Eine Form war die Pflege von Direktkontakten zu anderen Alliierten in der europäischen Arena, besonders zum UBA und zum Innenministerium. Im Sommer 1978 beispielsweise lud die Conservation Foundation eine deutsche Delegation unter der Leitung des Umweltbundesamtes nach Washington ein (Rehbinder 1978b). Eine andere Form war die organisatorische Unterstützung der europäischen Umweltbewegung durch amerikanische Umweltgruppen und andere Institutionen (z.B. German Marshall Fund). In dem schon erwähnten Bericht der

US-Umweltschützer vom NRDC heißt es in diesem Zusammenhang sehr vielsagend: "We are being accused of attempting to internationalize TSCA. If that means, the US is encouraging the adoption of more rigorous technical evaluations standards worldwide by example, then that's probably true and is probably not a bad thing"(NRDC 1979a:35).

Gesetzesformulierung in der korporatistischen Arena

In der nationalen Policy-Arena müssen die Konflikte zwischen Innenministerium und Gesundheitsministerium im Frühjahr 1978 relativ unversöhnlich gewesen sein. Die Interessendivergenzen hinsichtlich einer ressortübergreifenden vs. einer nur auf den Umweltschutz bezogenen Lösung brachen wieder auf, und die Einigung über eine gemeinsame Federführung wurde wieder in Frage gestellt. Beide Ministerien führten getrennt die Arbeit an ihren verschiedenen Gesetzeskonzeptionen weiter. Im Gesundheitsministerium erarbeitete das zuständige Referat 354 unter Dr. Schmidt-Heck einen Entwurf für ein "Gesetz über gefährliche Stoffe". Hierbei handelte es sich im wesentlichen um eine überarbeitete Version des Bundesgiftgesetzentwurfs aus dem Jahre 1975, in den sowohl bisher erhaltene Stellungnahmen dazu, Passagen aus dem Innenministerium-Entwurf für ein Umweltchemikaliengesetz und wesentliche Vorschriften der Arbeitsstoffverordnung eingearbeitet wurden. Dieser Entwurf konnte Mitte Mai vorgelegt werden. Etwa gleichzeitig wurde vom Bundeskanzler festgelegt, daß in einer Kabinettssitzung Anfang September 1978 Grundsätze für ein solches Gesetz beraten werden sollten. Die drei beteiligten Ministerien Gesundheitsministerium, BMA, Innenministerium einigten sich deshalb, eine gemeinsame Kabinettsvorlage vorzubereiten. Zwischen Innenministerium und Gesundheitsministerium herrschten jedoch weiterhin Divergenzen hinsichtlich der Behandlung der Umweltschutzziele. Während das Innenministerium sich für die Überprüfung toxischer Langzeitwirkungen stark machte, wollte das Gesundheitsministerium, ganz offensichtlich in Anlehnung an die Industrieinteressen, in der sogenannten Grundprüfung, die alle neuen Chemikalien passieren sollten, nur eine Überprüfung akuter Toxizität verlangen. Die guten Beziehungen zwischen Gesundheitsministerium, BMA und der Chemischen Industrie - vertreten durch den VCI - erklären sich durch die langjährige Kooperation dieser Policy-Akteure in dem weitverzweigten Gremiennetz auf OECD-, EG-, Gesundheitsschutz- und Arbeitsschutzebene.

Im Juni 1978 wurde eine Interministerielle Arbeitsgruppe eingerichtet, welche die Kooperation zwischen den Ministerien organisatorisch abstützen sollte. Zu den bisher beteiligten Ministerien stieß mittlerweile auch das BML, das sich als Wächter der Natur-Interessen ebenfalls zuständig für den Gesetzgebungsprozeß sah. Das Gesundheitsministerium und das Innenministerium sollten gemeinsam die Federführung innehaben, wobei die Geschäftsführung in einem halbjährigen Turnus zwischen beiden wechseln sollte. Zunächst war geplant, daß das Innenministerium die Federführung übernimmt, welche aber dann zum 1. Januar 1979 zum Gesundheitsministerium wechseln sollte. In dieser Arbeitsgruppe wurde auch die Kabinettsvorlage für September 1978 erarbeitet. Darin wurden die konkurrierenden Thesen der beiden konfliktären Parteien dargestellt: während, wie vermerkt, das Gesundheitsministerium eine mit der in der EG verhandelten Richtlinie konform gehende und ressortübergreifende Lösung vorschlug, wollte das Innenministerium ein reines Umweltchemikaliengesetz durchsetzen (die sogenannte kleine Lösung). Am 6.9. 1978 beriet das Kabinett über die Grundzüge des neuen Gesetzes und entschied sich für 'die ressortübergreifende Lösung'. Hinsichtlich der übrigen, schon lange mit der Industrie abgestimmten Kernelemente herrschte keine Meinungsverschiedenheit: das Anmeldeverfahren vor der Vermarktung, der Stufenplan und die Beschränkung des Gesetzes im wesentlichen auf neue Stoffe. Lediglich auf der Ebene der Testanforderungen der Grundprüfung bestanden Divergenzen: Innenministerium und Umweltbundesamt wollten Prüfungen auf subakute Toxizität und ökologische Tests schon in das Basis-Prüfungs-Set einbeziehen, wogegen sich die Chemische Industrie mit aller Kraft wehrte und beim BMJFG und BMA Verbündete fand.

Diese Position vertrat die deutsche Delegation auch in den EG-Verhandlungen um die 6. Anpassungsrichtlinie, worauf sich die Chemische Industrie deswegen gerne berief. Im März 1978 schon hatte Dr. Peine, stellvertretender Vorsitzender des Fachausschusses Umweltchemikalien des VCI, erklärt, daß eine nationale Gesetzgebung der 6. Änderung der EG-Richtlinie für gefährliche Stoffe vom 27.6.1967 nicht vorgreifen solle und die Gesetzgebung, wie in der EG, ressortübergreifend zu regeln sei (*Chemische Industrie* 30(1978)3:117). In derselben Zeitschrift erklärte der Industrieexperte Broecker (VCI/CEFIC/Hoechst) im Oktober 1978 nun nach dem Kabinettsentscheid: "Die Chemie erkennt gerne an, daß der Wunsch, das Prüf- und Anmeldeverfahren ressortübergreifend zu gestalten, im wesentlichen von der Regierung akzeptiert worden ist." Zur Frage der Prüfungen antwortete Dr. Broecker, daß eine erschöpfende toxikologische und ökologische Prüfung jedes neuen Stoffes weder finanziell noch zeitlich machbar wäre. Er berief sich deshalb auf das Stufenkonzept der deutschen Position bei den EG-Verhandlungen, welches vorsah, mit einem Minimalprogramm, das finanziell tragbar sei und das Risiko im allgemeinen genügend abdecke, anzufangen und weitere Prüfungen (insbesondere Langzeitprüfungen) dann vorzuschreiben, wenn die Produktion des Stoffes eine höhere Exposition erwarten lasse (*Chemische Industrie* 30(1978)10:55).

Mit der Kabinettsentscheidung im Herbst 1978 hatte sich der VCI dann wieder einmal durchgesetzt. Im *VCI-Jahresbericht* 1978/79 heißt es zu dieser Kabinettsentscheidung: "Angesichts der Tatsache, daß im Bundesinnenministerium bereits an einem Umweltchemikaliengesetz gearbeitet wurde, im Bundesgesundheitsministerium ein Bundesgiftgesetz geplant war und im Bundesarbeitsministerium die Novellierung der Verordnung über gefährliche Arbeitsstoffe vorbereitet wurde, kam es für den Chemieverband entscheidend darauf an, für diesen gesamten Komplex der gefährlichen Stoffe eine praktikable Konzeption zu finden. Um Überschneidungen und Doppelregelungen zu vermeiden, hat sich der Chemieverband schließlich für eine einheitliche, ressortübergreifende, umfassende Lösung mit gemeinsamen Stoffkriterien, Prüfmethoden und Anmeldeverfahren und einer einzigen Anmeldestelle entschieden. Diese Konzeption hat sich inzwischen eindeutig durchgesetzt" (VCI (1978/9:50).

Die Kabinettsentscheidung stieß nicht nur innerhalb der Regierung auf Kritik, auch von den Umweltverbänden, die zum ersten Mal sichtbar in der Politikarena in Aktion traten, wurde scharfe Kritik am Gesetzgebungsvorhaben geübt. Sowohl der Bürgerinitiativen-Verband BBU als auch der BUND veröffentlichten Pressemitteilungen, die in den Medien lebhaftes Echo fanden (*Frankfurter Rundschau* 14. Sept. 1978; *Frankfurter Allgemeine Zeitung* 5. Sept. 1978). Angesichts der relativ geringen Erfolgaussichten, innerhalb Regierung und Verwaltung gegen die BMJFG/BMA/VCI-Koalition eine eher umweltschutzorientierte Gesetzeskonzeption durchsetzen zu können, entschied das Innenministerium, in die Offensive zu gehen und regierungsexterne Alliierte auf die politische Bühne zu bringen. Einerseits wurde der Sachverständigenausschuß für Umweltfragen eingeschaltet, andererseits versuchte das Innenministerium über die Presse Umweltverbände, Bürgerinitiativen und interessierte Öffentlichkeit zu mobilisieren. Zu diesem Zweck wies BMI-Staatssekretär Hartkopf in einer Umweltschutz-Fachtagung des Management Instituts Hohenstein am 30. Oktober 1978 in einer unüblichen Schärfe auf die Notwendigkeit eines Umweltchemikaliengesetzes hin. In einer Rede unter dem alarmierenden Thema: "Chemikaliengesetzgebung - Rettung in letzer Stunde?" bezeichnete er das Chemikalienproblem als "Zeitbombe der chemischen Verseuchung", die in ihrem Gefahrenpotential das Kernenergieproblem weit in den Schatten stelle und daher schnellstes und wirkungsvolles Handeln erfordere. Gleichzeitig beschuldigte er die "Chemische Industrie und ihre Hilfstruppen innerhalb und außerhalb der Regierungen", notwendige Regelungen verhindern zu wollen (*Umwelt* 65/ 28.11.1978:2). In den folgenden Tagen und Wochen war das Chemikalienproblem in den Schlagzeilen, und selbst Provinzzeitungen hatten die "Chemische Verseuchung" oder "Chemie-Zeitbombe" im Titel. Dies mobilisierte die Umweltschützer. So kündigte der BUND einige Wochen später eine "langfristig angelegte Kampagne als Begleitmusik im vorparlamentarischen Raum" an (*Stuttgarter Zeitung* 1.12.1978).

In der interministeriellen Arbeitsgruppe, in der intensiv an einem Gesetzesentwurf gearbeitet wurde, in welchen die Kabinettsbeschlüsse bezüglich eines ressortübergreifenden Ansatzes eingearbeitet wurden, war das

Innenministerium in dieser Zeit federführend. Am 13. November konnte es eine Vorabversion an verschiedene beteiligte Behörden und betroffene Interessenverbände schicken. Dieser Vorentwurf war interessanterweise - nach Aussage des Innenministers - nicht mit den übrigen beteiligten Ministerien abgestimmt (*Bulletin der Bundesregierung* 12/31.1.1979:103). Mit den eingegangenen Stellungnahmen der Interessenorganisationen wurde der Entwurf dann leicht überarbeitet. Der Entwurf wurde dann vom BMI am 13.12.1978 unter dem Titel "Rohentwurf eines Gesetzes zum Schutz vor gefährlichen Stoffen (Chemikaliengesetz - ChemG)" vorgelegt. Das Innenministerium versuchte dort weiterhin den Gefährdungsbegriff der "Umweltgefährlichkeit" einzuarbeiten. So waren in diesem Entwurf Chemikalien umweltgefährlich, wenn diese "selbst, deren Verunreinigungen oder deren Zerfallsprodukte geeignet sind, die natürliche Beschaffenheit von Wasser, Boden oder Luft, der biologischen Formen sowie des Naturhaushalts zu verändern und dadurch Gefahren oder erhebliche Nachteile für die Allgemeinheit herbeizuführen" (§2 Abs 2). Durch die Testregelungen sollte diese Umweltschutzorientierung insoweit operationalisiert werden, als auch Langzeit- und ökotoxische Prüfungen im Grundprüfungsset vorgesehen waren: "Die Prüfung auf akute und auf subakute Toxizität sowie Schnelltests über die erbschädigenden und krebserregenden Eigenschaften eines neuen Stoffes sind Bestandteile der toxikologischen Grundprüfungen" §4(2). Darüber hinaus wurde in Abs. 3 die Bundesregierung ermächtigt, die Einzelheiten der Grundprüfung durch Rechtsverordnung festzulegen.

Es ist nicht ganz klar, wieweit das Innenministerium in dieser Phase noch an seiner ursprünglichen Konzeption festhielt. So meldete beispielsweise die *Süddeutsche Zeitung* vom 22.12.1978, daß Innenminister Baum im Kabinett vorschlagen wolle, "lieber eine 'kleine Lösung' zu wählen, als die Verabschiedung eines Chemikaliengesetz noch weiter hinauszuzögern. Neue Bestimmungen über den Umgang mit Giften könnten später auch durch eine Veränderung bestehender Gesetze dem geplanten Chemikaliengesetz angepasst werden."

Am 1. Januar 1979 aber wechselte die Federführung der IMAGChemG dann turnusgemäß zum Gesundheitsministerium über. Schon vier Tage später, am 4. 1. 1979 wurde von dieser Arbeitsgruppe eine Kabinettsvorlage vorgelegt, welche das Bundeskabinett zwei Wochen später zur Kenntnis nahm. Dieser Entwurf enthielt wiederum die Kernelemente 'Anmeldeverfahren vor der Vermarktung', den 'Stufenplan' und bezog sich im wesentlichen nur auf neue Stoffe. Hinsichtlich dieser Entscheidungspunkte bestand ja schon lange Einigkeit zwischen allen Beteiligten. Darüber hinaus war der Entwurf, wie auch schon der Vorentwurf unter der Federführung des Innenministeriums, ressortübergreifend angelegt. Die Gefährlichkeitskategorie 'Umweltgefährlichkeit' war nun allerdings insoweit 'aufgeweicht', als ein Stoff dieser Kategorie nicht mehr definitorisch festgehalten wurde. Das

Innenministerium hatte sich aber soweit durchsetzen können, daß nun auch in der Grundprüfung Schnelltests auf Karzinogenese und Tetratogenese, sowie eine Prüfung auf subakute Toxizität verlangt wurden (§5(1)1.). Der ehemalige BMI-Staatssekretär Hartkopf erklärte diesen Terraingewinn später bei der 5. Umweltschutztagung des Management Instituts Hohenheim am 11. 12. 1979: "Erinnern wir uns zurück, was vor einem Jahr und einem Monat hier erörtert wurde. Der Entwurf eines Chemikaliengesetzes der Bundesregierung befand sich in einer Stagnation. (..) Nach zweijährigem Bemühen war der Versuch, im Dialog zu einem Konsens zu kommen, gescheitert. In dieser Situation war es notwendig, gewisse Hemmschwellen abzubauen, um zu einer Lösung zu kommen. Dies konnte offenkundig nicht mehr durch Vieraugengespräche geschehen. Es war daher nötig, die Probleme der Öffentlichkeit vor Augen zu führen.. (..). Der Erfolg blieb nicht aus. (...) Was in zweijähriger geduldiger Verhandlung nicht erreicht wurde, nämlich die Einbeziehung der Prüfung der subakuten Toxizität und der einfachen drei Ökotests in die Grundprüfung, wurde in Windeseile erreicht" (Hartkopf 1979b:1378).

Trotz dieses Erfolgs konnte sich das Innenministerium mit dem neuen Entwurf nicht anfreunden. Als das Gesundheitsministerium den Entwurf am 14. Februar an etwa 80 interessierte Stellen, Verbände, Behörden und sonstige Organisationen sandte und der Öffentlichkeit vorstellte, hätte, so die *Frankfurter Allgemeine* vom 22. 2. 1979, das Innenministerium "mit Erstaunen" über den Alleingang des Gesundheitsministeriums reagiert. Im Innenministerium hieß es, so die Zeitung, daß "das letzte Wort über den Entwurf noch nicht gesprochen" sei. Der veröffentlichte Gesetzentwurf wurde von der Chemiegewerkschaft und den Umweltverbänden scharf kritisiert. Die IGCPK akzeptierte im Grunde den Stufenplan, kritisierte aber die hohen Mengenschwellen, die Vernachlässigung der Prüfung von Langzeitwirkungen und die kurze Karenzzeit zwischen Anmeldung und Vermarktung. Ebenso wurde von der Chemiegewerkschaft die Ausklammerung der 'Altstoffe' aus dem Kontrollsystem bemängelt. Der BBU bezeichnet den Entwurf als mangelhaft und kritisierte, daß dieser "deutlich die Interessenlage der Chemie-Industrie" berücksichtige. Ebenso kritisierte der Umweltverband, daß die alten Stoffe so gut wie gar nicht in eine Kontrolle einbezogen wären und forderte die schrittweise Überprüfung aller auf dem Markt befindlichen Chemikalien. Darüber hinaus verlangte der BBU ein Zulassungsverfahren, wonach neue Stoffe erst nach staatlicher Gegenprüfung vermarktet werden dürften. Ebenso wurde der 'Stufenplan' scharf kritisiert. Ende März legte auch der durch das Innenministerium eingeschaltete Sacherverständigenrat für Umweltfragen eine Stellungnahme vor, die eine massive Kritik am Referentenentwurf enthielt. Zwar lobten die Wissenschaftler, daß die Regierung endlich beabsichtigte, ein Giftgesetz vorzulegen, kritisierten ansonsten jedoch sämtliche Kernpunkte der Gesetzeskonstruktion: " Vom Anspruch des Gesetzes her, Mensch und Umwelt vor subchronsich oder chronisch schädlichen Stoffen zu schützen, läge es nahe, neue Chemikalien grundsätzlich vor dem Inverkehrbringen zu prüfen, und nicht erst danach." Durch einfachen Verwaltungsakt und nicht erst durch neue Verordnungen der Regierung müsse sichergestellt sein, daβ auch die bereits auf dem Markt befindlichen alten Stoffe überprüft werden, meinten die Wissenschaftler. Die Sachverständigen bemängelten die Stufenplan-Konzeption und erinnerten dabei an "leidvolle Erfahrungen" , wo erkannt werden muβte, daβ gerade Stoffe mit sehr niedrigen Produktionsziffern, aber extrem hoher Giftigkeit, zu den schwerwiegendsten Giftkatastrophen geführt hätten. Als Verbesserung schlug der Sachverständigenrat ein Zulassungsverfahren für bestimmte chemische Stoffklassen und verbesserte Prüfmethoden vor. Zur Begutachtung von Zulassungsgesuchen sollte dann eine Sachverständigenkommission eingerichtet werden. Im Mai 1979 organisierte der BBU einen Kongreβ zum Thema "Gesundheitsgefährdung durch chemische Gifte", an dem Bürgerinitiativen und Gewerkschafter teilnahmen und der vom Umweltbundesamt finanziell unterstützt wurde. Das Innenministerium war offenbar bestrebt, über das UBA selbst die Bürgerinitiativbewegung zu mobilisieren, um verlorenes Terrain wiederzugewinnen. Der VCI verdeutlichte in seinem im Sommer 1979 erschienenem *Jahresbericht* 1978/79 nochmals seine grundsätzlichen Interessenpositionen zum Chemikaliengesetz. So müsse das Gesetz erstens praktikabel sein, dürfe also weder Industrie noch Verwaltung zu stark belasten. Zweitens müsse sich das Gesetz an der EG-Richtlinie orientieren. Drittens müsse es "rechtssichere Bestimmungen enthalten und in seinen Auswirkungen auf die Chemische Industrie überschaubar sein". So sollten vor Verabschiedung des Gesetzes alle implementationsrelevanten Details bestimmt werden. Viertens sollte das Gesetz klar gegenüber anderen Regelungen im Gefahrenstoffbereich abzugrenzen sein.

Im Mai 1979 wurde der Februar-Entwurf nochmals geringfügig überarbeitet und anschlieβend an eine Reihe von Verbänden gesandt. Der Verteiler des Gesundheitsministeriums macht deutlich, daβ in der Auswahl der verschiedenen Interessengruppen in dieser sogenannten 'offiziellen Phase der Verbandsanhörung' wenig Systematik steckt. So erhielten sowohl im Februar als auch im Mai neben den Zentral-Akteuren wie VCI, IG-Chemie, DIHT auch Verbände, wie beispielsweise der Verband Fischmehl- und Fischölfabriken e.V. oder der Wirtschaftsverband Torfindustrie e.V., Gesetzesentwürfe zur Stellungnahme zugesandt (die Liste ist abgelichtet in Damaschke (1984:155ff.). Selbst einzelne Firmen (z.B. Kali und Salz AG, Bayer AG) und Unterverbände des VCI erhielten Gesetzesentwürfe. Vor dem Hintergrund der realen Einfluβnahme, die zu diesem Zeitpunkt noch möglich war, ist eine solche Offenheit verständlich. Die Kernelemente des Gesetzes wurden viel früher durch ein kleines Set von Policy-Akteuren festgeschrieben. Dies waren die beteiligten Ministerien und der VCI. Selbst die sonst sehr einflußreiche Chemiegewerkschaft hatte erst dann Zutritt zu diesem *inner circle,* als die wichtigsten Punkte schon vorentschieden waren. Die 'offizielle Verbandsanhörung' selbst scheint wiederum nur ein pluralistisches Zugeständnis der Exekutive gewesen zu sein, um den Eindruck einer offenen Demokratie aufrechtzuerhalten. Von daher gesehen, ist die Versendung des Gesetzentwurfs an möglichst viele Interessengruppen vielleicht ebenso zur Formalität geworden, wie die 'parlamentarische Phase' im Gesetzgebungsprozeß.

Die Stellungnahmen der verschiedenen Interessengruppen, insbesondere der Wissenschaftler, veranlaßten die Regierung nun aber offensichtlich doch, den Gesetzgebungsentwurf in einigen Punkten zu verschärfen. In der Kabinettsvorlage, welche die beiteiligten Ministerien dem Bundeskabinett am 20. Juni vorlegten, wurde nun eine Regelung getroffen, daß unter Umständen auch alte Stoffe berücksichtigt würden. Wie §11 des Regierungsentwurfs vorsah, sollte die Anmeldestelle auch Prüfungsunterlagen für schon auf dem Markt befindliche Stoffe verlangen können, "soweit tatsächliche Anhaltspunkte dafür vorliegen, daß von dem Stoff eine erhebliche Gefahr für Leben oder Gesundheit des Menschen oder die Umwelt ausgeht." Andere Verschärfungen waren Vorschriften hinsichtlich weitreichender Tests bei großen Produktionsvolumina und das Setzen einer Vorlauffrist zwischen Anmelden und Inverkehrbringen von 30 Tagen. Diese Frist wurde dann, um den Entwurf in Einklang mit der 6. Anpassungsrichtlinie zu bringen, auf 45 Tage verlängert. Der endgültige Referentenentwurf wurde vom Gesundheitsministerium am 20. Juni 1979 im Bundeskabinett vorgelegt und unverändert angenommen. Ebenfalls wurde dabei entschieden, daß das Gesundheitsministerium bis zum Ende der parlamentarischen Beratung die Federführung für das Gesetz behalten sollte. Dies, obwohl ein Jahr zuvor zwischen den beteiligten Ministerien vereinbart worden war, daß die Federführung turnusgemäß wechseln solle. Die Ministerien BMJFG und BMA hatten sich damit endgültig gegen das Innenministerium durchgesetzt. Am Tage zuvor hatte der Ministerrat der EG die 6. Änderungsrichtlinie verabschiedet.

Gesetzgebung in der europäischen Arena

Die Beratungen der 6. Anpassungsrichtlinie schienen im Laufe des Jahres 1978 in eine Sackgasse geraten zu sein. Die bundesdeutsche Delegation war zunächst mit ihrem Stufenplan relativ isoliert, konnte sich doch dann im Verein mit den Briten durchsetzen. Brinckman et al. (1982) sehen die unlösbaren Differenzen, welche Jahre lang die Verhandlungen blockierten, in den unterschiedlichen Typen regulativer Politik der Bundesrepublik und Großbritanniens begründet. Während die britische staatliche Regulierung zum Großteil auf informeller Kooperation zwischen Staat und Industrie beruht, und deshalb sehr flexibel in ihren Anforderungen ist (Vogel 1983), hatte die deutsche Chemische Industrie schon immer ein starkes Interesse an formeller Rechtssicherheit, um verläßliche Rahmenbedingungen für langfristige unternehmerische Entscheidungen zu erhalten. Brickman et al. (1982) erklären: "When British negotiators went to Brussels, they were determined to press for two key features of a scheme that already enjoyed consensus at home: the exemption of all new chemicals manufactured or imported in quantities less than one ton and considerable flexibility in testing requirements. The Germans, in contrast, set their sights on a predictable and enforcable European-wide scheme that could then be incorporated into domestic policy. German firms wanted testing rules explicitly defined for maximum protection" (Brickman et al. 1982:354).

Erst als es klar wurde, daß die USA und Frankreich ihre Gesetze unilateral implementieren wollten, kam wieder Schwung in die Verhandlungsarena. Im Jahresbericht des Jahres 1978/79 gibt der deutsche Chemieverband einen erstaunlich detaillierten Einblick in den Verhandlungsstand zwischen den Beteiligten. Am 1. Juli 1978 hätte die BRD den Vorsitz im Ministerrat und gleichzeitig auch in der für die 6. Änderungsrichtlinie zuständigen Arbeitsgruppe für Wirtschaftsfragen übernommen. Eine Bestandssaufnahme über den Stand der Verhandlungen hätte überraschenderweise ergeben, daß der ursprüngliche Eindruck einer weitgehenden Isolierung der deutschen Delegation, der besonders wegen des deutschen Stufenplans entstanden war, keineswegs den Tatsachen entsprach. Es hätte sich vielmehr herausgestellt, daß insgesamt über 100 Vorbehalte zu den einzelnen Punkten der EG-Richtlinie von allen EG-Ländern bestanden hätten. Der zielstrebigen Verhandlungsführung des deutschen Vorsitzenden sei es dann schließlich gelungen, die unterschiedlichen Vorstellungen so weit zusammenzubringen, daß bei der Übergabe des Vorsitzes an den französischen Nachfolger ein erheblicher Teil dieser Vorbehalte ausgeräumt war. In dieser Verhandlungsphase hätten sich besonders die guten Beziehungen des VCI via CEFIC zu den anderen europäischen Chemieverbänden, insbesondere zum britischen Verband, ausgezahlt. Kontroverse, zum Teil mit großer Hartnäckigkeit verteidigte Positionen, waren dem Jahresbericht zufolge die Abgrenzung zwischen alten und neuen Stoffen, die Aufstellung eines Altstoffinventars, die Ausnahmen von der Meldepflicht, die Definition der gefährlichen Stoffkategorien, der Zeitpunkt der Anmeldung, die Umwandlung in ein Zulassungsverfahren, der Inhalt der Grundprüfung, die Vertraulichkeit der Geschäftsgeheimnisse u.a. Über die meisten dieser Punkte konnten dem Jahresbericht zufolge Vereinbarungen und Übereinstimmung erzielt werden. Ende April fand dann die letzte Expertensitzung statt. Die Punkte, die bis dahin noch nicht geklärt werden konnten, hingen damit allein von der Entscheidung des Ministerrats ab, der sich am 19. Juni 1979 versammelte und über die Richtlinie zu befinden hatte. Dies waren die Frage der Ausnahme von der Meldepflicht für Jahresmengen bis

1 Tonne (dafür waren Großbritannien, die Bundesrepublik, Frankreich, dagegen waren die Niederlande), die Frage der Vorlauffrist der Anmeldung vor der Vermarktung (der holländische Vorschlag war 90 Tage; alle übrigen waren für 30 Tage); und schließlich die Frage der Geheimhaltungsregel. Hier waren insbesondere die Holländer für weitgehende Transparenz eingetreten.

Die zügigen Beratungen am Ende des Aushandlungsprozesses der 6. Anpassungsrichtlinie waren insbesondere der Französischen Regierung zu verdanken. Weil Frankreich am 1. Juli 1979 seine Durchführungsverordnung zum französischen Chemikaliengesetz, das am 12. Juli 1977 verabschiedet worden war, in Kraft setzen wollte, beschleunigte der französische Vorsitzende den Sitzungsturnus. Am 30. April wurde der Richtlinienentwurf an die ständigen Vertreter weitergegeben. Dem Ministerrat gelang es daraufhin noch während der letzten Tage der französischen Präsidentschaft, einen Kompromiß zwischen den Holländern und den anderen europäischen Mitgliedsstaaten zu finden. Dies betrifft die Ausnahmen von der Anmeldepflicht, Anmeldefrist und Offenlegung der Stoffdaten. Während die Holländer in der Frage der Geheimhaltung nachgaben, kamen die anderen Staaten ebenfalls mit einem Kompromiß entgegen: Die Anmeldefrist vor Inverkehrbringen wurde von 30 auf 45 Tage erhöht (Brickman et al. 1982). Die endgültige Fassung der 6. Änderungsrichtlinie legte mit dem Ziel der "Angleichung der Rechts- und Verwaltungsvorschriften" für die EG-Mitgliedsländer Rahmenbedingungen fest für 'policies', die die Anmeldung sowie Einstufung, Verpackung und Kennzeichnung chemischer Stoffe betreffen. Als Kernelemente dieser Richtlinie lassen sich der Stufenplan, das Anmeldeverfahren vor Markteinführung und der ressortübergreifende Ansatz nennen. Hiermit waren auch dem deutschen Gesetzgeber Rahmenbedingungen für das Chemikaliengesetz gesetzt. Im Gegensatz zu vielen anderen Richtlinien, bei denen auf Gemeinschaftsebene nur generelle Ziele vorgeschrieben wurden, und die einzelnen Mitgliedsstaaten erhebliche Implementationsspielräume besaßen, waren hier sehr viele Regelungen in detaillierter Weise vorgezeichnet. So schrieb beispielsweise der Anhang VII der Richtlinie in detailliertester Form sämtliche Informationen über einen Stoff vor, den ein Anmelder der nationalen, zuständigen Behörde zu melden hat; ebenfalls den Anmeldezeitpunkt: 45 Tage vor Inverkehrbringen. Auch die Mengenschwellen im Stufenplan und die Ausnahmen bei der Anmeldepflicht wurden von der Richtlinie im Detail vorgeschrieben. Am 19. Juni wurde die endgültige Fassung der Richtlinie vom Ministerrat verabschiedet und am 18. September der Öffentlichkeit bekanntgegeben. Für die Bundesregierung und den deutschen Bundestag war damit ein Rahmen für das deutsche Chemikaliengesetz gelegt, der nur noch enge Spielräume für autonome Regelungsstrategien ließ. Bereits am 20. Juni 1979, einen Tag nach der

Ministerrat-Entscheidung, beriet das Bundeskabinett den Gesetzentwurf und leitete diesen am 17.8.1979 dem Bundesrat zu.

Die Gesetzgebung in der parlamentarischen Arena

Erst im Sommer 1979 beginnt der durch das Grundgesetz prozedural geregelte legislative Prozeß; wie gezeigt wurde, waren aber spätestens bis zu diesem Zeitpunkt fast alle Einzelheiten des Gesetzes durch Verhandlungen zwischen den beteiligten Ministerien, dem VCI, und in der späteren Phase auch mit der Chemiegewerkschaft, abgestimmt. Gleichzeitig wurden diese Abmachungen über einen europäischen Politikprozeß gleichsam von der transnationalen Ebene her festgeschrieben. Bundesrat und Bundestag als Gesetzgeber konnten daher nur noch kleine Spielräume ausfüllen.

Am 17. August 1979 wurde der Regierungsentwurf dem Bundesrat zugeleitet, der diesen Anfang September im Ausschuß für Jugend, Familie und Gesundheit beriet. Die 'operativen Einheiten' waren hier die für den Chemikalienbereich zuständigen Landesministerien, wobei in dieser Frage das Bayerische Staatsministerium für Umweltfragen eine herausragende Stellung einnahm. Im Sommer 1979 meldete sich auch die von der DFG eingesetzte Arbeitsgruppe "Umweltwirksamkeit von Chemikalien" zu Wort, welche den Gesetzentwurf heftig kritisierte. In einer Studie unter dem Titel " Beiträge zur Beurteilung der Umweltwirksamkeit chemischer Stoffe" kritisierten die Wissenschaflter insbesondere die auf dem Stufenplan basierende Testlogik: Die Prüfungen von Chemikalien sollten nicht nur an der vermarkteten Menge eines Stoffes ausgerichtet werden, sondern durch ein Expertenkomitee individuell für jeden Stoff bestimmt werden (DFG 1979a). Eine ähnliche Kritik kam im September nochmals vom Sachverständigenrat für Umweltfragen, dessen Vorsitzender sogar soweit ging, daß er behauptete, das Gesetz tauge überhaupt nichts: auf einer am 18. 9. veranstalteten Pressekonferenz ließ der Vorsitzende verlauten, daß "vermutlich kein Gesetz immer noch besser sei als dieses" (*Die Zeit* vom 5.10.1979). Der Sachverständigenrat wiederholte und präzisierte im wesentlichen seine Kritik vom Frühjahr 1977, schlug strengere Prüfungen (inbesondere in bezug auf Langzeitwirkungen) vor, verlangte ein Zulassungsverfahren und zu dessen Steuerung die Einrichtung einer Sachverständigenkommission (*BMI 1979/Umweltbrief Nr 19*). Im September wurde der Entwurf im Plenum des Bundesrats behandelt. Dieser bestätigt den Gesetzgebungsentwurf grundsätzlich und bezeichnete das Gesetzeskonzept als 'brauchbare Lösung', um Mensch und Umwelt besser vor gefährlichen Chemikalien zu schützen. Die Länderkammer beschloß trotzdem 104 Änderungsvorschläge, die aber keines der hier als Kernelemente bezeichneten Punkte des Gesetzentwurfs betrafen. Das gros der Änderungsempfehlungen war redaktioneller und rechtstechnischer Natur - vor allem in bezug auf die Regelungen, welche in Zusammenhang mit dem Ländergiftrecht standen und bestimmte Rechtspositionen der Bundesländer betrafen (*Deutscher Bundestag Drucksache* 8/3319).

Am 15.11.1979 fand die erste Lesung im Bundestag statt, wobei alle Fraktionen den Entwurf begrüßten und die Beratungen an einen speziell hierfür eingerichteten Unterausschuß "Chemikaliengesetz", der aus Vertretern der mitberatenden Ausschüsse zusammengesetzt war, verwiesen. Einen Monat später fand die konstituierende Sitzung des Unterausschusses (UA) statt, wobei ein CDU-Abgeordneter den Vorsitz übernahm. Weitere zwei Monate verbrachte der UA mit der Regelung von Verfahrensfragen und der Vorbereitung einer Anhörung von Verbandsvertretern und wissenschaftlichen Sachverständigen im Frühjahr 1980. Erst ab Mitte Februar, in der 3. Sitzung des UA, begann der materielle Teil der Beratungen, wobei die Abgeordneten zunächst durch Ministerialbeamte des Gesundheitsministerium in den Gesetzesentwurf eingeführt wurden. In der 4. Sitzung des Unterausschusses am 3./4. 3. 1980 fand eine öffentliche Anhörung von mehreren Dutzend Sachverständigen und Verbandsvertretern statt. Hier wurden insbesondere die massive Kritik der Umweltverbände, Wissenschaftler und teilweise auch der Chemie-Gewerkschaft deutlich. So ging der angesehene und renommierte Toxikologe Professor Henschler, Vorsitzender der MAK--Kommission, Mitglied der DFG Arbeitsgruppe 'Umweltchemikalien' als auch des SRU, soweit, den Politikern vorzuwerfen: "Man möge nicht der Öffentlichkeit Gold versprechen, wo nur rostiges Blech geboten werden kann" (Deutscher Bundestag 1980:81f.).

Ende März bis Anfang April unternahm eine Delegation des UA eine Studienreise in die USA. Hiermit beabsichtigte der Ausschuß insbesondere die Praxis der amerikanischen Chemikalienregelung zu studieren, die von verschiedenen Seiten immer wieder als Vorbild für eine 'strenge' Regelung herausgestellt wurden. Der Vorsitzende der SPD-Gruppe im Unterausschuß Konrad, der in der 1. Lesung im Bundestag seine kritische Einstellung zum Entwurf deutlich machte, bezeichnete im Interview diese Studienreise als eine wichtige Erfahrung für die bundesdeutschen Parlamentarier, um ein eher positives Verhältnis zur 'pragmatischen' deutschen Lösung zu bekommen. Durch Gespräche mit US-Behörden und amerikanischen Chemieunternehmen sei klar gewesen, daß selbst gut gemeinte gesetzgeberische Absichten sich im Implementationsprozeß an der Realität gesellschaftlicher Kräfteverhältnisse brechen können. Diese US-Fahrt war insofern katalytisch für die Parlamentarier, als diese Einblick in die Schwierigkeiten des US Implementationsprozesses bekamen. Selbst die aggressivsten Regelungen des TSCA erschienen im Lichte der konkreten Vollzugspraxis als "zahm": das von der Umweltbewegung und teilweise auch vom Umweltbundesamt hochgelobte TSCA schien nun kein Tiger mehr zu sein, sondern allenfalls ein Papiertiger. Dagegen schien den Abgeordneten die Argumentationslogik einer kooperativen Problemlösung auch plausibler.

Zurück aus den USA gingen die Beratungen zügig voran. In nur vier weiteren Beratungen konnte der UA am 12.6 ein Beratungsergebnis erreichen, welches mit den beteiligten Ausschüssen koordiniert und am 18.6. als Beschlußempfehlung und Bericht des federführenden Ausschusses an den Bundestag weitergeleitet werden konnte (BT-Drs. 8/3319; 8/ 4243). Schon eine Woche später fand die zweite und dritte Lesung des Gesetzentwurfs statt und der vom UA leicht überarbeitete Entwurf wurde in der letzten Sitzungswoche der 8. Legislaturperiode des Deutschen Bundestages mit nur einer Gegenstimme und einer Enthaltung angenommen. Am 16. 9. wurde das Gesetz durch den Bundespräsidenten verkündet und sollte nach dem Erlaß einiger Durchführungsverordnungen am 1. Januar 1982 in Kraft treten.

Vergleicht man den verabschiedeten Gesetzestext mit dem Regierungsentwurf (BT-Drs. 8/4243), so sind zwar einige Änderungen festzustellen, diese sind jedoch fast ausschließlich redaktioneller und gesetzestechnischer Natur. Der Großteil des Regierungsentwurfs und die über den Bundesrat bewirkten Änderungen waren ja schon bis auf geringe Spielräume durch die EG-Richtlinie bestimmt. Selbst die Verschärfung des Gesetzentwurfs in bezug auf Ermächtigung der Bundesregierung, auch Altstoffe unter bestimmten Bedingungen einer Anmeldepflicht zu unterwerfen oder in ihren Vermarktung oder Verwendung verbieten bzw. beschränken zu können (§4 Abs.3 und §17 ChemG), waren schon in der Regierungsvorlage enthalten. Ansonsten blieben sämtliche substantiellen Elemente des Gesetzentwurfs unverändert. Dies bedeutet nicht, daß die Abgeordneten kritiklos eine Regierungsvorlage hätten passieren lassen. Die massive Kritik des Gesetzentwurfs von seiten der Chemiegewerkschaft, der Umweltverbände und insbesondere der Wissenschaftler des SRU und der DFG-Arbeitsgruppe hatten in der 'veröffentlichten Meinung' breite Unterstützung gefunden - insofern konnten die Parlamentarier insbesondere der SPD und FDP, diese Kritik nicht einfach ignorieren. Die kurze Zeitspanne, in der das Gesetz noch durch das Parlament "gepeitscht wurde", wie sich "Die Zeit" vom 27.6. 1980 ausdrückte, die massiven Überzeugungsstrategien der Ministerialbürokratie und des Bundesrats und schließlich das amerikanische Beispiel eines "scharfen", aber un-implementierbaren Gesetzes verfehlten ihre persuasive Wirkung jedoch nicht. Am wirksamsten erwiesen sich jeweils die Verweise auf die durch die 6. Anpassungsrichtlinie gesetzen Handlungsrestriktionen. Dies wurde insbesondere in den Bundestagsreden bei der Beschlußfassung deutlich. So mußte der CDU-Abgeordnete und Vorsitzende des Unterausschusses Hasinger angesichts der vielen Kritikpunkte am Gesetzentwurf feststellen, daß man den gegenwärtigen Entwurf "zutreffenderweise als erweitertes Gift-Gesetz bezeichnen" müßte, der dem Anspruch eines Umwelt-Chemikaliengesetzes nicht gerecht werde. Die Frage, warum der Bundestag die Schwerpunkte des Gesetzes nicht anders und zugunsten des

Umweltschutzes verteilt hätte, beantwortete der Ausschußvorsitzende Hasinger wie folgt: "Dies ... war deshalb nicht möglich, weil den Beratungen des Parlaments durch die 6. Änderungsrichtlinie der Europäischen Gemeinschaft enge Fesseln angelegt waren. Ein Überschreiten, aber auch ein Unterschreiten dieser Richtlinie ist nach den EG-Verträgen ausgeschlossen und kam daher nicht in Betracht. (...) Praktisch waren wir über weite Strecken der Ausschußberatungen zur Fotokopiermaschine dessen degradiert, was Ministerialbürokraten auf europäischer Ebene ausgehandelt hatten. Daß bei einem Gesetz, das völliges Neuland betritt, die wichtigen Entscheidungen nicht durch gewählte Parlamentarier fallen, ist auf Dauer schwer erträglich." (Bundestags-Plenarprotokoll 8/225 S.18175). Auch viele der übrigen Redner ließen einige Sympathie mit den verschiedenen Kritikpunkten am bloßen Anmeldeverfahren, am Stufenplan, an den ungenügenden Prüfungsanforderungen und an der weitgehenden Ausklammerung der Altstoffe erkennen, bemühten jedoch immer wieder die Änderungsrichtlinie als Hinweis auf Handlungsrestriktionen. Selbst die Gesundheitsministerin Huber erklärte: "Das Gesetz hat Vorgaben aus der EG-Richtlinie, die unseren Spielrraum an vielen und entscheidenden Stellen eingeengt haben. Ich bedauere das. (...) Viele Kritiker, einzelne Sachverständige und auch gewichtige Verbände, haben nicht bedacht, daß viele Entscheidungen schon in Brüssel gefallen waren.."(ebd.S. 18185). Dieser Eindruck beherrschte auch größtenteils das Bild in der Presse, wo der 'Schwarze Peter' einfach an Brüssel weitergegeben wurde. So meldete der *Vorwärts* vom 15. Mai im Titel: "EG-Richtlinien verhindern Optimallösung beim Chemikaliengesetz ". Daß es gerade die Bonner Ministerialbürokratie war, die im Verein mit der bundesdeutschen Chemieindustrie gerade diese kritisierenswerten Punkte gegen viel Widerstand anderer europäischer Staaten durchgesetzt hatten, ist nur von wenigen bemerkt worden. So ist hier ein Vorwärts-Leserbrief einer EP-Parlamentariergruppe beachtlich, dem dieses 'doppelte Spiel' der Bundesregierung nicht entgangen war: "Wie bequem ist es doch, in Brüssel eine (industriefreundliche) Regelung durchzusetzen, um dann zu Hause sagen zu können: die Bürokraten in Brüssel vermasseln uns eine optimale Lösung. (...) Ist es denn dem Bundestagsausschuß wirklich verborgen geblieben, daß die Regierungen Großbritanniens und der Bundesrepublik eben diese Regelungen selbst vorgeschlagen haben" (Vorwärts 17. 7.1980).

Die Ministerien BMJFG und BMA sowie der VCI haben in der Tat, wie in der Analyse der Ereigniszusammenhänge der Politikentwicklung festgestellt werden konnte, die transnational gewobenen Fäden der Politiknetzwerke vor allem in dieser Politik meisterhaft zu bedienen und zu "ziehen" gewußt. Natürlich ist die 6. Änderungsrichtlinie von allen europäischen Mitgliedsstaaten einstimmig verabschiedet worden, und man kann daher nicht von deutscher 'Steuerung' sprechen. Das fast synchrone Verlaufsmuster der Politikformulierung in der vorparlamentarischen Phase zwischen europäischer und nationaler Ebene wäre aber sicher nicht gelungen, wenn Teile der Ministerialbürokratie es nicht verstanden hätten, einerseits Alleingangsversuche im nationalen Lager erfolgreich abzublocken und den Druck nationaler Interessengruppen jeweils mit dem Hinweis auf eine europäische Lösung zu beschwichtigen. Andererseits bedurfte eine derartige Orchestrierung auch der Voraussetzung einer relativ starken, deutschen Position auf Ministerratsebene.

Über die Partikularität dieser speziellen Policy hinaus, weist dieser Fall einer legislativen Politik auch auf wichtige Strukturveränderungen moderner Politikorganisation hin. Daß im Politikformulierungsprozess des Chemikaliengesetzes die parlamentarischen Instanzen nicht nur durch nationale, korporatistische Arrangements, sondern zusätzlich durch nationenübergreifende, transnationale Bindungen im gesetzgeberischen Handlungsspielraum eingeschränkt wurden, ist ein besonders interessantes Profil dieses hier analysierten Politikprozesses. Dies kann als Hinweis betrachtet werden, daß es neben korporatistischen Politiknetzwerken zwischen Regierung und mächtigen Interessengruppen zunehmend auch transnationale Netze der Politikkoordinierung und -harmonisierung sind, die zum Bedeutungsverlust traditioneller, liberal-demokratischer Institutionen wie dem Parlament beitragen. Am Beispiel der 6. Änderungsrichtlinie haben Brickman et al. (1982:62) diese neue Entscheidungslogik eindrucksvoll beschrieben: "Apart from its formal power to preempt and harmonize national legislation, the EC opens up fresh opportunities for legislative maneuvering that affect the balance of power between parliament and the executive in member states. Community legislation is developed through closed-door negotiations that tend to concentrate power in the hands of a small group of participating bureaucrats. (...) At the limit, bureaucratic control of policymaking in Brussels can become an instrument for securing international agreements for which there is no significant political support in the individual member states. Once EC negotiations are underway, the overriding need for harmonization can be cited to quell dissenting opposition at home.(...) ... the probable impact of the EC's legislative activities is to reinforce the dominant role of executive branch bureaucrats in relation to the legislatures of member nations."

4. Die Implementation des Chemikaliengesetzes

Bei der Gesetzesverkündung war als Tag des Inkrafttretens der 1. Januar 1982 vorgesehen. Hierzu waren noch eine Reihe von Durchführungsbestimmungen notwendig, deren Erlaß mittels Rechtsverordnungsermächtigung an die Bundesregierung delegiert worden war. Um aber den Ermessensspielraum der Regierung nicht unkontrolliert zu lassen, wurde im Gesetzestext die Regelung getroffen, daß zu sämtlichen Rechtsverordnungen der Bundesrat seine Zustimmung zu geben habe. Eine dieser Verordnungen betraf die genaue Definition der Gefährlichkeitsmerkmale. Eine andere Verordnung bezog sich auf die Festlegung der Anmeldestelle. Hier hatten sich die verschiedenen Ministerien und der VCI schon im Jahre 1978 auf die BAU geeinigt. In den parlamentarischen Beratungen wurde diese Bestimmung aber wieder aus dem Regierungsentwurf gestrichen, weil sich die Koalitionsparteien in dieser Frage nicht hatten einigen können. Die Festlegung der Anmeldestelle wurde dann wiederum durch Rechtsverordnungsermächtigung an die Bundesregierung delegiert. Zwischenparteiliche Konflikte in dieser Frage sollten einer unverzüglichen Verabschiedung vor dem Ende der 8. Legislaturperiode nicht mehr im Wege stehen. Der Haushaltsausschuß des Bundestages hatte sich dann dafür ausgesprochen, daß bei der Lösung dieser Frage der Bundesrechnungshof zu beteiligen sei (BT-Drs.8/ 4247).

Weitere notwendige Verordnungen betrafen die Gestaltung der Prüfungsunterlagen, die Ausstattung der Testlabors und eventuell Vorschriften zum Ersatz bzw. der Einschränkung von Tierversuchen in den Prüfungsverfahren. Die wichtigste Verordnung, ohne die das Chemikaliengesetz nicht praktiziert werden konnte, war die Anfertigung der sogenannten Altstoff-Inventar-Liste, welche als Abgrenzungsinstrument gegenüber neuen Stoffen notwendig war. Sämtliche durch das Gesetz bestimmte chemische Stoffe (von den Ausnahmen abgesehen), welche ab einem bestimmten Stichtag nicht auf der Altstoffliste genannt waren, sollten als neue Stoffe behandelt werden.

Die wichtigsten der hier genannten Verordnungen wurden noch im Herbst 1981 erlassen. Dies gilt für die Verordnung über Anmeldeunterlagen und Prüfnachweise nach dem Chemikaliengesetz (ChemG Anmelde- und PrüfnachweisV) vom 30. November 1981; die Verordnung zur Bestimmung der Anmeldestelle und die Chemikalien-Altstoffverordnung (ChemG AltstoffV), in welcher im Anhang auf mehreren hundert Seiten Altstoffe aufgelistet wurden. Beide wurden am 2. Dezember 1981 erlassen und traten schon am 10. Dezember 1981 in Kraft. Die Altstoffliste der AltstoffV hat aber nur vorläufigen Status und soll später durch ein EG-Altstoffinventar (EINECS) ersetzt werden. Hierzu plante die EG, in einer ersten Stufe zunächst ein sogenanntes Kerninventar aufzustellen (European Core Inventory, ECOIN) das 1982 veröffentlicht wurde und etwa 34000 Stoffe enthält. Darüberhinaus besaßen die Chemieproduzenten und Importeure die Möglichkeit, innerhalb weiterer 9 Monate Stoffe, die im 'core inventory' nicht enthalten waren, noch zusätzlich zu melden. Diese werden dann zusammen mit dem Kerninventar das endültige Altstoffinventar ergeben (Rehbinder et al. 1985:232).

Am 18. Dezember schließlich wurde die Verordnung über Gefährlichkeitsmerkmale von Stoffen und Zubereitungen nach dem Chemikaliengesetz

(ChemG Gefährlichkeitsmerkmale-V) erlassen, welche die gesetzlichen Gefährlichkeitsbegriffe mit toxikologischen Konzepten eindeutig abgrenzte, wobei hier die Kategorie 'Umweltgefährlichkeit' weiterhin relativ vage gehalten blieb (§1Abs.5.; BGBL I,57/81:S.1489). §4 (2) der Anmelde- und Prüfnachweisverordnung besagt, daß Stoffprüfungen nach international anerkannten wissenschaftlichen Methoden durchzuführen seien. Zu diesem Zweck sollte eine spezielle Expertengruppe der EG-Kommission in enger Zusammenarbeit mit den betreffenden Expertengremien auf OECD-Ebene einen Anhang V der 6. Änderungsrichtlinie (79/831/EWG) ausarbeiten. Hierbei wurden im wesentlichen die im OECD-Kontext erarbeiteten international harmonisierten Test-Guidelines eingearbeitet, welche noch im Jahr 1981 vom OECD Council beschlossen wurden (Wagner 1982:76; Schmidt-Bleek 1981). In diesem Zusammenhang sind auch die auf der OECD-Ebene erarbeiten Grundsätze zur "Guten Labor-Praxis" (GLP) wichtig. In §10 (2) hatte der Gesetzgeber die Bundesregierung ermächtigt, u.a. auch Anforderungen an Beschaffenheit, Ausstattung der Prüfungslaboratorien und der Prüfungsdurchführung vorzuschreiben. Auch diese Vorschriften sind implizit auf die seit 1978 in den OECD-Expertengruppen entwickelten und 1982 veröffentlichten GLP-Grundsätze bezogen, in welchen international angeglichene Standards für das Labormanagement (organisatorische Struktur eines Labors und Ablauforganisation einer Prüfung) festgelegt wurden (Wagner 1983).

Staatlich kontrollierte Selbstregulierung

Am 18. Dezember wurde von der Regierung auch die Allgemeine Verwaltungsvorschrift zur Durchführung der Bewertung nach §12 Abs. 2. Chemikaliengesetz erlassen, welche die Arbeitsteilung und das Zusammenwirken der an der Durchführung des Anmeldeverfahrens beteiligten Behörden regelt. In dieser Verwaltungsvorschrift werden auch die Aufgaben der einzelnen Behörden genau definiert. So hat die Anmeldestelle die Meldeunterlagen nur auf "offensichtliche Unvollständigkeit und Fehlerhaftigkeit" zu prüfen und dann an die Bewertungsstellen (BAU, BGA, UBA) weiterzuleiten, wobei unter Umständen auch die Oberbehörden BAM und BBA zu beteiligen sind. Die Bewertungsstellen haben dann die Unterlagen "auf Plausibiliät und Validität" zu prüfen und dem Meldepflichtigen innerhalb 45 Tagen die Anmeldung zu bestätigen. Sind die Daten unvollständig oder fehlerhaft, so kann die BAU als Anmeldestelle weitere Informationen nachfordern. Ergeben sich bei der Bewertung Erkenntnisse, daß ein Stoff gesundheits- oder umweltschädliche Eigenschaften besitzt, so können nicht die Anmelde- und Bewertungsstellen selbst intervenieren und die Vermarktung verbieten bzw. beschränken. Rehbinder et al. zufolge "können Verbote und Beschränkungen von gefährlichen Stoffen und Zubereitungen grundsätzlich nicht im Rahmen des Anmeldeverfahrens von der Anmeldestelle ausgesprochen werden" (Rehbinder et al. 1985:50). Verbote und Beschränkungen können, der Systematik des Chemikaliengesetzes entsprechend, nur durch die Bundesregierung mittels einer Rechtsverordnung erlassen werden. Die Aufgaben der staatlichen Implementationsinstanzen beschränken sich daher im wesentlichen auf die Sammlung, Verwaltung und Bewertung der über das Anmeldesystem erhaltenen Stoffinformationen. Diese Reduktion des Aufgabenbestands der staatlichen Behörden in der Chemikalienkontrolle ist nur verständlich vor dem Hintergrund der notorischen staatlichen Finanzprobleme einerseits und der Entlastungsangebote der Chemischen Industrie in dieser Phase des Politikprozesses andererseits, in der zusätzlich noch Konflikte zwischen den einzelnen Ressorts um Stellenzuweisungen aufbrachen.

Ende 1978, als das Innenministerium einen mit dem Gesundheitsministerium konkurrierenden Entwurf für ein mehr an Umweltschutzzielen orientiertes Chemikaliengesetz erließ, prognostizierten die Ministerialbeamten 4,5 Mio DM einmalige und 12,4 laufende jährliche Kosten und einen zusätzlichen Personalbedarf von 186 Stellen (Begründung zum Roh-Entwurf vom 13.12.1978,S.14). In der Begründung des Regierungsentwurfs vom Juni 1979 wurde diese Schätzung dahingehend korrigiert, daß die einmaligen Kosten zwischen 20 - 45 Mio DM, die laufenden Kosten zwischen 18 - 40 Mio DM, und der zusätzliche Personalbedarf auf 250 - 560 Stellen geschätzt wurden. Durch die Intervention des Bundesrechnungshofs wurde dann das für den Vollzug des Chemikaliengesetzes zur Verfügung stehende Personalkontingent auf bloße 132 neue Planstellen begrenzt. Der finanziellen Zwänge des Staates bewußt, hatte der Chemieverband VCI den beteiligten Ministerien einen Vorschlag für eine "Bewertung der Anmeldeunterlagen im Verantwortungsbereich der Industrie" unterbreitet (*VCI Jahresbericht* 1980/81: 55f). Die Grundsätze dieses Vorschlags faßte der VCI in seinem Jahresbericht 1980/81 so zusammen: "a) Die Bewertung der Prüfergebnisse neuer Stoffe erfolgt anhand von Bewertungsrichtlinien, die der VCI gemeinsam mit den Behörden ausarbeitet. b) Der Anmelder neuer Stoffe unterbreitet der staatlichen Anmeldestelle zusammen mit den Prüfungsunterlagen eine Bewertung der Stoffe auf der Grundlage der Bewertungsrichtlinie. Aus dieser Bewertung, die der Hersteller auf Grund seiner Verantwortung für die Produkte ohnehin anfertigen muß, kann ersehen werden, ob sofortige oder vorgezogene Prüfungen notwendig sind, beziehungsweise ob der Stoff nur für bestimmte Anwendungsgebiete geeignet ist. Die Anmeldestelle prüft dann lediglich die Vollständigkeit der Unterlagen sowie Plausibilität der vorgenommenen Bewertung, bestätigt dem Anmelder den Eingang und ordnet gegebenenfalls die entsprechenden Maßnahmen an" (*VCI Jahresbericht* 1981:55f). Diese Konzeption sei, so der VCI, "zunächst nur mit Zurückhaltung aufgenommen worden" (ebd). In einem Gespräch mit den Ressorts am 3. Februar 1981 hätte der Verband die Einzelheiten dann noch näher erläutern können, wobei besonders die vorgeschlagene "gemeinsame Ausarbeitung der Bewertungsrichtlinien" auf großes Interesse gestoßen sei. In bezug auf die Einschätzung seiner Durchsetzungschancen schrieb der Verband im Sommer 1981 noch, daß angesichts der schwierigen Haushaltslage des Bundes, die einem größeren Ausbau der Bundesanstalten entgegenstehe, und im Hinblick auf den starken Toxikologenmangel es nicht ausgeschlossen erscheine, daß die VCI-Vorstellungen schließlich doch noch die notwendige Unterstützung fänden" (ebd).

Die Beschränkung der zusätzlichen Planstellen auf 132 durch den Rechnungshof, der Kontrollinstanz für die Wirtschaftlichkeit der Verwaltung, müssen nahelegen, daß das Kooperationsangebot des VCI Gehör fand, wenngleich auch nicht in allen Einzelheiten. Ansgesichts der kritischen Öffentlichkeit wäre eine komplette VCI-Lösung 'im Nachhinein' sicher nicht opportun für die Bundesregierung gewesen. So argwöhnte beispielsweise "Die Zeit" vom 5. 12. 1980, daß die Regierung den 'Bock zum Gärtner' machen wolle. Wenn das im Chemikaliengesetz niedergelegte Regulierungsprogramm nun nicht dem Prototyp oder dem Idealbild einer Selbstregulierung entspricht, so enthält es trotzdem eine Reihe von Elementen davon. So wie es die Verwaltungsvorschriften in Grundzügen vorzeichnen, basiert die Verwaltungspraxis im Prinzip auf einer engen Kooperation zwischen der Chemischen Industrie und den Verwaltungsbehörden. Prüfung und Einstufung der anmeldepflichtigen Chemikalien werden von den Herstellern selbstverantwortlich durchgeführt, wobei die Anmeldestelle aufgrund der Prüfungsunterlagen nur noch die Plausibilität der Einstufung überprüft und nur in Ausnahmefällen die Validität der Testdaten labormäßig nachuntersucht. Insoweit ist es zutreffend, das im Chemikaliengesetz und den hierauf basierenden Durchführungsverordnungen formulierte System der Chemikalienkontrolle als "Prinzip der kontrollierten Eigenverantwortlichkeit" zu bezeichnen (Kloepfer 1981:20). Im Vollzug des Chemikaliengesetzes wirken damit Staatshandeln und Selbstkontrolle der Wirtschaft eng verzahnt zusammen. Welche Rolle der Verband in diesem Zusammenhang spielt, ist unklar. Entspechend den Angaben im VCI Jahresbericht 1982/83 hat der VCI im Gesetzesvollzug lediglich Informationsfunktionen für die Mitgliederfirmen wahrgenommen. Daß er in diesem Zusammenhang Kontrollaufgaben, also 'private government'-Funktionen (Streeck/Schmitter 1985) übernimmt, ist relativ unwahrscheinlich. Das Anmeldeverfahren wird ja direkt zwischen den staatlichen Behörden und den Herstellern abgewickelt, der Verband nimmt also hier keine Vermittlungsaufgaben wahr. Andererseits unternimmt der VCI selbst eine Reihe von Aktivitäten, welche den Gesetzesvollzug unterstützen und auch sonst der Chemikalien-Kontrolle im weitesten Sinne dienen. Die im Jahre 1976 von VCI angebotene Lösung über ein Stoff-Sicherheitsdatenblatt hatte der Verband in den darauffolgenden Jahren weiterentwickelt und im Jahre 1981 sogar über das Deutsche Institut für Normung (DIN) 'normen' lassen. In der gegenwärtigen Form sieht das DIN-Sicherheitsdatenblatt vor, daß der jeweilige Hersteller eines Stoffes mit dem ausgefüllten Datenblatt dem Verwender eine Reihe von physikalischen und toxikologischen Angaben macht, welche bei Problemen oder Unfällen bei Lagerung, Transport und Verwendung wertvolle Dienste leisten können. Nach Angaben des Verbands waren schon 1982 für mehr als 15.000 Stoffe Datenblätter erstellt (Thamm 1982). Diese Aktivität ist sicher als ein Signal für praktizierte Eigenverantwortung gedacht, spielt aber im Gesetzesvollzug des Chemikaliengesetzes keine Rolle. Das Anmelde- und Bewertungsverfahren als Kerninstrumentarium der bundesdeutschen Chemikalienkontrolle vollzieht sich ausschließlich innerhalb der Verwaltung (Rehbinder et al 1985:53).

Obwohl die Chemische Industrie in der Phase der Politikformulierung immer dominierend war und in fast allen Gremien der institutionalisierten Partizipation präsent ist und präsent war, ist diese beim Bewertungsverfahren der angemeldeten neuen Stoffe nicht beteiligt. Diese wird allein von den Bundesanstalten BAU, BGA, UBA, teils von BAM und BBA ausgeübt, wobei die Zusammenarbeit dieser Behörden über zwei Koordinierungsgremien organisatorisch abgestützt ist: einerseits das Beratungsgremium "Neue Stoffe" der Bewertungsstellen, andererseits das Koordinierungsgremium "Altstoffe" der Bewertungsstellen. Institutionelle Arrangements für kooperative Problemlösungen zwischen Behörden und Industrie existieren aber im Bereich der Altstoffe. Hier wurde ein Beratergremium bei der Berufsgenossenschaft Chemie errichtet, in dem Wissenschaftler aus Industrie, Behörden und öffentlichen Forschungsinstituten eine Liste toxischer Arbeitsstoffe erstellen. Ende 1984 waren in dieser Stoffliste 84 Stoffe erfaßt. Nach Informationen der BG-Chemie wurden bis April 1984 für 53 Stoffe Literaturrecherchen durchgeführt und für elf Stoffe Kurzzeittests eingeleitet (BG-Chemie Pressemitteilung vom 4. April 1984). Erkenntnisse, die sich aus diesen Aktivitäten ergeben, werden dann jeweils sowohl der MAK-Kommission der DFG und den Unternehmen, die den betreffenden Stoff herstellen oder verarbeiten, mitgeteilt, sind damit indirekt auch für das zuständige Ministerium (BMA) zugänglich, das ja Regulierungsaktivitäten über seinen Ausschuß AgA eng mit der DFG-MAK-Kommission abstimmt.

Eine ähnliche Funktion nimmt die Gesellschaft Deutscher Chemiker (GDCh) für den Bereich der umweltrelevanten Altstoffe wahr. Diese Vereinigung hatte nach Inkrafttreten des Chemikaliengesetzes ein drittelparitätisch aus Behörden-, Industrievertretern und Wissenschaftlern zusammengesetztes Sachverständigengremium eingerichtet, welches auf freiwilliger Basis Implementationsaufgaben wahrnimmt. Entsprechend §4, Abs.6 Chemikaliengesetz ist die Bundesregierung ermächtigt, unter bestimmten Bedingungen auch für Altstoffe Prüfungen und Anmeldung zu verlangen. Dies muß mit einer Rechtsverordnung geschehen, wobei die Bundesregierung allerdings zuvor 'Sachverständige' anzuhören hat. Der VCI und die beteiligten Ministerien kamen überein, hierzu ein Sachverständigengremium einzurichten und bei der GDCh anzusiedeln. Für den VCI ist dies ein geschickter Schachzug, da die GDCh institutionell und finanziell sehr eng mit dem VCI verflochten ist, aber andererseits das Image einer neutralen wissenschaftlichen Organisation besitzt. §2 der Geschäftsordnung dieses Gremiums beschreibt als Aufgabe dieser Institution, "im Sinne der im §4,Absatz 6, des Chemikaliengesetzes enthaltenen Ermächtigung der Bundesregierung Altstoffe nach ökologischen Gesichtspunkten zu überprüfen und auszuwählen. Dabei sind ausschließlich objektive wissenschaftliche Kriterien bei der Prüfung und Beurteilung anzuwenden." Die Kosten dieser Arbeit werden anteilig von UBA und dem VCI getragen.

Die vorerst letzte Vollzugs-Verordnung im Implementationsprozeß ist die am 1. Oktober 1986 erlassene Gefahrenverordnung, welche das frühere Arbeitsstoffrecht und das Ländergiftrecht, damit den Arbeitsschutz und den Gesundheitsschutz zusammenführten.

Erste Ergebnisse

Informationen über die bisherigen Vollzugserfahrungen liegen nur spärlich vor. Der Bundestag hatte die Bundesregierung in einer bei der Verabschiedung des Gesetzes gefaßten Entschließung u.a. aufgefordert, innerhalb von 4 Jahren nach Inkrafttreten des Gesetzes über dessen Anwendung und Auswirkungen zu berichten. Dieser Bericht wurde inzwischen im Februar 1986 vom Gesundheitsministerium vorgelegt.

Als Hauptindikator für die Anwendung des Chemikaliengesetzes bietet sich als Kernstück des Chemikalienkontroll-Systems das Anmeldeverfahren. Nach Auskunft des BMJFG-Berichts kam im ersten Jahr des Gesetzesvollzugs überhaupt kein Stoff zur Anmeldung. In dieser Periode wurden auf seiten der Chemischen Industrie schon Überlegungen angestellt, ob das Chemikaliengesetz nicht 'Papiertiger' sei (Broecker 1982b:573). Doch für viele kam dies nicht überraschend; wie auch von der TSCA-Implementation in den USA her bekannt war, haben die meisten Firmen verständlicherweise versucht, alle Stoffe in der Entwicklungsphase noch auf die Altstoffliste zu bekommen. Entsprechend dem BMJFG-Bericht waren im Jahre 1983 nur 4, 1984 nur 10 und 1985 nur 17 Anmeldungen aus dem nationalen Bereich bei der BAU eingegangen (BMJFG 1986:26). In acht Fällen wurden aufgrund Unvollständigkeit und Fehlerhaftigkeit der Anmeldedossiers zusätzliche Angaben verlangt (ebd. S.31). Dabei wurde von den Betroffenen dreimal Widerspruch eingelegt, der sich jedoch jeweils durch Nachreichung der geforderten Unterlagen erledigte.

Ein weiterer Indikator für die Gesetzesanwendung sind die Mitteilungen nach §16 in Verbindung mit §5 Abs. 1 Nr. 2 und 3 ChemG über neue Stoffe, die entweder in Mengen von weniger als einer Tonne jährlich oder in größeren Mengen zu Forschungs- und Entwicklungszwecken in den Verkehr gebracht werden. Auch diese Mitteilungen entwickelten sich fast linear ansteigend: von 3 bzw. 7 im Jahre 1982 bis 10 bzw. 108 im Jahre 1985. Was wirkliche Eingriffe in die Produktionsfreiheit der Chemischen Industrie betrifft, so berichtet dieses BMJFG-Papier lapidar: "Von den Befugnissen der Anmeldestelle, das Inverkehrbringen von mitgeteilten Stoffen von Bedingungen und Auflagen abhängig zu machen oder gar das Inverkehrbringen insgesamt zu untersagen, wurde bisher noch kein Gebrauch gemacht" (ebd. S. 40). Daß das Instrument des Verbotes auch bis heute noch nicht genutzt wurde, muß entweder nahelegen, daß die Industrie sich effektiv selbst kontrolliert oder daß die Befugnisse im Chemikaliengesetz auf staatlicher Seite sehr "kooperativ" ausgelegt werden.

Hinsichtlich der finanziellen Auswirkungen des Gesetzes liegen bisher nur Schätzungen vor. Die zusätzlichen Testkosten für die deutsche Chemische Industrie, die im Jahre 1982 noch auf 41 bis 60 Mio DM (*European Chemical News* (24.5.1982:2) oder 70 Mio DM (Schulze/Weiser 1982) geschätzt wurden, sind aufgrund der geringen Anmeldungen viel zu hoch angesetzt. Auch die Auswirkungen auf die Innovations- und Wettbewerbsfähigkeit sind bis zu diesem Zeitpunkt noch nicht abzusehen. Zwar existieren schon relativ frühe Bewertungsversuche (Schulze/Weiser 1982; Broecker 1982), diese beruhen aber im wesentlichen auf der Extrapolation von Vergangenheitsdaten und sind teilweise erheblich "interessengefärbt". Es ist aber zu erwarten, daß die Belastung der Innovationsfähigkeit besonders der mittelständischen Industrie erheblich sein wird. Über dieses Problem liegt von der OECD schon seit geraumer Zeit eine Studie vor (OECD 1981c).

Teil IV: ZUSAMMENFASSUNG UND KONZEPTIONELLER AUSBLICK

Aus der Perspektive eines sowohl struktur- als auch akteurorientierten Bezugsrahmens wurde in dieser Studie versucht, die Herausbildung und Umsetzung des im Chemikaliengesetz niedergelegten Programms und Instrumentariums zur Kontrolle gefährlicher Substanzen als Ergebnis der Interaktionen betroffener und interessierter Akteure zu erklären. Es wurde davon ausgegangen, daß das Chemikalienproblem selektiv bestimmte Akteure innerhalb eines vorgegebenen Bedingungsrahmens (materielle Bedingungen, kulturelle und institutionelle Arrangements, Interaktions- und Machtstrukturen) aktivierte, welche - wiederum abhängig von den Zugangsregelungen der Beteiligung und Machtressourcen - in den Problemlösungsprozeß intervenieren und ihre Interessen avancieren. Ein weiteres wichtiges Element des Analysekonzepts war die These, daß die Problemlogik nicht schon die Problemlösung vorprogrammiert, sondern lediglich Restriktionen setzt und Handlungsspielräume eröffnet, innerhalb derer die verschiedenen Akteure mit der Entwicklung, Unterstützung oder Bekämpfung bestimmter Politikoptionen ihre jeweiligen Interessen zu realisieren trachten. Ein ebenfalls wichtiger theoretischer Ausgangspunkt war, daß es sich bei den handelnden Einheiten im Policy-Prozeß vornehmlich um "korporative Akteure" handelt, und daß der Raum der um das Chemikalienproblem zentrierten Auseinandersetzungen Nationalstaatsgrenzen überschreitet. Hieraus folgt, daß auch der Policy-Process als eine transnationale Vernetzung signifikanter Policy-Ereignisse betrachtet werden musste.

Ausgehend von diesem Bezugsrahmen und dem angewandten netzwerkanalytischen Instrumentarium konnten einerseits 47 Politikfeldorganisationen identifiziert werden, die allgemein in der Chemikalienkontrolle eine Rolle spielen und, 26 Organisationen, die relativ einflußreich im legislativen Prozeß des Chemikaliengesetzes waren und damit als Policy-Akteure betrachtet werden können. Ein jeder dieser Akteure hatte eine spezifische Problemwahrnehmung, spezifische Interessenpositionen, spezifische Ressourcen und spezifische strategische Handlungsorientierungen. Hieraus ergaben sich unterschiedliche Handlungsbedingungen für die verschiedenen Akteure. Darüber hinaus wurden von den verschiedenen Akteuren unterschiedliche sozial- und politikstrukturelle Positionen im Gefüge der Interaktionszusammenhänge und der gegenseitigen Abhängigkeiten besetzt. Hierbei wurde insbesondere das Tauschpotential als besonders wichtig betrachtet. Aus den unterschiedlichen strukturellen Positionen ergaben sich Machtdifferentiale im Hinblick auf den Einfluß im Policy-Prozeß. Als relativ gut positionierte und relativ einflußreiche Akteure konnten einerseits die zentralen staatlichen Akteure (BMJFG, BMI, BMA, UBA) identifiziert werden, andererseits aber auch der Verband Chemischer Industrie (VCI) und die Chemie-Gewerkschaft (IGCPK). Dies trifft interessanterweise für alle Netzwerke zu: sowohl auf der Ebene des Informationstauschs, der insitutionalisierten Partizipation in den Gremien und des Ressourcentauschs haben die einflußreichsten Policy-Akteure Spitzenplätze belegt.

Die inhaltliche Gestaltung des Chemikaliengesetzes war im wesentlichen durch den Interessenausgleich innerhalb dieses relativ schmalen Akteursets bestimmt. Der sogenannte 'parlamentarische Sektor' (die im Parlament vertretenen politischen Parteien) und die sonstigen organisierten Interessen spielten in jeder Hinsicht eine marginale Rolle. Interessant war auch, daß trotz einer relativ bedeutenden Position in bezug auf Tauschpotential an wissenschaftlichen Informationen der Einfluß der Wissenschaftlichen Organisationen auf den legislativen Prozeß relativ gering war. Hingegen beachtenswert hoch war die Einflußposition, welche die beiden internationalen Organisationen OECD und EG eingenommen hatten, welche sogar den parlamentarischen Bereich überrundeten. Ausgehend von der Identifikation der zentralen Akteure, der signifikanten 'issues' und der zeitlichen Ereigniszusammenhänge konnte auch die wesentliche Logik dieses Policy-Prozesses herausgearbeitet werden: Obwohl das Chemieproblem schon seit Ende der 60er Jahre in der öffentlichen Diskussion thematisiert wurde, wurden Gesetzgebungsinitiativen erst unternommen, als die Chemische Industrie als zentraler Akteur von Aktivitäten zur Chemikalienkontrolle in anderen Ländern auf signifikante Weise tangiert wurde. Erst als Frankreich im Alleingang eine Chemikalienregelung durchsetzen wollte und dieses Vorhaben nur durch europäische Policy-Harmonisierung 'abgeblockt' werden konnte, gerieten Bundesregierung und Chemische Industrie unter Zugzwang. Hierzu kooperierten alle staatlichen Akteure und die über den VCI organisierte Chemische Industrie von Anfang an. Die signifikanten und weichenstellenden Entscheidungen in der Chemikaliengesetzgebung wurden somit schon in einer sehr frühen Phase der Politikformulierung innerhalb dieses kleinen Akteursets getroffen. In die Arena der öffentlichen Diskussion gelangte das Chemikalienproblem erst, als intra-gouvernementale Konflikte dazu führten, daß ein Schlüsselakteur Moblisierungsstrategien einsetzte, um potentielle Verbündete auf die politische Bühne zu bringen. Erst ab diesem Zeitpunkt erhielt die Partizipationsstruktur der Chemikaliengesetzgebung ein relativ pluralistisches Profil, so daß selbst relativ unbedeutende Akteure über Stellungnahmen und Informationsaustausch am Gesetzgebungsprozeß teilnehmen konnten. Trotz der Vielzahl involvierter Akteure und trotz der äußerst kontrovers geführten öffentlichen Diskussion gelang es den zentralen Akteuren, die in der Frühphase getroffenen Abkommen und Arrangements ohne signifikante Verzerrungen und Veränderungen durch diese pluralistische Phase der offiziellen Verbandsbeteiligung und der nachfolgenden parlamentarischen Phase zu schleusen. Hierbei hat insbesondere die 'transnationale Dimensionierung' des Policy-Prozesses eine wichtige Rolle gespielt. Der Umstand, daß das Wirkungsspektrum des Chemikalienproblems aufgrund potentieller technischer Handelsbarrieren auch Freihandelsinteressen tangierte, aktivierte insbesondere EG und OECD in diesem Politikbereich. Die durch Mitgliedschaft der Bundesrepublik in diesen Organisationen involvierten Bindungen ermöglichten es den zentralen politischen Akteuren, wichtige 'Gefechte' in der internationalen Arena auszutragen, deren Resultate dann insbesondere in der parlamentarischen Phase dem Gesetzgeber enge Handlungsrestriktionen setzten, und die Abmachungen aus der Frühphase der Programmformulierung effektiv gegenüber Veränderungsstrategien immunisierte. Trotz massiver öffentlicher Kritik dieser Regulierungsstrategie konnten auf diese Weise sehr kooperative Regulierungsarrangements durchgesetzt werden, welche einerseits die Chemische Industrie vor zu starker regulativer Belastung bewahrten, andererseits der Regierung die Implementation eines relativ verwaltungsökonomischen Chemikalienkontrollprogramms ermöglichten. Ein zentrales Ergebnis dieser Analyse ist somit, daß die Herausbildung dieser kooperativen 'policy' nicht als Resultante eines einseitig auf Regierung, Verwaltung und Parlament einwirkenden Drucks gesellschaflicher Politikakteure begriffen werden kann, sondern als Ergebnis von Tauschprozessen, in dem wichtige gesellschaftliche Akteure die Möglichkeit erhalten, an der Gestaltung einer 'policy' teilzunehmen, wenn diese ihrerseits wieder durch Expertise und kooperatives Verhalten an der effektiven Umsetzung dieser 'policy' mitwirken. In dieser Hinsicht bestätigt diese Fallstudie die Beobachtungen, die im Rahmen der neokorporatistischen Theoriebildung über die verschiedenen Mechanismen und Techniken der Politikformulierung auch anderweitig gemacht wurden. Die oben vorgestellte Untersuchung legt aber auch nahe, daß korporatistische Arrangements keine vollkommene Interessenidentität zwischen den involvierten Akteuren bedeuten. Eine wichtige Beobachtung im analysierten Politikprozeß war, daß die zum Teil sehr engen Kooperationsverhältnisse zwischen verschiedenen Akteuren und Akteurkategorien keine Stillegung von Interessenkonflikten bedeuteten. Marins Begriff der "antagonistischen Kooperation" (Marin 1985) trifft diesen Zusammmenhang sehr gut: gerade weil Interessengegensätze und unterschiedliche Ressourcenausstattungen existieren, sind die Akteure quasi gezwungen, miteinander zu kooperieren und den Tausch als Konfliktregulierungsmodus zu wählen. Tausch heißt nicht, daß Interessengegensätze aufgehoben wären - innerhalb der institutionellen Vorrichtungen, welche Zusammenarbeit auf Dauer setzen und generalisieren, treibt weiterhin der Kampf der Interessengegensätze sein Spiel. Nur werden hierdurch den verschiedenen Akteuren bestimmte Restriktionen in der Wahl ihrer Strategien und Mittel gesetzt. Die Handlungsspielräume blieben aber im untersuchten Fall offenbar so groß, daß beispielsweise das Innenministerium als ein zentraler Akteur Strategien und Taktiken einer mobilen

Bündnispolitik einsetzen konnte, ohne dabei die langfristige Zusammenarbeit mit dem VCI zu gefährden. Dies erklärt sich vielleicht dadurch, daß die gegenseitigen Abhängigkeiten hier so groß sind, daß trotz teilweise pluralistischer und konfliktintensiver Auseinandersetzungsformen die Zusammenarbeit nicht abreißt, weil jede Partei strukturell unter Kooperationszwang steht. Insofern ist eine dichotome Gegenüberstellung politikstrukturell bedingter Interaktionslogiken, wie Korporatismus ≡ Kooperation versus Pluralismus ≡ Konkurrenz, nicht sehr hilfreich, da auch in korporatistischen Arrangements weiterhin Interessengegensätze den Lauf der Politik bestimmen. Institutionelle Arrangements 'programmieren' nicht das Interaktionsverhalten; dies anzunehmen würde bedeuten, in den Institutionalismus oder den holistischen Strukturalismus zurückzufallen. Institutionelle Vorrichtungen setzen nur die Bahnen, innerhalb derer individualistische Handlungsprinzipien weiterhin die Handlungsorientierungen der verschiedenen Akteure prägen.

Die vorliegende Untersuchung bezog sich nur auf einen 'exemplarischen Fall', der nicht unbedingt repräsentativ für heutige Politikprozesse sein muß. Insofern kann aus dieser Fallstudie natürlich auch nicht generalisiert werden, beispielsweise über die allgemeine Stellung des Parlaments, oder z.B. über den Stellenwert der Problemlogik in der Determination einer Politik, oder in bezug auf die Stellung bestimmter Akteurkategorien in Politikprozessen. Alle bedeutungstragenden Einheiten des skizzierten analytischen Bezugsrahmens sind kontextabhängig, variieren also über Probleme, Akteurkonstellationen, vorgegebene institutionelle und kulturelle Rahmenbedingungen usw. hinweg. Das explikative Gewicht dieser verschiedenen Elemente und Variablen wäre nur mittels vergleichender Untersuchungen herauszuarbeiten (Vergleich identischer Policies in unterschiedlichen strukturellen Bedingungen, Vergleich verschiedener Politiken in ein und demselben strukturellen Kontext etc.). Als Fallstudie beschränkt sich diese Untersuchung somit darauf, einen wichtigen, exemplarischen Bereich der industriellen Gegenwartsgesellschaft mit der Denkbrille des in Teil II konzeptualisierten analytischen Bezugsrahmens und den verschiedenen netzwerkanalytischen Methoden zu durchleuchten, um damit möglichst detaillierte Einblicke in die Mechanismen und Verlaufslogiken sozio-politischer Prozesse zu erhalten. Es wurde dabei versucht, den analytischen Blick auf die bedeutenden und zentralen Elemente sowohl der Politikarena als auch des Politikprozesses zu lenken. Hierbei war allerdings auch der Einstieg in einige Details notwendig, die hoffentlich dem mit der Materie der Chemikalienkontrolle weniger vertrauten Leser nicht zu verwirrend waren.

Der Ausgangspunkt dieser Arbeit war die Frage, ob sich mit dem 'struktur-individualisitischen Denken' und mit netzwerkanalytischen Methoden ein besserer Zugang zur Analyse sozio-politischer Phänomene erschließen würde. Diese Untersuchung war ein Versuch, dieses Instrumentarium zu nutzen. Inwieweit dieses Versprechen eingehalten werden konnte, mag der Leser beurteilen.

Literaturverzeichnis

Adam, H. (1979) 'Der politische Einfluß der Industrie- und Handels kammern', *Wirtschaftsdienst,* 59(7):315-320.

Albracht, G. (1979) 'Erst Giftunfälle machten die Gefahren deutlich. Gewerkschaften wollen ein EG-weites Umweltchemikaliengesetz, das die Risiken der steigenden Flut von Chemieprodukten mindert', *Frankfurter Rundschau,* 35(101):10.

Albracht, G. (1980) 'Bessere Kontrolle. Zum Chemikaliengesetz und zur Störfallverordnung', *Gewerkschaftliche Umschau,* 4: 6-9.

Aldrich, H. E. and Whetten, D. A. (1981) 'Organiszationsets, action-sets, and networks: making the most of simplicity', S. 385-408 in P.C. Nystrom und W.H. Starbuck (eds), *Handbook of Organizational Design.* Vol.1. Oxford: Oxford University Press.

Alemann, U.v. (ed) (1981) *Neokorporatismus.* Frankfurt/New York:Campus.

Alston P. (1978) 'International Regulation of Toxic Chemicals', Ecology *Law Quarterly,* 7: 397-456.

Althusser, L. und Balibar, E. (1972) *Das Kapital lesen I.* Reinbek: Rowohlt.

Anderson B. and Carlos M. L. (1976) 'What is Social Network Theory', S. 27-51 in T. R. Burns and W. Buckley (eds), *Power and Control.* Social Structures and their Transformation. London: Sage.

Anliker R. (1979) 'Ecotoxicology of Dyestuffs - A Joint Effort by Industry', *Ecotoxicology and Environmental Safety,* 3:59-74.

Arbeitsgemeinschaft für Umweltfragen e.V. (1979) *Umwelt und Chemie Das Umweltgespräch. Aktuelle Umwelt Forum '79* (= Stenographisches Protokoll der Sitzung des 7. Umweltforum am 22. November 1979 in Wiesbaden).

Atkinson, M. M. and Coleman, W. D. (1985) 'Corporatism and Industrial Policy', S. 22-45 in A. Cawson (ed), *Organized Interests and the State: Studies in Meso-Corporatism.* Beverly Hills: Sage.

Autorenkollektiv (1971) *Der Imperialismus der BRD.* Frankfurt/M.: Verlag Marxistische Blätter.

Axelrod, R. (ed) (1976) *Structure of Decision: The Cognitive Maps of Political Elites.* Princeton,N.J.: Princeton University Press.

Bachrach P. und Baratz, M. S. (1975) 'Zwei Gesichter der Macht', S.224-234. in W.-D. Narr und C. Offe (Hrsg), *Wohlfahrtsstaat und Massenloyalität.* Köln: Kiepenheuer & Witsch.

Balch, G. I. (1980) 'The Stick, the Carrot, and Other Strategies. A Theoretical Analysis of Governmental Intervention.', *Law & Policy Quarterly,* 2(1): 35-60.

Barby, H. v. (1982) 'Die neue Chemikaliengesetzgebung im Hinblick auf den internationalen Handel', *Zeitschrift für Umweltpolitik,* 2:113-133.

Bardach, E. (1977) *The Implementation Game - What Happens After a Bill Becomes a Law.* Cambridge, MA: MIT Press.

Barnes, J. A. (1972) *Social Networks,* Reading, MA: Addison Wesley.

Barnes, J. A. (1969) 'Networks and Political Process', S.51-76 in J.C. Mitchell (ed) *Social Networks in Urban Situations.* Manchester: MUP.

BASF (Hrsg) (1979) *Sicherheit in der Chemie.* Köln: Verlag Wissenschaft und Politik.

BASF (Hrsg) (1982) *Technische Eigenüberwachung in der Chemie.* BASF-Symposium vom 12. Februar 1981. Köln: Verlag Wissenschaft und Politik.

Bavelas, A. (1951) 'Communication Patterns in Task-Oriented Groups', S. 193-202 in D. Lerner and H. D. Lasswell (eds), *The Policy Sciences.* Stanford: Stanford University Press.

Bell, D. (1973) *Die nachindustrielle Gesellschaft.* Reinbek: Rowohlt.

Benson, J. K. (1975) 'The Interorganizational Network as a Political Economy', *Administrative Science Quarterly,* 20(2):229-249.

Benson, J. K. (1982) 'A Framework for Policy Analysis', S. 137- 201 in Rogers, D. L., Whetten, D. A. et al, *Interorganizational Coordination: Theory, Research, and Implementation.* Ames: Iowa State University Press.

Bentley, A. F. (1967) *The Process of Government: A Study of Social Pressure.* Cambridge, MA.: Havard UP (erstmals Chicago 1908).

Berkowitz, S. D. (1982) *An Introduction to Structural Analysis: The Network Approach to Social Research.* Toronto: Butterworths.

Berle, A. and Means, G. (1932) *The Modern Corporation and Private Property.* New York: Hartcourt, Brace and World (1967 edition).

Beyme, K. v. (1973) *Die parlamentarischen Regierungssysteme in Europa.* München: Piper.

Beyme, K. v. (1980) *Interessengruppen in der Demokratie.* München:Piper (5. Auflage).

Bievert, B., Monge, K. and Rock, R. (1984) 'Alternatives for Consumer Policy: A Study of Consumer Organisations in the FRG.', *Journal of Consumer Policy,* 7(3).

Blanchard J. (1981) 'Chemikalienverbrauch und gesellschaftliche Entwicklung', S. 543-547 in Council on Environmental Quality (ed) *Global 2000: Der Bericht an den Präsidenten.* Frankfurt/Main: Verlag 2001.

Blanke, B. (1977) 'Verbände in der Parteiendiskussion: Zu Fragen des Verhältnisses von Parteien und Verbänden in der Bundesrepublik', *Aus Politik und Zeitgeschehen,* B8:45-54.

Blau, P. M. (1964) *Exchange and Power in Social Life.* New York: Wiley.

Blume, O. (1976) 'Möglichkeiten und Grenzen der Verbraucherverbände', in Politische Akademie Eichholz (Hrsg.) *Material zu Problemen der Verbraucherpolitik,* Heft 38, Eichholz Verlag.

Boissevain, J.(1974) *Friends of Friends: Networks, Manipulators and Coalitions.* Oxford: Blackwell.

Bohne, E. (1981) *Der informale Rechtsstaat.* Berlin: Duncker & Humblot.

Bohne, E. (1982) 'Absprachen zwischen Industrie und Regierung in der Umweltpolitik', *Jahrbuch für Rechtssoziologie und Rechtstheorie,* 8:266-281.

Bohnen, A. (1975) *Individualismus und Gesellschaftstheorie.* Tübingen: Mohr.

Bohnert, W. und Klitzsch W. (1980) 'Gesellschaftliche Selbstregulierung und staatliche Steuerung, Steuerungstheoretische Anmerkungen zur Implementation politischer Programme', S. 200-216 in R. Mayntz (Hrsg), *Implementation politischer Programme I: Empirische Forschungsberichte.* Königstein/Ts.: Athenäum.

Bohrnstedt, G. W. and Knoke, D. (1982) *Statistics for Social Data Analysis.* Itasca, Il.: Peacock Publishers.

Borgwardt, J. (1977) Das Selbstverständnis der Union der Leitenden Angestellten, *ULA Schriftenreihe,* Auszug aus Nr. 9, Essen: ULA.

Boudon, R. (1979) *La logique du social.* Paris: Hachette (deutsch: Die Logik des gesellschaftlichen Handelns, Neuwied: Luchterhand 1980).

Boudon, R. (1984) *La place du désordre.* Paris: PUF

Bourricaud, F. (1975) 'Contre le sociologisme: une critique et des propositions', *Revue Française de Sociologie* 25:583-603.

Bourricaud, F. (1977) *L'individualisme institutionnel.* Paris: PUF.

Brickman, R. and Jasanoff, S. (1980) 'Concepts of Risk and Safety in Toxic Substances Regulations. A Comparison of France and the U.S.', *Policy Studies Journal,* 4(3):394-403.

Brickman, R. Jasanoff, S. and Ilgen, T. (1982) *Chemical Regulation and Cancer: A Cross-National Study of Policy and Politics,* A report prepared for the National Science Fondation.

Broecker, B. (1982a) 'Auswirkungen der Chemikaliengesetzgebung auf die derzeitige industrielle Praxis bei der Prüfung und Beurteilung chemischer Stoffe', *Zeitschrift für Umweltpolitik,* (2):147-159.

Broecker, B. (1982b) 'Chemikalienkontrolle - Bedrohung oder Papiertiger?' *Farbe und Lack,* 88(7): 571-575.

Buchanan, J. (1966) 'An Individualist Theory of the Political Process', in Easton, D.(eds), *Varieties of Political Theory.* Englewood Cl./ New York: Prentice Hall.

BAM (Bundesanstalt für Materialprüfung) (1981) *Verzeichnis der Organisationen und Institutionen, in denen Mitarbeiter der Bundesanstalt für Materialprüfung mitwirken.* Berlin: BAM.

BAM (Hrsg) (1984) *Bundesanstalt für Materialprüfung Berlin, eine Informationsschrift.* Berlin: BAM.

Bundesminister der Justiz (Hrsg) (1979) 'Bekanntmachung der öffentlichen Liste über die Registrierung von Verbänden und deren Vertreter', *Son-*

derdruck der Beilage zum Bundesanzeiger 96 (Laufende Nr. der Beilagen 20/79).

BMI (Bundesminister des Innern) (1970) *Zur Erfassung der bei den Bundesministerien und Bundesbehörden bestehenden Beiräten, Ausschüssen Arbeitskreise, Kommissionen oder ähnlichen Gremien.* Bericht des Bundesminister des Innern vom 14. Mai 1970.

BMI (1977a) *Vorentwurf: Gesetz zum Schutz vor Gefahren durch Inverkehrbringen von umweltgefährlichen Stoffen und Zubereitungen (Umweltchemikaliengesetz - UChemG).* Stand: August 1977; UII9 - 555262/6.

BMI (1977b) *Entwurf: Gesetz zum Schutz vor Gefahren durch umweltgefährliche Chemikalien (Umweltchemikalien - UChemG).* Stand: 4. November 1977 (UII9 - 555262/6).

BMI (1978) *Rohentwurf eines Gesetzes zum Schutz vor gefährlichen Stoffen (Chemikaliengesetz - ChemG).* Stand: 13. Dezember 1978.

BMI (Hrsg) (1979) *Umweltchemikalien. Entwurf eines Gesetzes zum Schutz vor gefährlichen Stoffen. Stellungnahme des Rates von Sachverständigen für Umweltfragen.* Bonn: Bundesminister des Innern (Umweltbrief Nr. 19).

BMFT (Bundesminister für Forschung und Technologie) (1981/1982) *Beratungsplan 1981/1982.*

BMJFG (Bundesminister für Jugend, Familie und Gesundheit) (1975) *Gesetz über den Verkehr mit Giften (Bundesgiftgesetz).* Stand: August 1975, unveröffentlichter Gesetzentwurf.

BMJFG (1976) *Umweltchemikalien. Probleme, Situationen, Maßnahmen.* (Bericht der interministeriellen Projektgruppe "Umweltchemikalien"). Bonn: BMJFG, März 1976.

BMJFG (1978) *Entwurf eines Gesetzes über gefährliche Stoffe.* Stand: 16. Mai 1978, unveröffentlichtes Papier.

BMJFG (Hrsg) (1982) *Das Chemikaliengesetz. Gesundheitsschutz - Arbeitsschutz - Umweltschutz.* Reihe Bürgerservice, Bonn.

BMJFG (1986) *Bericht der Bundesregierung über die Anwendung und die Auswirkungen des Chemikaliengesetzes* (Gz. 356 5710/41).

BGA (Bundesgesundheitsamt)(Hrsg) (1977ff). *Jahresberichte.* Berlin: BGA.

BGA (Hrsg) (1982) *Organisationsverzeichnis des BGA.* Berlin.

Bundesregierung (1972) *Das Umweltprogramm der Bundesregierung.* Stuttgart: Kohlhammer.

Bundesregierung (1976) *Umweltbericht '76.* Fortschreibung des Umweltprogramms der Bundesregierung vom 14. Juli 1976. Mit einer Einführung von Werner Maihofer. Stuttgart u.a.: Kohlhammer.

Burt, R.S. (1977) 'Power in a Social Topology', *Social Science Research,* 6(1):1-83.

Burt, R.S. (1982) *Toward a Structural Theory of Action: Network Models of Social Structure, Perception, and Action.* New York u.a.: Academic Press.

Burt, R.S. (1982) *Applied Network Amalysis - A Methodological Introduction.* Beverly Hills/London: Sage.

Burt, R.S. (1983) Corporate Profits and Cooptation: Networks of Market Constraints and Directorate Ties in American Economy. New York: Academic Press.

Camps, M. (1977) '"First World" Relationships: the Role of the OECD.', S. 209-263 in Atlantic Institute of International Affairs (ed), *European Economic Issues.* Davis.

Canetti, E. (1983) *Masse und Macht.* Frankfurt/M: Fischer.

Carlsson, G. (1980) 'Betrachtungen zum Funktionalismus', S. 252- 277 in E. Topitsch (Hrsg), *Logik der Sozialwissenschaften.* Königstein: Athenäum

Carson, R. (1962) *Silent Spring.* New York u.a.: Penguin Books (Ed1979).

Castleman, B. I. (1979) 'The Export of Hazardous Factories to Developing Nations', *International Journal of Health Services,* 9(4):569-607.

Castles,F.G and R. Wildenmann (1986) Visions and Realities of Party Government. Berlin/New York: de Gruyter.

Cawson, A. (1982) *Corporatism and Welfare: Social Policy and State Interventions in Britain.* London: Heinemann Ed Books.

Cawson, A. (Hrsg) (1985) *Organized Interests and the State: Studies in Mesocorporatism.* Beverly Hills: Sage.

Cobb, R. W. and Elder, C. D. (1972) *Participation in American Politics. The Dynamics of Agenda Building.* Baltimore/London: John Hopkins UP.

Cobb, R. W., Ross, J. K. and Ross, M. H. (1976) 'Agenda-building as a Comparative Process', *American Political Science Review,* 70:126-138.

Cohen, M. D., March, J. G. and Olsen, J. P. (1972) 'A Garbage Can Model of Organizational Choice', *Administrative Science Quarterly,* 17(1): 1-25.

Coleman, J. S. (1971a) 'Control of Collecivities and the Power of a Collectivity to act.', S. 269-300 in B. Lieberman (ed), *Social Choice,* New York u.a.:Gordon and Breach.

Coleman, J. S. (1971b) 'Collective Decisions', S. 272-286 in H. Turk and R. L. Simpson, *Institutions and Social Exchange - The Sociology of Talcott Parsons and George C. Homans,* Indianapolis/NewYork: Bobbs-Merril.

Coleman, J. S. (1973) *The Mathematics of Collective Action.* London: Heinemann Educational Books.

Coleman, J. S. (1974) *Power and the Structure of Society.* New York/ London: Norton.

Coleman, J. S. (1976) 'Individual Rights and the State: A Review Essay', *American Journal of Sociology,* 82(2): 428-442.

Coleman, J. S. (1983) 'Recontracting, Trustworthiness, and the Stability of Vote Exchanges', *Public Choice,* 40: 89-94.

Coleman, J. S. (1986a) *Individual Interests and Collective Action.* Cambridge, MA: CUP.

Coleman, J. S. (1986) 'Social Theory, Social Research, and a Theory of Action'. *American Journal of Sociology,* 91: 1309-1335.

Colombo, U. (1980) 'A Viewpoint on Innovation and the Chemical Industry', *Research Policy,* 9(3):204-231.

Comité Economique et Social des Communités Europenes (1980) *Les groupements d'interéts Europeens et leurs relations avec le Comité économique et social.* Bruxelles: Ed Delta.

Commission of the European Communities (1974) *Explanatory Memorandum Accompanying the Proposal for Marketing and Use Restrictions on Dangerous Substances.* Com(74)1189 final at 1 July 25, 1974.

Commission of the European Communities (1978) *Environment and Quality of Life: Final Report on Research Sponsored Under the First Environmental research programme.* Brussels-Luxembourg: EEC (EUR 5970).

Commission of the European Communities (1980) *Second environmental research programme.* Brussels-Luxembourg: EEC (EUR 6388).

Commission of the European Communities (1984) *Ten Years Community Environmental Policy.* Brussels: EEC.

Connolly, W. M. (1972) 'On 'Interests' in Politics', *Politics and Society,* 2(24):459-473.

Conseil de l'Europe (1968) *Substances chimiques dangereuses et propositions concemants leur étiquetage.* Deuxième édition. Strasbourg: Conseil de l'Europe.

Cooper, M. R. (1982) *The Search for Consensus. The Role of Institutional Dialogue Between Government, Labor and Employers. The Experience of Five Countries.* Paris: OECD.

Coppock, B. (1982) 'Control of Commercially Produced Chemicals - An International Perspective', *Zeitschrift für Umweltpolitik,* 2:199-211.

Coxon, A.P. et al (eds) (1981) *The MDS (X) Series of Multidimensional Scaling Programs.* University of Edinburgh: Inter-University/Research Councils Series.

Coxon, A.P. and Jones, C. L. (1983) 'Multidimensional Scaling', S. 171-226 in D. McKay, N. Schofield and P. Whiteley, *Data Analysis and the Social Sciences.* London: Frances Pinter.

Crozier, M. und Friedberg, E. (1977) *L'acteur et le système.* Paris: Ed. Seuil.

Damschke, K. (1984) *Der Einfluß der Verbände auf die Gesetzgebung - am Beispiel des Gesetzes zum Schutz vor gefährlichen Stoffen (Chemikaliengesetz -ChemG),* verwaltungswissenschaftliche Diplomarbeit an der Universität Konstanz, Oktober 1984. (veröffentlicht in München: Minerva 1986).

Deleuze, G. (1975) 'Woran erkennt man den Strukturalismus?', S. 269-302 in F. Chatelet, *Geschichte der Philosophie Bd. 8*, Berlin: Ullstein.

DFG (Deutsche Forschungsgemeinschaft) (1977) 'Erbschäden und Krebs durch Chemikalien - ein Bericht aus dem Zentrallaboratorium für Mutagenitätsprüfung.', *Umschau 77*, 8: 250-252.

DFG (1977ff) *Tätigkeitsberichte*. Bonn: DFG.

DFG (Hrsg) (1979a) *Beiträge zur Beurteilung der Umweltwirksamkeit chemischer Stoffe*. Bonn: DFG (Senatsausschuβ für Umweltfragen).

DFG (1979b) *Zwanzig Jahre Kommission für Pflanzenschutz-, Pflanzenbehandlungs- und Vorratsschutzmittel. Standortbestimmung*. Boppard: H. Boldt Verlag.

DFG (1980) *Deutsche Forschungsgemeinschaft: Aufbau und Aufgaben*. Bonn: DFG.

DFG (Hrsg)(1981) *Berufskrebsstudie*. Boppard: H. Boldt Verlag.

DFG (Hrsg) (1983) *Ökosystemforschung als Beitrag zur Beurteilung der Umweltwirksamkeit von Chemikalien. Rundgespräche und Kolloquien*. Weinheim: Verlag Chemie.

Dery D. (1984) *Problem Definition in Policy Analysis*. Lawrence, Kansas: University Press of Kansas.

Deutscher Bundestag, (1980) *8. Wahlperiode, Protokoll über die öffentliche Anhörung am Montag, dem 3. und Dienstag, dem 4. März 1980. Tagesordnung: Anhörung zu dem Entwurf eines Gesetzes zum Schutz vor gefährlichen Stoffen (Chemikaliengesetz - ChemG)*, Drucksache 8/3319 Bonn: Bundeshaus.

Dolzer, L.R. (1982) 'Verwaltungsermessen und Verwaltungskontrolle in den Vereinigten Staaten. - Neuere Entwicklungen und Tendenzen -', *Die öffentliche Verwaltung*, 35(14):578-591.

Dominguez, G. B. (1979) 'The 6th Amendment and TSCA - Contrasts in Toxic Substance Identification and Control', *Toxic Substances Journal*, 1(4):349-382.

Downs, A. (1957) *An Economic Theory of Democracy*. New York: Harper.

Dumont, L. (1977) *Homo aequalis: Genése et épanouissement de l'idéologie économique*. Paris: Ed. Gallimard.

Dunlap, T. R. (1981) *DDT. Scientists, Citizens, and Public Policy*. Princeton: Princeton University Press.

Dye, T. R. (1976) *Understanding Public Policy*. Englewood Cliffs: Prentice Hall.

Dye, T. R. (1979) 'Politics versus Economics: The Development of the Literature on Policy Determination', *Policy Studies Journal*, 7(4):652-662.

Eads, G. C. (1979) *Chemicals as a Regulated Industry. Implications for Research and Product Development*. Santa Monica: Rand Corporation (Rand Paper Series P6198).

Easton, D. (1953) *The Political System.* Chicago: University of Chicago Press 1981.

Ehrmann, F. (1977) 'Hundert Jahre - wie ein Tag. Der Verband der Chemischen Industrie - Geschichte - Aufgaben - Leistungen.', *Chemische Industrie,* 100(XXIX): 584ff.

Ellwein, T. (1973) *Das Regierungssystem der Bundesrepublik Deutschland.* Opladen: Westdeutscher Verlag.

Ellwein, T., Leonard, M. und Schmidt, P. M. (1983) *Umweltschutzverbände in der Bundesrepublik Deutschland.* Forschungsbericht 101 01 031/02 des Umweltforschungsplans des BMI, September 1983.

Ellwein, T. und Görlitz, A. (1966) *Parlament und Verwaltung: 1. Teil. Gesetzgebung und politische Kontrolle.* Stuttgart.

Elsner, R. (1981) 'Das Chemikaliengesetz und seine Bedeutung für die Agrarwirtschaft', *Agrarrecht,* 5:134-136.

Elster, J. (1982) 'Marxism, Functionalism and the Game Theory', *Theory and Society,* 11:453-482.

Elster, J. (1987) *Subversion der Rationalität.* Frankfurt/New York: Campus.

Emerson, H. (1962) 'Power-Dependence Relations', *American Sociological Review,* 27:32-41.

Epstein, S. S. (1979) *The Politics of Cancer.* New York: Anchor Press.

Esser, H. (1984) 'Figurationssoziologie und methodologischer Individualismus', *Kölner Zeitschrift für Soziologie und Sozialpsychologie,* 36: 667-702.

Everitt, B. (1983) 'Cluster Analysis', S. 226-256 in D. McKay, N. Schofield and P. Whiteley, *Data Analysis and the Social Sciences.* London: Frances Printer.

Ewers, U. (1982) 'Berufsbedingte Krebserkrankungen in der Bundesrepublik Deutschland.', *WSI Mitteilungen,* 12: 743ff.

Fäßler, K. und Reichwald, R. (1972) 'Fertigungswirtschaft', S. 249-343 in E. Heinen (Hrsg), *Industriebetriebslehre. Entscheidungen im Industriebetrieb.* Wiesbaden: Th. Gabler.

Fennema, M. and Schijf, H. (1978) 'Analyzing Interlocking Directorates: Theory and Methods', *Social Networks,* 1:297-332.

Feyerabend, P. K. (1963) 'Über konservative Züge in den Wissenschaften und insbesondere in der Quantentheorie, und ihre Beseitigung.', in Szczesny, G. (Hrsg.) *Club Voltaire - Jahrbuch für kritische Aufklärung, Bd. 1.* München.

Fitzner, U. (1981) 'Das Chemikaliengesetz vom 16.9.1980 - Ein Markstein in der Entwicklung des deutschen Umweltrechts?' Teil 1, 2 und 3, *Chemie für Labor und Betrieb,* 32(9): 401-404; 32(10): 465-467; 32(11): 526-530.

Fleischhauer, G. (1984) *Neue Aktivitäten im Bereich von Arbeitsstoffen mit möglicher Gesundheitsgefährdung und Ergebnisse für die Praxis.*

Pressekonferenz der Berufsgenossenschaft der chemischen Industrie (BG Chemie) vom 4.4.1984, Frankfurt.

Freeman, L. C. (1977) 'A Set of Measures of Centrality Based on Betweenness', *Sociometry,* 40:35-41.

Freeman, L. C. (1979) 'Centrality in Social Networks: Conceptual Clarification', *Social Networks,* 1:215-239.

Frey, B. S. (1974) 'Die politischen Durchsetzungschancen einer Umweltpolitik', S. 223-240 in B. S. Frey und W. Meiner (Hrsg), *Zwei Ansätze der Politischen Ökonomie. Marxismus und ökonomische Theorie der Politik.* Frankfurt/M.: Athenäum.

Frohock, F. M. (1979) *Public Policy - Scope and Logic.* Englewood Cliffs: Prentice Hall.

Gabbay, A. (1977) 'International Ramifications of the Toxic Substances Control Act', *Harvard Environmental Law Review,* 2(1977):490- 513.

Galtung, J. (1973) *The EC: A Superpower in the Making.* Oslo: Universitetsfarlaget.

Gaynor, K. (1977) 'The Toxic Substances Control Act: A Regulatory Morass', *Vanderbilt Law Review,* 30(6):1149-1190.

McGlen, N. E. et al (1979) 'Cultural Differences in Perceptions of Environmental problems', *Technological Forecasting and Social Change,* 14(2):97-114.

Gold, D., Lo, C. and Wright, E. (1975) 'Recent Developments in Marxist Theories of the State', *Monthly Review,* 17:5-6.

Graw, J. (1981) 'Das neue Chemikaliengesetz - nur ein Alibi?', *Frankfurter Hefte,* 36(2):45-50.

Graw, J. (1981) 'Chemikalien in unserer Nahrung', *Frankfurter Hefte,* 36(6): 41-48.

Gray, V. (1973) 'Innovation in the States: A Diffusion Study', *American Political Science Review,* 68(12):1174-1185.

Groening, W. A. (1981) *The Modern Corporate Manager: Responsibility and Regulation.* New York: McGraw-Hill Book Co.

Groser, M. (1983) *Die Organisation von Wirtschaftsinteressen in der chemischen Industrie der Bundesrepublik Deutschland,* unveröffentlichtes Manuskript

Gusman, S. et al (1980) *Public Policy for Chemicals: National and International Issues.* Washington, DC: The Conservation Foundation.

Habermas, J. (1962) *Strukturwandel der Öffentlichkeit.* Neuwied: Luchterhand.

Habermas, J. (1973) *Legitimationsprobleme im Spätkapitalismus.* Frankfurt: Suhrkamp.

Hässig, K. (1979) *Graphentheoretische Methoden des Operations Research.* Stuttgart: B. G. Teubner.

Häußermann, H. (1978) *Die Politik der Bürokratie. Einführung in die Soziologie der staatlichen Verwaltung.* Frankfurt/New York: Campus.

Hahn, H. J. und Weber, A. (1976) *OECD (Die) Organisation für wirtschaftliche Zusammenarbeit und Entwicklung.* Baden-Baden:Nomos Verlagsgesellschaft (Schriftenreihe Europäische Wirtschaft Bd. 44).

Hallerbach, J. (1981) 'Chemie oder Natur - zur Problematik des neuen Chemikalienrechts', *Demokratie und Recht,* 1:3-19.

Hanf, K. and F.W. Scharpf (eds) (1977) *Interorganizational Policy Making. Limits to Coordination and Central Control.* London: Sage.

Harary, F., Norman, R. Z. and Cartwright, D. (1969) *Structural Models: An Introduction to the Theory of Directed Graphs.* New York u.a.: John Wiley & Sons.

Hartkopf, G. (1976) *Umweltschutz und Wirtschaft - Belastung oder Chance? (Vortrag vor dem Fachverband der Futtermittelindustrie am 30.9.76 in Mannheim),* Pressedienst des BMI.

Hartkopf, G. (1977) *Verbesserung der Umwelt durch den Vorsorgegrundsatz am Beispiel produktbezogener Anforderungen* (Rede im Rahmen der Fachgruppentagung der Deutschen Gesellschaft für Minerallwirtschaft und Kohlchemie am 6.10.1977 in Köln), Pressedienst des BMI.

Hartkopf, G. (1978a) 'Schwerpunkte der Umweltpolitik der Bundesregierung in der 8. Legislaturperiode', S.7-29 in Gesundheitsbehörde Hamburg (Hrsg) *Ökologie Forum 1978,* 1. Veranstaltung. 18.1.1978, Hamburg (Broschüre).

Hartkopf, G. (1978b) 'Chemikaliengesetzgebung - Rettung in letzter Stunde?' (Vortrag anläßlich der 4. Fachtagung Umweltschutz des Management Instituts Hohenstein), *Umwelt,* 65: 2-7.

Hartkopf, G. (1979a) '"Für mich geht Gesundheit vor Gewinn" Ökologisch orientierte Umweltpolitik in den achtziger Jahren.', *Frankfurter Rundschau* 35(76), 30.3.1979:10-11.

Hartkopf, G. (1979b) 'Umweltchemikalienrecht - ein Jahr danach.' (Vortrag anläßlich der 5. Fachtagung Umweltschutz des Management Instituts Hohenstein am 30.11.1979), *Bulletin der Bundesregierung,* 151:1378-1383.

Hartkopf, G. (1980) *Minderung von Umweltrisiken - eine Aufgabe vorsorgender Umweltpolitik, insbesondere dargestellt am Beispiel der Chemikalienregelung* (Vortrag am Fortbildungszentrum Gesundheits- und Umweltschutz e.V. Berlin), Pressedienst des BMI.

Hartkopf, G. (1981a) 'Internationale Zusammenarbeit bei der Prüfung von Chemikalien', *Bulletin der Bundesregierung,* 60:512ff.

Hartkopf, G. (1981b) 'Über Verantwortung im Umweltschutz' (Vortrag, anläßlich der Verleihung des Umweltschutzpreises der Friedrich Flick Förderungs-Stiftung am 19.2.1981), *Aus Politik und Zeitgeschehen,* 27: 3-17.

Hartkopf, G. (1982) 'Chemikalien - ein Umweltproblem. Möglichkeiten und Notwendigkeit der Kontrolle toxischer Substanzen', *Umwelt,* 92:10-16.

Hartkopf, G. und Bohne, E. (1983) *Umweltpolitik 1 - Grundlagen, Analysen und Perspektiven.* Opladen: Westdeutscher Verlag.

Hartwich H.-H. (1985) (Hrsg). *Policy-Forschung in der Bundesrepublik Deutschland.* Opladen: Westdeutscher Verlag.

Heigl, L. (1981) 'Das Chemikaliengesetz', *Gewerbearchiv,* 3:73-81.

Hempel, C. G. (1965) *Aspects of Scientific Explanation and Other Essays in the Philosophy of Science.* New York/London: Free Press.

Hennis, W. (1961) 'Verfassungsordnung und Verbandseinfluß', *Politische Vierteljahresschrift,* 2(1): 23-35.

Henschler, D. (1981) 'Maximale Arbeitsplatzkonzentration - Grundlagen, Entwicklung, Beratungsmodell', S. 29-41 in DFG, *Wissenschaftliche Grundlagen zum Schutz vor Gesundheitsschäden durch Chemikalien am Arbeitsplatz.* Boppard: H. Boldt Verlag.

Henschler, D. (1984) 'Toxikologie', *Beilage zur Naturwissenschaftlichen Rundschau,* 9: 1431-1434.

Herder-Dornreich, P. und Groser, M. (1977) *Ökonomische Theorie des politischen Wettbewerbs.* Göttingen: Vandenhoeck.

Hesse, K. (1982) *Grundzüge des Verfassungsrechts der Bundesrepublik Deutschland.* Heidelberg: Müller, Juristischer Verlag.

Hoffmann-Riem, W. (1982) 'Selbstbindungen der Verwaltung', S. 190-234 in Scheuing,D., W. Hoffmann-Riem und B. Raschauer, *Selbstbindungen der Verwaltung (Berichte und Diskussionen auf der Tagung der Vereinigung der Deutschen Staatsrechtslehrer in Trier vom 30. September - 3. Oktober 1981),* Veröffentlichungen der Vereinigung der Deutschen Staatsrechtslehrer, Heft 40, Berlin/New York: de Gruyter.

Hradil, S. (1980) *Die Erforschung der Macht.* Stuttgart u.a.: Kohlhammer.

Hucke, J. und Bohne, E. (1979) 'Bürokratische Reaktionsmuster bei regulativer Politik und ihre Folgen', S 180-197 in H. Wollmann (Hrsg) *Politik im Dickicht der Bürokratie. Beiträge zur Implementationsforschung,* Sonderheft Nr. 3, Opladen: Leviathan.

Huismans, J. W. (1980) 'The International Register of Potentially Toxic Chemicals', *Ecotoxology and Environmental Safety,* 4:393-403.

Huntington, S. P. (1968) 'Politische Entwicklung und politischer Verfall', S. 154-173 in D. Berg-Schlosser, *Die politischen Probleme der Dritten Welt.* Hamburg: Hoffmann 1972.

Huntington, S. P. (1972) 'Transnational Organizations in World Politics', *World Politics,* 25(4): 333-368.

IGCPK (Industriegewerkschaft Chemie-Papier-Keramik) (1979) *Stellungnahme der IG Chemie-Papier-Keramik zum Entwurf eines Gesetzes über gefährliche Stoffe.* Hannover: IGCPK.

IGCPK (Hrsg) (1984) *Geschäftsbericht 1980-1983 zum 12. ordentlichen Gewerkschaftstag in Berlin vom 2. bis 8. Sept. 1984.* Hannover: IGCPK.

Ilgen, T. L. (1983) 'Better Living Through Chemistry: The Chemical Industry in the World Economy', *International Organisations,* 37(4): 647-680.

ILO (International Labor Organisation - Bureau international du Travail) (1977) *Réunion d'experts sur les limites d'exposition aux substances dangereuses en suspension dans l'air. Rapport sur la loi et la pratique.* Unveröff. Papier (MELE/1977/IV), Genf, April 1977.

Jacobson, H.K. (1979) *Networks of Interdependence. International Organizations and the Global Political System.* New York: Knopf.

Jäkel, E. und Junge, W. (1978) *Die deutschen Industrie- und Handelskammern und der Deutsche Industrie- und Handelstag.* Düsseldorf: Droste Verlag.

Jänicke, M. (1983) 'Umweltgefährdungen haben gesellschaftliche und ökonomische Bedingungen', S. 23-28 in G. Michelsen et al (Hrsg), *Der Fischer Öko-Almanach. Daten, Fakten, Trends der Umweltdiskussion.* Frankfurt/ Main: Fischer.

Jann, W. (1983) 'Policy-Forschung - ein sinnvoller Schwerpunkt der Politikwissenschaft?', *Aus Politik und Zeitgeschehen,* B47: 26-38.

Jasanoff, S. (1980) 'German Law to Control Toxic Substances', *Toxic Substances Control Newsletter.*

Jenkins, A. B. (1980) 'Nontariff Trade Barriers: A Comparison of the 6th Amendment and TSCA.', *Toxic Substances Journal,* 2(1):35-50.

Juehe, R., Niedenhoff R. und Pege, W. (1982) *Gewerkschaften in der Bundesrepublik.* Köln: Dt. Inst. Verlag (2. Aufl.).

Kahn, H. (1979) *World Economic Development - 1979 and Beyond.* London: Croom Helm.

Kappelhoff, P. (1984) 'Strukturelle Äquivalenz in Netzwerken: Algebraische und topologische Modelle', *Kölner Zeitschrift für Soziologie und Sozialpsychologie,* 36: 464-493.

Katin, A. (1979) 'Das neue Umweltchemikalienrecht', *Umwelt* 12. Okt. 1979 (Vortrag in der Evangelischen Akademie Loccum).

Katz, R. S. (1986) 'Party Government: A Rationalistic Conception' in F. G. Castles and R. Wildenmann (1986) *Visions and Realities of Party Government.* Berlin/ New York: de Gruyther

Katz, R. S. and Wildenmann,R. (1987) *Party Governments and its Alternatives.* Berlin/New York: de Gruyter

Katzenstein, P. (1978) *Between Power and Plenty. Foreign Economic Policies of Advanced Industrial States.* Madison: University of Wisconsin Press.

Kaufmann, J. N. (1976) 'Löst der Strukturalismus die Kausalanalyse ab', *Zeitschrift für allgemeine Wissenschaftstheorie,* 7(1):75-98.

Keller, O. (1981) 'Die Grundzüge des Chemikaliengesetzes', *Die Polizei,* 10:313-315.

Kenis, P. and Schneider, V. (1987) 'The EEC as International Corporate Actor: Two Case-Studies in Economic diplomacy'. *European Journal of Political Research,* 15: 437-457.

Keohane, R. O. and Nye, J. S. (1974) 'Transgovernmental Relations and International Organizations', *World Politics,* 27(1): 39-62.

Keohane, R. O. and Nye, J. S. (1977) *Power and Interdependence.* Boston: Little Brown.

Keohane, R. O. (1982) 'The Demand for International Regimes', *International Organization,* 36(2): 325-355.

Kingdon, J.W. (1984) *Agendas, Alternatives, and Public Policies.* Boston: Little, Brown & Co.

Kirberger, W. (1978) *Staatsentlastung durch private Verbände. Die finanzpolitische Bedeutung der Mitwirkung privater Verbände bei der Erfüllung öffentlicher Aufgaben.* Baden Baden: Nomos-Verlag.

Kirchner, E. and Schwaiger, K. (1981) *The Role of Interest Groups in the European Community.* Aldershot/Hampshire: Gower.

Klein, A.W., Harnisch M., Poremski, H.J., and Schmidt-Bleek F. (1981) 'OECD Chemicals Testing Programme. Physico-Chemical Tests', *Chemosphere,* 10(2):153-207.

Kloepfer, M. (1981) 'Das Gesetz zum Schutz vor gefährlichen Stoffen (Chemikaliengesetz)', *Neue Juristische Wochenschrift,* 1/2:17-22.

Kloepfer, M. (1982) *Chemikaliengesetz. Gesetz zum Schutz vor gefährlichen Stoffen.* Berlin: Duncker und Humblot (Schriften zum Umweltrecht, Bd.2).

Knoke, D. (1981) 'Power Structures', S. 275-332 in S. Long (ed) *Handbook of Political Behavior* Vol. 3, New York: Plenum.

Knoke, D. and Kuklinski, J. H. (1982) *Network Analysis.* Beverly Hills: Sage.

Knoke, D. and Laumann, E. O. (1982) 'The Social Organization of National Policy Domains.', S. 255-270 in N. Lin and P. V. Mardsen (eds), *Social Structure and Networks.* Beverly Hills: Sage.

Knoke. D. (1983) *Network Prominence and Influence in Community Organization Systems.* Unveröff. Papier: Indiana University.

Knoke, D. and Burt, R. S. (1983) 'Prominence', S. 195-222 in R. S. Burt and M. J. Minor (eds), *Applied Network Analysis: Structural Methodology for Empirical Social Research.* Beverly Hills: Sage.

Koch, E. R. und Vahrenholt, F. (1980) *Seveso ist überall. Die tödlichen Risiken der Chemie.* Frankfurt/M.: Fischer.

Kölble, J. (1970) 'Grundprobleme einer Reform der Ministerialverwaltung', *Zeitschrift für Politik,* 2(9):118-137.

Kölble, J. (1977) 'Staat und Umwelt. Zur Grundstruktur des rechtlichen Instrumentariums der Umweltsicherung', *Die öffentliche Verwaltung*, Stuttgart 30(1/2):1-11.

Kölble, J. (1978) 'Perspektiven der Gesetzgebung zum Schutz vor gefährlichen Umweltchemikalien', *Zeitschrift für Umweltpolitik*, 1:29.

Kölble, J. (1979) 'Staatsaufgabe Umweltschutz: Rechtsreform und Umrisse eines neuen Politikbereichs.', *Die öffentliche Verwaltung*, 32(13/14): 470-485.

Könemann, W. H. (1982) 'Internationale harmonisatie van de beheersing van chemicalien: de rol van de OESO', *Milieu en Recht*, 10:278-283.

Kommission der Europäischen Gemeinschaften (1977) *Stand der Umweltschutzarbeiten: Erster Bericht.* Brüssel/Luxemburg: EWG.

Kommission der Europäischen Gemeinschaften (1979) *Stand der Umweltschutzarbeiten: Zweiter Bericht.* Brüssel/Luxemburg: EWG.

Kommission der Europäischen Gemeinschaften (1980) 'Ausschüsse des Rates und der Kommission', *Beilage 2/80 zum Bulletin der Europäischen Gemeinschaften*, Luxemburg.

Korte, F. (1972) 'Was sind Umweltchemikalien, Welches ihre Probleme?', *Chemosphere*, 5:183-185.

Korte, F. (1980) 'Chemikalien im Ökotest', *Umschau*, 80(21):643-648.

Korte, F. (1984) *Ökologische Chemie - Eine Standortbestimmung.* GSF-Bericht-820, unveröff. Manuskript.

Kremer, G. (1978) 'Die Sicherheit verfahrenstechnischer Anlagen', *VCI-Schriftenreihe "Chemie und Fortschritt"* 1 , Frankfurt: VCI.

Kremer, G. (1982) 'Zusammenarbeit von Industrie, Forschung, Technischer Überwachung, Lehre und der Rechtswissenschaft zur Erhöhung der technischen Sicherheit', *Chemie-Ingenieur-Technik*, 54(8): 705-711.

Kriesi, H. P. (1980) *Entscheidungsstrukturen und Entscheidungsprozesse in der Schweizer Politik.* Frankfurt/M.: Campus.

Kriesi, H. P. (1982) 'The Structure of the Swiss Political System', S. 133-161 in G. Lehmbruch and P. C. Schmitter (eds), *Patterns of Corporatist Policy-Making.* Beverly Hills: Sage.

Kreuscher, B. et al (1981) *Bürger im Umweltschutz. Nichtstaatliche Umweltschutzorganisationen und Bürgerinitiativen. Umweltschutz in der Bundesrepbulik Deutschland.* Berlin: Umweltbundesamt.

Küppers, G., Lundgreen, P. und Weingart, P. (1978) *Umweltforschung - Die gesteuerte Wissenschaft? Eine empirische Studie zum Verhältnis von Wissenschaftsentwicklung und Wissenschaftspolitik.* Frankfurt/M.: Suhrkamp.

Kuhn, T.S. (1962) *Die Struktur wissenschaftlicher Revolutionen.* Frankfurt/M.: Suhrkamp (2. Auflage 1979).

Kunreuther, H., Linnerooth, J. et al (1983) *Risikoanalyse und politische*

Entscheidungsprozesse. Standortbestimmung von Flüssiggasanlagen in vier Ländern. Berlin u.a.: Springer-Verlag.

Lasswell H.D. and Kaplan, A. (1950) *Power and Society. A Framework for Political Inquiry.* New Haven: Yale University Press.

Laumann, E. O. and Pappi, F. U. (1976) *Networks of Collective Action: A Perspective on Community Influence Systems.* New York: Academic Press.

Laumann, E. O. and Knoke, D. (1982) *A Framework for Concatenated Event Analysis.* Florenz: European University Institute, Working Paper No. 39.

Laumann, E. O. (1983) *Social Network Theory,* Unveröff. Manuskript, University of Chicago.

Laumann, E. O., Marsden, P. V. and Prensky, D. (1983) 'The Boundary Specification Problem in Network Analysis', S. 18-34 in R. S. Burt and M.J. Minor (eds), *Applied Network Analysis.* Beverly Hills: Sage.

Laumann, E. O., Knoke, D. and Kim, Y. H. (1985) 'An Organizational Approach to State Policy Formation: A Comparative Study of Energy and Health Domains', *American Sociological Review,* 50: 1-19.

Law, J., Lodge, P. (1984) *Science for Social Scientists.* London: Macmillan Press.

Legler, H. (1982) *Internationale Wettbewerbsfähigkeit der westdeutschen chemischen Industrie.* Berlin: Humblot (Beiträge zur angewandten Wirtschaftsforschung Bd. 10).

Lehmbruch, G. (1979) *Parteiensystem und Interessenverbände in der Politikentwicklung,* Diskussionsbeiträge der Universität Konstanz, Nr. 6.

Lehmbruch, G. and Schmitter, P. C.(eds) (1982) *Patterns of Corporatist Policy-Making.* Beverly Hills: Sage.

Lehmbruch, G. (1985a) 'Concertation and the Structure of Neo-Corporatist Networks', S. 60-80 in J. H. Goldthorpe (ed), *Order and Conflict in Contemporary Capitalism.* Oxford: Oxford University Press.

Lehmbruch, G. (1985b) 'Sozialpartnerschaft in der vergleichenden Politikforschung', *Journal für Sozialforschung,* 25(3): 285-303.

Lehner, F. (1981) *Einführung in die Neue Politische Ökonomie.* Königstein/ Ts.: Athenäum.

Leinhardt, S. (ed) (1977) *Social Networks.* New York/ San Francisco/London: Academic Press.

Lempe, K. (1969) 'Die Rolle von Sachverständigengremien im Prozeβ der politischen Willensbildung', *Zeitschrift für Politik,* 2:223-260.

Lenk, K. und Neumann, F. (Hrsg) (1974) *Theorie und Soziologie der politischen Parteien.* Darmstadt/Neuwied: Luchterhand Verlag.

Lerner, D. and Lasswell, H. (eds) (1951) *The Policy Sciences.* Stanford Calif.: Stanford University Press.

Levi-Strauss, C. (1969) *Anthropologie structurale.* Paris: Librairie Plon.

Lindblom, C. E. (1959) 'Inkrementalismus: die Lehre vom "Sich-Durchwursteln"', S. 161-178 in W.-D. Narr und C. Offe (Hrsg), *Wohlfahrtsstaat und Massenloyalität.* Köln: Kiepenheuer & Witsch, 1975.

Lipset, S. M., Trow, M. A. and Coleman, J.S. (1956) *Union Democracy.* New York: Free Press.

Loewenberg, G. (1969) *Parlamentarismus im Politischen System der Bundesrepublik Deutschland.* Tübingen: Wunderlich Verlag.

Lorrain, F. and White, H. C. (1977) 'Structural Equivalence of Individuals in Social Networks', S. 67-98 in S. Leinhardt (ed), *Social Networks. A Developing Paradigm.* New York u.a.: Academic Press.

Lowi, Th. J. (1964) 'American Business, Public Policy, Case Studies and Political Theory', *World Politics,* 16:677-715.

Ludwig, H. (1981) 'Besserer Schutz vor Chemikalien: Das Chemikaliengesetz', *Zivilverteidigung,* 1:44-51.

Luhmann, N. (1968) *Zweckbegriff und Systemrationalität.* Frankfurt: Suhrkamp 1973.

Lukes, S. (1973) *Individualism.* Oxford: Basil Blackwell.

Lukes, S. (1974) *Power - A Radical View.* London: Macmillan.

Lummert, R. (1982) 'Das Chemikalienrecht Japans im internationalen Vergleich', *Zeitschrift für Umweltpolitik,* 2: 171-197.

Magiera, S. (1974) 'Allgemeine Regelungsgewalt ("Rechtssetzung") zwischen Parlament und Regierung, *Der Staat,* 13:1ff.

Maihofer, W. (1981) 'Gesetzgebungswissenschaft', in G. Winkler und B. Schilcher (Hrsg), *Gesetzgebung.* Berlin/New York/Wien:Springer Verlag (Forschungen aus Staat und Recht 50).

Manigart, P. (1986) 'Les Relations inter-organisationelles dans le domaine de la defense nationale', *CRISP Courier Hebdomadaire* 1111-1112, 14 mars 1986.

Mansbach, R. W. and Vasquez, J. A. (1981) *In Search of Theory - A New Paradigm for Global Politics.* New York: Columbia University Press.

Mansbach, R. W., Ferguson, Y. H. and Lampert, D. E. (1976) *The Web of World Politics.* Englewood Cliffs: Prentice Hall.

Manazon, K. (1981) 'Die OECD als Instrument der imperialistischen Globalstrategie', *Wirtschaftswissenschaften DDR,* 7:851-861.

March, J. G. (1978) 'Bounded Rationality, Ambiguity and the Engineering of Choice', *The Bell Journal of Economics,* 9(2):587-608.

March, J. G. and Olsen, J. P. (1984) 'The New Institutionalism: Organizational Factors in Political Life', *American Political Science Review,* 78: 734-748.

Marin, B. (1982) *Die Paritätische Kommission. Aufgeklärter Technokorporatismus in Österreich.* Wien/Frankfurt/New York. Internationale Publikationen.

Marin, B (1982a) 'Wie ist die "Wirtschafts- und Sozialpartnerschaft" möglich,' *Österreichische Zeitschrift für Politikwissenschaft,* 11(3): 327- 340.

Marin, B. (1985) *Generalized Political Exchange. Preliminary Considerations,* EUI Working Paper, Florenz: European University Institute.

Marquardt, H. (1971) 'Umwelt-Chemikalien: Routineprüfungen auf Mutagenität', *Umschau,* (23): 844-846.

Marsden, P. v. and Lin, N. (1982) *Social Structure and Network Analysis.* Beverly Hills/London: Sage.

Mayer, K. und Görgen, R. (1979) 'Die wissenschaftliche Beratung der Bundesministerien', *Aus Politik und Zeitgeschichte,* B38(22/09/79): 31-38.

Mayntz, R. (1979) 'Regulative Politik in der Krise?', S. 55ff in J. Matthes (Hrsg) (1979), *Sozialer Wandel in Westeuropa. Verhandlungen des 19. Deutschen Soziologentages Berlin 1979.* Frankfurt.

Mayntz, R. (Hrsg) (1980) *Implementation politischer Programme I: Empirische Forschungsberichte.* Königstein/Ts.: Athenäum u.a.

Mayntz, R. (1983a) 'The Conditions of Effective Public Policy: a New Challange for Policy Analysis', *Policy and Politics,* 11(2): 123-43.

Mayntz, R. (Hrsg) (1983b) *Implementationsforschung II.* Opladen: Westdeutscher Verlag.

Mayntz R. (1985) *The Determinants of Policy Decisions,* Paper presented at the International Conference " Law and Economic Policy: alternatives to De-Legalization", European University Institute, Florenz.

Mayntz, R. (1985) 'Die gesellschaftliche Dynamik als theoretische Herausforderung', in Lutz, B. (Hrsg.) *Soziologie und gesellschaftliche Entwicklung.* Frankfurt/New York: Campus.

Mayntz R. (1986) 'Corporate Actors in Public Policy. Changing Perspectives in Political Analysis'. *Norsk Statsviten Skapelig Tiddskrift,* 3:7-25.

McCombs, M. E. (1981) 'The Agenda-Setting Approach', in Nimmo and Sanders (eds), *The Handbook of Political Communication.* Beverly Hills: Sage.

McCord, E. (1982) 'Structural-Functionalism and the Network Idea: Towards an Integrated Methodology', *Social Networks,* 4(1): 371-381.

Melbeck, C., Nissen, T. und Stelck, K. (1984) *Netzwerkprogramme mit Interfacebausteinen von SONIS. Programmbeschreibungen.* Kiel: Institut für Soziologie der Universität Kiel.

Mercier, M. (1981) 'Present and Planned Activities of the International Programme on Chemical Safety (IPCS) on Existing Chemicals', S. 39-44 in Umweltbundesamt (Hrsg), *Proceeding of the Workshop on the Control of Existing Chemicals Under the Patronage of the OECD,* June 10-12, 1981, Berlin(West), Berlin: UBA.

Mieck, I. (1981) 'Umweltschutz in Preußen zur Zeit der Frühindustrialisierung', in O. Büsch und W. Neugebauer (Hrsg), *Moderne Preußische Geschichte.* Berlin/New York: de Gruyter Verlag.

Miliband, R. (1975) *Der Staat in der kapitalistischen Gesellschaft.* Frankfurt/M.: Suhrkamp.

Mills, C. W. (1956) *The Power Elite.* Oxford: University Press (new edition 1974).

Moltke, K. v. (1982) 'National Implementation of European International Agreements Regarding New Chemical Substances', S. 17-32 in *Environmental Law Symposium 1982,* St. Paul, Minnesota: Mason Publ. Co.

Moskowitz, E. S. (1978) 'Neighbourhood Preservation: An Analysis of Policy maps and Policy Options', S. 65-87 in J. V. May and A. B. Wildavsky (eds), *The Policy Cycle.* London: Sage.

Müller, E. (1978) 'The Federal Environmental Agency', *Environmental Policy and Law,* 4:34-38.

Müller, W. und Korte, F. (1973) 'Polychlorierte Biphenyle - Nachfolger des DDT?', *Chemie in unserer Zeit,* 7: 112ff.

Musche, R. (1975) 'Die zentrale Erfassungs- und Bewertungsstelle für Umweltchemikalien im Bundesgesundheitsamt (ZEBS). 1. Maßnahmen im Rahmen des Sofortprogramms der Bundesregierung zum Umweltschutz (1971)', *Bundesgesundheitsblatt,* 18:129-130.

Natural Resources Defense Council (NRDC) (1979a) *International Cooperation for the Control of Toxic Substances: Preliminary Report.* Unveröffentl. Manuskript.

Natural Resources Defense Council (1979b) *Probleme der internationalen Harmonisierung der Prüfverfahren und -kriterien. Zwischenbericht.* Unveröffentlichtes Manuskript.

Neumann, H.-G. (1972) 'DDT in der Umwelt: Gefahr für unsere Gesundheit?' *Chemie in unserer Zeit* 83-86.

OECD (Organisation for Economic Cooperation and Development) (1976a) *The Assessment of Environmental Chemicals. A Statement and proposal of the Delegation of the Federal Republic of Germany,* unveröff. Papier, Mai 1976, Paris: OECD (= ENV/CHEM Scale D).

OECD (1976b) *Regulations Relating to Environmental Chemicals Pre-Market and Post-Market Control,* unveröffentlichtes Papier, Paris: OECD.

OECD (1977) *Environemental Policy in Sweden.* Paris: OECD

OECD (1978) *History of the OECD Chemicals Group,* unveröff. Papier v. 5.4.1978, Paris: OECD.

OECD (1979a) *Chemical Industustry.* Paris: OECD.

OECD (1979b) *L'OCDE & L'Environnement.* Paris: OECD.

OECD, Environment Committee (Chemicals Group) (1980) *International Economic Effects of the Control of Chemicals,* unveröff. Papier, Paris: OECD.

OECD (1980) *The International Control of Chemicals within the OECD Context,* unveröff. Papier v. 14.3.1980, Paris: OECD.

OECD (1981a) *The Environment-Challenges for the '80s. Proceedings of a Special Session of the OECD Environmental Committee.* Paris: OECD.

OECD (1981b) *Les obstacles non tarifaires et le contrôle des produits chimiques* (ENV/CHEM/79.17; 2eme Revision), unveröff. Papier, Paris: OECD.

OECD (1981c) *The Impacts of Chemicals Control upon Trade, Innovation and the Small Firm* (ENV/CHEM 81.4), unveröff. Papier, Paris: OECD.

OECD (1981d) *Report on the Implementation by Member Countries of the Decision by the Council on the Protection of the Environment by Control of Polychlorinated Biphenyls (ENV/CHEM/80.5).* Unveröff. Papier, Paris: OECD.

OECD (1981e) *The Chemical Industry in OECD Member Countries: Statistical Characteristics (ENV/CHEM/80.5).* Unveröff. Papier v. 13. 10. 1981, Paris: OECD.

OECD (1982a) *Economic and Ecological Interdependence. A Report on Selected Environment and Resources Issues.* Paris: OECD.

OECD (1982b) *OECD and Chemicals Control. The High Level Meeting of the Chemicals Group of the Environment Committee 1980.* Backgroundpapers, Paris: OECD.

OECD (1984) *The OECD Chemicals Programme.* Paris: OECD

Offe, C. (1972 *Strukturprobleme des kapitalistischen Staates.* Frankfurt/M.: Suhrkamp.

Offe, C. (1975) *Berufsbildungsreform. Eine Fallstudie über Reformpolitik.* Frankfurt/M.: Suhrkamp.

Offe, C. (1981) 'The Attribution of Public Status to Interest Groups: Observations on the West German Case', S. 123-158 in S. Berger (ed), *Organizing Interests in Western Europe: Pluralism, Corporatism and the Transformation of Politics.* Cambridge: Cambridge University Press.

Offe, C. (1982) 'Countdown für das sozialliberale Regierungsbündnis', *Links,* 14(143): 14-16.

Offe, C. (1984) 'Korporatismus als System nichtstaatlicher Makrosteuerung? Notizen über seine Voraussetzungen und demokratischen Gehalte', *Geschichte und Gesellschaft,* 10: 234-256.

Offerman-Clas, C. (1983) 'Die Kompetenzen der Europäischen Gemeinschaften im Umweltschutz', *Zeitschrift für Umweltpolitik,* 6(1): 47-64.

Olsen, J. P. (1981) 'Integrated Participation in Governmental Policymaking', S. 492-515 in: P.C. Nystrom and W.H. Starbuck (eds), *Handbook of Organizational Design,* Vol. 2. Oxford: Oxford University Press.

Olson, M. (1965) *The Logic of Collective Action. Public Goods and the Theory of Groups.* Cambridge, Mass: Havard University Press.

Opp, K.-D. (1978) 'Das "ökonomische Programm" in der Soziologie', *Soziale Welt,* 29(2): 129-154.

Opp, K.-D. (1979) *Individualistische Sozialwissenschaft.* Stuttgart: Enke.

Padioleau, J.G. (1986) *L'ordre social. Principes d'analyse sociologique.* Paris: L'Harmattan.

Pappi, F. U. (1983) *Boundary Specification and Structural Models of Elite Systems: Social Circles Revisited.* Florenz: EUI (Working Paper No. 43).

Pappi, F.U. (Hrsg.) (1987) *Methoden der Netzwerkanalyse.* München: Oldenbourg.

Pappi, F. U. und Kappelhoff, P. (1984) 'Abhängigkeit, Tausch und kollektive Entscheidung in einer Gemeindeelite', *Zeitschrift für Soziologie,* 13(2): 87-117.

Pappi, F. U. und Melbeck, C. (1984) 'Das Machtpotential von Organisationen in der Gemeindepolitik', *Kölner Zeitschrift für Soziologie und Sozialpsychologie,* 36: 557-584.

Pappi, F.U. und Stelck, K. (1985) *'SONIS: Ein Datenbanksystem zur Netzwerkanalyse' in F.U. Pappi (Hrsg.).(1987) Methoden der Netzwerkanalyse.* München: Oldenbourg.

Parsons, T. (1969) *Politics and Social Structure.* New York: Free Press.

Paulson, S. K. (1985) 'A Paradigm for the Analysis of Interorganizational Networks', *Social Networks,* 7: 105-126.

Philip, A. B. (1982) 'Pressure Groups and Policy Formation in the European Communities', *Policy and Politics,* 10(4): 459-475.

Pizzorno, A. (1978) 'Political Exchange and Collective Identity in Industrial Conflict', S. 277-298 in C. Crouch and A. Pizzorno (eds) *The Resurgence of Class Conflict in Western Europe since 1968,* Volume 2, New York: Holmes & Meier Publishers.

Platzer, H.-W. (1984) *Unternehmensverbände in der EG - ihre nationale und transnationale Politik.* Kehl a. R.: Engel Verlag.

Polanyi, K. (1957) 'The Economy as Instituted Process', in K. Polanyi, C. M. Arensberg and H. W. Pearson, *Trade and Market in Early Empiries - Economics in History and Theory.* New York: Collier/ Mac Millan.

Porta, G. (1984) 'Von der Produktionsindustrie zur Funktionsindustrie. Kreativität und Innovation sind der Schlüssel - Das Beispiel der chemischen Industrie', *Umschau,* 1:2-4.

Portney, P. R. (1978) 'Toxic Substances Policy and the Protection of Human Health', in P. R. Portney (ed), *Current Issues in US Environmental Policy.* Baltimore: John Hopkins University Press.

Poucke, W. van (1979/80) 'Network Constraints on Social Action: Preliminaries for a Network Theory', *Social Network,* 2:181-190.

Poulantzas, N. (1978) *Staatstheorie - Politischer Überbau, Ideologie, Sozialistische Demokratie.* Hamburg: VSA.

Pressman J.L. and Wildavsky, A. (1973) *Implementation.* Berkeley: University of California Press.

Quellmalz, E. (1977) *Verordnung über gefährliche Arbeitsstoffe.* Kissing: WEKA.

Rack, W. (1979) 'US-amerikanische Lösung des Umweltchemikalienproblems. Eine Darstellung des Umweltchemikaliengesetzes der USA (Toxic Substances Control Act, TOSCA)', *Recht der internationalen Wirtschaft,* 1: 13-20.

Rademacher, P. (1975) 'Chemische Carcinogene', *Chemie in unserer Zeit,* 9(3): 79ff.

Rainey, G. H. and Milward H.B. (1983) 'Public Organizations: Policy Networks and Environment', pp. 133-146 in R. H. Hall and R. E. Quinn (eds), *Organizational Theory and Public Policy.* London/Beverly Hills: Sage.

Rat von Sachverständigen für Umweltfragen (1978) *Umweltgutachten 1978.* Stuttgart: Kohlhammer Verlag.

Rat von Sachverständigen für Umweltfragen (1980) *Der Rat von Sachverständigen für Umweltfragen. Aufgaben - Mitgliedschaft - Arbeiten.* Wiesbaden: SRU (Broschüre).

Raub, W. und Voss T. (1981) *Individuelles Handeln und gesellschaftliche Folgen. Das individualistische Programm in den Sozialwissenschaften.* Darmstadt/Neuwied: Luchterhand.

Raub, W. (1984) *Rationale Akteure, institutionelle Regelungen und Interdependenzen. Untersuchungen zu einer erklärenden Soziologie auf strukturell-individualistischer Grundlage.* Frankfurt/M.: Lang.

Raub, W. und Voss, T. (1986) 'Die Sozialstruktur der Kooperation rationaler Egoisten', *Zeitschrift für Soziologie,* 15: 309-323.

Rausch, H. (1975) *Parlament und Regierung in der Bundesrepublik Deutschland.* München: Bayerische Landeszentrale für Politische Bildungsarbeit.

Rehbinder, E. (1978a) *Das Recht der Umweltchemikalien. Definitionen, Ziele und Maßnahmen. Umweltforschungsplan des Bundesministers des Innern - Querschnittsfragen.* Forschungsbericht 77-101 04 004, Berlin/Bielfeld/München: Erich Schmidt.

Rehbinder, E. (1978b) 'US-German Conferences on Toxic Chemicals', *Environmental Policy and Law,* 4:166ff

Rehbinder, E. (1981a) 'Control of Environmental Chemicals under the Law of the Federal Republic of Germany', S. 265-280 in H. Steiger (ed), *Umweltrecht und Chemikalien,* (2. Europäisches Umweltrechtssymposium, Gießen 27. bis 29. September 1979), Berlin: E.Schmidt.

Rehbinder, E. (1981b) 'Chemikaliengesetz und Umweltschutz', *Natur und Recht,* 6:185-191.

Rehbinder, E. (1985) 'Harmonisierung der Richtlinie 79/831/EWG in den Mitgliedstaaten der Europäischen Gemeinschaft im Lichte des deutschen Rechts', *Schriften der Gesellschaft für Rechtspolitik* Bd. 3

Rehbinder, E., Kayser, D. und Klein, H. (1985) *Chemikaliengesetz. Kommentar und Rechtsvorschriften zum Chemikalienrecht.* Heidelberg: C. F. Müller.

Reiche, E. (1977) *Umweltpolitik im 7. Deutschen Bundestag.* Materialien Deutscher Bundestag, *Wissenschaftliche Dienste Nr. 49.* Bonn: Deutscher Bundestag.

Reiche, E. (1982) *Umweltpolitik im 8. Deutschen Bundestag und im Bundesrat 1976 - 1980, Materialien Deutscher Bundestag Nr. 72.* Bonn: Deutscher Bundestag.

Reynolds, J. (1977) 'The Toxic Substances Control Act of 1976: An Introductory Background and Analysis', *Columbia Journal of Environmental Law,* 4(1): 35-96.

Rieder, B. (1980) *Der Bundesverband Bürgerinitiativen Umweltschutz. Geschichte, Struktur und Aktionsformen einer Dachorganisation der Ökologiebewegung* (Wissenschaftlische Hausarbeit, FB 15 der FU Berlin).

Riebel, P. (1957) 'Chemische Industrie',in *Handwörterbuch der Sozialwissenschaften* (HDSW) Bd.2. Stuttgart, Tübingen u. Göttingen.

Rilling, R. (1986) 'The Structure of the Gesellschaft Deutscher Chemiker (Society of German Chemists)', *Social Studies of Science,* 16: 235-60.

Roderick, H. (1979) 'The Reduction of Risk of Cancer by Control of Commercially Available Chemical Substances', *Zeitschrift für Umweltpolitik,* 4: 393-406.

Rogers, M. F. (1974) 'Instrumental and Infra Resources: The Basis of Power', *American Journal of Sociology,* 79(6):1418-1433.

Rosanvallon, P. (1979) *Le Capitalism Utopique.* Paris: Ed. Seuil.

Rose, R. (1984) *Understanding Big Government. The Programme Approach.* Beverly Hills: Sage.

Rucht, D. (1982) 'Unkonventionelle Verbände? - Bürgerinitiativen zwischen Protest und Integration', *Sozialwissenschaftliche Information,* 11(1): 36-45.

Sabatier, P. A. (1977) 'Regulatory Policy-Making: Toward a Framework of Analysis', *Natural Resources Journal,* 17: 415-460.

Sabatier, P. A. (1979) 'The Conditions of Effective Implementation: a Guide to Accomplishing Policy Objectives', *Policy Analysis,* 5(4): 481-504.

Salisbury, R. H. (1984) 'Interest Representation: The Dominance of Institutions', *American Political Science Review,* 78: 64-76.

SRU (Sachverständigenrat) (Hrsg) (1983) *Der Rat von Sachverständigen für Umweltfragen. Aufgaben - Mitgliedschaft - Arbeitsweise.* Wiesbaden: SRU.

Scharpf, F.W. (1970) *Die politischen Kosten des Rechtsstaates - Eine vergleichende Studie der deutschen und amerikanischen Verwaltungskontrollen.* Tübingen: Mohr.

Scharpf, F. W. (1978) 'Interorganizational Policy Studies: Issues, Concepts and Perspectives' pp. 345-370 in K. Hanf and F.W. Scharpf (eds) *Interorganizational Policy Making. Limits to Coordination and Central Control.* London: Sage.

Scharpf, F. W. (1978) 'Die Theorie der Politikverflechtung: ein kurzgefaßter Leitfaden' S. 21-31 in J.J. Hesse (Hrsg.) *Politikverflechtung im föderativen Staat: Studien zum Planungs- u. Finanzierungsverbund zwischen Bund, Ländern und Gemeinden.* Baden Baden: Nomos.

Schattschneider, E. E. (1960) *The Semisovereign People. A Realist's View of Democracy in America.* Hinsdale, Ill.: Dryden Press 1975.

Schenk, M. (1982) *Kommunikationsstrukturen in Bürgerinitiativen. Empirische Untersuchungen zur interpersonellen Kommunikation und politischen Meinungsbildung.* Tübingen: Mohr (= Heidelberger Soziologica 19).

Schenk, M. (1984) *Soziale Netzwerke und Kommunikation.* Tübingen: Mohr (= Heidelberger Soziologica 20).

Scheuch, E. K. (1973) 'Soziologie der Macht', S. 989-1042 in H. K. Schneider und C. Watrin (Hrsg), *Macht und ökonomische Gesetze.* Berlin: Duncker und Humblot (=Schriften des Vereins für Sozialpolitik, Neue Folge Bd 74/II).

Schindler, P. (Hrsg) (1979) *30 Jahre Bundestag: Dokumentation, Statistik, Daten.* Bonn: Presse- und Informationsamt.

Schiwy, G. (1969) *Der französische Strukturalismus.* Reinbek: Rohwolt.

Schlosser, O. (1976) *Einführung in die sozialwissenschaftliche Zusammenhangsanalyse.* Reinbek: Rowohlt.

Schmid, H. (1980) 'Zum Anwendungsbereich des neuen Chemikalien- gesetzes', *Die Neue Polizei,* 11:277-279.

Schmid, G. und Treiber, H. (1975) *Bürokratie und Politik - Zur Struktur und Funktion der Ministerialbürokratie in der Bundesrepublik Deutschland.* München: Finke.

Schmidt, M. G. (1979) *Determinanten der staatlichen Politik in industriell-kapitalistischen Demokratien. Ein Überblick über den Stand der vergleichenden Policy-Forschung.* Diskussionsbeiträge der Universität Konstanz Nr. 11.

Schmidt-Bleek, F. and Bonberg, W. (1978) *Potential Risk for Non-Tariff Barriers to Trade with Chemicals,* unveröffentlichtes Papier.

Schmidt-Bleek, F. und Haberland, W. (1979) 'Zur Bewertung von Umweltchemikalien', *Zeitschrift für Umweltpolitik,* (2):127-144.

Schmidt-Bleek, F. (1981) 'Prüfung und Bewertung von Stoffen nach dem Chemikaliengesetz (ChemG)', *Tenside Detergents,* 18(5):287-295.

Schmidt-Bleek, F. (1981) 'Toxic Substances Control for the 80s and Beyound', *Toxic Substances Journal,* 3(2):173-190.

Schmidt-Bleek, F. (1981) 'Deutsche und internationale Entwicklungen in der Chemikaliengesetzgebung', *Chemische Rundschau,* 01.04.81.

Schmidt-Heck, G. (1980) 'Was bringt das neue Chemikaliengesetz', *Der Betrieb,* 38:1829-1832.

Schmitter, P. C. (1974) 'Still the Century of Corporatism?', *The Review of Politics,* 36(1):85-131, wieder veröffentlicht S. 7-72 in P. C. Schmitter and G. Lehmbruch (eds) (1979), Trends Towards Corporatist Intermediation. Beverly Hills and London: Sage.

Schmitter, P. C. and Lehmbruch, G. (1979) *Trends Towards Corporatist Intermediation.* Beverly Hills and London: Sage.

Schmitter, P. C. (1979) 'Interessenverbände und Regierbarkeit', in U. v. Alemann und R. G. Heinze (Hrsg), *Verbände und Staat. Vom Pluralismus zum Korporatismus. Analysen, Positionen, Dokumente.* Opladen: Westdeutscher Verlag.

Schmitter, P. C. (1981a) 'Neokorporatismus: Überlegungen zur bisherigen Theorie und weiteren Praxis' S. 62-79 in U. v. Alemann (Hrsg) *Neokorporatismus.* Frankfurt/M./New York: Campus.

Schmitter, P. (1981b) *Needs, Interest, Concerns, Actions. Associations and Modes of Intermediation: Towards a Theory of Interest Politics in Contemporary Society.* Unveröff.Papier: Chicago/Berlin.

Schmitter, P. C. (1984) *Neo-Corporatism and the State.* Florenz: EUI (=Working Paper No. 106).

Schmitter, P. C. (1986) 'Democratic Theory and Neo-corporatist Practice', pp. 158-190 in Maihofer, W. (ed) *Noi si mura.* Badia Fiesolana, Florence.

Schneider, V. (1985) 'Corporatist and Pluralist Patterns of Policy-Making for Chemicals Control: a Comparison Between West Germany and the USA', S. 174-192 in A. Cawson (ed), *Organized Interests and the State. Studies in Meso-Corporatism.* Beverly Hills: Sage.

Schneider, V. (1986) 'Tauschnetzwerke in der Politikentwicklung', *Journal für Sozialforschung* 26(4):383-416.

Schottelius, D. J. und Broecker, B. (1982) 'Umweltrechtliche Produktnor men und Internationaler Handelsverkehr - Wechselwirkungen und Spannungen dargestellt am Beispiel Chemie', S. 121-133 in *Dokumentation zur 5. wissenschaftlichen Fachtagung der Gesellschaft für Umweltrecht 1982.* Berlin: Erich Schmidt Verlag.

Schottelius, D. J. (1984) *Abgrenzung des Chemikaliengesetzes zu den stoffbezogenen Sondergesetzen,* unveröff. Manuskript (Chemierechtsgespräche in Trier am 21. bis 23. November 1984).

Schröder, H. J. (1976) *Gesetzgebung und Verbände. Ein Beitrag zur Institutionalisierung der Verbandsbeteiligung an der Gesetzgebung.* Berlin: Duncker & Humblot.

Schudlich, E. (1982) 'Kooperation statt Korporatismus. Zum Charakter der gewerkschaftlichen Interessenvertretung in der chemischen Industrie', S. 127-175 in U. Billerbeck et al, *Korporatismus und gewerkschaftliche Interessenvertretung.* Frankfurt/New York: Campus.

Schulze, H. (1983) 'Bund-Länder-Arbeitskreis: Umweltchemikalien (BLAU). Zielsetzung und Arbeitsschwerpunkte', *Deutsches Tierärzteblatt,* 6: 402-406.

Schulze, J. und Weiser, M. (1983) *Die Innovationsintensität in der Chemischen Industrie der Bundesrepublik und ihre mögliche Beeinflussung durch die Prüfpflicht neuer Stoffe auf Grund der Chemikaliengesetzgebung.* Forschungsbericht 106 01 008 UBA-FB 82-102. Berlin: UBA.

Schwartz, I. und Marion, L. (1977) 'How They Shaped Toxic Substances Law', *Chemical Week,* 27.4.1977: 52-61.

Sharpe, J. (1985) 'Central Coordination and the Policy Network', *Political Studies*, (1985):361-381.

Shuman, E. (1983) 'Potentially hazardous merchandise: domestic and international mechanisms for consumer protection', *Vanderbilt Journal of Transnational Law,* 16(1): 179-229.

Simon, H. A. (1957) *Models of Man.* London: Wiley.

Simon, H. A. (1967) 'The Changing Theory and Changing Practice of Public Administration', in I. de Sola Pool (Hrsg) *Contemporary Political Science: Toward Empirical Theory.* New York: McGraw-Hill.

Sjöblom, G. (1986) 'Problems and Problem Solution in Politics. Some Conceptualization and Conjectures' in F.G. Castles and R. Wildenmann (eds) (1986) *Visions and Realities of Party Government.* Berlin/New York: de Gryther.

Smets, H. (1982) 'Legal Principals Adopted by the OECD Council', *Environmental Policy and Law,* 9(4):110-116.

Smith, A. (1789) *Der Wohlstand der Nationen.* München: DTV (Auflage 1978).

Snyder, D. and Kick, E. L. (1979) 'Structural Position in the World System and Economic Growth: a Multiple Network Analysis of Transnational Interactions', *American Journal of Sociology,* 84:1096-1126.

Sodeur, W. (1974) *Empirische Verfahren zur Klassifikation.* Stuttgart: B. G. Teubner.

de Solla Price, Derek J. (1974) *Little Science, Big Science. Von der Studierstube zur Großforschung.* Frankfurt/M.: Suhrkamp.

Somers, E. (1980) *The International Programme on Chemical Safety,* Unveröff. Manuskript (=Paper presented on the 2nd International Congress on Toxicology, Brüssel, 11 July 1980).

Sonquist, J. A. and Koenig, T. (1976) 'Examing Corporate Interconnectedness through Interlocking Directorates', S. 53-83 in T. R. Burns and W. Buckley (eds), *Power and Control: Social Structures and Their Transformation.* Beverly Hills: Sage.

Spickhoff, F. (1966) 'Anwendungen der Netzwerktechnik in der langfristigen Finanzplanung', *Zeitschrift für Betriebswirtschaft,* 36(9):592-604.

Sponsel, H. (1983) *Chemie - Umwelt - Zukunft.* Berlin: Courir-Verlag.

Stachowiak (1980) 'Der Modellbegriff in der Erkenntnistheorie', *Zeitschrift für allgemeine Wissenschaftstheorie,* 11(1):53-68.

Stauss, B. (1980) *Verbraucherinteressen. Gegenstand, Legitimation und Organisation.* Stuttgart.

Stein, A. A. (1982) 'Coordination and Collaboration: Regimes in an Anarchic World', *International Oranization,* 36(2): 299-324.

Stelck, K. (1983) *SONIS - Social Network Investigation System. Beschreibung der Benutzersprache. Arbeitsbericht des Verbunds 'Analyse sozialer Netzwerke'.* Institut für Soziologie der Universität Kiel.

Sternstein, W. (1981) *Willensbildungs- und Entscheidungsprozesse in der Ökologiebewegung.* Unveröffentlichtes Manuskript, Hannover: Institut für Systemforschung und Prognose e. V.

Storm, P.-C. (1982) *Das Gesetz zum Schutz vor gefährlichen Stoffen (Chemikaliengesetz). Ein Überblick.* Berlin: Umweltbundesamt (=Umweltbundesamtliche Texte 11/82).

Streeck, W. (1981) *Gewerkschaftliche Organisationsprobleme in der sozialstaatlichen Demokratie.* Königstein/Ts.: Athenäum.

Streeck, W. (1982) 'Organizational Consequences of Neo- Corporatist Cooperation in West German Labour Unions', S. 29-81 in: G. Lehmbruch and P. C. Schmitter (eds), *Patterns of Corporatist Policy- Making,* Beverly Hills: Sage.

Streeck, W. (1983a) 'Between Pluralism and Corporatism: German Business Associations and the State', *Journal of Public Policy,* 3(3):265-284.

Streeck, W. (1983b) 'Interessenverbände als Hindernisse und Vollzugsträger öffentlicher Politik', S. 179-199 in F. W. Scharpf und M. Brockmann (Hrsg), *Institutionelle Bedingungen der Arbeitsmarkt- und Beschäftigungspolitik.* Frankfurt/M./New York: Campus.

Streeck W. und Schmitter, P. (1985) 'Gemeinschaft, Markt und Staat -und die Interessenverbände?', *Journal für Sozialforschung,* 25(2): 133-157.

Stürmer, H.-D. (1981) *Chemikalien in der Umwelt.* BBU Argumente 3., Freiburg: B.U.N.D. Verlagsgesellschaft.

Süllow, B. (1981) 'Die gewerkschaftliche Repräsenz in öffentlichen Gremien. Ein Beispiel für institutionelle korporative Interessenvermittlung', *Soziale Welt,* 32(1):39-56.

Süllow, B. (1982) *Korporative Repräsentation der Gewerkschaften. Zur institutionellen Verbandsbeteiligungen in öffentlichen Gremien.* Frankfurt/M.: Campus.

Tallmann, I. (1976) *Passion, Action and Politics. A Perspective on Social Problems and Social Problems Solving.* San Francisco: W. H. Freeman & Co.

Teubner, G. (1984) *Verrechtlichung - Begriffe, Merkmale, Grenzen, Auswege.* EUI Working Paper No. 87, Florenz: European University Institute.

Thibaut, J. W. and Kelley, H. H. (1958) *The Social Psychology of Groups.* New York: John Wiley & Sons.

Trasher, M. (1983) 'Exchange Networks and Implementation', Policy and *Politics,* 11(4): 375-391.

Thrasher, M. and Dunkerley, D. (1982) 'A Social Exchange Approach to Implementation Analysis', *Social Science Information,* 21(3):349-382.

Thamm, H. W. (1982) 'VCI-Sicherheitsdatenblatt wird genormt', *Chemische Industrie,* 34(2):100-102.

Truman, D. (1971) *The Governmental Process.* New York: Knopf.

UBA (1977) *Umweltchemikalien,* Arbeitspapier FB I/S - 97 001.

UBA (Hrsg) (1978) *Federal Environmental Agency. Federal Republic of Germany.* Berlin: UBA.

UBA (Hrsg) (1980) *Umweltchemikalien. Prüfung und Bewertung von Stoffen auf ihre Umweltgefährlichkeit im Sinne des neuen Chemikaliengesetzes.* Berlin: UBA.

UBA (Hrsg) (1981) *Proceedings of the Workshop on the Control of Existing Chemicals Under the Patronage of the OECD.* Berlin: Mercedes Druck.

UBA (1981/82) *Bürger im Umweltschutz.* Berlin: UBA.

UBA (Hrsg) (1982) *Das Gesetz zum Schutz vor gefährlichen Stoffen (Chemikaliengesetz - ChemG),* Berlin: UBA.

UBA (Hrsg) (1983) *Behördenführer - Zuständigkeiten im Umweltschutz,* Berlin: UBA.

UBA/BMI (Hrsg) (1980) *Was Sie schon immer über Umweltchemikalien wissen wollten.* Stuttgart u.a.: Kohlhammer.

UBA/BMI (1981) *Was Sie schon immer über Umweltschutz wissen wollten.* Stuttgart: Kohlhammer.

Umweltbundesamt (UBA)(1976ff) *Jahresberichte.* Berlin: UBA.

Uppenbrink, M., Broecker, B., Schottelius, D. und Schmidt-Bleek, F. (1982) *Gesetz zum Schutz vor gefährlichen Stoffen. Kommentar und Vorschriftensammlung zum gesamten Chemikalienrecht.* Stuttgart u.a.: Kohlhammer.

Uppenbrink, M. und Knebel, J. (1983) 'International Harmonization of Terms in Environmental Chemical Control Law', *Environmental Policy and Law,* 10(2):47-52.

Vanberg, V. (1978) 'Markets and Organizations. Toward an Individualistic Theory of Collective Action', *Mens en Maatschappij,* 53(3):257-299.

Vanberg, V. (1982) *Markt und Organisation. Individualistische Sozialtheorie und das Problem korporativen Handelns.* Tübingen: Mohr.

Vanberg, V. (1983) 'Organisationsziele und individuelle Interessen', *Soziale Welt,* 34(2):171-187.

VCI (Verband der Chemischen Industrie) (Hrsg) (1977) *Die chemische Industrie in der BRD: Perspektiven zum 100-jährigen Bestehen des VCI.* Düsseldorf: Handelsblatt.

VCI (Hrsg) (1978) *Umwelt und Chemie von A - Z. Ein Wörterbuch.* Freiburg: Herder.

VCI (Hrsg) (1978ff) *Chemiewirtschaft in Zahlen.* Frankfurt/M.: VCI.

VCI (1979) *Stellungnahme des Verbandes der Chemischen Industrie zum Entwurf eines Gesetzes zum Schutz vor gefährlichen Stoffen.* Frankfurt.

VCI (Hrsg) (1970ff) *Jahresberichte.* Frankfurt: VCI.

VCI (Hrsg) (1984) *Transport- Unfall- Informations- und Hilfeleistungssystem* (=Broschüre).

Verein Deutscher Ingenieure (VDI-Kommission) (Hrsg) (1983) *Reinhaltung der Luft. Aufbau, Aufgaben Ergebnisse.* Düsseldorf: VDI-Kommission.

Vester, F. (1980) 'Umwelt, Energie, Welternährung. Problemlösungen komplexer Zusammenhnge durch ein neues Denken', *Politische Studien Sonderheft,* 1:13-25.

Vester, F. (1983) *Unsere Welt - ein vernetztes System.* München: DTV.

Vogel, D. (1983) 'Cooperative Regulation: Environmental Protection in Great Britain', *The Public Interest,* 72: 89-106.

Voigt, R. (Hrsg) (1980a) *Verrechtlichung. Analysen zur Funktion und Wirkung von Parlamentarisierung, Bürokratisierung und Justizialisierung sozialer, politischer und ökonomischer Prozesse.* Königstein/Ts: Athenäum.

Voigt, R. (1980b) 'Umweltschutz zwischen Politik, Ökonomie und Recht', *Aus Politik und Zeitgeschichte,* (B17- 26.4.1980):3-19.

Voigt, R. (1982) 'Gegentendenzen zur Verrechtlichung. Verrechtlichung und Entrechtlichung im Kontext der Diskussion um den Wohlfahrtsstaat', S. 17-41 in ders. (Hrsg), *Gegentendenzen zur Verrechtlichung* (Jahrbuch für Rechtssoziologie und Rechtstheorie Bd. IX), Opladen: Westdeutscher Verlag.

Volk, D. (1981) 'Eigenüberwachung im Chemiewerk', *Technische Überwachung,* 22(4):156-158.

Voss, T. (1985) *Rationale Akteure und soziale Institutionen. Beitrag zu einer endogenen Theorie des sozialen Tauschs.* München: Oldenbourg Verlag.

Wagner, B.O. (1982) 'Die Entscheidung der OECD zur gegenseitigen Anerkennung der Daten bei der Bewertung von Chemikalien und ihre Umsetzung in der Bundesrepublik Deutschland', *Pharmazeutische Industrie,* 44(8):789-797.

Wagner, B.O. (1983) 'Gute Laborpraxis - Konzept und Überwachung -', *Pharmazeutische Verfahrenstechnik heute,* 1:95-101.

Wahl, F. (Hrsg) (1973) *Einführung in den Strukturalismus.* Frankfurt/M.: Suhrkamp.

Wallace, H., Wallace, W. and Webb, C. (eds) *(1983) Policy Making in the European Community.* New York: J. Wiley & Sons.

Wallace, W. (1983) 'Less than a Federation, More than a Regime: the Community as a Political System', S. 403-436 in H. Wallace, W. Wallace and

C. Webb (eds), *Policy-Making in the European Community*. New York: John Wiley & Sons.

Wallerstein, I. (1979) 'World Networks and the Politics of the World Economy', S. 269-278 in A. H. Hawley, *Societal Growth*. New York.

Ward, P. v., Kendall, G. R. und Bresee, J. C. (1979) 'Le CDSM a dix ans - Le passé et l'avenir', *Revue de l'OTAN*, 27(6): 12-19.

Weber, M. (1921) *Wirtschaft und Gesellschaft. Grundriß der verstehenden Soziologie*. Studienausgabe. Köln/Berlin (Auflage 1964).

Weidner, H. (1977a) 'Von der Schadstoffbeseitigung zur Risikoverhinderung. Neue gesetzliche Regelungen für Umweltchemikalien', *Aus Politik und Zeitgeschehen*, B44/77:34-42.

Weidner, H. (1977b) 'Ökologische Ignoranz als ökonomisches Prinzip. Umweltzerstörung und Umweltpolitik in Japan', *Aus Politik und Zeitgeschichte*, B23/77: 11-29.

Weir, D. and Schapiro, M. (1981) *Circle of Poison. Pesticides and People in a Hungry World*. San Francisco: Institute for Food and Development Policy.

Weise, E. (1978) 'Sicherheit chemischer Produkte', in VCI (Hrsg), *Schriftenreihe Chemie und Fortschritt*, 1/78, Frankfurt.

Wellmann, B. (1983) 'Network Analysis: Some Basic Principles', *Sociological Theory*, 155-200.

Westerlund, S. (1980) *The Legal Control of Hazardous Substances in Sweden*, Unveröffentlichtes Papier (= Papier anläßlich des Seminars 'Implementation of Toxic Substances Legislation' vom 11.-14. Juni in Bonn).

Wey, K.-G. (1982) *Umweltpolitik in Deutschland. Kurze Geschichte des Umweltschutzes in Deutschland seit 1900*. Opladen: Westdeutscher Verlag.

Whitehead, C. (1980) *Toxic Substances: Report of a seminar on the Implementation of the legislation on Toxic Substances, held in Bonn 11-14. June 1980*, Bruxelles: BEE (=Broschüre).

Wildavsky, A. (1979) *Speaking Truth to Power: The Art and Cruft of Policy Analysis*, Boston: Little Brown & Co.

Wilkinson, G. B. (1980) 'The Sixth Amendment: Toxic Substances Control in the EEC', *Law and Policy in International Business*, 12(2): 461-501.

Wippler, R. (1978) 'The Structural-Individualistic Approach in Dutch Sociology', *The Netherlands Journal of Sociology*, 14: 135-155.

Wollmann, H. (1979) 'Implementationsforschung - eine Chance für kritische Verwaltungsforschung', S. 9-48 in H. Wollmann (Hrsg), *Politik im Dikkicht der Bürokratie. Beiträge zur Implementationsforschung*, Leviathan Sonderheft 3, Opladen: Westdeuscher Verlag.

Wollmann, H. (1984) 'Policy Analysis: Some Observations on the West German Scene', *Policy Sciences*, 17: 27-47.

Wrong, D. H. (1979) *Power. Its Forms, Bases and Uses*. Oxford: Blackwell.

Wyman, R. A. (1980) 'Control of Toxic Substances: The Attempt to Harmonize the Notification Requirements of the US TSCA and the EC 6.Amendment', *Vanderbilt Journal of International Law,* 20(2): 417-458.

Young, O. (1980) 'International Regimes: Problems of Concept Formation', *World Politics,* 32: 331-356.

Zener, R. (1977) 'The Toxic Substances Control Act: Federal Regulation of Commercial Chemicals', *The Business Lawyer,* 32:1685-1703.

Zijlstra, G. J. (1978/79) 'Networks in Public Policy: Nuclear Energy in the Netherlands', *Social Networks,* 1: 359-389.

Zimmermann, M. (1981) *Struktur und Einfluß der Chemieindustrie auf die Umweltpolitik,* Berlin (= Diplom-Arbeit am FB 15 der FU Berlin; leicht gekürzt veröffentlicht als: Machtfaktor Chemische Industrie - Analyse einer Branche, Karlsruhe: BBU-Verlag 1982).

Anhang 1: Synopse der Gesetzesentwürfe

	Bundesgiftgesetzentwurf des BMJFG (1975)	Richtlinienentwurf der EG-Kommission (Sept. 1976)	BMI-Entwurf vom August 1977
Schutzbereich:	Menschliches Leben und Gesundheit vor Giften zu schützen.	Mensch und Umwelt vor gefährlichen Stoffen zu schützen.	Menschen sowie Tiere und "andere Sachen" vor umweltgefährlichen Einwirkungen durch Stoffe schützen.
Regelungsobjekte/ Bereich:	Alle gefährlichen Stoffe; ausgenommen Pharmazeutika, Desinfektionsmittel, Tabak.	Neue Stoffe, die vermarktet werden; ausgenommen Pharmazeutika, Narkotika, Lebensmittelzusätze, Munition, radioaktive Stoffe.	Stoffe, die vermarktet werden; ausgenommen radioaktive Stoffe.
Zentrales Kontrollverfahren:	Herstellung und Vertrieb gefährlicher Stoffe bedürfen der Zulassung durch BGA; Anmeldung der vermarkteten Stoffe beim BGA.	Anmeldung aller neuen Stoffe spätestens zur Vermarktung bei zuständiger Behörde.	Anmeldung aller neuen Stoffe mit einer Vermarktung ab 1000 t/p.a. bei zuständiger Behörde.
Prüfungsanforderungen:	Physiko-chemische Eigenschaften; akute Toxizität; bei Bedarf weitergehende Untersuchungen. Prüfungsverfahren werden durch RechtsVO festgelegt.	Prüfung auf physiko-chemische Eigenschaften; akute, subakute und chronische Toxizität; Mutagenität, Teratogenität, Karzinogenität, Ökotoxizität.	Soll durch RechtsVO festgelegt werden; Prüfungen sollen von Produktionsmenge und Stoffeigenschaften abhängen.
Bewertung und Überwachung:	Überprüfung und Bewertung durch BGA; Überwachung d. zuständigen Landesbehörden.	Überprüfung und Bewertung des Anmeldedossiers durch zuständige Behörde.	Anmelde- u. Bewertungsstelle wird durch RechtsVO festgelegt.
Altstoffregelung:	BMJFG kann nach Sachverständigenanhörung im Einvernehmem mit BMA u. BML d. VO weitere Stoffe in Giftliste aufnehmen.	k.A.	k.A.
Eingriffsvollmachten von Regierung und Verwaltung:	BMJFG kann im Einvernehmen mit BMI, BMWi, BMA durch VO Herstellung u. Vertrieb verbieten, wenn unmittelbare oder mittelbare Gefährdung besteht.	Behörde kann weitergehende Informationen verlagen, selbst Informationen zu Kontrollzwecken erheben und Verwendungsauflagen vorschreiben.	BReg kann mittels RechtsVO mit Zustimmung des BR Verwendung von Umweltchemikalien verbieten.

Geheimhaltungs-Regelungen:	k.A.	k.A.	Anmeldedaten dürfen an Dritte nicht weitergegeben werden.
Institutionelle Vorkehrungen:	Einrichtung eines Sachverständigengremiums beim BGA.	Einrichtung einer Sachverständigenkommission.	Einrichtung eines 'Ausschusses für Umweltchemikalien' beim BMI, zusammengesetzt aus Vertretern von Wissenschaft, Wirtschaft und Verbrauchern.
	Entwurf des BMI vom 23.12.1977	**Entwurf des BMJFG vom 16.5.78**	**Kabinettsentwurf vom 1. Sept 1978**
Schutzbereich:	Wasser, Boden, Luft, Natur; Schwerpunktmäßig Umweltschutz	Mensch oder Umwelt; Gesundheits- Arbeits- und Umweltschutz. (ressortübergreifend).	Mensch und Umwelt
Regelungsobjekte/ Bereich:	Inverkehrbringen u. Verwendung v. Chemikalien (schwerpunktmäßig: Umweltchemikalien); Ausnahmen sind FuE-Stoffe.	Herstellung und Inverkehrbringen von "gefährlichen Stoffen"; ausgenommen sind Arznei-, Lebens-, Betäubungsmittel, Tabak. Es wird Liste "gefährl. Stoffe" erstellt, welche Geltungsbereich definiert.	Neue Stoffe; bestehende Regelungen in Spezialgesetzen sollten unberührt bleiben. Ausnahmen: Stoffe für FuE bis 1 to/p.a.
Zentrales Kontrollverfahren:	Anmeldung von Stoffen vor Inverkehrbringen beim Umweltbundesamt	Herstellung u. Vertieb gefährl. Stoffe nur nach behrdlicher Erlaubnis; Anmeldung bei der BAU.	Anmeldung aller neuen Stoffe vor Inverkehrbringen bei Bau;
Prüfungsanforderungen:	Stufenplan, Mengenschwellen werden durch VO festgelegt. Prüfg. auf: physiko-chem., Persistenz, Akkumulation, chem. und biol. Reaktivität.	Stufenplan, Grundprüfung auf physiko-chem., akut-toxische Eigensche Eigenschaften (Verweis auf deutschen Vorschlag bei EG-Verhandlungen).	Stufenplan; Grundprüfung auf physikalische, chemische u. toxische Eigenschaften. Bei größeren Mengen subakute Toxizität,Ökotoxizität.
Bewertung und Überwachung:	k.A.	Prüfung der Meldeunterl. bei BAU, BGA, UBA; Überwachung durch Landesbehörden.	Überprüfung u. Bewertung durch Fachbehörden

Altstoff-regelung:	mehrere generelle Eingriffsermächtigungen über RechtsVO.	BReg kann nach Anhörung v. Sachverständigen durch RechtsVO weitere Stoffe in Liste der "gefährl. Stoffe" aufnehmen.	Durch RechtsVO sollen bereits vermarktete Stoffe bestimmt werden, bei denen Verdacht auf Toxizität besteht. Für diese gilt dann Nachmeldepflicht.
Eingriffsvollmachten von Regierung und Verwaltung:	Durch RV kann Bundesregierung mit Zustimmung des Bundesrates Inverkehrbringen gefährlicher Stoffe verbieten oder beschränken.	BReg kann durch RechtsVO mit Zustimmung des BR Herstellung u. Inverkehrbringen bestimmter gefährliche Stoffe verbieten	Über RechtsVO kann Inverkehrbringen bestimmter gefährlicher Stoffe verboten oder beschränkt werden.
Geheimhaltungs-regelungen:	Grundsätzliche Wahrung von Betriebs und Geschäftsgeheimnissen	k.A.	k.A.
Institutionelle Vorkehrungen:	Einrichtung eines Ausschusses für gefährliche Stoffe.	Einrichtung von drei Ausschüssen: Arbeitsschutz, Gifte, Umweltgefährdende Stoffe	Einrichtung von Ausschüssen für Gifte und gefährliche Stoffe
	BMI Rohentwurf 13. 12. 1978	**Referentenentwurf BMJFG 9.2.1979 u. 24.4. 1979**	**Regierungsentwurf Juni 1979**
Schutzbereich:	Mensch u. Umwelt vor gefährlichen Chemikalien zu schützen	Mensch und Umwelt vor schädlichen Einwirkungen gefährlicher Stoffe schützen.	Mensch und Umwelt
Regelungsobjekte/ -bereich:	Chemikalien, die zur Vermarktung produziert werden, ausgenommen atomrechtlich und abfallrechtlich geregelte Stoffe; Ausnahmen: FuE-Stoffe und Kleinmengen <100kg/p.a.	Stoffe (chem. Elemente u. Verbindungen), die in Verkehr gebracht werden, ausgenommen Stoffe die schon von anderen Gesetzen reguliert werden (Dünge-, Futter-, Arznei-, Pflanzenschutzmittel.	Alle Stoffe außer: Lebens-, Futter-, Arzneimittel, Abfälle, Altöle, Pflanzenschutzmittel, explosionsgefährliche Stoffe
Zentrales Kontrollverfahren:	Anmeldung bei BAU vor Inverkehrbringen;	Stoffe vor Inverkehrbringen bei Bau anmelden. Ausnahmen: Polymerisate, Stoffe für FuE, Kleinmengen < 100kg/p.a.	Anmeldung neuer Stoffe 45 Tage vor Inverkehrbringen bei der Bau: Ausnahmen Polymerisate, FuE, Kleinmengen < 1 to/p.a.

Prüfungsanforderungen:	Stufenplan; Grundprüfg.: physikochem., akute u.subakute Toxizität. Schnelltests: Teratogenität, Kanzerogenität; Ökotoxizität bei erheblichen Mengen.	Stufenplan; Grundprüfg.: physikochem. Eig., akute Toxizität, Schnelltests auf Teratogenität, Karzinogentität; Subakute Tox. u. Ökotoxizität unter best. Bed.	Stufenplan; Grundprüfung auf physiöko-chem., akute u. subakute Eigenschaften; Schnelltests auf Karzinogenität, Teratogenität, Ökotoxizität unter best. Bedingungen.
Bewertung und überwachung:	Bewertungsstellen sind UBA, BBA, BAU;	Bewertungsstellen sind BBA, BAU BGA, UBA	Bewertungsstellen sind BBA, BAU, BAM, BGA, UBA
Altstoffregelung:	BReg kann durch RechtsVO ohne Zustimmung des BR Altstoffe bestimmen, die wegen Verdacht auf Langzeitwirkungen angemeldet werden müssen.	BReg kann durch RechtsVO vorschreiben, daβ Altstoff mit Verdacht auf Langzeitwirkung in Karzinogenität, Mutagenität und Teratogenität angemeldet werden.	BReg kann mittels RechtsVO ohne Zust. des BR eine Altstoffliste aufstellen. Bei "tatsächlichen Anhaltspunkten für Gefährlichkeit Anmeldepflicht verordnet werden.
Eingriffsvollmachten von Regierung und Verwaltung:	BReg kann über RechtsVO ohne Zustimmung des BR Beschränkungen oder Voraussetzungen für das Inverkehrbringen erlassen.	BReg kann d. RechtsVO mit Zustimmung des BR Inverkehrbringen beschränken, verbieten oder an Bedingungen knüpfen.	BReg kann durch RechtsVO mit Zustimmung des BR Verbote, Beschränkungen oder Bedingungen für In-Verkehrbringen erlassen.
Geheimhaltungsregelungen:	Meldedatenweitergabe ohne Einverständnis des Meldepflichtigen nicht möglich.	Inhalt der Meldeunterlagen darf Dritten nicht offenbart werden.	k.a.
Institutionelle Vorkehrungen:	Einrichtung eines Ausschusses für gefährliche Stoffe zusammengesetzt aus Behörden, Wissenschaft, Wirtschaftspartner, Verbraucherverbände.	k.A.	k.A.

	EG Richtlinie 79/831/EWG (18. September 1979).	**Chemikaliengesetz vom 25. 9. 1980**
Schutzbereich:	Mensch und Umwelt vor gefährlichen Substanzen	Mensch und Umwelt vor gefährlichen Stoffen.
Regelungsobjekte/ -bereich:	Alle chemischen Stoffe die nach 18.9.1981 vermarktet werden; außer Stoffe, die durch ander Gesetze geregelt sind (z.B. Pharmazeutika, Pestizide etc,)	wie EG-Richtlinie
Kontrollverfahren:	Anmeldung neuer Stoffe 45 Tage vor Vermarktung bei zuständg. Behörde (Ausn.: Kleinmengen, FuE, Polymerisate).	wie EG-Richtlinie
Prüfungsanforderungen:	Stufenplan; physik. u. chemische Eigenschaften; unter best. Bed. akute und subakute Toxizität, Mutagenität, Ökotox. Unters.	wie EG-Richtlinie
Bewertung und Überwachung:	Einzelheiten der Implementation sind offengelassen;	wird durch RechtsVO festgelegt.
Altstoffregelung:	keine Regelung.	Wenn tatsächliche Anhaltspunkte für Gefährlichkeit eine Altstoffs kann BReg mittel RechtsVO mit Zustimmung des BR Nachmeldung verlagen.
Eingriffsvollmachten von Regierung und Verwaltung:	Mitgliedstaat kann mit ausführlicher Begründung Vermarktung eines Stoffes, welcher trotz spezieller Kennzeichnung Gefahr darstellt, vorläufig untersagen/beschränken.	BReg kann mittels RechtsVO mit Zustimmung des BR Verbote und Beschränkungen aussprechen.
Regelungen für Geheimhaltung	Behandlung der Daten als Betriebs und Fabrikationsgeheimnisse.	Anmeldedaten müssen auf Verlangen des Anmeldepflichtigen vertraulich behandelt werden, nicht aber toxikologische Eingeschaften.
Institutionelle Vorkehrungen:	Einrichtung eines Ausschusses für die Anpassung der Testregelungen an den technischen Fortschritt.	keine Regelung.

Quellen: einzelne Gesetzesentwürfe (siehe Literaturverzeichnis); Zimmermann (1981)

REGISTER

Kolibri 360 GmbH
Ferdinand-Jühlke-Straße 7
99095 Erfurt, Deutschland
produktsicherheit@kolibri360.de